数据库技术及应用
——Visual FoxPro 实验与考级过关指导

主　编　曾陈萍　岳付强　周　雄

副主编　韩　德　黎　华　贾林蓉　罗爱萍

科学出版社

北　京

内 容 简 介

本书根据全国二级 Visual FoxPro 考试大纲(2013 年版)和全国二级公共基础知识考试大纲(2013 年版)进行编写。全书共五篇，安排了 12 个实训项目、50 套操作题过关训练，以及配套理论教材 10 个章节对应的选择题过关训练。本书主要内容包括实验指导、选择题过关训练、操作题过关训练、过关训练参考答案及附录五篇内容。

本书坚持“以实训为重点，以实际应用、创新为目标”的实训理念，将计算思维能力的培养融于案例与实验教学中，旨在提高学生的数据库操作能力和应用能力。本书提供实验涉及的素材和文档，附录中提供了全国二级相关考试大纲的解读。

本书可作为大、中专院校非计算机专业学生学习数据库的配套指导书，也可作为参加全国计算机等级考试二级 Visual FoxPro 的上机练习和自测用书。

图书在版编目(CIP)数据

数据库技术及应用：Visual FoxPro 实验与考级过关指导/ 曾陈萍，岳付强，周雄主编. —北京：科学出版社，2016

ISBN 978-7-03-049483-2

Ⅰ. ①数… Ⅱ. ①曾… ②岳… ③周… Ⅲ. ①关系数据库系统－程序设计－高等－教材 Ⅳ. ①TP311.138

中国版本图书馆 CIP 数据核字(2016)第 179951 号

责任编辑：李淑丽 董素芹 / 责任校对：郭瑞芝

责任印制：赵 博 / 封面设计：华路天然工作室

科学出版社 出版

北京东黄城根北街 16 号

邮政编码：100717

http://www.sciencep.com

大厂书文印刷有限公司印刷

科学出版社发行 各地新华书店经销

*

2016 年 10 月第 一 版 开本：787×1092 1/16

2016 年 10 月第一次印刷 印张：21 1/2

字数：510 000

定价：46.00 元

(如有印装质量问题，我社负责调换)

前　言

随着信息技术和社会信息化的发展，以数据库系统为核心的办公自动化系统、管理信息系统、决策支持系统等得到了广泛的应用，数据库技术已成为计算机应用的一个重要方面，数据库原理及应用已是高等学校非计算机专业的一门重要公共课程。随着计算机科学技术的快速发展，高校学生计算机知识起点的不断提高，大学计算机基础课程教学改革的不断深入，以及教育部高等学校计算机教学指导委员会提出以计算思维为导点的要求，因此，我们以应用为目的、案例为引导、任务为驱动编写了本书。

本书根据最新全国二级 Visual FoxPro 考试大纲(2013 年版)及最新全国二级公共基础知识考试大纲(2013 年版)进行编写，坚持“以实训为重点，以实际应用、创新为目标”的实训理念，将计算思维能力的培养融于案例与实验教学中，旨在提高学生的数据库操作能力和应用能力。

与本书配套的主教材《数据库技术及应用——Visual FoxPro 应用基础》同时出版，可供教学使用。本套书是四川省高等学校数据库技术基础教育与教学改革的专家和一线教师打造和撰写，在四川省高等学校计算机基础教育研究会的支持和参与下，一开始就以打造精品教材为己任，不断修改锤炼推出，经过四川省内众多高校多年来的使用，受到广泛的欢迎和好评！

本书由曾陈萍、岳付强、周雄担任主编，负责统稿统校；韩德、黎华、贾林蓉、罗爱萍担任副主编，交叉对书稿进行修改和润色。具体编写分工如下：黎华，第一篇实验一、二、三；贾林蓉，第一篇实验四、五、六；罗爱萍，第一篇实验七、八、九；周雄，第一篇实验十、十一、十二；曾陈萍，第二篇；韩德，第三篇；岳付强，第四篇和附录。

由于时间紧迫，编者水平有限，书中难免有不足之处，恳请广大读者批评指正。

编　者

2016 年 6 月

目　录

第一篇　实 验 指 导

实验一　Visual FoxPro 环境与项目管理

一、实验目的

1．掌握 Visual FoxPro 系统的启动和退出方法。

2．熟悉 Visual FoxPro 系统的集成环境。

3．掌握项目的创建、打开与关闭的方法。

二、实验内容

【实验 1-1】 Visual FoxPro 的启动与退出。

(1)启动 Visual FoxPro。

方法 1：执行“开始”→“所有程序”命令，然后在“所有程序”菜单中执行 Microsoft Visual FoxPro 6.0 下的 Microsoft Visual FoxPro 6.0 命令。

方法 2：在 Windows 桌面上建立它的快捷方式，双击桌面上的 Visual FoxPro 快捷方式的图标。

(2)退出 Visual FoxPro。

方法 1：打开“文件”菜单，执行“退出”命令。

方法 2：在 Visual FoxPro 命令窗口中，键入命令 QUIT 并回车。

【实验 1-2】 创建一个名为 jxgl.pjx 的项目。

(1)打开“文件”菜单，执行“新建”命令，打开“新建”对话框，如图 1-1-1 所示。

(2)在“新建”对话框中，选中“项目”单选按钮。

(3)单击“新建文件”按钮，打开“创建”对话框，在“项目文件”文本框中输入项目名 jxgl，如图 1-1-2 所示。

(4)单击“保存”按钮，打开“项目管理器”对话框，如图 1-1-3 所示。

(5)在“项目管理器”中，单击“代码”选项卡，选择“程序”选项，如图 1-1-4 所示。

(6)单击“新建”按钮，打开“程序编辑器”窗口，在窗口中输入如图 1-1-5 所示的内容。

(7)按组合键 Ctrl+W，或单击窗口右上角的“关闭”按钮，出现系统信息提示对话框，如图 1-1-6 所示。

(8)单击“是”按钮，打开“另存为”对话框，以“程序 1.prg”为文件名保存，如图 1-1-7 所示。

(9)单击“保存”按钮，退回到“项目管理器”对话框。

(10)在“项目管理器”对话框，单击“程序”左侧的“+”符号，接着单击“程序 1”，如图 1-1-8 所示。

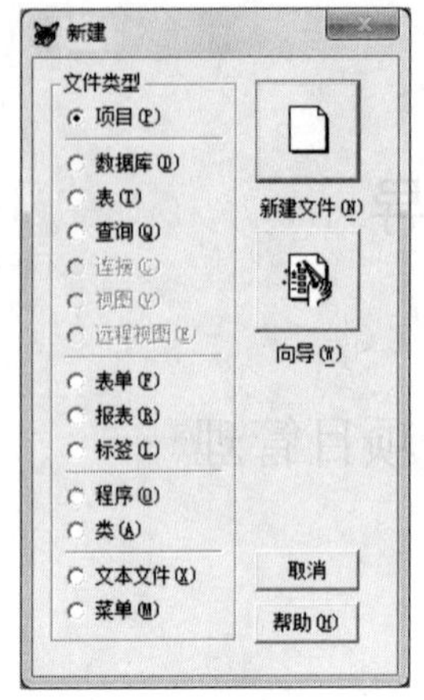

图 1-1-1　“新建”对话框

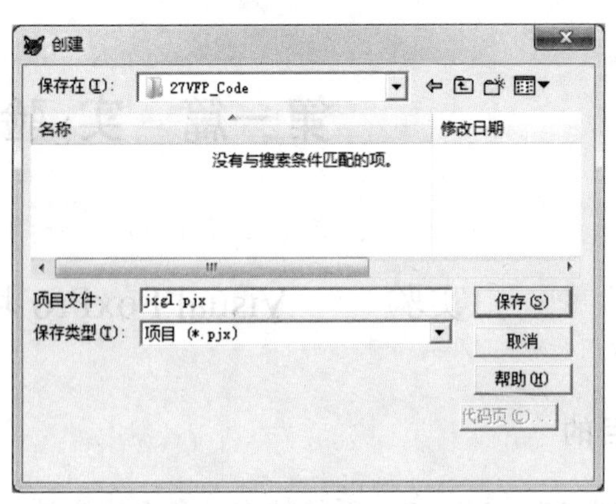

图 1-1-2　“创建”对话框

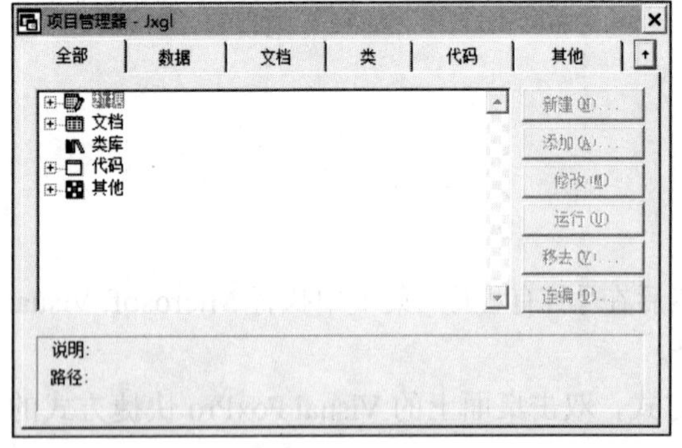

图 1-1-3　“项目管理器”对话框

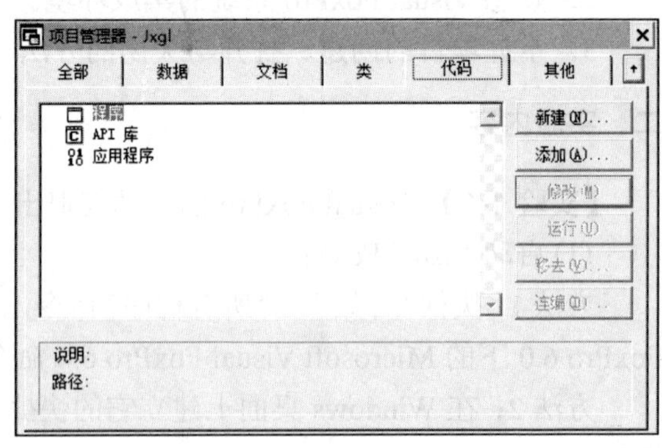

图 1-1-4　“代码”选项卡

图 1-1-5　“程序编辑器”窗口

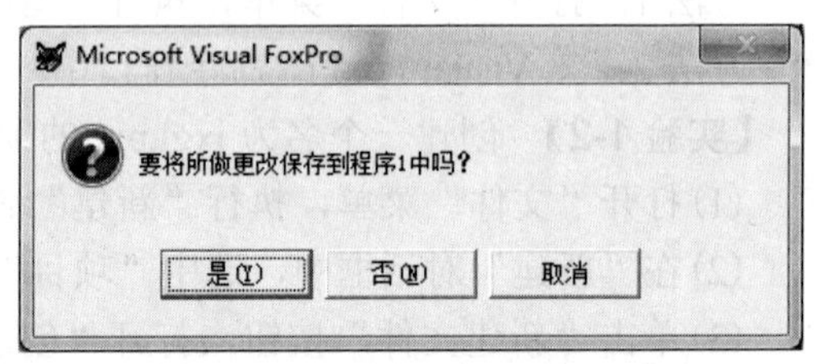

图 1-1-6　提示对话框

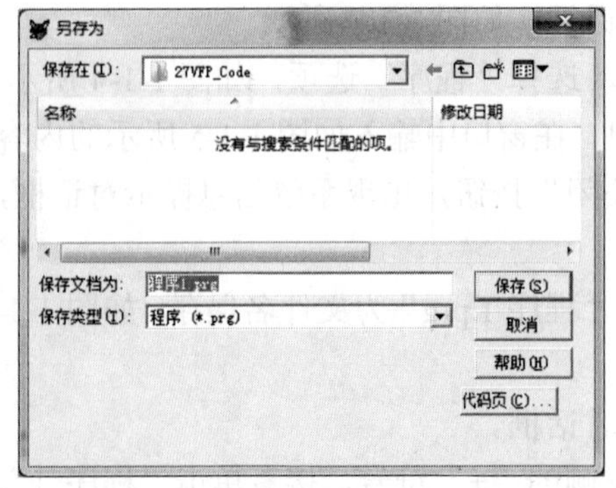

图 1-1-7　“另存为”对话框

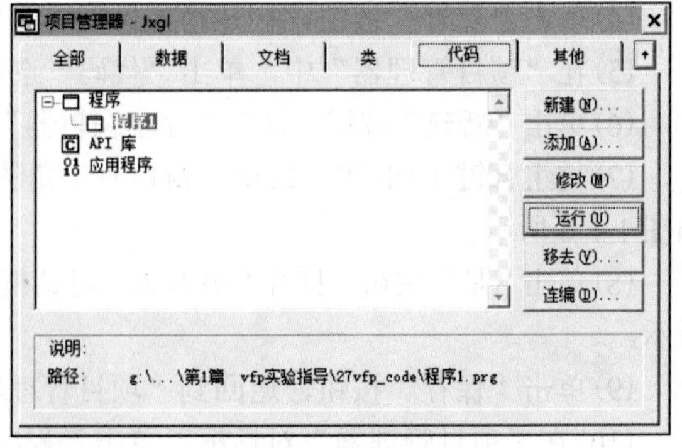

图 1-1-8　运行“程序 1”

(11) 单击“运行”按钮，屏幕上出现以下运行结果。

```
Welcome to Learn Visual Foxpro!
```

(12) 按 Esc 键，或单击“项目管理器”右上角的“关闭”按钮，关闭“项目管理器”。

实验二 Visual FoxPro 数据基础

一、实验目的

1. 学习和掌握有关 Visual FoxPro 各种数据量的定义。
2. 了解内存变量文件的建立与使用。
3. 学习和掌握 Visual FoxPro 数据库中的各种运算符及使用。
4. 了解和掌握常用函数的使用。

二、实验内容

【实验 2-1】 在命令窗口中依次输入并执行下面的命令，观察运行结果。

```
? 3.1415926
? 1.2E34
? "hello china!"
? "HELLO "+"CHINA!"
? {3/15/2016},{^2016/3/15 10:30am}
? {//},{//:}
```

【实验 2-2】 在命令窗口中依次输入并执行下面的命令，观察运行结果。

```
X1=12.34
X2={^2016/3/27 17:58:30}
X3=CTOD("03/27/2015")
STORE "Hello China!" To y,z
PUBLIC m, n
LIST MEMORY
DISPLAY MEMORY LIKE X?
DISPLAY MEMORY TO FILE ABC.TXT
```

【实验 2-3】 在命令窗口中依次输入并执行下面的命令，观察运行结果。

```
SAVE TO NC.MEM
RELEASE ALL                         &&清除所有用户定义的内存变量
RESTORE FROM NC
DISPLAY MEMORY
RELEASE ALL
P=1.2E-3
RESTORE FROM NC ADDITIVE
```

【实验 2-4】 在命令窗口中依次输入并执行下面的命令，观察运行结果。

```
DIMENSION array1(3),array2(2,3)
```

```
?array1(1),array2(1,2)
Array1='$'
?array1(2)
DIME S(3)
USE 学生
SCATTER TO S FIEL 学号, 姓名, 性别, 出生日期,入学总分
?S(1),S(2),S(3),S(4),S(5)              &&数组长度可自动增加
DIME M(4)
M(1)='16050611'
M(2)='李小婉'
M(3)='女'
M(4)=CTOD('05/24/98')
USE 学生
APPE BLAN
GATH FROM M
DISP
USE
```

【实验 2-5】 在命令窗口中依次输入并执行下面的命令序列，并观察结果。

```
? "信息 "+"技术"                      &&显示结果为"信息 技术"
? "信息 "-"技术"                      &&显示结果为"信息技术"
? CTOD("12/12/15")+30.6               &&显示为：01/11/16，其中小数位自动舍去
? CTOD("12/12/16")-CTOD("12/12/15")  &&结果为366
? "HE"$"HELLO"                        &&结果为.T.
? "HELLO"=="HE"                       &&其值为.F
? "HELLO"="HE"                        &&其值为.T.
?('A'+'BC'<'ABC'.OR.3+2-5>=0).AND..NOT..F.  &&结果为.T.
XM="学生"
USE(XM)                               &&名表达式的用法
BROWSE
```

【实验 2-6】 数值函数举例如表 1-2-1 所示，请运算并在表中填写显示结果。

表 1-2-1 常用数值函数举例

函数举例	显示结果
? abs(–12.34)	
? exp(2)	
? int(34.56)	
? log(10)	
? max(4.5,5.6)	
? mod(24,5),mod(24,–5),mod(–24,–5),mod(–24,5)	
? round(12.36,1),round(12.36,–1)	
? sqrt(abs(–3))=1.73	

【实验 2-7】 字符串函数举例如表 1-2-2 所示，请运算并在表中填写显示结果。

表 1-2-2 字符串函数举例

函数举例	显示结果
STORE "学生.dbf" TO Z USE &Z XM="姓名，性别" DISPLAY FIELDS &XM	
?AT("中","中华人民共和国")	
?LEFT('人民共和国',LEN('人民'))	
?LEN('中华人民共和国')	
?LOWER("HeLLO")	
?LEN(LTRIM("Hello China!")) ?REPLICATE("Hello",3)	
?LEN(SPACE(15)-SPACE(3))	
?STUFF("AAAAAAAAAA","2,4,BB") ?STUFF("AAAAAAAAAA",2,4,"BBB") ?STUFF("AAAAAAAAAA",2,0,"BB") ?STUFF("AAAAAAAAAA",2,0," ") ?STUFF("AAAAAAAAAA",2,4," ")	
?SUBSTR("中华人民共和国",5) ?SUBSTR("中华人民共和国",9)	

【实验 2-8】 日期型函数举例如表 1-2-3 所示，请运算并在表中填写显示结果。

表 1-2-3 日期型函数举例

函数举例	显示结果
SET CENTURY ON ?DATE()	
?DAY(DATE())	
?MONTH(DATE())	
?TIME()	
?YEAR(DATE())	
?HOUR({^2005-02-16 1:00p})	
?MINUTE({^2016-02-16 10:42a})	
?SECONDS() ?SECONDS()/(60 *60)	

【实验 2-9】 数据转换函数举例如表 1-2-4 所示，请运算并在表中填写显示结果。

表 1-2-4 数据转换函数举例

函数举例	显示结果
?ASC("ABCD")	
?CHR(65)	
?CTOD("10/01/2000")	
?DTOC(DATE())	
?STR(1234.567,7,2) ?STR(1234.567,6,2) ?STR(1234.5678,4,2)	
?VAL("123.4A"),VAL("12.3E2")	

【实验 2-10】 测试函数举例如表 1-2-5 所示，请运算并在表中填写显示结果。

表 1-2-5 测试函数举例

函数举例	显示结果
USE 学生 ? BOF()	
? EOF()	
? RECNO()	
GO TOP ? BOF()	
? EOF()	
? RECNO()	
GO BOTTOM ? BOF()	
? EOF()	
? RECNO()	
GO 3 DELETE ? DELETED()	
? EMPTY({//})	
LOCATE FOR 姓名="杨海" ? FOUND()	
? RECCOUNT()	
? SELECT()	
X=12.34 ? TYPE("X") ? VARTYPE("X")	
? IIF(5>3,"TRUE","FALSE")	

【实验 2-11】 其他函数举例如表 1-2-6 所示，请运算并在表中填写显示结果。

表 1-2-6 其他函数举例

函数举例	显示结果
? MessageBox("真的要退出吗？",4+32+0,"提示信息")	
SET DEFAULT to D:\XSGL ? CURDIR()	
? DISKSPACE()	
? SYS(5)	
? SYS(2003)	
? FILE("学生.dbf")	
? FULLPATH("学生.dbf")	

实验三 数据表的基本操作

一、实验目的

1. 学习并掌握有关表结构创建的各种方法。
2. 熟练掌握在表中添加记录的方法。

3．掌握和了解在屏幕上显示记录和表结构的命令。

4．理解在屏幕上显示记录和在“项目管理器”中浏览记录的区别。

5．了解记录指针定位的含义及定位的方法，掌握编辑表的各种方法。

6．掌握表的修改与编辑，掌握 MODIFY STRUCTURE、EDIT、CHANGE、BROWSE、REPLACE、INSERT、DELETE、RECALL、PACK、ZAP 等命令的使用。

二、实验内容

【实验 3-1】 建立表“学生.dbf”，其数据结构为：学号(C，8)，姓名(C，8)，性别(C，2)，出生日期(D)，系号(C，4)，入学总分(N，3)，三好生(L)，简历(M)，照片(G)。向表中输入的记录如表 1-3-1 所示。

表 1-3-1　表“学生.dbf”中的记录

学号	姓名	性别	出生日期	系号	入学总分	三好生	简历	照片
01010201	钱宇	男	06/20/1998	DP01	540	T	memo	gen
01010308	周艳	女	04/12/1999	DP01	600	F	memo	gen
01020215	张玲	女	04/28/1998	DP02	566	F	memo	gen
01020304	李静	男	12/25/1999	DP02	570	T	memo	gen
01030306	王涛	男	10/08/1997	DP03	590	T	memo	gen
01030402	马刚	男	11/15/1998	DP03	586	F	memo	gen
01030505	陈实	女	09/10/1999	DP03	540	F	memo	gen
01040501	刘琴	女	11/18/1998	DP04	539	F	memo	gen
01050508	赵伟	男	10/18/1998	DP05	532	F	memo	gen
01060301	何虹	女	07/05/1999	DP06	611	T	memo	gen

操作步骤如下：

(1)打开“文件”菜单，执行“新建”命令，打开“新建”对话框。

(2)选中“表”单选按钮，单击“新建文件”按钮，打开“创建”对话框。在“输入表名”文本框中，输入表名“学生”，如图 1-3-1 所示。

(3)单击“保存”按钮，打开“表设计器”对话框，如图 1-3-2 所示。

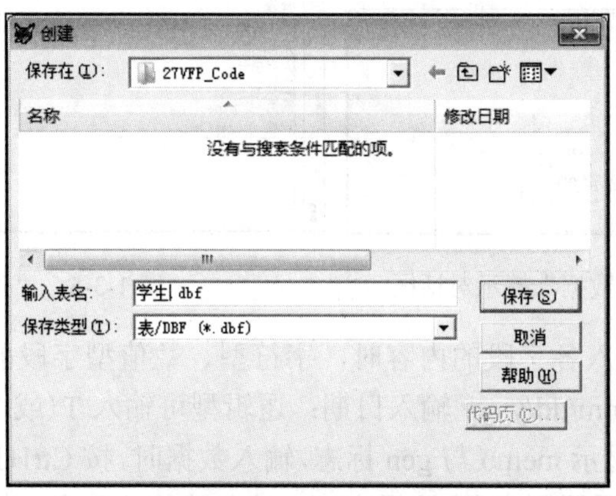

图 1-3-1　“创建”对话框

(4)依次定义表的字段名、类型、宽度及小数位数，完成表结构的建立，如图 1-3-3 所示。

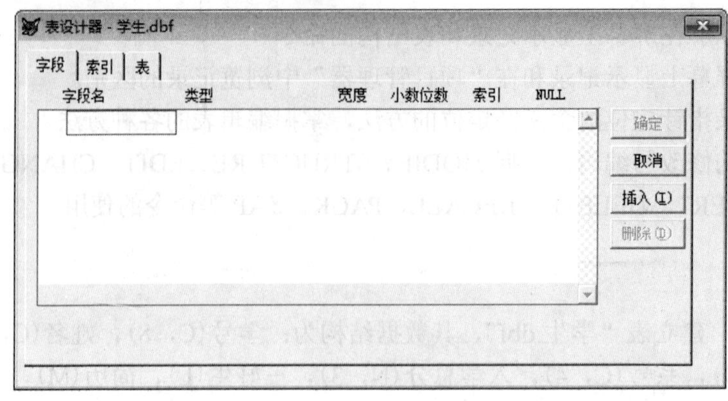

图 1-3-2　“表设计器”对话框

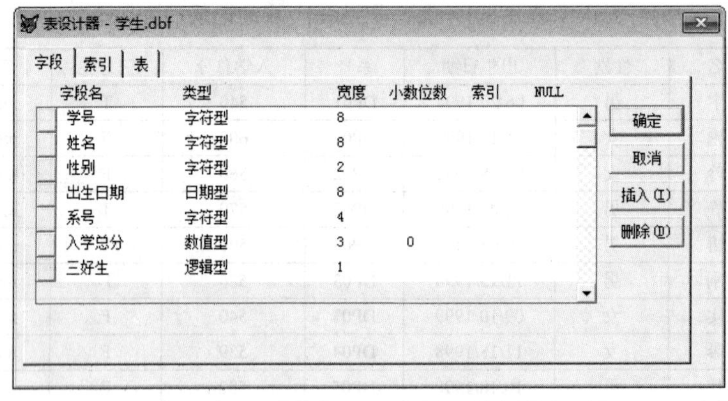

图 1-3-3　“学生.dbf”的结构窗口

(5) 表结构创建完成后，单击“确定”按钮，或按组合键 Ctrl+W，出现系统信息提示对话框，询问“现在输入数据记录吗？”，如图 1-3-4 所示。

(6) 单击“是”按钮，打开表“学生”的记录输入窗口，如图 1-3-5 所示。

图 1-3-4　“是否输入数据”提示对话框

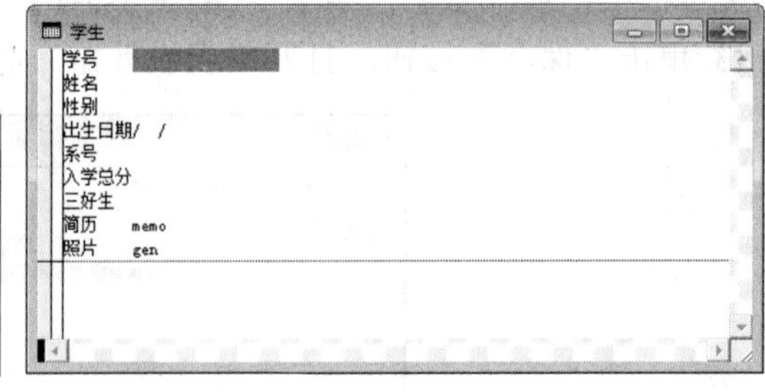

图 1-3-5　“记录输入”窗口

(7) 输入记录。在输入各字段的内容时，字符型、数值型字段的数据输入与修改比较简单；日期型默认按格式 mm/dd/yyyy 输入日期；逻辑型可输入 T(或 Y)、F(或 N)，默认值为 F；备注型与通用型字段显示 memo 与 gen 标志，输入数据时，按 Ctrl+PgDn 键或双击 memo(或 gen)打开备注型字段(或通用型字段)编辑窗口，输入或修改信息。输入或修改完毕后，按组合键 Ctrl+W，或单击窗口的“关闭”按钮，关闭备注型字段编辑窗口。这时，字段标志首字母显示为大写，即 Memo 或 Gen。

(8) 记录输入完毕后，按组合键 Ctrl+W，或单击“表设计器”窗口的关闭按钮，将表“学生.dbf”存盘。

(9) 打开“显示”菜单，执行“浏览”命令，屏幕上显示表“学生.dbf”的记录，如图 1-3-6 所示。

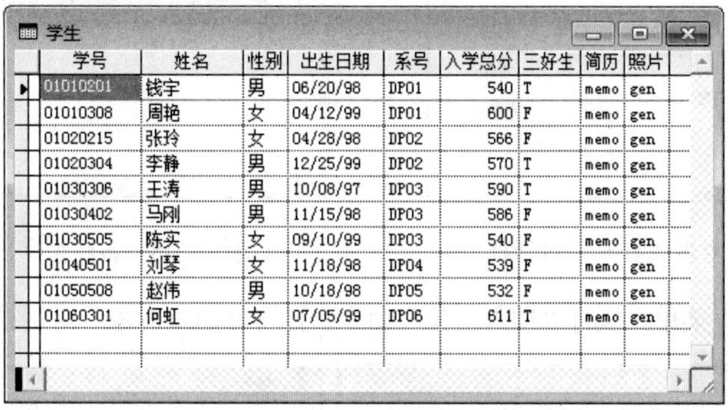

学生

学号	姓名	性别	出生日期	系号	入学总分	三好生	简历	照片
01010201	钱宇	男	06/20/98	DP01	540	T	memo	gen
01010308	周艳	女	04/12/99	DP01	600	F	memo	gen
01020215	张玲	女	04/28/98	DP02	566	F	memo	gen
01020304	李静	男	12/25/99	DP02	570	T	memo	gen
01030306	王涛	男	10/08/97	DP03	590	T	memo	gen
01030402	马刚	男	11/15/98	DP03	586	F	memo	gen
01030505	陈实	女	09/10/99	DP03	540	F	memo	gen
01040501	刘琴	女	11/18/98	DP04	539	F	memo	gen
01050508	赵伟	男	10/18/98	DP05	532	F	memo	gen
01060301	何虹	女	07/05/99	DP06	611	T	memo	gen

图 1-3-6 “学生记录”浏览窗口

【实验 3-2】 将表 1-3-2 中的学生简历和照片输入到表“学生.dbf”的相应字段中。

表 1-3-2 表“学生.dbf”的简历字段值

姓名	简历	照片
钱宇	2016 年毕业于成都七中，市三好学生	自定义
周艳	2016 年毕业于成都十四中学，省优干	自定义
张玲	2016 年来自于上海育才中学	自定义
李静	2016 年毕业于成都四川大学附中，三好学生	自定义
王涛	该生来自于西安第 66 中学，2016 年省三好生	自定义
马刚	2016 年毕业于北师大附中	自定义
陈实	该生来自于湖北黄冈中学，喜欢乒乓球	自定义
刘琴	2016 年毕业于成都十八中	自定义
赵伟	2016 年毕业于成都西北中学，三级运动员	自定义
何虹	2016 年毕业于成都十二中学，三好学生	自定义

操作步骤如下：

(1) 打开“文件”菜单，执行“打开”命令，出现“打开”对话框。首先在文件类型下拉列表中选择“表(*.dbf)”选项，然后选择文件“学生.dbf”，如图 1-3-7 所示。然后单击“确定”按钮，打开表“学生.dbf”。

(2) 打开“显示”菜单，执行“浏览”命令，屏幕显示如图 1-3-6 所示。

(3) 输入简历。备注型字段的输入：双击表中第 1 条记录的备注字段 memo 处，打开备注型字段编辑窗口，输入备注信息“2016 年毕业于成都七中，市三好学生”，如图 1-3-8 所示。输入完毕，按组合键 Ctrl+W，或单击窗口的关闭按钮，关闭备注型字段编辑窗口。按此方法，输入其他记录的备注型字段的内容。

(4) 输入照片，即通用字段的输入。例如，在第 1 条记录的照片字段中插入一幅照片，操作方法如下：

① 双击表中第 1 条记录的通用字段 gen 处，打开通用型字段编辑窗口，如图 1-3-9 所示。

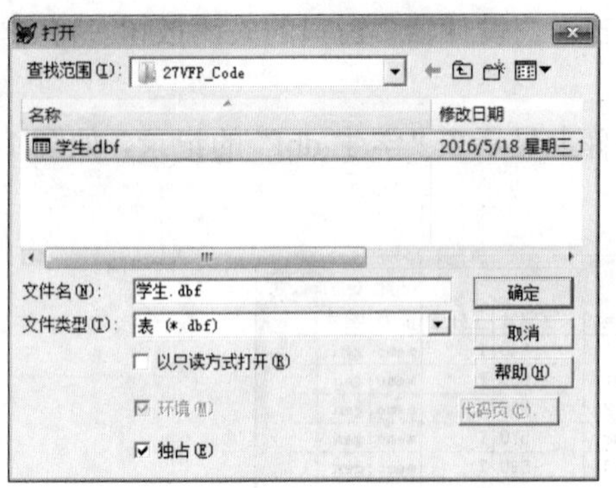

图 1-3-7　学生表“打开”对话框　　　　图 1-3-8　备注型字段编辑窗口

② 打开“编辑”菜单，执行“插入对象”命令，打开“插入对象”对话框，如图 1-3-10 所示。

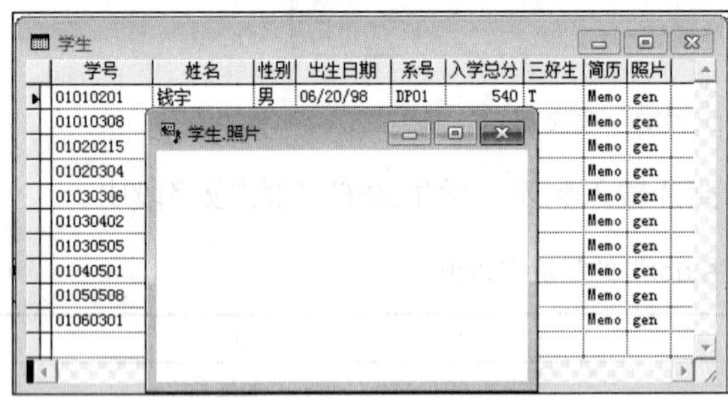

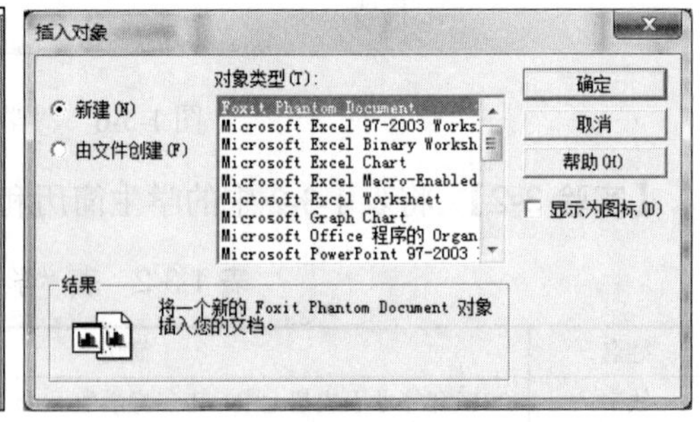

图 1-3-9　通用型字段编辑窗口　　　　图 1-3-10　“插入对象”对话框

③ 选中“由文件创建”单选按钮，如图 1-3-11 所示。

④ 单击“浏览”按钮，打开“浏览”对话框，从中选择一幅要插入的图片。

⑤ 单击“确定”按钮，将选中的照片插入到通用型字段编辑窗口，如图 1-3-12 所示。

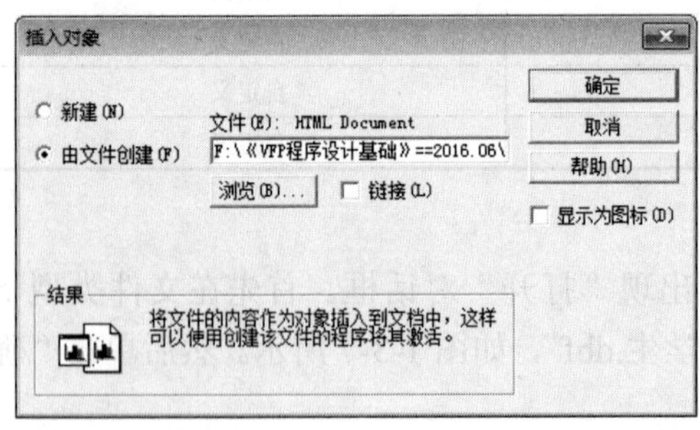

图 1-3-11　选择“由文件创建”单选按钮　　　　图 1-3-12　“插入照片”窗口

⑥ 照片输入完后，单击右上角的关闭按钮，或按组合键 Ctrl+W 存盘退出。

按上述方法，输入其他记录的通用型字段的内容。

(5)最后打开 jxgl 项目管理器，单击“数据”选项卡，将表“学生.dbf”添加到“自由表”数据项中。

【实验 3-3】 利用菜单命令新建表“课程.dbf”，其结构为：课程号(C，4)，课程名(C，20)，学时(N，3)，学分(N，2)，是否必修(L)。向表中输入的记录如表 1-3-3 所示。

表 1-3-3　表“课程.dbf”的记录

课程号	课程名	学时	学分	是否必修
K101	高等数学	80	5	.T.
K102	计算机网络	48	3	.T.
K103	英语	64	4	.T.
K104	数据库技术	48	3	.F.
K105	会计	48	3	.T.
K106	电子商务	64	4	.F.

操作步骤如下：

(1) 打开“文件”菜单，执行“新建”命令，打开“新建”对话框。

(2) 选中“表”单选按钮，单击“新建文件”按钮，打开“创建”对话框。

(3) 在“输入表名”文本框中，输入表名“课程”，单击“保存”按钮，打开“表设计器”对话框。

(4) 依次定义表的字段名、类型、宽度及小数位数，如图 1-3-13 所示。

(5) 输入记录，完成表的建立。

(6) 打开“显示”菜单，执行“浏览”命令，屏幕显示如图 1-3-14 所示。

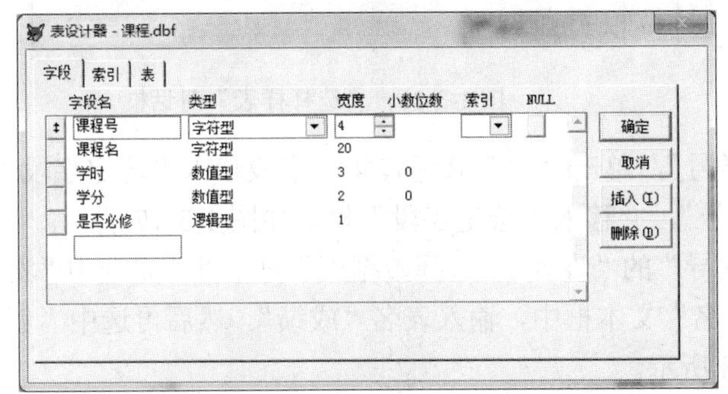

图 1-3-13　“课程.dbf”表设计器对话框

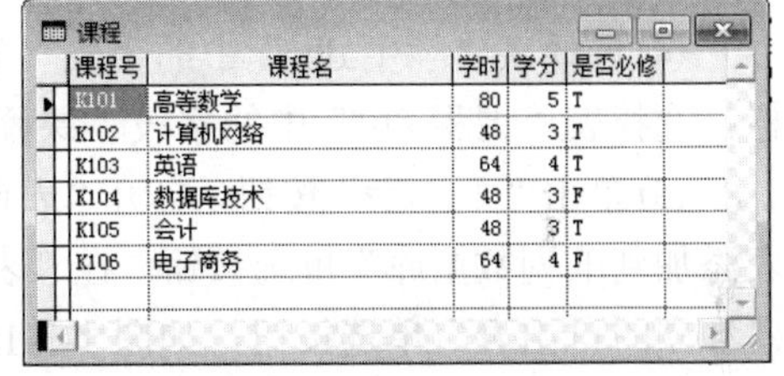

图 1-3-14　“课程.dbf”浏览窗口

(7) 打开 jxgl 项目管理器，单击“数据”选项卡，将表“课程.dbf”添加到“自由表”数据项中。

【实验 3-4】 利用“向导”新建表“成绩.dbf”，其结构为：学号(C，8)，课程号(C，4)，成绩(N，5.1)。向表中输入的记录如表 1-3-4 所示。

表 1-3-4　表“成绩.dbf”的记录

学号	课程号	成绩	学号	课程号	成绩
01010201	K101	93.5	01020304	K105	88.5
01010201	K103	73.5	01030306	K104	77.0
01010308	K101	87.0	01030402	K104	58.0
01010308	K103	82.5	01030505	K104	76.5
01020215	K101	85.0	01040501	K101	65.5
01020215	K102	76.5	01050501	K103	85.5
01020215	K105	86.0	01050508	K106	98.0
01020304	K101	82.0	01050508	K102	92.0
01020304	K102	91.5	01060301	K103	76.5

操作步骤如下：

(1)打开“文件”菜单，执行“新建”命令，打开“新建”对话框。

(2)选中“表”单选按钮，单击“向导”按钮，打开“表向导”的“步骤 1-字段选取”对话框，如图 1-3-15 所示。

(3)单击左下方的“加入”按钮，出现“打开”对话框，依次选择样表“学生.dbf”和“课程.dbf”。于是，在“样表”选择框中可看到这两张表。单击“样表”框中的“学生”表，“可用字段”框中出现“学生”表的所有字段，如图 1-3-16 所示。

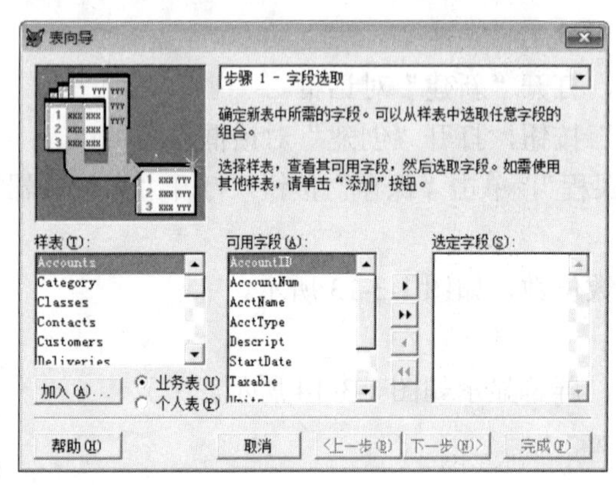

图 1-3-15　“步骤 1-字段选取”对话框

图 1-3-16　“选择样表”对话框

(4)选择表“学生.dbf”中的字段“学号”，单击“ ▸ ”按钮，将该字段移入“选定字段”栏；选择表“课程.dbf”中的字段“课程号”，并移入“选定字段”栏，如图 1-3-17 所示。

(5)单击“下一步”按钮，打开“表向导”的“步骤 1a-选择数据库”对话框。先选中“将表添加到下列数据库”单选按钮，在“表名”文本框中，输入表名“成绩”。然后再选中“创建独立的自由表”单选按钮，如图 1-3-18 所示。

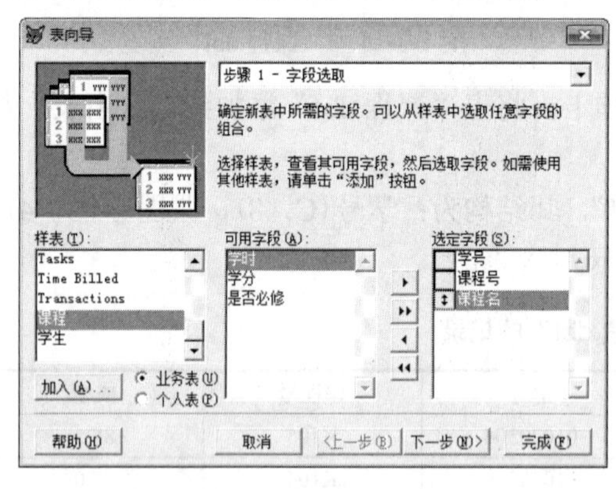

图 1-3-17　“选择字段”对话框

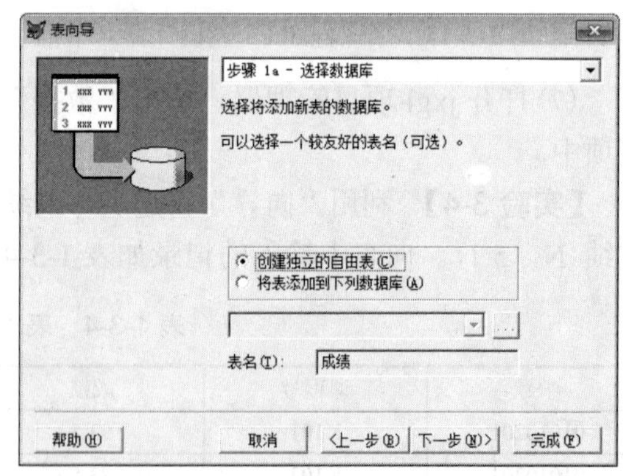

图 1-3-18　“步骤 1a-选择数据库”对话框

(6)单击“下一步”按钮，打开“表向导”的“步骤 2-修改字段设置”对话框。在“选定字段”列表框中，单击字段“课程名”，在“字段名”处修改为“成绩”，类型为“数值型”，其宽度改为 5，小数位改为 1，如图 1-3-19 所示。

(7)单击“下一步”按钮，打开“表向导”的“步骤 3-为表建索引”对话框，如图 1-3-20 所示。在该对话框中，用户可对表建立索引标识。

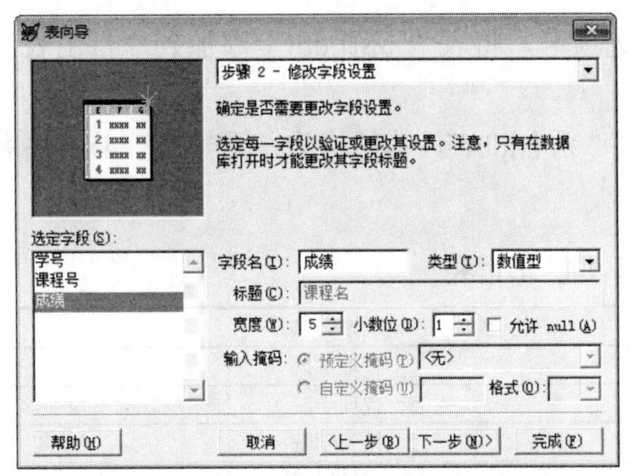

图 1-3-19　“步骤 2-修改字段设置”对话框

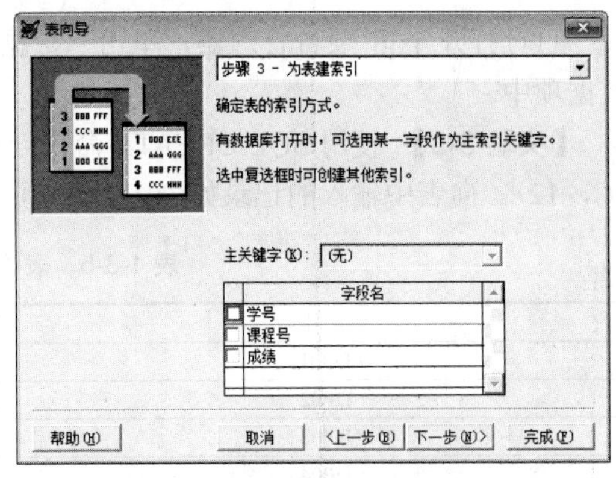

图 1-3-20　“步骤 3-为表建索引”对话框

(8) 这里不用建立索引标识，所以直接单击“下一步”按钮，打开“表向导”的“步骤 4-完成”对话框，如图 1-3-21 所示。

(9) 选中“保存表以备将来使用”单选按钮，单击“完成”按钮，打开“另存为”对话框，如图 1-3-22 所示。在“输入表名”文本框中输入“成绩”，然后单击“保存”按钮，于是建立完成表“成绩.dbf”的结构，并保存在指定的盘和文件夹中。

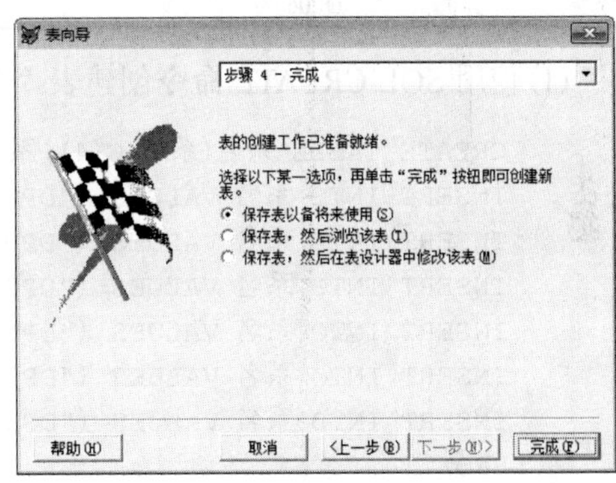

图 1-3-21　“步骤 4-完成”对话框

(10) 输入数据。在命令窗口中输入以下命令，输入记录。

```
USE 成绩
APPEND                          &&为数据表追加数据记录
* 数据输完后按组合键 Ctrl+W 存盘
BROW                            &&如图 1-3-23 所示
USE
```

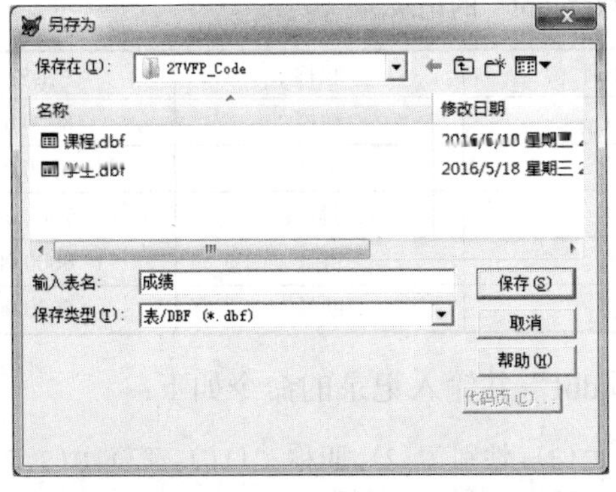

图 1-3-22　“另存为”对话框

成绩

学号	课程号	成绩
01010201	K101	93.5
01010201	K103	73.5
01010308	K101	87.0
01010308	K103	82.5
01020215	K101	85.0
01020215	K102	76.5
01020215	K105	86.0
01020304	K101	82.0
01020304	K102	91.5
01020304	K105	88.5
01030306	K104	77.0
01030402	K104	58.0
01030505	K104	76.5
01040501	K101	65.5
01050501	K103	85.5
01050508	K106	98.0
01050508	K102	92.0
01060301	K103	76.5

图 1-3-23　“成绩”浏览窗口

(11) 打开 jxgl 项目管理器，单击“数据”选项卡，将表“成绩.dbf”添加到“自由表”数据项中。

【实验 3-5】 使用 SQL-CREATE 命令创建表“系名.dbf”，其结构为：系号(C，4)，系名(C，12)。向表中输入的记录如表 1-3-5 所示。

表 1-3-5　表“系名.dbf”的记录

系号	系名
DP01	管理学院
DP02	数理学院
DP03	化工学院
DP04	计算机学院
DP05	文史学院
DP06	医药学院

(1) 使用 SQL-CREATE 命令创建表“系名.dbf”并输入记录的命令如下：

```
CREATE TABLE 系名(系号 C(4),系名 C(12))                    &&创建表结构
INSERT INTO 系名 VALUES ("DP01","管理学院")                 &&输入记录
INSERT INTO 系名 VALUES ("DP02","数理学院")
INSERT INTO 系名 VALUES ("DP03","化工学院")
INSERT INTO 系名 VALUES ("DP04","计算机学院")
INSERT INTO 系名 VALUES ("DP05","文史学院")
INSERT INTO 系名 VALUES ("DP06","医药学院")
BROW                                                        &&如图 1-3-24 所示
```

图 1-3-24　“系名.dbf”浏览窗口

(2) 打开 jxgl 项目管理器，单击“数据”选项卡，将表“系名.dbf”添加到“自由表”数据项中。

【实验 3-6】 使用 SQL-CREATE 命令创建表“教师.dbf”，其结构为：教师号(C，5)，姓名(C，8)，性别(C，2)，职称(C，10)，工资(N，8.2)。向表中输入的记录如表 1-3-6 所示。

表 1-3-6　表“教师.dbf”的记录

教师号	姓名	性别	职称	工资
T0001	张平	男	教授	8000.00
T0002	刘静	女	讲师	6000.00
T0003	孙文	男	副教授	7000.00
T0004	陈虹	女	讲师	6000.00
T0005	王扬	男	助教	5000.00

(1) 使用 SQL-CREATE 命令创建表“教师.dbf”并输入记录的命令如下：

```
CREATE TABLE 教师(教师号 C(5),姓名 C(8),性别 C(2),职称 C(10),工资 N(8,2))
INSERT INTO 教师 VALUES("T0001","张平","男","教授",8000.00)
INSERT INTO 教师 VALUES("T0002","刘静","女","讲师",6000.00)
INSERT INTO 教师 VALUES("T0003","孙文","男","副教授",7000.00)
```

```
INSERT INTO 教师 VALUES("T0004","陈虹","女","讲师",6000.00)
INSERT INTO 教师 VALUES("T0005","王扬","男","助教",5000.00)
BROWSE                  &&进入"浏览"窗口,如图 1-3-25 所示
```

教师

教师号	姓名	性别	职称	工资
T0001	张平	男	教授	8000.00
T0002	刘静	女	讲师	6000.00
T0003	孙文	男	副教授	7000.00
T0004	陈虹	女	讲师	6000.00
T0005	王扬	男	助教	5000.00

图 1-3-25 “教师.dbf” 浏览窗口

(2) 打开 jxgl 项目管理器，单击“数据”选项卡，将表“教师.dbf”添加到“自由表”数据项中。

【实验 3-7】 使用 SQL-CREATE 命令创建表“授课.dbf”，其结构为：教师号(C，5)，课程号(C，4)。向表中输入的记录如表 1-3-7 所示。

表 1-3-7 表“授课.dbf”的记录

教师号	课程号
T0001	K101
T0001	K102
T0002	K101
T0002	K103
T0003	K103
T0003	K104
T0004	K105
T0004	K104
T0001	K105
T0001	K106

(1) 使用 SQL-CREATE 命令创建表“授课.dbf”并输入记录的命令如下：

```
CREATE TABLE 授课(教师号 C(5),课程号 C(4))            &&创建表结构
INSERT INTO 授课 VALUES ("T0001","K101")              &&输入记录
INSERT INTO 授课 VALUES ("T0001","K102")
INSERT INTO 授课 VALUES ("T0002","K101")
INSERT INTO 授课 VALUES ("T0002","K103")
INSERT INTO 授课 VALUES ("T0003","K103")
INSERT INTO 授课 VALUES ("T0003","K104")
INSERT INTO 授课 VALUES ("T0004","K105")
INSERT INTO 授课 VALUES ("T0004","K104")
INSERT INTO 授课 VALUES ("T0001","K105")
INSERT INTO 授课 VALUES ("T0001","K106")
LIST                &&记录显示如图 1-3-26 所示
```

```
记录号  教师号  课程号
     1  T0001   K101
     2  T0001   K102
     3  T0002   K101
     4  T0002   K103
     5  T0003   K103
     6  T0003   K104
     7  T0004   K105
     8  T0004   K104
     9  T0001   K105
    10  T0001   K106
```

图 1-3-26 “授课.dbf” 列表

(2) 打开 jxgl 项目管理器，单击“数据”选项卡，将表“授课.dbf”添加到“自由表”数据项中。

【实验 3-8】 在命令窗口输入以下命令序列，观察运行结果。

```
USE 学生                                &&打开表"学生.dbf"
LIST STRUCTURE                          &&显示表的结构
*下面的命令在显示表结构的同时生成一个文本文件
DISPLAY STRUCTURE TO FILE STRU.TXT
MODIFY FILE STRU.TXT                    &&查找形成文件后的结构信息
DISPLAY                                 &&显示表中当前记录
DISPLAY ALL                             &&显示表中所有记录
*下面的命令显示表中所有记录的三个字段,不显示记录号
LIST FIELDS 学号,姓名,出生日期 OFF
*将学号、姓名、出生日期三字段的值保存在文件中
LIST FIELDS 学号,姓名,出生日期 OFF TO FILE XS.TXT
BROWSE                                  &&进入浏览编辑窗口,按组合键 Ctrl+W 存盘退出
LIST FIELDS 姓名,简历 OFF
USE
```

【实验 3-9】 利用表“学生.dbf”建立另一个表“XSDA1.dbf”的结构。

其命令序列如下：

```
USE 学生
COPY STRUCTURE TO XSDA1 FIELDS 学号, 姓名, 性别
USE XSDA1
DISPLAY STRUCTURE
USE
```

【实验 3-10】 利用表“学生.dbf”建立另一个表“XSDA2.dbf”。

用此方法创建的新表文件既有结构又有记录，其命令序列如下：

```
USE 学生
COPY TO XSDA2 FIELDS 学号, 姓名, 性别
USE XSDA2
BROWSE
```

【实验 3-11】 利用表“学生.dbf”生成另一个表“XSJG.dbf”的结构。

要求按下列步骤操作：

(1) 利用表“学生.dbf”创建另一个表“XSJG.dbf”的结构。

```
USE 学生
COPY STRUCTURE TO XSJG EXTENDED         &&生成一个表结构文件"XSJG.dbf"
USE XSJG
BROWSE                                  &&浏览表结构文件
```

(2) 单击“系号”“简历”“照片”3 个字段前面的删除标记，为这些字段做删除标记。

(3) 将“性别”字段的数据类型改为 L，其字段长度为 1；将“入学总分”字段改名为“高考分数”。

(4) 按组合键 Ctrl+W 存盘退出。

(5) 使用下列命令生成另一个表“学生 1.dbf”的结构。

```
PACK                                        &&修改后的表结构文件
USE
CREATE 学生1 FROM XSJG                      &&生成表"学生1.dbf"
```

【实验 3-12】 在命令窗口中输入以下命令，观察运行结果。

```
USE 学生
GOTO BOTTOM
DISP
SKIP
DISP
? RECNO(),EOF()        &&显示当前记录号值，测试记录指针是否指向记录末尾
GO TOP
DISP
SKIP -1
? RECNO(),BOF()        &&显示当前记录号值，测试记录指针是否位于记录起始位置
```

【实验 3-13】 在命令窗口中输入以下命令，观察运行结果。

```
USE 学生
EDIT RECORD 2                                  &&编辑第二条记录
EDIT FOR 性别="男" FIELDS 学号,姓名,出生日期   &&编辑所有男生的3个字段
CHANGE FOR 性别="女" FIELDS 姓名               &&编辑所有女生的"姓名"字段
```

【实验 3-14】 在命令窗口中输入以下命令，观察在编辑窗口中有什么不同。

```
USE 学生
*下面一条命令只能对学号字段进行操作
BROWSE FIELDS 学号, 姓名, 系号 FREEZE 学号
BROWSE FIELDS 学号:H="学生证号", 姓名, 系号 TITLE "学生档案表";
FONT "黑体", 12 STYLE "BI"          &&字体，风格，格式设置
BROWSE LOCK 2                       &&分区浏览，左分区只出现2个字段
```

【实验 3-15】 在命令窗口中输入以下命令，观察运行结果。

```
USE 学生
DELETE FOR RECNO()>6.AND.RECNO()<10 &&对7～9号记录做删除标记
LIST                     &&屏幕上可看到记录号和第1字段之间有删除标记"*"
RECALL FOR RECNO()<10                       &&取消7～9号记录的删除标志
PACK                                        &&物理删除
LIST
USE
DELETE FROM 学生 WHERE 姓名="李小婉"        &&SQL命令做删除标记
LIST
PACK
USE
```

【实验 3-16】 成批替换，还可为某一记录的各字段填入数据。

```
USE 学生
APPEND BLANK                                        &&追加一个空记录
REPLACE 学号 WITH "01050001", 姓名 WITH "任琪", 性别 WITH "女", 出生日期;
WITH {^1989/10/16}, 系号 WITH  "DP05"                &&给空记录填入数据
LIST
SKIP -1
REPLACE 简历 WITH "保送生" ADDITIVE
```

```
LIST 姓名, 简历 OFF
USE
```

【实验 3-17】 在命令窗口中输入以下命令，观察运行结果。

```
USE 学生
SET FILTER TO YEAR(出生日期)>=1998 AND YEAR(出生日期)<=1999
LIST
SET FILTER TO
LIST
USE
```

【实验 3-18】 在命令窗口中输入以下命令，观察运行结果。

```
USE 学生
SET FIELDS TO 学号, 姓名, 系号
LIST
SET FIELDS OFF
LIST
USE
```

实验四　排序、检索、统计和多表操作

一、实验目的

1．了解并掌握数据表的排序和索引命令：SORT、INDEX，及其使用。

2．学会有关表查询、统计等命令的使用。

3．了解工作区、工作周期的基本使用方法。

4．掌握多数据表的联结与关联的命令：JOIN、SET RELATION TO。

二、实验内容

【实验 4-1】 对表“学生.dbf”中的学生按入学总分降序排序，生成新文件“入学总分.dbf”，新表中只包含“学号”“姓名”“入学总分”3 个字段。

```
USE 学生
BROWSE            &&显示表"学生.dbf"的记录，如图 1-4-1 所示
SORT TO 入学总分 ON 入学总分/D FIELDS 学号，姓名，入学总分
USE 入学总分
BROWSE            &&显示表"入学总分.dbf"的记录，如图 1-4-2 所示
```

学生

学号	姓名	性别	出生日期	系号	入学总分	三好生	简历	照片
01010201	钱宇	男	06/20/98	DP01	540	T	Memo	Gen
01010308	周艳	女	04/12/99	DP01	600	F	Memo	gen
01020215	张玲	女	04/28/98	DP02	566	F	Memo	gen
01020304	李静	男	12/25/99	DP02	570	T	Memo	gen
01030306	王涛	男	10/08/97	DP03	590	T	Memo	gen
01030402	马刚	男	11/15/98	DP03	586	F	Memo	gen
01030505	陈实	女	09/10/99	DP03	540	F	Memo	gen
01040501	刘琴	女	11/18/98	DP04	539	F	Memo	gen
01050508	赵伟	男	10/18/98	DP05	532	F	Memo	gen
01060301	何虹	女	07/05/99	DP06	611	T	Memo	gen

图 1-4-1　“学生.dbf”记录

入学总分

学号	姓名	入学总分
01060301	何虹	611
01010308	周艳	600
01030306	王涛	590
01030402	马刚	586
01020304	李静	570
01020215	张玲	566
01010201	钱宇	540
01030505	陈实	540
01040501	刘琴	539
01050508	赵伟	532

图 1-4-2　“入学总分.dbf”记录

【实验 4-2】 对表“学生.dbf”按入学总分建立单索引文件，如图 1-4-3 所示。

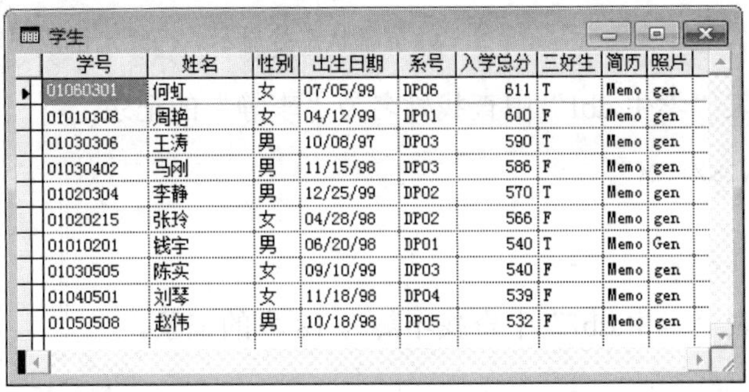

学生

学号	姓名	性别	出生日期	系号	入学总分	三好生	简历	照片
01060301	何虹	女	07/05/99	DP06	611	T	Memo	gen
01010308	周艳	女	04/12/99	DP01	600	F	Memo	gen
01030306	王涛	男	10/08/97	DP03	590	T	Memo	gen
01030402	马刚	男	11/15/98	DP03	586	F	Memo	gen
01020304	李静	男	12/25/99	DP02	570	T	Memo	gen
01020215	张玲	女	04/28/98	DP02	566	F	Memo	gen
01010201	钱宇	男	06/20/98	DP01	540	T	Memo	Gen
01030505	陈实	女	09/10/99	DP03	540	F	Memo	gen
01040501	刘琴	女	11/18/98	DP04	539	F	Memo	gen
01050508	赵伟	男	10/18/98	DP05	532	F	Memo	gen

图 1-4-3 “学生.dbf”索引降序排列显示结果

```
USE 学生
INDEX ON 姓名 TO XM
INDEX ON -入学总分 TO ZF ADDITIVE          &&按入学总分降序排序
*索引时使用 ADDITIVE 子句的作用是不关闭以前所建立的索引
BROWSE
```

【实验 4-3】 对表“学生.dbf”建立复合索引，其中包含以下 3 个索引。

(1) 以姓名降序排列，索引标识为普通索引。

(2) 以性别升序排列，性别相同时以入学总分升序排列，索引标识为普通索引。

(3) 以性别升序排列，性别相同时以出生日期降序排列，索引标识为候选索引。

```
USE 学生
*建立复合索引文件"学生.CDX"，XM 为普通索引标识
INDEX ON 姓名 TAG XM DESCENDING
INDEX ON 性别 TAG XB
*关键字为性别+STR(入学总分, 3)，普通索引标识 xbzf 加入"学生.CDX"中
INDEX ON 性别+STR(入学总分, 3) TAG xbzf
*以性别+DTOS(出生日期)建立候选索引，xbcsrq 为索引标识，加入"学生.CDX"中
INDEX ON 性别+DTOS(出生日期) TAG xbcsrq CANDIDATE
```

【实验 4-4】 打开表“学生.dbf”，按索引标识 XBCSRQ 进行排序。

```
USE 学生 INDEX 学生 ORDER TAG XBCSRQ       &&用 ORDER 子句设置主索引
BROWSE
```

【实验 4-5】 在表“学生.dbf”中查找姓名为“王涛”的记录。

```
USE 学生
LOCATE ALL FOR 姓名="王涛"
DISP
CONTINUE                                 &&屏幕显示：已经定位范围末尾
```

【实验 4-6】 在表“教师.dbf”中查找职称是“教授”或“副教授”的记录。

```
USE 教师
LOCATE ALL FOR "教授"$职称
DISP
```

```
CONTINUE
DISP
CONTINUE                          &&屏幕状态处显示：已经定位范围末尾
```

【实验 4-7】 在表“学生.dbf”中查找姓名为“李静”的记录。

```
USE 学生 INDEX XM
FIND 李静
DISP
```

【实验 4-8】 在表“学生.dbf”中查找年龄为 18 岁的记录。

```
USE 学生
INDEX ON YEAR(DATE())-YEAR(出生日期) TAG nj
SEEK 18
LIST FOR YEAR(DATE())-YEAR(出生日期)=18 REST
```

【实验 4-9】 统计表“学生.dbf”中学生的总人数，并显示在屏幕上。

```
SET TALK OFF
USE 学生
COUNT TO RS_SUM
? RS_SUM      &&在对话开启时，不带 TO 子名的 COUNT 将在状态栏处显示统计数
```

【实验 4-10】 求表“教师.dbf”中教师的工资总和。

```
USE 教师
SUM 工资 TO GZ_SUM
? GZ_SUM
```

【实验 4-11】 求表“教师.dbf”中教师的平均工资。

```
USE 教师
AVERAGE 工资 to GZPJ
? GZPJ
```

【实验 4-12】 求表“学生.dbf”中入学总分的最高分和最低分。

```
USE 学生
DIME A(3)
CALCULATE MAX(入学总分),MIN(入学总分) TO ARRAY A
? A(1), A(2), A(3)
```

【实验 4-13】 对表“教师.dbf”按职称统计工资情况。

```
USE 教师
INDEX ON 职称 TAG ZC
TOTAL ON 职称 TO ZCGZ FIELDS 工资
USE ZCGZ
LIST
```

【实验 4-14】 工作区和别名使用操作。

```
CLOSE ALL                    &&关闭所有表文件，回到 1 号工作区
```

```
? SELECT()                &&函数 SELECT()返回当前工作区号为 1
USE 学生 ALIAS XS         &&在 1 号工作区打开表"学生.dbf"
? SELECT()
SELECT 2
USE 成绩 ALIAS CJ
DISP A.姓名, 成绩          &&显示 1 号工作区的姓名和 2 号工作区的成绩
? SELECT()
SELECT 0                  &&选择未使用工作区编号最小的为当前工作区
USE 课程                  &&在 3 号工作区打开表"课程.dbf"
? SELECT()
```

【实验 4-15】 使用表“学生.dbf”“成绩.dbf”“课程.dbf”显示学生的成绩情况。

分析：表“学生.dbf”与“成绩.dbf”之间可通过学号建立关联，表“课程.dbf”与“成绩.dbf”之间可通过课程号建立关联。在建立第二个关联时，保留第一个关联。

```
CLEAR ALL
SELECT 1
USE 学生
INDEX ON 学号 TAG xh
SELECT 2
USE 课程
INDEX ON 课程号 TAG ckh
SELECT 3
USE 成绩
SET RELATION TO 学号 INTO A
SET RELATION TO 课程号 INTO B ADDITIVE
DISPLAY ALL FIELDS A->姓名, B->课程名, 成绩 OFF
```

【实验 4-16】 利用表“教师.dbf”“授课.dbf”“课程.dbf”显示教师授课的课程名称与该课程的课时情况。

分析：题目涉及三个表，以“授课.dbf”为父表，“教师.dbf”和“课程.dbf”为两个子表，属于“一对多关系”的关联问题。“教师.dbf”与“授课.dbf”以“教师号”作为关联条件，“课程.dbf”与“授课.dbf”以“课程号”作为关联条件。

```
CLEAR ALL
SELECT 1
USE 教师                                   &&子表 1
INDEX ON 教师号 TAG jsh
SELECT 2
USE 课程                                   &&子表 2
INDEX ON 课程号 TAG ckh
SELECT 3
USE 授课                                   &&父表
SET RELATION TO 教师号 INTO A
SET RELATION TO 课程号 INTO B ADDITIVE
SET SKIP TO B                              &&子表 B 为多方
DISPLAY ALL FIELDS A.姓名, A.职称, B.课程名, B.学时 OFF
```

【实验 4-17】 利用“学生.dbf”“成绩.dbf”和“课程.dbf”3 张表，生成一个新表“学生课程.dbf”，新表中包含“学号”“姓名”“性别”“课程名称”“课时数”等字段。

```
SELECT 1
USE 学生
SELECT 2
USE 成绩
JOIN WITH A TO XS_CJ FOR 学号=A->学号;
FIELDS A->学号，A->姓名，A->性别，课程号，成绩
SELECT 3
USE XS_CJ
SELECT 4
USE 课程
JOIN WITH C TO 学生课程 FOR 课程号=C->课程号;
FIELDS C->学号，C->姓名，C->性别，课程名，学时， C->成绩
USE 学生课程
LIST
```

【实验 4-18】 先将表“学生.dbf”复制为“学生 2.dbf”，然后给表“学生 2.dbf”增加“课程号”和“成绩”两个字段，并用表“成绩.dbf”中的数据更新表“学生 2.dbf”的数据。

```
SELECT 1
USE 学生
COPY TO 学生2
USE 学生2
ALTER TABLE 学生2 ADD 课程号 C(3)
ALTER TABLE 学生2 ADD 成绩 N(5,1)
INDEX ON 学号 TAG XH
SELECT 2
USE 成绩
INDEX ON 学号 TAG XH1
SELECT 1
UPDATE ON 学号 FROM 成绩 REPLACE 课程号 WITH B->课程号, 成绩 WITH;
B->成绩 RANDOM
BROWSE
```

实验五　数据库与视图设计器

一、实验目的

1．掌握数据库的创建以及库中表的建立。
2．熟悉有关数据库操作的各种命令。
3．掌握数据库中表的设置。
4．了解和掌握数据库的数据字典。
5．掌握表间的关联关系及参照完整性的设置。
6．掌握视图的基本概念与用法。
7．熟悉建立和使用视图的方法。

二、实验内容

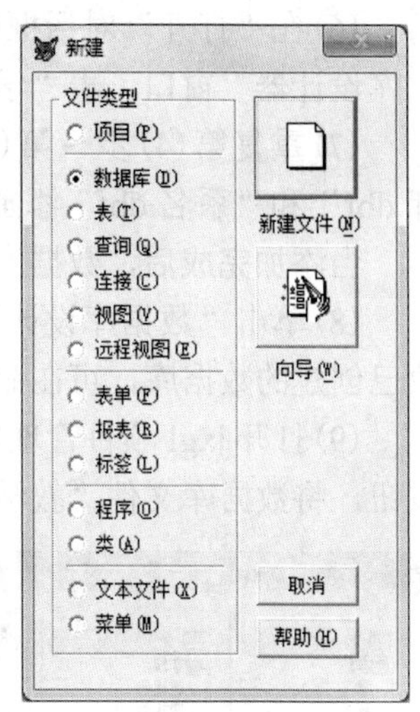

图 1-5-1　“新建”对话框

【实验 5-1】 在项目管理器中，创建一个数据库文件“教学管理.dbc”，并将表“学生.dbf”“课程.dbf”和“成绩.dbf”添加到数据库中变成数据库表。

操作步骤如下：

(1) 打开“文件”菜单，执行“新建”命令(也可在命令窗口中直接键入命令 CREATE DATABASE)，打开“新建”对话框，如图 1-5-1 所示。

(2) 选中“数据库”单选按钮，单击“新建文件”按钮，打开“创建”对话框。在“数据库名”文本框中输入数据库的文件名“教学管理”，如图 1-5-2 所示。

(3) 单击“保存”按钮，屏幕出现“数据库设计器”窗口，如图 1-5-3 所示。

(4) 将表添加到数据库中。在“数据库设计器”窗口内右击，弹出“数据库”快捷菜单，如图 1-5-4 所示。

图 1-5-2　“创建”对话框

图 1-5-3　“数据库设计器”窗口

(5) 执行快捷菜单中的“添加表”命令，出现“打开”对话框，如图 1-5-5 所示。

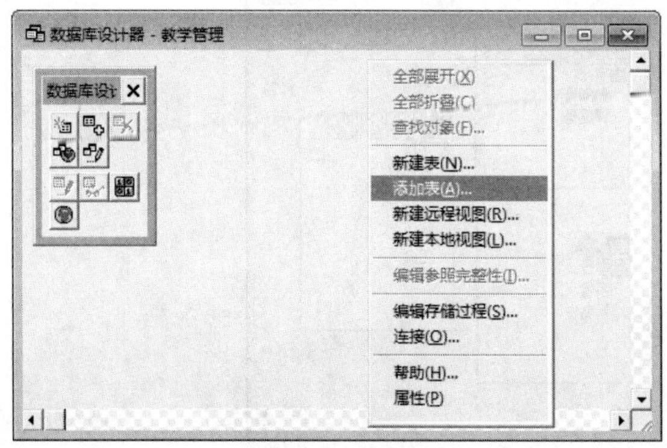

图 1-5-4　数据库快捷菜单

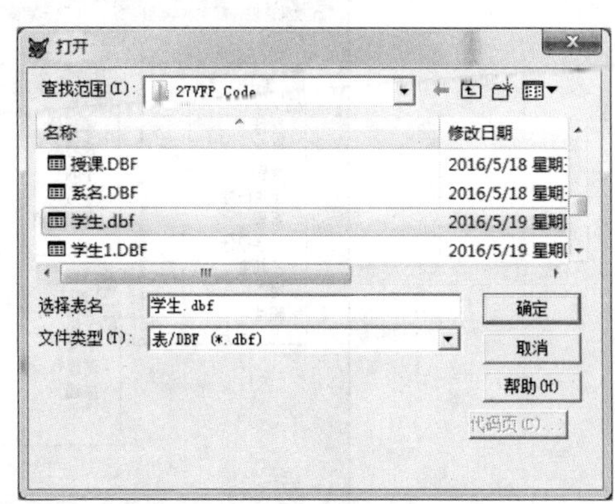

图 1-5-5　“打开”对话框

(6) 在“打开”对话框中，选择要添加的表“学生.dbf”，单击“确定”按钮，返回“数据库设计器”窗口，表“学生.dbf”被添加到数据库“教学管理.dbc”中。

(7) 重复第(4)步～第(6)步的操作，依次将表“成绩.dbf”“课程.dbf”“教师.dbf”“授课.dbf”和“系名.dbf”添加到数据库“教学管理.dbc”中。

当添加完成后，数据库“教学管理.dbc”中包含 6 张表，如图 1-5-6 所示。

(8) 单击“数据库设计器”右上角的关闭按钮，关闭“数据库设计器”窗口。若需要修改已创建的数据库，可在命令窗口中键入 MODIFY DATABASE 命令。

(9) 打开 jxgl 项目管理器，选择“数据”选项卡，单击“数据库”项，然后单击“添加”按钮，将数据库文件“教学管理.dbc”添加到项目中，如图 1-5-7 所示。

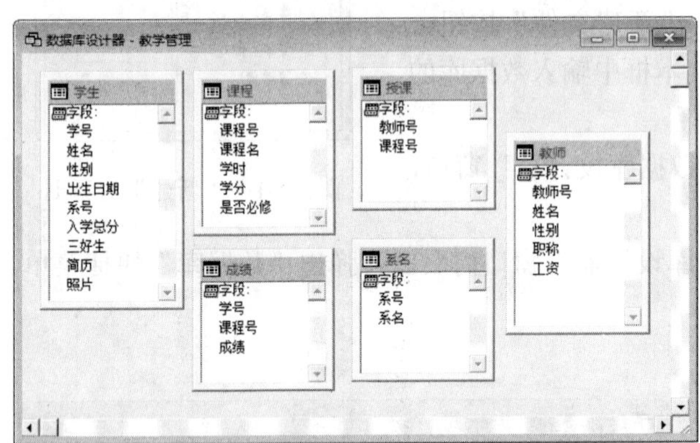

图 1-5-6　“教学管理”数据库窗口

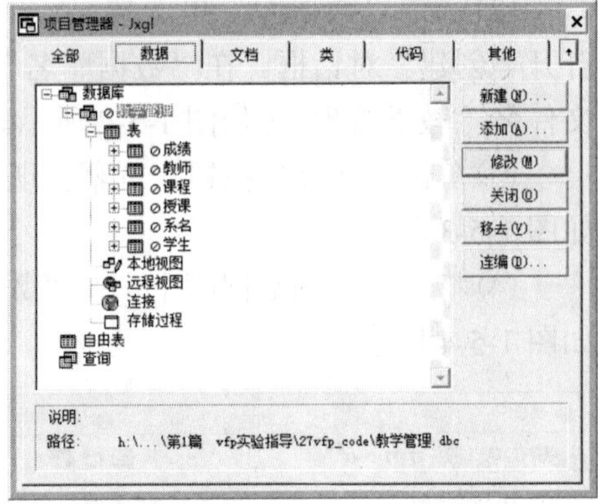

图 1-5-7　jxgl 项目管理器

单击“数据库”项前的符号“+”，展开“数据库”项，可看到数据库“教学管理”已添加成功。

【实验 5-2】 在“数据库设计器”中，对表“学生.dbf”的标题、注释等进行设置。

操作步骤如下：

(1) 打开“文件”菜单，执行“打开”命令，出现“打开”对话框。

(2) 在“打开”对话框中，选择数据库“数据管理.dbc”，单击“确定”按钮，进入“数据库设计器”窗口，如图 1-5-8 所示。

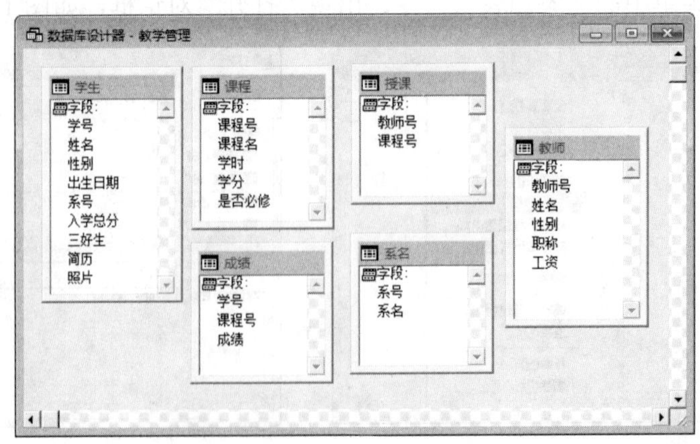

图 1-5-8　“教学管理”数据库窗口

(3)选中表“学生”，打开菜单栏中的“数据库”菜单，执行“修改”命令，打开“表设计器”对话框，如图 1-5-9 所示。

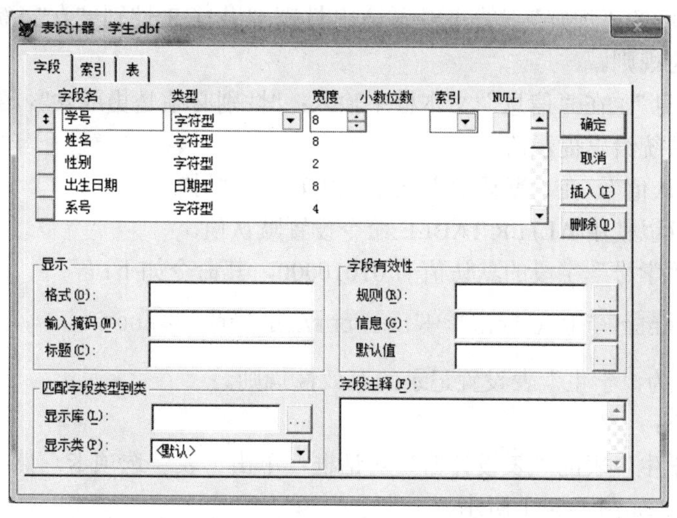

图 1-5-9　“学生.dbf”表设计器

(4)在“表设计器”对话框中，按照表 1-5-1 输入相应的内容。

表 1-5-1　学生表字段的标题、输入掩码、注释和显示格式

字段名	字段标题	输入掩码	字段注释
学号	学生学号	X9999999	主关键字，唯一标识一个学生
姓名		XXXXXXXX	
性别		XX	男或女
系号	学院代码	XX99	外关键字，学生所在院系的代号
入学总分	高考分	999	

【实验 5-3】　设置“学生”表中“性别”字段的有效性规则，如图 1-5-10 所示。

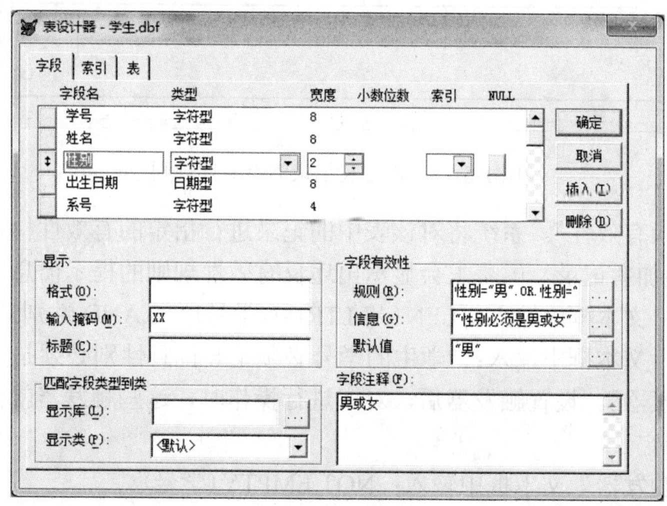

图 1-5-10　设置性别字段的有效性规则

操作步骤如下：

(1) 设置“规则”。打开“学生”表的“表设计器”对话框，选择字段“性别”，然后在“字段有效性”区域的“规则”文本框中输入：性别="男".OR.性别="女"，完成对“性别”字段输入时所遵守的规则。

(2) 设置“信息”。在“信息”文本框中输入："性别必须是男或女"。当用户输入性别字段的值出错时，系统给出提示信息。

(3) 设置“默认值”。在“默认值”文本框中输入："男"。

当然用户也可以使用 ALTER TABLE 命令设置默认值。

例如，设置“学号”字段的默认值为 01010000，其命令如下：

```
ALTER TABLE 学生 ALTER 学号 SET DEFAULT "01010000"
```

【实验 5-4】 为“学生”表设置记录的有效性规则。

操作步骤如下：

首先打开“学生”表的“表设计器”对话框，单击“表”选项卡，然后设置“记录有效性”和“触发器”，如图 1-5-11 所示。

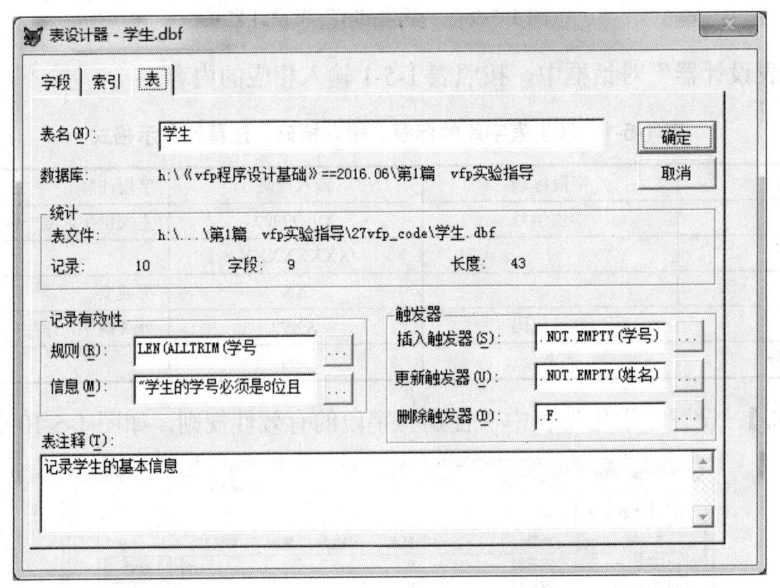

图 1-5-11　设置表记录的有效性规则

(1) 设置“记录有效性”。系统将对该表中的记录进行指定的有效性检查，如果有一条符合规则的记录或追加新记录，屏幕上会显示出违反有效性规则的提示信息。

① 在“规则”文本框中输入：LEN(ALLTRIM(学号))=8.AND.性别$"男女"。

② 在“信息”文本框中输入："学生的学号必须是 8 位且性别必须是男或女"。

(2) 设置“触发器”。设置触发器后，对表进行操作时，这些触发器就会启动，检测操作是否符合触发器规定。

① 在“插入触发器”文本框中输入：NOT EMPTY(学号)。

② 在“更新触发器”文本框中输入：NOT EMPTY(姓名)。

③ 在“删除触发器”文本框中输入：.F.。

(3)设置“表注释”。在“表注释”文本框中输入：记录学生的基本信息。

【实验 5-5】 在“数据库设计器”中，建立数据库“教学管理.dbc”中的表“学生.dbf”和“成绩.dbf”之间的“一对多”永久关系；建立表“课程.dbf”和“成绩.dbf”之间的“一对多”永久关系。

分析：依据“学号”字段，建立表“学生.dbf”和“成绩.dbf”之间的“一对多”永久关系；依据“课程号”字段，建立表“课程.dbf”和“成绩.dbf”之间的“一对多”永久关系。为了建立这样的关系，应按表 1-5-2 建立各表的索引。

表 1-5-2 数据库“教学管理.dbc”中各表的索引

数据库表	索引关键字	索引类型
学生.dbf	学号	主索引
成绩.dbf	学号	普通索引
成绩.dbf	课程号	普通索引
课程.dbf	课程号	候选索引

操作步骤如下：

(1)打开数据库“教学管理.dbc”，进入“数据库设计器”窗口，如图 1-5-12 所示。

图 1-5-12 “数据库设计器”窗口

(2)把表“学生.dbf”作为父表，按“学号”字段建立主索引。把表“成绩.dbf”作为子表，按“学号”字段建立普通索引；把表“课程.dbf”作为父表，按“课程号”字段建立候选索引。把表“成绩.dbf”作为子表，按“课程号”字段建立普通索引。

① 选定表“学生.dbf”，右击，在弹出的快捷菜单中，执行“修改”命令，进入“表设计器”对话框，以“学号”字段为索引关键字建立“主索引”。

② 选定表“成绩.dbf”，右击，在弹出的快捷菜单中，执行“修改”命令，进入“表设计器”对话框，以“学号”字段为索引关键字建立“普通索引”，以“课程号”字段建立“普通索引”。

③ 选定表“课程.dbf”，右击，在弹出的快捷菜单中，执行“修改”命令，进入“表设计器”对话框，以“课程号”字段建立“候选索引”。

当表 1-5-2 建立完各个表的索引后，“数据库设计器”的显示如图 1-5-13 所示。

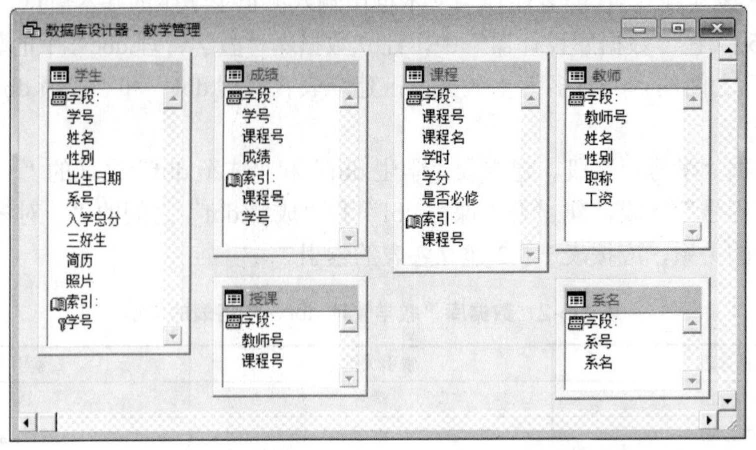

图 1-5-13　“建立索引”后的“数据库设计器”窗口

(3) 画出连线，建立表之间的永久关系。将鼠标指向父表“学生.dbf”索引部分中的索引字段“学号”，并按住左键拖向子表“成绩.dbf”的索引部分中的索引字段“学号”处，然后释放鼠标左键，立即产生两表之间的连线，建立起父表“学生.dbf”与子表“成绩.dbf”之间的“一对多”永久关系。按同样的方法，建立起父表“课程.dbf”与子表“成绩.dbf”之间的“一对多”永久关系，如图 1-5-14 所示。

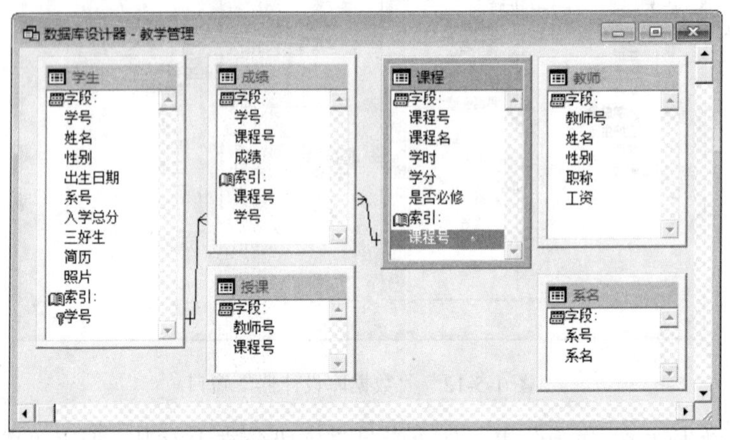

图 1-5-14　“建立关联”后的“数据库设计器”窗口

注意：若用鼠标对准连线右击，然后执行快捷菜单中的“删除关系”命令（或直接按 Delete 键），可解除它们的关系。单击选中后（变粗），可从快捷菜单中执行“编辑关系”命令对关系进行修改。

【实验 5-6】 在数据库“教学管理.dbc”中，建立表“学生.dbf”“成绩.dbf”和“课程.dbf”的参照完整性。

操作步骤如下：

(1) 打开数据库“教学管理.dbc”，进入“数据库设计器”窗口。

(2) 打开“数据库”菜单，执行“清理数据库”命令，清理数据库。

(3) 打开“数据库”菜单，执行“编辑参照完整性”命令，打开“参照完整性生成器”对话框，如图 1-5-15 所示。

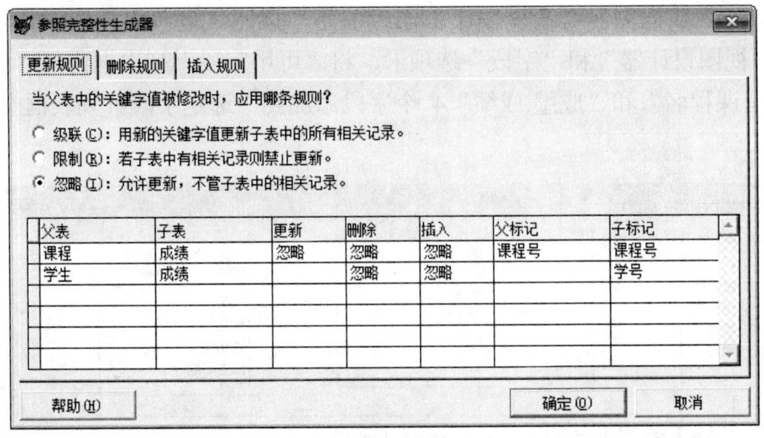

图 1-5-15 “参照完整性生成器”对话框

(4) 根据需要，正确设置参照完整性：更新规则、删除规则和插入规则。

注意：设置参照完整性后，不能再用 INSERT 和 APPEND 方便地插入记录和追加记录，以后只能用 SQL 的 INSERT 命令插入记录。

【实验 5-7】 利用数据库“教学管理.dbc”创建一个本地视图，包含有学号、姓名、课程名和成绩 4 个字段的女生记录，先按照课程名升序排列，课程名相同的情况下再按照成绩降序排列。

操作步骤如下：

(1) 打开数据库“教学管理.dbc”，进入“数据库设计器”窗口。

(2) 打开“文件”菜单，执行“新建”命令，打开“新建”对话框。

(3) 在“新建”对话框中，选中“视图”单选按钮，然后单击“新建文件”按钮，进入“视图设计器”窗口，同时打开“添加表或视图”对话框，如图 1-5-16 所示。

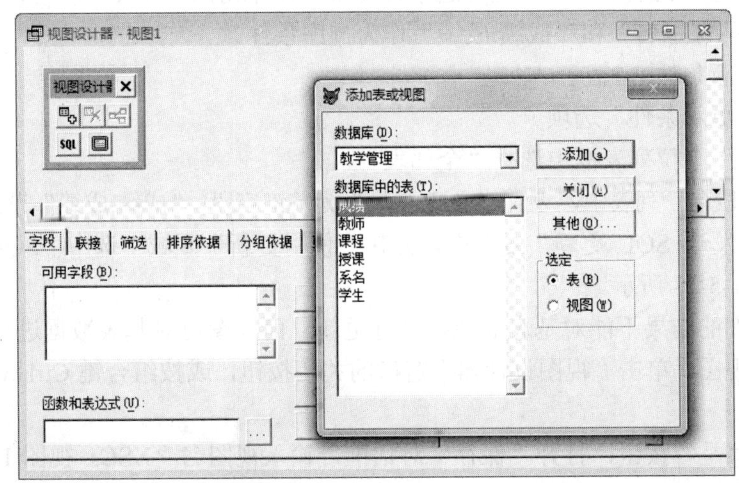

图 1-5-16 “视图设计器”窗口

(4) 在“添加表或视图”对话框中，将数据库“教学管理.dbc”中的表“学生.dbf”“成绩.dbf”和“课程.dbf”添加到“视图设计器”窗口中。

(5) 在“添加表或视图”对话框中，单击“关闭”按钮，进入“视图设计器”窗口。

(6) 选择“视图设计器”和“字段”选项卡，将“可用字段”列表框内的“成绩.学号”“学生.姓名”“课程.课程名”和“成绩.成绩”4 个字段添加到“选定字段”列表框中，如图 1-5-17 所示。

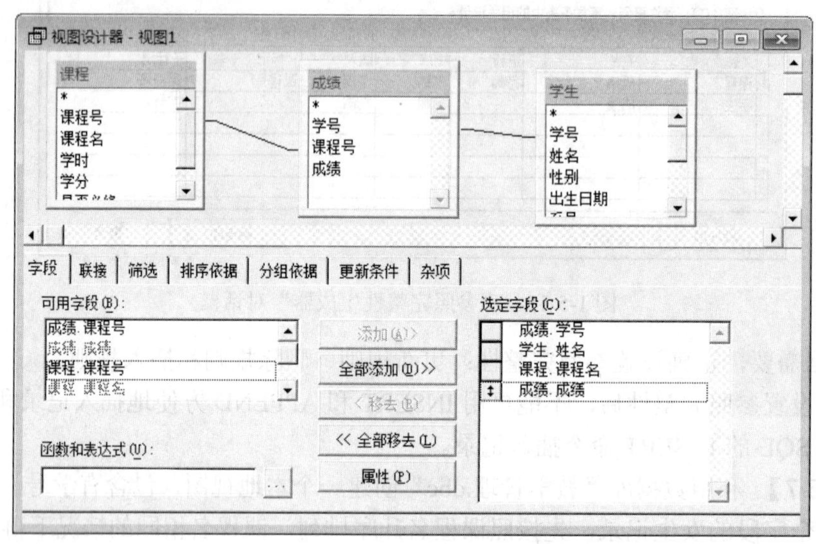

图 1-5-17　“选中字段”窗口

(7) 单击“联接”选项卡，查看联接情况。由于已建联接，不需要在“联接”选项卡中进行设置。已建立的两种联接如下：

① 学生.学号=成绩.学号，类型为内部联接。

② 课程.课程号=成绩.课程号，类型为内部联接。

(8) 在“筛选”选项卡中，设置筛选条件为：学生.性别=“女”；在“排序依据”选项卡中，选择“课程.课程名”和“成绩.成绩”作为排序条件。

(9) 设置更新条件。

① 单击“更新条件”选项卡。

② 在“表”下拉列表框中选择“全部表”。

③ 在“字段名”列表中，设置“成绩.学号”为关键字段，“成绩.成绩”设为可更新字段。

④ 选中“发送 SQL 更新”复选框，并在“使用更新”区域中选中“SQL UPDATE”单选按钮，如图 1-5-18 所示。

注意：查询的结果不能对基表的数据进行更新，而视图可对基表数据进行更新。

(10) 保存视图。单击“视图设计器”窗口的关闭按钮，或按组合键 Ctrl+W，出现系统信息提示对话框。

(11) 单击“是”按钮，打开“保存”对话框，输入视图名“XSCJ_视图 1”，如图 1-5-19 所示。

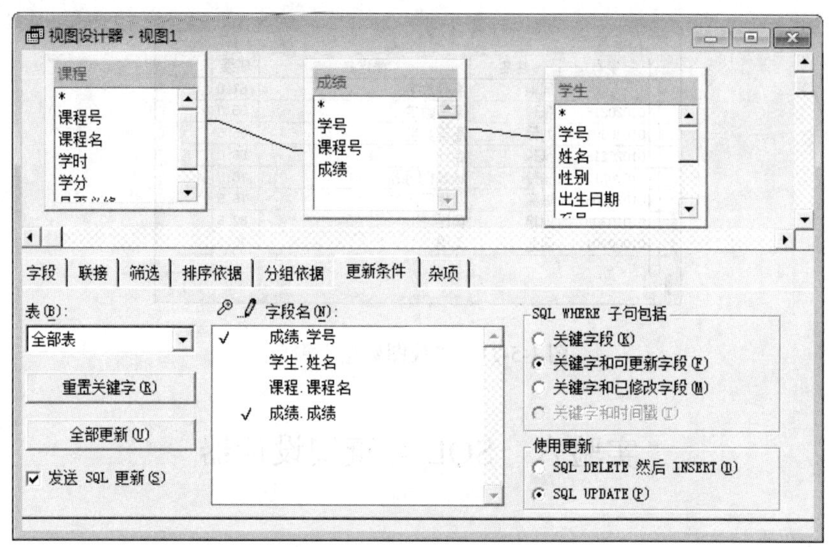

图 1-5-18　设置更新条件

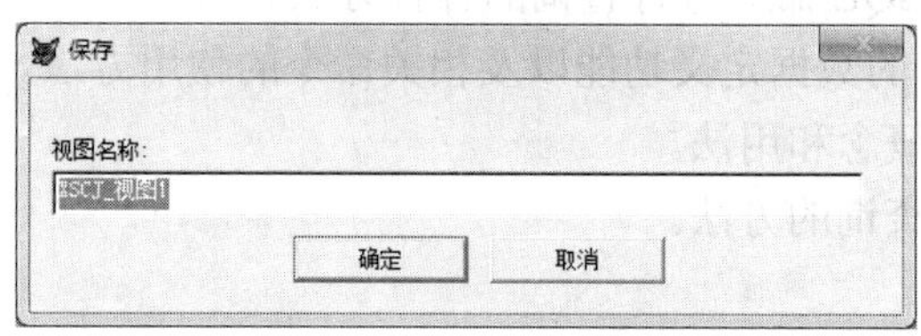

图 1-5-19　“保存”对话框

(12) 单击“确定”按钮，回到教学管理“数据库设计器”窗口，所建视图“XSCJ_视图 1”已经出现在“数据库设计器”窗口中，如图 1-5-20 所示。

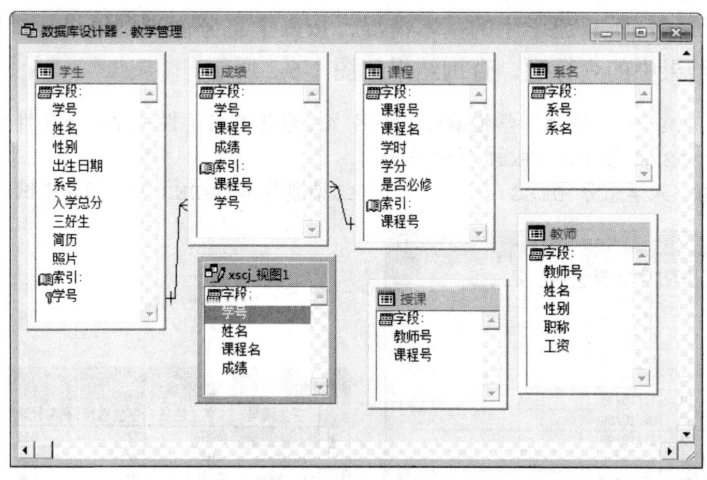

图 1-5-20　“数据库设计器”的视图窗口

(13) 双击“数据库设计器”窗口中的视图“XSCJ_视图 1”，该视图显示结果如图 1-5-21 所示。

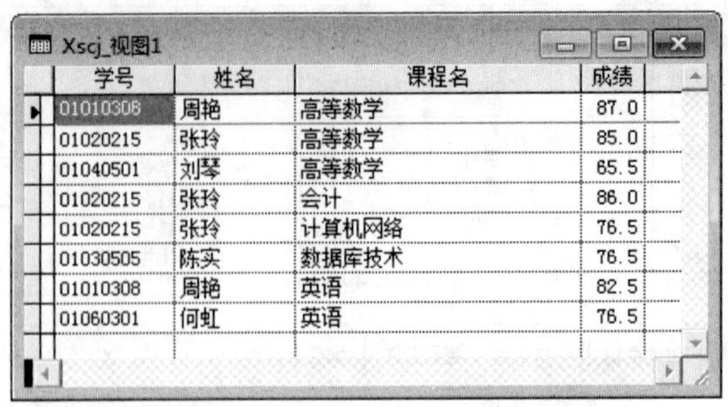

Xscj_视图1

学号	姓名	课程名	成绩
01010308	周艳	高等数学	87.0
01020215	张玲	高等数学	85.0
01040501	刘琴	高等数学	65.5
01020215	张玲	会计	86.0
01020215	张玲	计算机网络	76.5
01030505	陈实	数据库技术	76.5
01010308	周艳	英语	82.5
01060301	何虹	英语	76.5

图 1-5-21　“视图数据”窗口

实验六　SQL 与查询设计器

一、实验目的

1．掌握用 SELECT-SQL 命令进行查询的各种方法。
2．了解并掌握 SQL 的数据定义功能以及相关命令的使用方法。
3．掌握查询的基本概念和用法。
4．熟悉建立和使用查询的方法。

二、实验内容

【实验 6-1】 在命令窗口中使用投影查询的 SELECT-SQL 命令。

(1) 查询学生的基本情况。查询结果如图 1-6-1 所示。

```
SELECT 学号, 姓名, 性别, 出生日期 FROM 学生
```

(2) 查询入学总分前 3 名学生的基本情况，按入学总分由高到低进行排序，同时指定表中的字段在查询结果中的列标题。查询结果如图 1-6-2 所示。

```
SELECT TOP 3 学号 AS 学生编号, 姓名 AS 学生姓名, 性别 AS 学生性别,;
入学总分 AS 高考分数 FROM 学生 ;
ORDER BY 入学总分 DESC                   &&请删除本 ORDER BY 子句再试试看结果
```

查询

学号	姓名	性别	出生日期
01010201	钱宇	男	06/20/98
01010308	周艳	女	04/12/99
01020215	张玲	女	04/28/98
01020304	李静	男	12/25/99
01030306	王涛	男	10/08/97
01030402	马刚	男	11/15/98
01030505	陈实	女	09/10/99
01040501	刘琴	女	11/18/98
01050508	赵伟	男	10/18/98
01060301	何虹	女	07/05/99

图 1-6-1　查询学生基本情况窗口

查询

学生编号	学生姓名	学生性别	高考分数
01060301	何虹	女	611
01010308	周艳	女	600
01030306	王涛	男	590

图 1-6-2　查询入学总分前 3 名窗口

(3) 查询教师表的全部信息。查询结果如图 1-6-3 所示。

```
SELECT * FROM 教师
```

【实验 6-2】 在命令窗口中使用条件查询的 SELECT-SQL 命令。

(1) 查询课程号为 K103 的学号。查询结果如图 1-6-4 所示。

```
SELECT DISTINCT 学号 FROM 成绩 WHERE 课程号="K103"
```

查询

教师号	姓名	性别	职称	工资
T0001	张平	男	教授	8000.00
T0002	刘静	女	讲师	6000.00
T0003	孙文	男	副教授	7000.00
T0004	陈虹	女	讲师	6000.00
T0005	王扬	男	助教	5000.00

图 1-6-3　查询教师表窗口

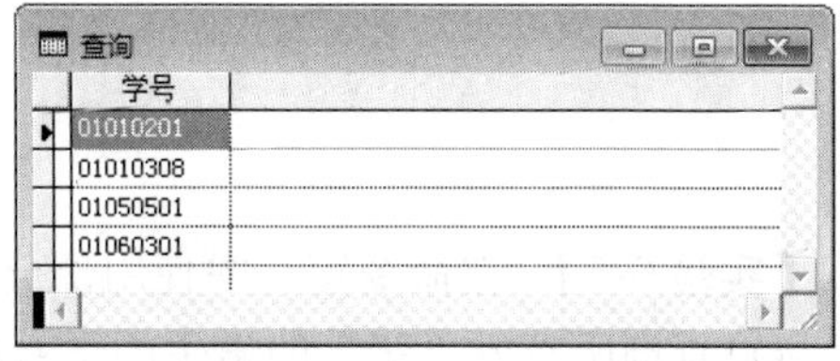

查询

学号
01010201
01010308
01050501
01060301

图 1-6-4　查询课程号为 K103 的学号窗口

(2) 查询成绩高于 90 分的学生的学号、课程号和成绩。查询结果如图 1-6-5 所示。

```
SELECT 学号, 课程号, 成绩 FROM 成绩 WHERE 成绩>=90
```

【实验 6-3】 在命令窗口中使用多重条件查询的 SELECT-SQL 命令。

(1) 查询课程号为 K101 或 K104，且分数大于等于 85 分学生的学号、课程号和成绩。查询结果如图 1-6-6 所示。

```
SELECT 学号, 课程号, 成绩 FROM 成绩;
WHERE (课程号="K101" OR 课程号="K104") AND 成绩>=85
```

查询

学号	课程号	成绩
01010201	K101	93.5
01020304	K102	91.5
01050508	K106	98.0
01050508	K102	92.0

图 1-6-5　查询成绩高于 90 分的学生学号、课程号和成绩窗口

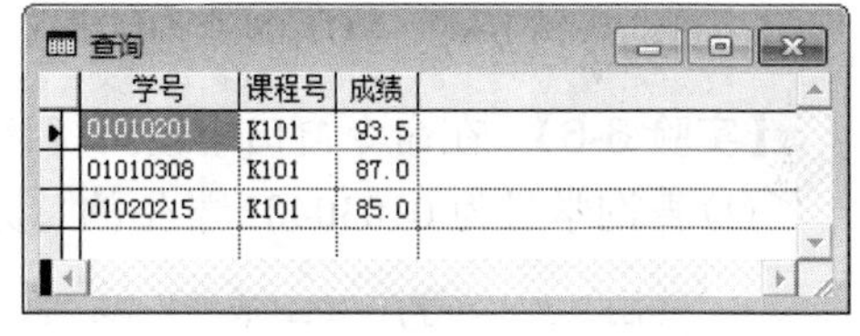

查询

学号	课程号	成绩
01010201	K101	93.5
01010308	K101	87.0
01020215	K101	85.0

图 1-6-6　查询课程号为 K101 或 K104，分数大于等于 85 分的学生

(2) 在成绩表中查询成绩良好（75～85 分）的学生信息。查询结果如图 1-6-7 所示。

```
SELECT 学号, 课程号, 成绩 FROM 成绩 WHERE 成绩 BETWEEN 75 AND 85
```

【实验 6-4】 在命令窗口中使用确定集合的 SELECT-SQL 命令。

(1) 查询课程号为 K104 或 K106 并且成绩在 85 分以上的学生信息。查询结果如图 1-6-8 所示。

```
SELECT 学号, 课程号, 成绩 FROM 成绩 WHERE 课程号;
IN("K104","K106") AND 成绩>=85
```

(2) 利用 NOT IN 查询课程号不是 K104 和 K106 的课程，并且成绩在 85 分和 90 分之间的学生的学号、课程号和成绩。查询结果如图 1-6-9 所示。

```
SELECT 学号, 课程号, 成绩 FROM 成绩 WHERE 课程号;
NOT IN("K104","K106") AND (成绩 BETWEEN 85 AND 90)
```

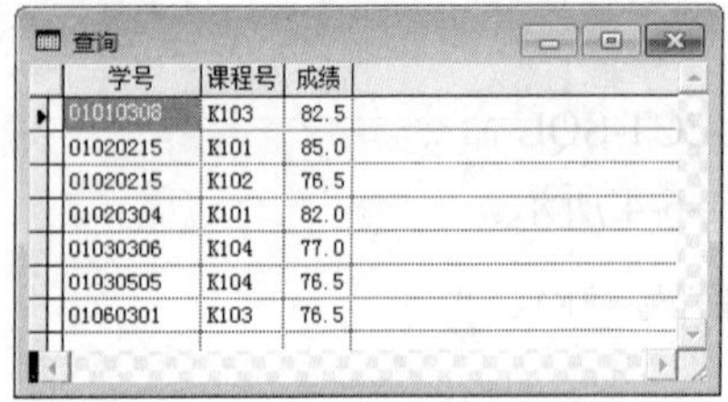

学号	课程号	成绩
01010308	K103	82.5
01020215	K101	85.0
01020215	K102	76.5
01020304	K101	82.0
01030306	K104	77.0
01030505	K104	76.5
01060301	K103	76.5

图 1-6-7　查询成绩良好的学生信息

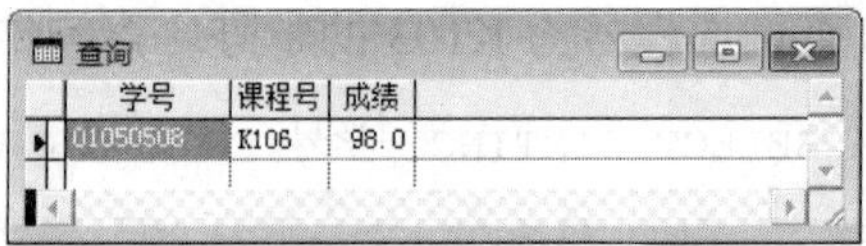

学号	课程号	成绩
01050508	K106	98.0

图 1-6-8　查询课程号为 K104 或 K106 且成绩在 85 分以上的学生信息

【实验 6-5】 在命令窗口中使用部分匹配查询的 SELECT-SQL 命令。

(1) 查询所有姓“张”的学生的学号和姓名。查询结果如图 1-6-10 所示。

```
SELECT 学号, 姓名 FROM 学生 WHERE 姓名 LIKE '张%'
```

(2) 查询姓名中第二个汉字是“刚”的学生的学号和姓名。查询结果如图 1-6-11 所示。

```
SELECT 学号, 姓名 FROM 学生 WHERE 姓名 LIKE '_刚%'
```

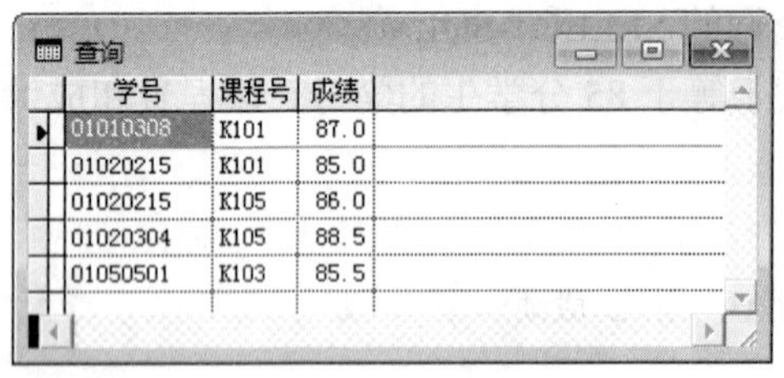

学号	课程号	成绩
01010308	K101	87.0
01020215	K101	85.0
01020215	K105	86.0
01020304	K105	88.5
01050501	K103	85.5

图 1-6-9　NOT IN 查询结果

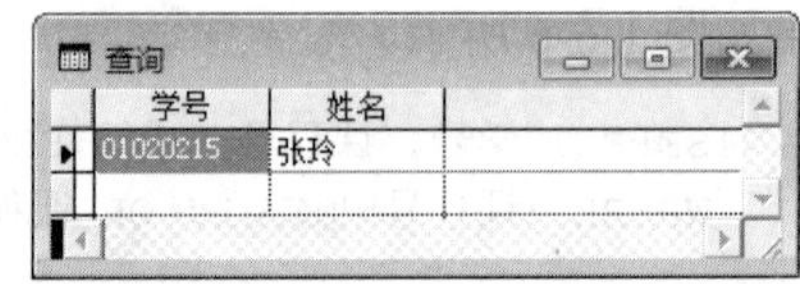

学号	姓名
01020215	张玲

图 1-6-10　查询姓“张”的学生的学号和姓名

【实验 6-6】 在命令窗口中使用统计查询的 SELECT-SQL 命令。

(1) 查询学号为 01030402 学生的总分和平均分(显示学号)。查询结果如图 1-6-12 所示。

```
SELECT 学号, SUM(成绩) AS 总分, AVG(成绩) AS 平均分;
FROM 成绩 WHERE 学号="01030402"
```

学号	姓名
01030402	马刚

图 1-6-11　第二个汉字是“刚”的学生的学号和姓名

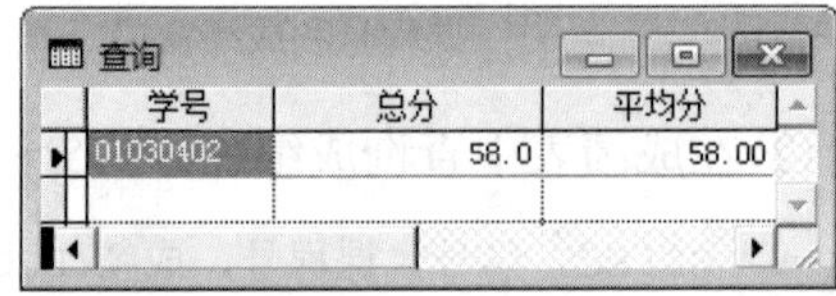

学号	总分	平均分
01030402	58.0	58.00

图 1-6-12　学号 01030402 学生的总分和平均分

(2) 统计选修课程号 K102 的学生的最高分、最低分以及两者之间的相差分数(显示课程号)。查询结果如图 1-6-13 所示。

```
SELECT 课程号, MAX(成绩) AS 最高分, MIN(成绩) AS 最低分, ;
MAX(成绩)-MIN(成绩) AS 相差分数 FROM 成绩 WHERE 课程号="K102"
```

(3) 统计入学总分在 585 分以上的学生人数。查询结果如图 1-6-14 所示。

```
SELECT COUNT(*) AS 入学总分在585分以上的学生人数;
FROM 学生 WHERE 入学总分>=585
```

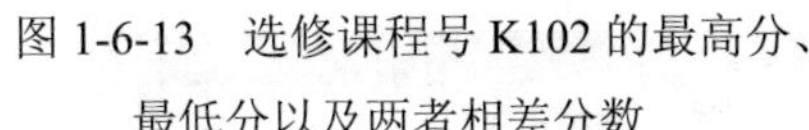
图 1-6-13 选修课程号 K102 的最高分、最低分以及两者相差分数

图 1-6-14 入学总分在 585 分以上的学生人数

(4)统计成绩表中有多少门课程。查询结果如图 1-6-15 所示。

```
SELECT COUNT(DISTINCT 课程号) AS 课程数 FROM 成绩
```

(5)利用 COUNT(*)函数查询教师表中“教授”和“副教授”的人数。查询结果如图 1-6-16 所示。

```
SELECT COUNT(*) AS 教授和副教授的人数 FROM 教师;
WHERE 职称 IN ("教授","副教授")
```

图 1-6-15 统计成绩表中有多少门课程

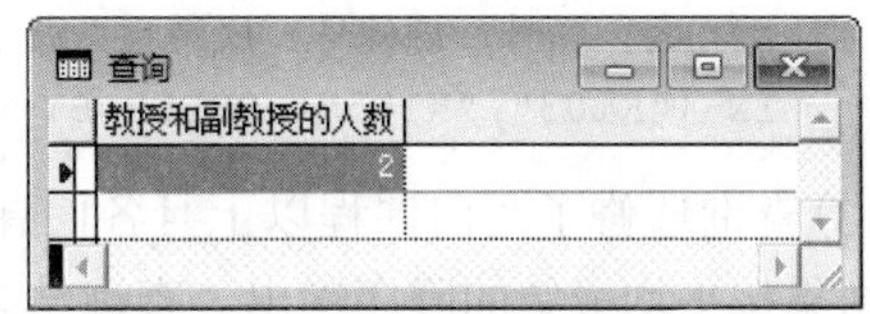

图 1-6-16 查询“教授”和“副教授”的人数

【实验 6-7】 在命令窗口中使用分组查询的 SELECT-SQL 命令。

(1)查询各位教师的教师号及其授课的门数。查询结果如图 1-6-17 所示。

```
SELECT 教师号, COUNT(*) AS 授课门数 FROM 授课 GROUP BY 教师号
```

(2)查询选修两门以上课程的学生的学号和选课门数。查询结果如图 1-6-18 所示。

```
SELECT 学号, COUNT(*) AS 选课门数 FROM 成绩;
GROUP BY 学号 HAVING COUNT(*)>=2 &&改为 HAVING 选课门数>=2 试试看结果
```

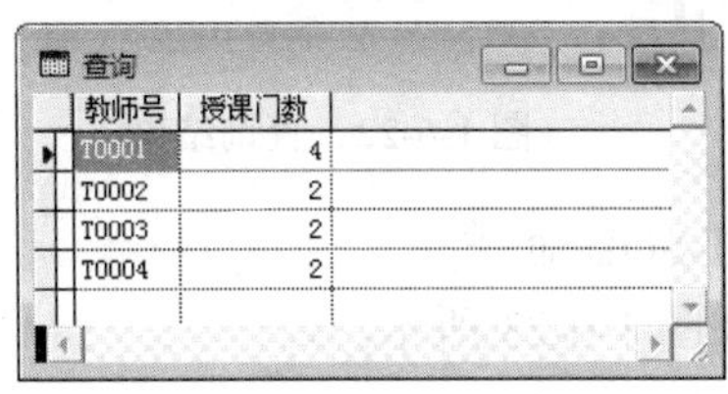

图 1-6-17 查询各位教师的教师号及其授课门数

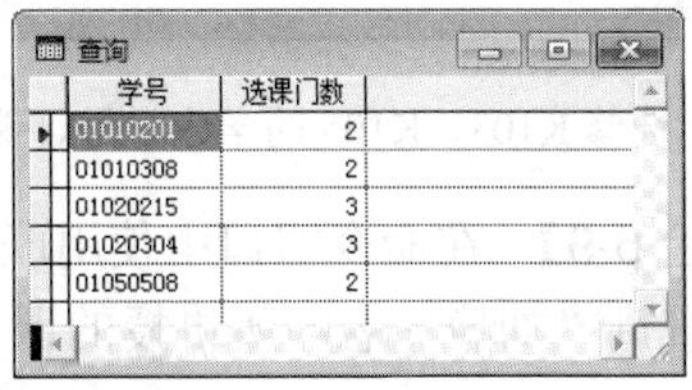

图 1-6-18 选修两门以上课程的学生的学号和选课门数

(3)在课程 K102、K104 和 K106 中，查询学生的平均成绩在 85 以上的课程信息，包括课程号和课程平均分两个字段。查询结果如图 1-6-19 所示。

```
SELECT 课程号, AVG(成绩) AS 课程平均分 FROM 成绩 ;
WHERE 课程号 IN ("K102","K104","K106") ;
GROUP BY 课程号 HAVING  课程平均分>=85 &&改为 AVG(成绩)>=85 试试看结果
```

【实验 6-8】 在命令窗口中使用查询排序的 SELECT-SQL 命令。

(1) 查询选修了课程号为 K103 的学生的学号、课程号和成绩，并按照成绩降序排列。查询结果如图 1-6-20 所示。

```
SELECT 学号, 课程号, 成绩 FROM 成绩 WHERE 课程号="K103" ;
ORDER BY 成绩 DESC
```

课程号	课程平均分
K102	86.67
K106	98.00

图 1-6-19　平均成绩在 85 分以上的课程信息

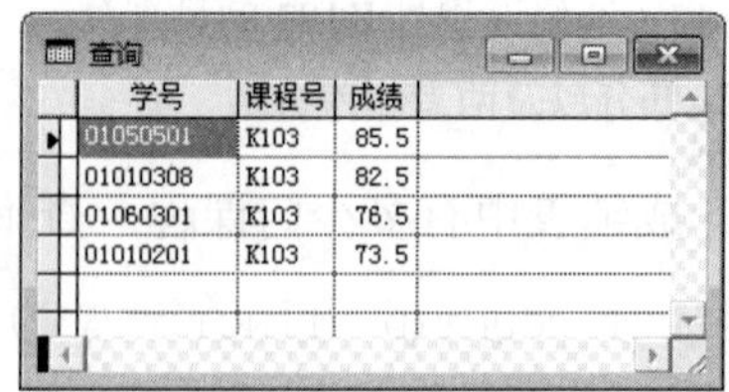

学号	课程号	成绩
01050501	K103	85.5
01010308	K103	82.5
01060301	K103	76.5
01010201	K103	73.5

图 1-6-20　选修课程号为 K103 的学生学号、课程号、成绩

(2) 查询选修了课程号为 K103 和 K105 的学生的学号、课程号和成绩，查询结果按课程号的升序排列，如果课程号相同再按照成绩降序排列。查询结果如图 1-6-21 所示。

```
SELECT 学号, 课程号, 成绩 FROM 成绩 WHERE 课程号 ;
IN ("K103","K105") ORDER BY 课程号, 成绩 DESC
```

(3) 查询选修了两门课程以上且各门课程均及格的学生的学号、及格门数和平均成绩，查询结果按平均成绩的降序输出。查询结果如图 1-6-22 所示。

```
SELECT 学号, COUNT(*) AS 及格门数, AVG(成绩) AS 平均成绩 ;
FROM 成绩 WHERE 成绩>=60 GROUP BY 学号 HAVING  COUNT(*) >=2 ;
ORDER BY 平均成绩 DESC                    &&改为 AVG(成绩) DESC 再试试看结果
```

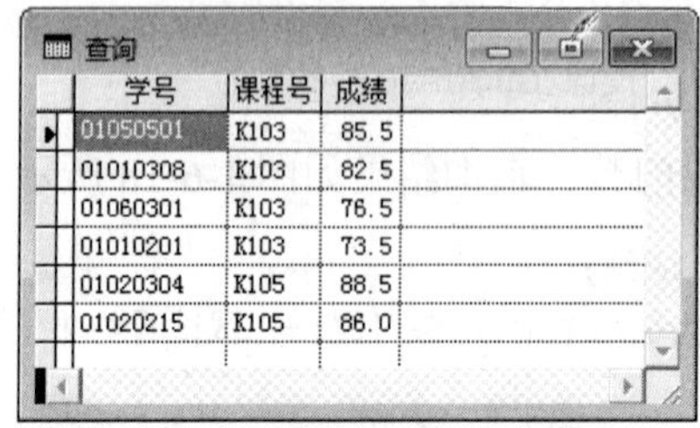

学号	课程号	成绩
01050501	K103	85.5
01010308	K103	82.5
01060301	K103	76.5
01010201	K103	73.5
01020304	K105	88.5
01020215	K105	86.0

图 1-6-21　选修 K103、K105 的学生学号、课程号、成绩

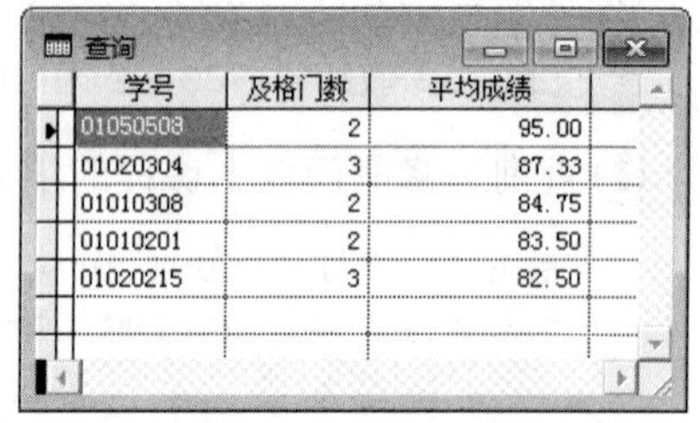

学号	及格门数	平均成绩
01050508	2	95.00
01020304	3	87.33
01010308	2	84.75
01010201	2	83.50
01020215	3	82.50

图 1-6-22　查询结果

【实验 6-9】 在命令窗口中使用联接查询的 SELECT-SQL 命令。

(1) 查询“刘静”老师所讲授的课程号。查询结果如图 1-6-23 所示。

```
&&下面使用等值联接的方法进行查询
SELECT 教师.教师号, 姓名, 课程号 FROM 教师, 授课;
WHERE 教师.教师号=授课.教师号 AND 姓名="刘静"
&&下面使用内联接的方法进行查询
SELECT 教师.教师号, 姓名, 课程号 FROM 教师 INNER JOIN 授课;
ON 教师.教师号=授课.教师号 AND 姓名="刘静"
```

(2) 查询教师的姓名、职称和授课名称。查询结果如图 1-6-24 所示。

```
SELECT 姓名, 职称, 课程名 FROM 教师, 课程,授课 ;
WHERE 教师.教师号=授课.教师号 AND 课程.课程号=授课.课程号
```

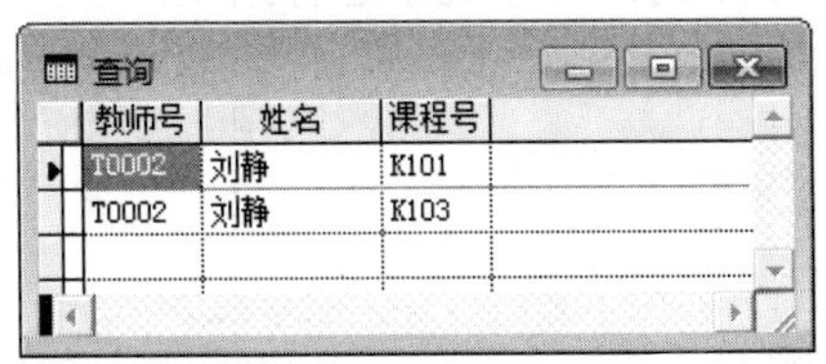

教师号	姓名	课程号
T0002	刘静	K101
T0002	刘静	K103

图 1-6-23　“刘静”老师所课授的课程号

姓名	职称	课程名
刘静	讲师	高等数学
张平	教授	高等数学
张平	教授	计算机网络
孙文	副教授	英语
刘静	讲师	英语
孙文	副教授	数据库技术
陈虹	讲师	数据库技术
陈虹	讲师	会计
张平	教授	会计
张平	教授	电子商务

图 1-6-24　查询教师的姓名、职称和授课名称

(3) 查询选修了“电子商务”和“数据库技术”课程的学生的学号、姓名、课程名和成绩信息。查询结果如图 1-6-25 所示。

```
SELECT 学生.学号, 姓名, 课程名, 成绩 FROM 学生, 课程,成绩 ;
WHERE 学生.学号=成绩.学号 AND 课程.课程号=成绩.课程号;
AND (课程名="电子商务" OR 课程名="数据库技术")
```

(4) 查询所有比“刘静”老师工资更高的教师的姓名、职称和工资以及“刘静”老师的具体工资。查询结果如图 1-6-26 所示。

```
SELECT X.姓名, X.工资, Y.工资 AS 刘静的工资 FROM 教师 AS X , 教师 AS Y;
WHERE X.工资>Y.工资 AND Y.姓名="刘静"
```

学号	姓名	课程名	成绩
01030306	王涛	数据库技术	77.0
01030402	马刚	数据库技术	58.0
01030505	陈实	数据库技术	76.5
01050508	赵伟	电子商务	98.0

图 1-6-25　“查询”窗口

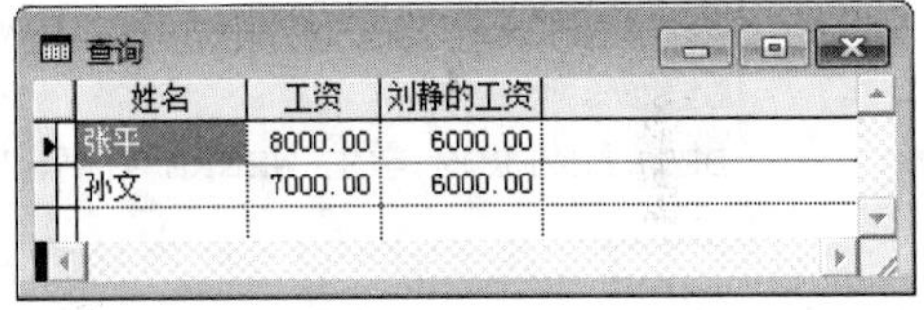

姓名	工资	刘静的工资
张平	8000.00	6000.00
孙文	7000.00	6000.00

图 1-6-26　查询显示结果

【实验 6-10】 在命令窗口中使用嵌套查询的 SELECT-SQL 命令。

查询与“刘静”老师职称相同的教师的姓名和职称。查询结果如图 1-6-27 所示。

```
SELECT 姓名, 职称 FROM 教师 WHERE 职称=(SELECT 职称 FROM 教师 ;
WHERE 姓名="刘静")
```

姓名	职称
刘静	讲师
陈虹	讲师

图 1-6-27　与“刘静”老师职称相同的教师姓名和职称

【实验 6-11】 查询每个学生的学号、姓名、课程名和成绩信息，并将查询结果输出到数据表“学生成绩.dbf”。

```
SELECT 学生.学号, 姓名, 课程名, 成绩 FROM 学生, 课程,成绩;
WHERE 学生.学号=成绩.学号 AND 课程.课程号=成绩.课程号;
INTO TABLE 学生成绩.dbf  &&请试试临时表、数组、文本文件等查询去向
```

【实验 6-12】 在命令窗口中依次输入并执行如下命令序列，注意观察运行结果。

```
USE 学生
COPY TO XSCJ FIELDS 学号, 姓名, 性别
USE
USE XSCJ
LIST STRUCTURE          &&(1)增加字段前的表结构
ALTER TABLE XSCJ ADD COLUMN 入学成绩 N(4,1)
LIST STRUCTURE          &&(2)增加字段后的表结构
ALTER TABLE XSCJ RENAME 入学成绩 TO 高考分数
LIST STRUCTURE          &&(3)字段更名后的表结构
ALTER TABLE XSCJ ALTER 高考分数 N(5,1)
LIST STRUCTURE          &&(4)修改字段后的表结构
ALTER TABLE XSCJ DROP COLUMN 高考分数
LIST STRUCTURE          &&(5)删除字段后的表结构
USE
```

【实验 6-13】 利用 INSERT、UPDATE、DELETE 语句维护学生表中的信息。

```
INSERT INTO 学生(学号,姓名,性别,出生日期,系号);
VALUES("01010202","李小萌","女",{^1999/09/02},"DP05")
LIST
UPDATE 学生 SET 系号="DP04" WHERE 姓名="李小萌"
LIST
DELETE FROM 学生 WHERE 姓名="李小萌"
LIST
PACK
LIST
USE
```

【实验 6-14】 利用数据库“教学管理.DBC”创建查询文件“成绩查询.QPR”。该查询的功能是查询选修了课程编号为 K102 的学生成绩信息，其中包含“学生.学号”“学生.姓名”“课程.课程号”“课程.课程名”“成绩.成绩”5 个字段的内容。

操作步骤如下：

(1) 打开数据库“教学管理.DBC”，进入“数据库设计器”窗口。

(2) 打开“文件”菜单，执行“新建”命令，打开“新建”对话框，如图 1-6-28 所示。

(3) 选中“查询”单选按钮，单击“新建文件”按钮，进入“查询设计器”窗口，同时打开“添加表或视图”对话框，如图 1-6-29 所示。

(4) 在“添加表或视图”对话框中，将数据库“教学管理.DBC”中的表“学生.dbf”“成绩.dbf”和“课程.dbf”添加到“查询设计器”窗口中。

(5) 在“添加表或视图”对话框中，单击“关闭”按钮，进入“查询设计器”窗口。

(6) 选择“查询设计器”的“字段”选项卡，将“可用字段”框内的字段“学生.学号”

“学生.姓名”“课程.课程号”“课程.课程名”“成绩.成绩”5 个字段添加到“选定字段”列表框中，如图 1-6-30 所示。

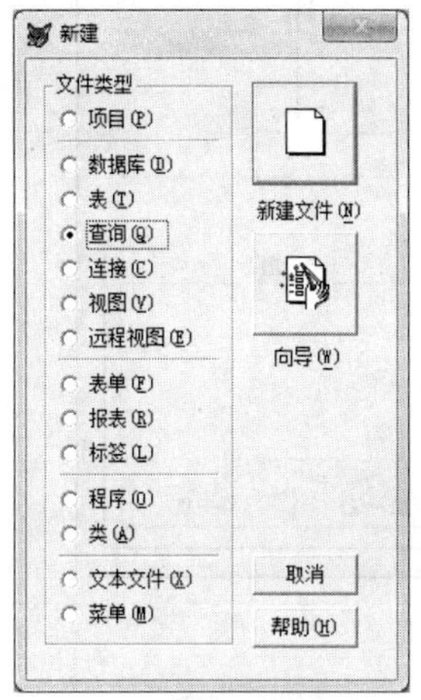

图 1-6-28　“新建”对话框

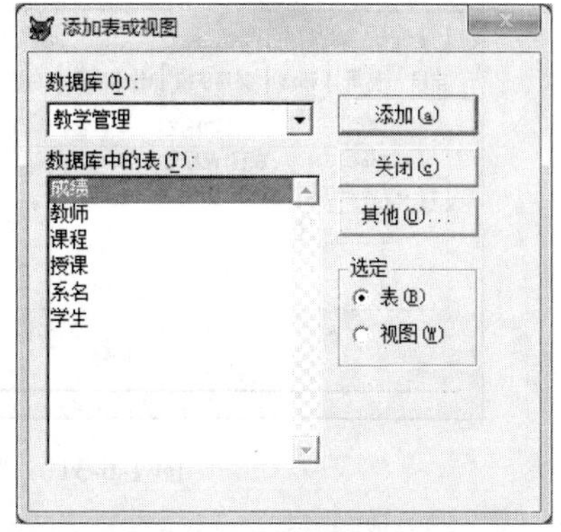

图 1-6-29　“添加表或视图”对话框

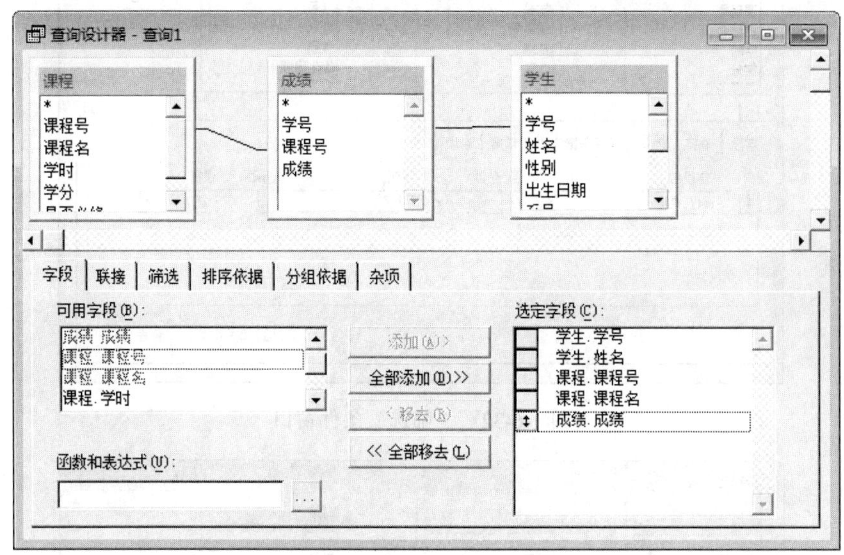

图 1-6-30　“选定字段”窗口

(7) 单击“联接”选项卡，查看联接情况，如图 1-6-31 所示。由于已建联接，不需要在“联接”选项卡中进行设置。从图中可以看到有两种联接。

① 学生.学号=成绩.学号，类型为内部联接。

② 课程.课程号=成绩.课程号，类型为内部联接。

(8) 单击“筛选”选项卡，设置筛选条件：课程.课程号=“K102”。即将“字段名”选为“课程.课程号”，“实例”设为“K102”，如图 1-6-32 所示。

(9) 单击“排序依据”选项卡，将“选定字段”中的字段“成绩.成绩”添加到“排序条件”框中，将字段“成绩.成绩”作为排序依据，并设置为降序，如图 1-6-33 所示。

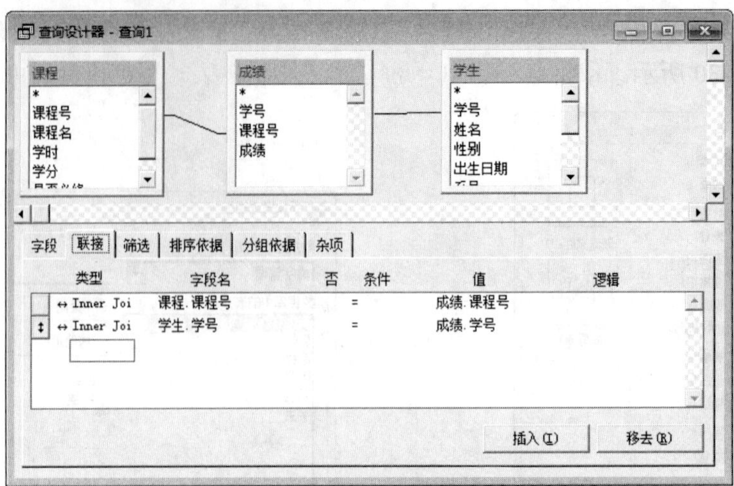

图 1-6-31　“联接”条件窗口

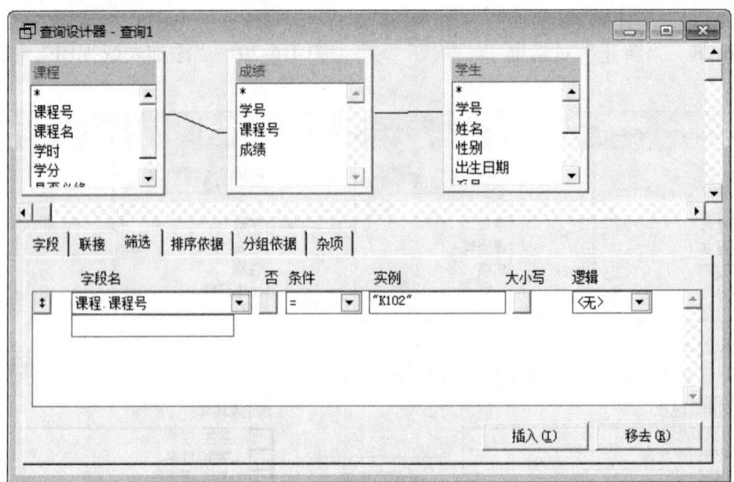

图 1-6-32　“筛选”条件窗口

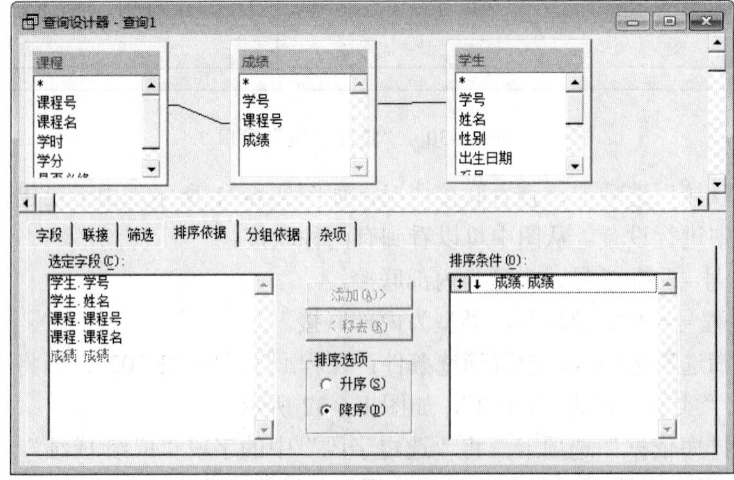

图 1-6-33　“排序依据”窗口

(10) 在“查询设计器”窗口右击，在弹出的快捷菜单中执行“输出设置”命令，打开“查询去向”对话框，如图 1-6-34 所示。其中包括 7 个按钮，表示 7 种查询输出类型。

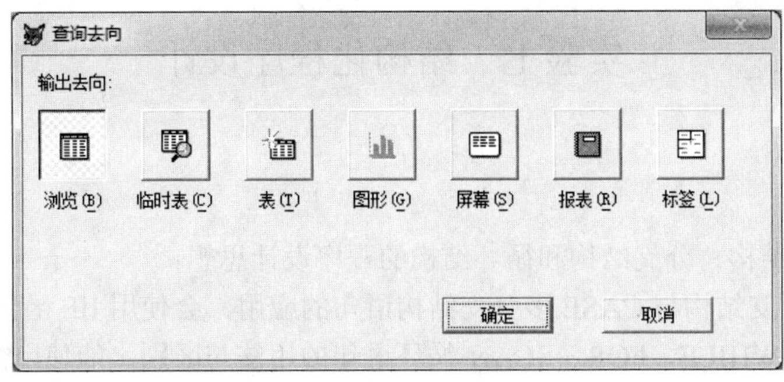

图 1-6-34　“查询去向”对话框

(11) 单击“查询去向”对话框中的“浏览”按钮(默认输出方式)，单击“确定”按钮，回到“查询设计器”窗口。

(12) 运行查询。在“查询设计器”窗口右击，在弹出的快捷菜单中执行“运行查询”命令，查询的运行结果如图 1-6-35 所示。

(13) 保存查询。单击“查询设计器”窗口的“关闭”按钮，或按组合键 Ctrl+W，出现系统信息提示对话框，如图 1-6-36 所示。

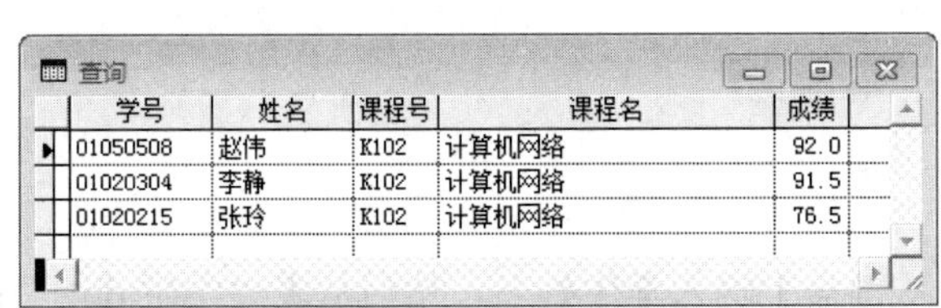

查询

学号	姓名	课程号	课程名	成绩
01050508	赵伟	K102	计算机网络	92.0
01020304	李静	K102	计算机网络	91.5
01020215	张玲	K102	计算机网络	76.5

图 1-6-35　查询运行结果

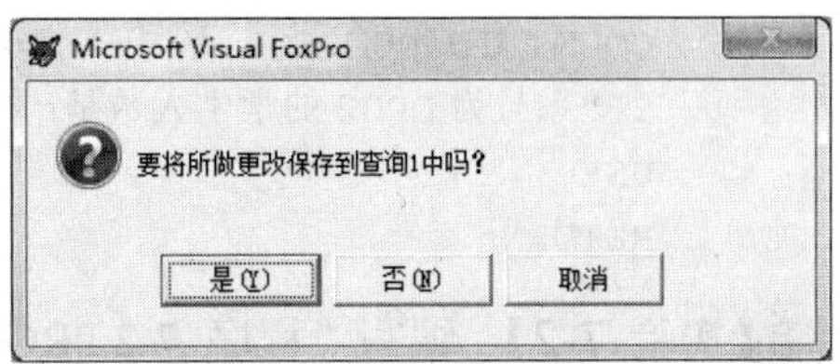

图 1-6-36　“系统信息提示”对话框

(14) 单击“是”按钮，打开“另存为”对话框，如图 1-6-37 所示。输入查询文件名“成绩查询.QPR”，然后单击“保存”按钮，将查询文件“成绩查询.QPR”存盘。

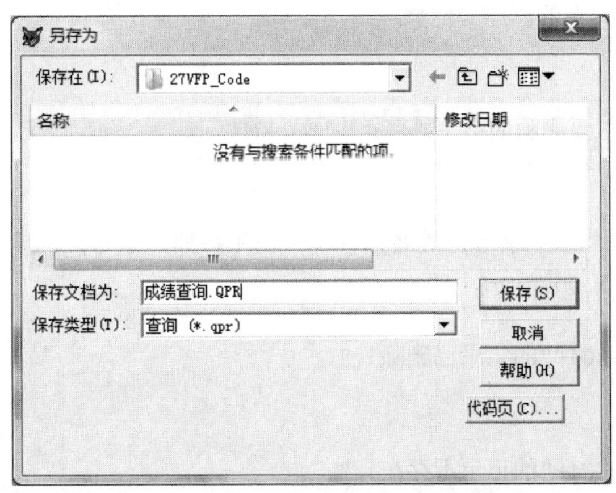

图 1-6-37　“另存为”对话框

(15) 打开 JXGL 项目管理器，选择“数据”选项卡，选择“查询”项，单击“添加”按钮，将查询文件“成绩查询.QPR”添加到 JXGL 项目管理器的“查询”项中。

实验七　结构化程序设计

一、实验目的

1．掌握顺序结构、分支结构和循环结构的程序设计思想。

2．掌握 IF 分支结构与 CASE 多分支结构语句的应用，会使用 IIF 函数分支结构。

3．掌握 DO WHILE、FOR、SCAN 循环语句的用法与区别，能使用循环与分支的嵌套设计。

4．掌握 Visual FoxPro 结构化程序设计的应用。熟悉过程、过程文件的定义和调用方法。

5．正确理解变量的作用域以及过程之间的数据传递关系。

二、实验内容

【实验 7-1】 编写“程序 7-1.PRG”，统计并显示“学生.dbf”中系号为 DP02 的学生人数。

```
CLEAR
USE 学生
COUNT TO NUM FOR 系号="DP02"
? "系号为 DP02 的学生人数是："+STR (NUM,2)
USE
RETURN
```

【实验 7-2】 编写“程序 7-2.PRG”，从键盘上输入学生姓名，然后从表“学生.dbf”中物理删除该学生的记录。

```
SET TALK OFF
CLEAR
TEXT
***** 删除学生记录的程序 *****
ENDTEXT
USE 学生
ACCEPT "请输入要删除的学生姓名：" TO XM
LOCATE FOR 姓名=XM
IF FOUND()
   DISPLAY FIELDS 学号，姓名，性别，出生日期，系号，入学总分
   WAIT"输入 Y，删除记录！"
   DELETE
   ? "学生："+XM+"的记录已删除！"
   PACK
ELSE
   ? "学生："+XM+"的记录不存在！"
USE
RETURN
```

运行程序，输入学生姓名“马刚”后回车，先显示“马刚”的记录，然后在提示信息“输入Y，删除记录！”后面输入Y，确定删除。程序运行结果如下：

```
*****删除学生记录的程序*****
请输入要删除的学生姓名：马刚
记录号      学号        姓名    性别    出生日期    系号    入学总分
   6       01030402    马刚    男      11/15/98    DP03    586
输入Y，删除记录！y
学生：马刚的记录已删除！
```

【实验 7-3】 编写“程序 7-3.PRG”，查询“学生.dbf”表中的学生情况：从键盘输入需要查询学生的姓名，然后显示该学生的姓名、性别、出生日期和入学总分。如无此学生，则显示对话框“查无此人”。

```
CLEAR
USE 学生
ACCEPT "请输入要查询学生的姓名：" TO XM
LOCATE FOR 姓名=XM
IF NOT EOF()                    &&该语句也可写成IF FOUND()
  DISPLAY FIELDS 姓名，性别，出生日期，入学总分
ELSE
  MESSAGEBOX("查无此人！")
ENDIF
USE
RETURN
```

运行程序，若输入学生姓名“陈实”后回车，则屏幕显示“陈实”的记录信息；若输入学生姓名“马刚”，则对话框中显示“查无此人！”。程序运行结果如下：

```
请输入要查询学生的姓名：陈实
记录号      姓名    性别    出生日期    入学总分
   6       陈实    女      09/10/99    540
```

【实验 7-4】 编写“程序 7-4.PRG”，输入某学生的成绩，判断其成绩等级：100～90分为优秀，89～80分为良好，79～70分为中等，69～60分为及格，60分以下为不及格。

```
CLEAR
INPUT "请输入学生的成绩：" TO CJ
DO CASE
  CASE CJ>=90
     ? "成绩不错：优秀！"
  CASE CJ>=80
     ? "成绩较好：良好！"
  CASE CJ>=70
     ? "成绩一般：中等！"
  CASE CJ>=60
     ? "成绩刚及格：需努力！"
  OTHERWISE
     ? "成绩不及格：更需加油！"
```

```
ENDCASE
RETURN
```

【实验 7-5】 编写“程序 7-5.PRG”，求 1+2+…+100 的和。

```
CLEAR
S=0
K=1
DO WHILE K<=100
   S=S+K
   K=K+1
ENDDO
?"  1+2+…+100="+STR(S,7,2)
RETURN
```

程序运行结果如下：

```
1+2+…+100=5050.00
```

【实验 7-6】 编写“程序 7-6.PRG”，循环输入学生姓名，查找并显示该学生的信息，直到用户输入 N 结束。

```
CLEAR
USE 学生
STORE "Y" TO CX
DO WHILE .T.              &&无限循环，需有退出机制
   ACCEPT "请输入要查询学生的姓名：" TO XM
   LOCATE FOR 姓名=XM
   IF !EOF()
      ? "学号："+学号，"姓名："+姓名，"出生日期："+DTOC(出生日期)
   ELSE
      ? "没有"+XM+"这个学生！"
   ENDIF
   WAIT "是否继续查询(Y/N)？" TO CX
   IF UPPER(CX)="Y"
     LOOP
   ELSE
     EXIT
   ENDIF
ENDDO
USE
RETURN
```

程序运行情况如下：

```
请输入要查询学生的姓名：王涛
学号：01030306  姓名：王涛      出生日期：10/08/97
是否继续查询(Y/N)?Y
请输入要查询学生的姓名：李静
学号：01020304  姓名：李静      出生日期：12/25/99
是否继续查询(Y/N)?N
```

【实验 7-7】 编写“程序 7-7.PRG”，输入一个任意的三位数，求在此范围内能同时满足被 3 除余 2、被 5 除余 3、被 7 除余 4 的所有整数。

```
CLEAR
INPUT "请输入一个任意的三位正整数：" TO N      &&思考判断 N 是三位正整数
FOR X=1 TO N
   IF X%3=2 AND MOD(X,5)=3 AND X%7=4
     ?? X
   ENDIF
ENDFOR
RETURN
```

程序运行情况如下：

```
请输入一个任意的三位正整数：444
    53      158      263      368
```

【实验 7-8】 利用 SCAN 语句编写“程序 7-8.PRG”，统计学生表中女生的人数。

```
CLEAR
USE 学生
STORE 0 TO NUM
SCAN                         &&思考是否可以使用 SCAN FOR 语句来完成
  IF 性别="女"
    NUM=NUM+1
  ENDIF
ENDSCAN
? "女生的人数为："+STR(NUM,2)
USE
RETURN
```

【实验 7-9】 编写“程序 7-9.PRG”主程序，利用子过程计算 1!+2!+…+100!。

```
*主程序“程序 7-9.PRG”
CLEAR
N=1
S=0
FAC=0
DO WHILE N<=100
  DO JS WITH N, FAC
  S=S+FAC
  N=N+1
ENDDO
? "1!+2!+…+100!="+STR(S,20)
RETURN

*子过程“JS.PRG”，既可以单独写成程序，也可以写在主程序之后
PROCEDURE JS
PARAMETERS A,B
X=1
```

```
B=1
DO WHILE X<=A
  B=B*X
  X=X+1
ENDDO
RETURN
```

程序运行结果如下：

```
1!+2!+…+100!=9.426900168371E+157
```

【实验 7-10】 编写“程序 7-10.PRG”，注意观察程序结果。

```
*主程序—"程序 7-10.PRG"
CLEAR
SET PROCEDURE TO SUB

A=10
B=20
C=30
DO SUB1
? A, B, C

A=10
B=20
C=30
DO SUB2
? A, B, C

A=10
B=20
C=30
DO SUB3 WITH A, B, C
? A, B, C

A=10
B=20
C=30
DO SUB4 WITH A,B+10,C*2
? A, B, C
RETURN
```

```
*子程序—"SUB.PRG"
PROCEDURE SUB1
C=A*B
? "第一次对比："
? A, B, C
RETURN

PROCEDURE SUB2
PRIVATE C
C=A*B
? "第二次对比："
? A, B, C
RETURN

PROCEDURE SUB3
PARAMETERS X, Y, Z
X=X+1
Y=Y+1
Z=Z+1
? "第三次对比："
? X, Y, Z
RETURN

PROCEDURE SUB4
PARAMETERS X, Y, Z
PRIVATE X
X=X+1
Y=Y+1
Z=Z+1
? "第四次对比："
? X, Y, Z
RETURN
```

程序运行结果如下：

```
第一次对比：
    10        20        200
```

```
    10      20      200
第二次对比：
    10      20      200
    10      20      30
第三次对比：
    11      21      31
    11      21      31
第四次对比：
    11      31      61
    11      20      30
```

【实验 7-11】 编写"程序 7-11.PRG"，利用自定义函数求两个三角形面积之和。

```
CLEAR
A=8             &&已知一个边长为 8
PROP1=AREA(7, A, A+1)             &&函数自变量有常量、变量和表达式
? "  边长 A: ", A
? "  边长 A+1: ", A+1
? "  面积 1: ", STR(PROP1, 6, 2)
? "  --------------------------------------"

B=9             &&已知一个边长为 7
PROP2=AREA(7, B, B+1)             &&函数自变量有常量、变量和表达式
? "  边长 B: ", B
? "  边长 B+1: ", B+1
? "  面积 2: ", STR(PROP2, 6, 2)
? "  --------------------------------------"
? "  两个三角形面积之和: ", STR(PROP1+PROP2, 6, 2)
RETURN

&&自定义函数
FUNCTION AREA                     &&如果程序是一个通用程序，最好形成外部程序
PARAMETERS X, Y, Z
S=(X+Y+Z)/2
SUM=SQRT(S*(S-X)*(S-Y)*(S-Z))
Y=Y+2
RETURN SUM
```

程序运行结果如下：

```
边长 A:      8
边长 A+1:        9
面积 1:   26.83
-----------------------------
边长 B:      9
边长 B+1:       10
面积 1:   30.59
-----------------------------
两个三角面积之和: 57.43
```

实验八　面向对象程序设计

一、实验目的

1．熟练掌握 Visual FoxPro 中面向对象程序设计的一般方法，理解对象、对象属性、事件和方法的基本概念。

2．理解类的基本概念，掌握使用“类设计器”创建新类及类的应用。

3．掌握创建“自定义工具栏”的操作步骤和使用方法。

二、实验内容

【实验 8-1】 建立表单 B1.SCX 文件。将该表单的标题(Caption)属性设置为“我的第一个表单程序”，并设置最大化按钮(MaxButton)和最小化按钮(MinButton)的属性值都为.F.，使表单只有一个关闭按钮。同时设置表单的自动居中(AutoCenter)属性为.T.，让其运行时在屏幕的正中间。最后运行的表单如图 1-8-1 所示。

图 1-8-1　B1.SCX 表单

操作步骤如下：

(1)打开“文件”菜单，执行“新建”命令，打开“新建”对话框。

(2)选中“表单”单选按钮，单击右侧的“新建文件”按钮，打开“表单设计器”窗口。

(3)在表单空白处右击，在弹出的快捷菜单中，执行“属性”命令，打开表单的“属性”窗口，如图 1-8-2 所示。

(4)在“属性”窗口中，设置下列属性。

① 设置表单 Caption 属性为：“我的第一个表单程序”。

② 设置表单的 MaxButton 属性为：.F.。

③ 设置表单的 MinButton 属性为：.F.。

④ 设置表单的 AutoCenter 属性为：.T.。

(5)打开“表单”菜单，执行“执行表单”命令，出现系统信息提示对话框。

(6)在对话框中，单击“是”按钮，打开“另存为”对话框，输入表单名 B1.SCX，如图 1-8-3 所示。

图 1-8-2　“属性”窗口

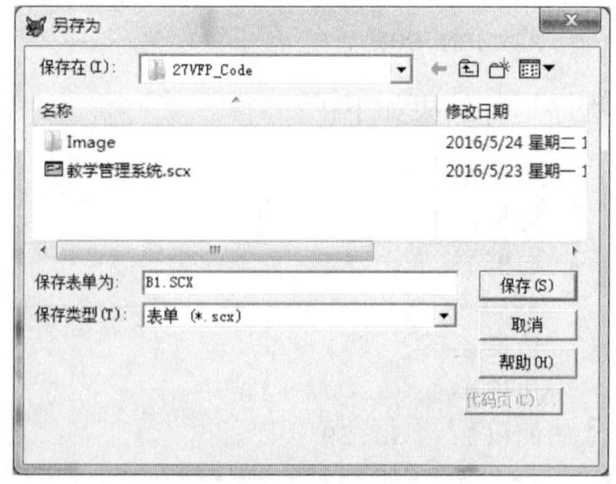

图 1-8-3　“另存为”对话框

(7) 单击“保存”按钮，表单运行结果，如图 1-8-1 所示。

【实验 8-2】 在表单 B1.SCX 的基础上，增加两个命令按钮(Command1 和 Command2)，标题分别为“更改”和“退出”。单击“更改”按钮将表单的标题修改为“我的第一个表单程序”和当前系统日期。单击“退出”按钮调用表单的 RELEASE 方法，关闭表单。表单的运行效果如图 1-8-4 所示。

操作步骤如下：

(1) 打开表单 B1.SCX，然后双击“更改”按钮，打开 Command1 的代码窗口，输入如下代码，如图 1-8-5 所示。

```
THISFORM.CAPTION="我的第一个表单程序"+DTOC(DATE())
```

图 1-8-4　修改后的 B1.SCX 表单

图 1-8-5　Command1 代码窗口

(2) 双击“退出”按钮，打开 Command2 的代码窗口，输入如下代码，如图 1-8-6 所示。

```
THISFORM.RELEASE
```

图 1-8-6　Command2 代码窗口

(3) 打开“表单”菜单，执行“执行表单”命令，出现系统信息提示对话框。

(4) 在对话框中，单击“是”按钮，保存对表单名 B1.SCX 的修改。

(5) 运行时可以单击表单中的“更改”按钮和“退出”按钮，观察运行结果。

【实验 8-3】 创建一个带有确认功能的“退出”按钮类。

操作步骤如下：

(1) 打开 jxgl.pjx 项目管理器，单击“类”选项卡，单击右边的“新建”按钮，打开“新建类”对话框。

(2) 在“新建类”对话框中，指定新建类所需的类库、基类和类名等，如图 1-8-7 所示。

① 指定新建类的“类名”：在“类名”文本框中输入“退出按钮”作为类名。该类是基类的子类。

② 指定新建类(派生子类)的基类：在“派生于”右侧的下拉列表中选择基类，即 CommandButton。

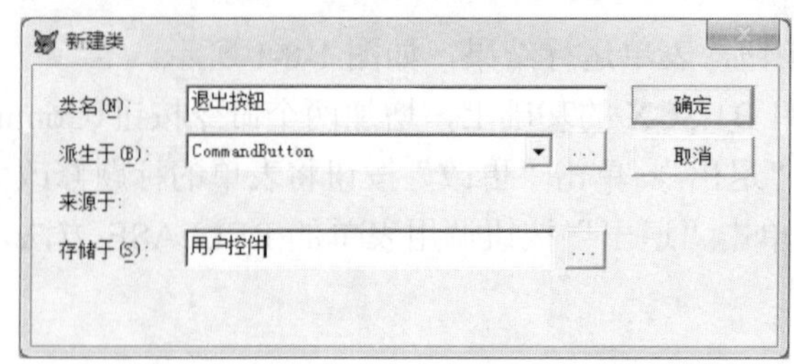

图 1-8-7　“新建类”对话框

③ 指定新建类库名或已有类库的名字。类库名可包含路径，若未指明路径表示使用默认路径。

(3) 单击“确定”按钮，系统自动打开“类设计器”窗口。在该窗口中，已经添加了一个按钮 Command1，如图 1-8-8 所示。

(4) 在属性窗口中，将 Command1 的 Caption 属性设置为“退出”，如图 1-8-9 所示。

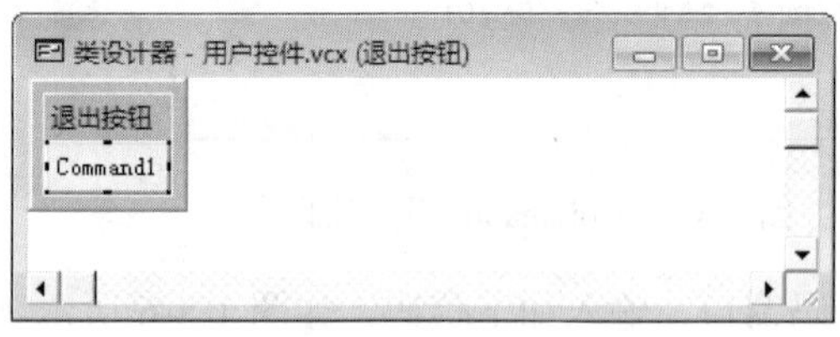

图 1-8-8　“类设计器”窗口

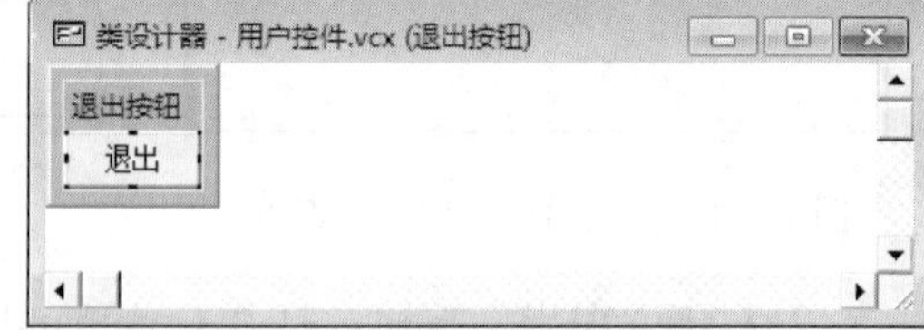

图 1-8-9　“类设计器”中的“退出按钮”

(5) 双击“退出(Command1)”按钮，打开事件代码窗口，为“退出”按钮的 Click 事件输入以下代码。

```
A=MESSAGEBOX("确定要退出吗?",4+48,"系统询问")
IF A=6
   THISFORM.RELEASE
ENDIF
```

(6) 关闭“类设计器”窗口，并保存对类的修改。

【实验 8-4】 创建表单 B2.SCX。首先，把实验 8-3 创建的“退出”按钮类，添加到“表单控件”工具栏。然后，再利用该按钮，实现退出表单的功能。

操作步骤如下：

(1) 打开“文件”菜单，执行“新建”命令，打开“新建”对话框。

(2) 选中“表单”单选按钮，单击右侧的“新建文件”按钮，打开“表单设计器”窗口。

(3) 设置表单的标题(Caption)属性为：“自定义退出按钮的应用”。设置表单的自动居中(AutoCenter)属性为：.T.。

(4) 将自定义类“退出”按钮类添加到“表单控件”工具栏。

① 单击“表单控件”工具栏的“查看类”按钮，在弹出的菜单中选择“添加”选项，如图 1-8-10 所示。

② 在“打开”对话框中，选定前面创建的可视类库文件“用户控件.vcx”，如图 1-8-11 所示。

③ 单击“打开”按钮，关闭对话框。此时，在“表单控件”工具栏中已经包含了一个“退出”按钮，如图 1-8-12 所示。

(5) 使用自定义类创建对象。在自定义“表单控件”工具栏中，单击自定义类“退出”按钮，将鼠标移动到表单上单击(或画出)，即可创建自定义类“退出”按钮的对象控件“退出按钮 1”。修改其标题(Caption)属性为“退出”，如图 1-8-13 所示。

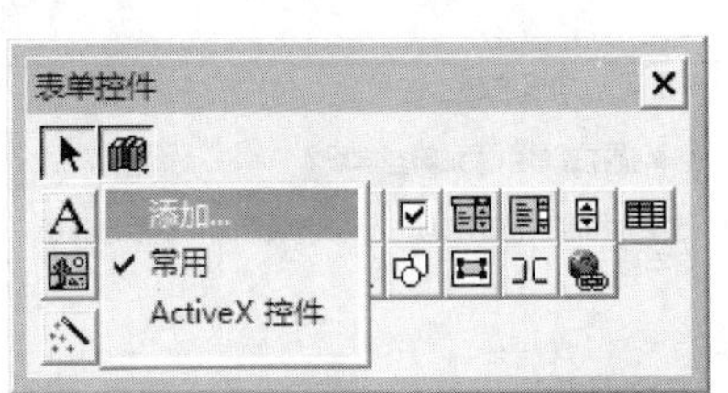

图 1-8-10 “表单控件”工具栏

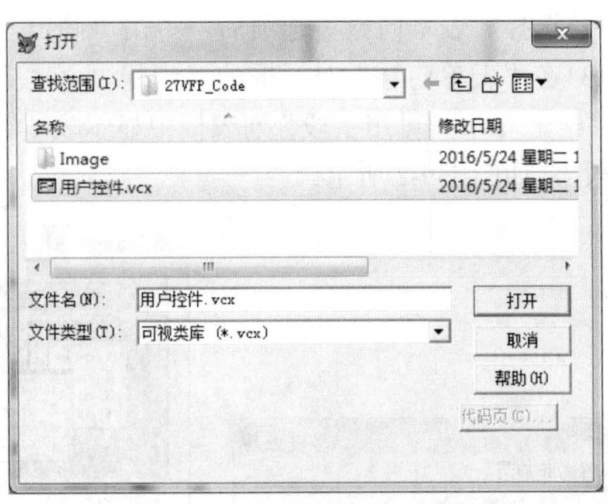

图 1-8-11 “打开”对话框

图 1-8-12 自定义“表单控件”工具栏

图 1-8-13 B2.SCX 表单窗口

(6) 首先保存表单为 B2.SCX 文件，然后运行表单，观察运行结果。

注意：运行表单时，单击“退出”按钮，观察在没有编写任何代码的情况下是否可以实现退出表单的功能。

实验九 表 单 设 计

一、实验目的

1. 掌握表单(FORM)的建立过程和执行方式。
2. 理解并学会使用表单常用的属性、事件和方法。
3. 掌握表单向导(含一对多表单向导)和表单设计器的使用方法。
4. 掌握命令按钮、标签、文本框、编辑框等常用控件的使用方法。
5. 掌握命令按钮组、选项按钮组、复选框和微调按钮的使用方法。
6. 掌握列表框、组合框、计时器、页框、表格等控件的使用方法。

二、实验内容

【实验 9-1】 使用表单向导建立“学生.SCX”表单。要求选择“学生.dbf”中的所有字段，表单样式为阴影式，按钮类型为图片按钮，选定排序字段为学号(升序)，表单标题为“学生数据输入”。

操作步骤如下：

(1)单击常用工具栏中的“新建”按钮，文件类型选择“表单”，单击右侧的“向导”按钮，打开“向导选取”对话框，如图 1-9-1 所示。

(2)选择“表单向导”选项后，单击“确定”按钮，打开“表单向导”对话框。

(3)在“表单向导”对话框的“步骤 1-字段选取”中，在“数据库和表”列表框中，选择表“学生”，在“可用字段”列表框中显示表“学生”的所有字段名，将所有字段添加至“选定字段”，如图 1-9-2 所示。

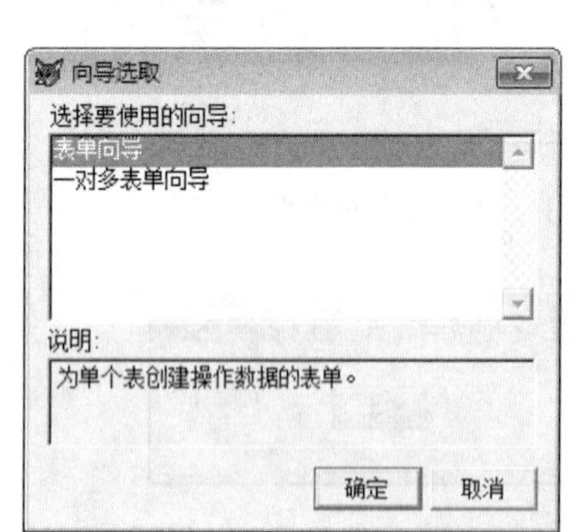

图 1-9-1　“向导选取”对话框

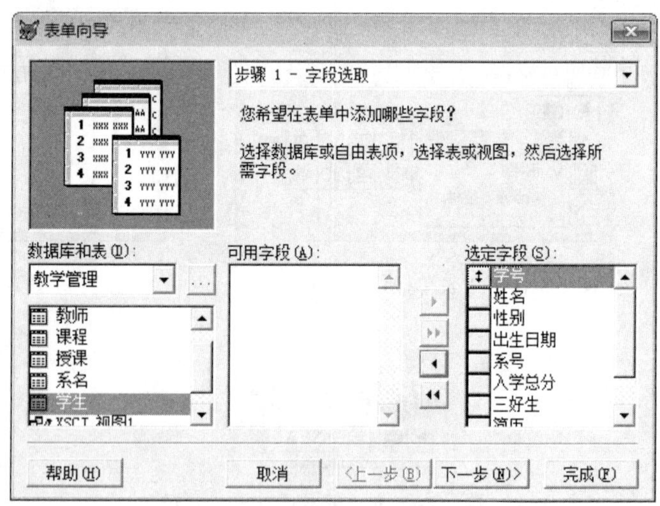

图 1-9-2　“步骤 1-字段选取”对话框

(4)单击“下一步”按钮，在“表单向导”对话框的“步骤 2-选择表单样式”中，在“样式”列表框中选择“阴影式”，在“按钮类型”中选中“图片按钮”单选按钮，如图 1-9-3 所示。

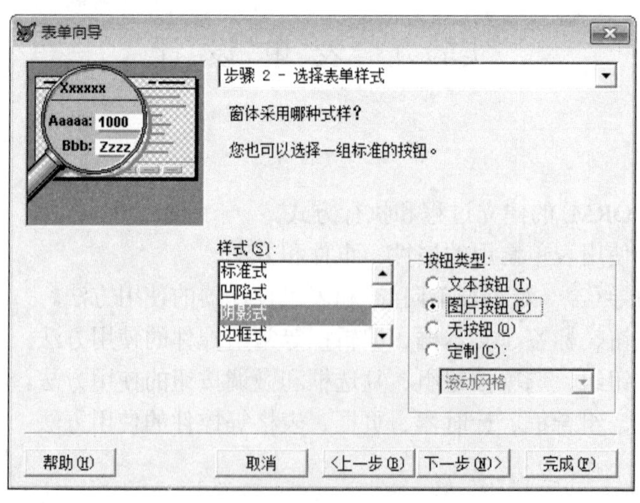

图 1-9-3　“步骤 2-选择表单样式”对话框

(5) 单击“下一步”按钮，在“表单向导”对话框的“步骤 3-排序次序”中，选定“学号”字段并选择“升序”单选按钮，再单击“添加”按钮，如图 1-9-4 所示。

(6) 单击“下一步”按钮，在“表单向导”对话框的“步骤 4-完成”中，在“请输入表单标题”文本框中输入“学生数据输入”，并选择“保存并运行表单”单选按钮，如图 1-9-5 所示。

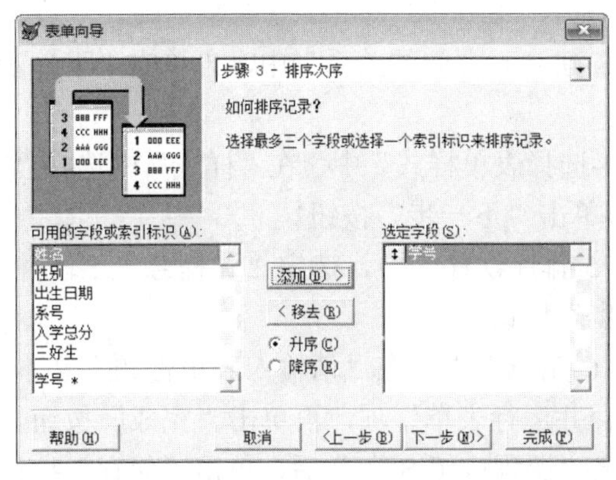

图 1-9-4　“步骤 3-排序次序”对话框

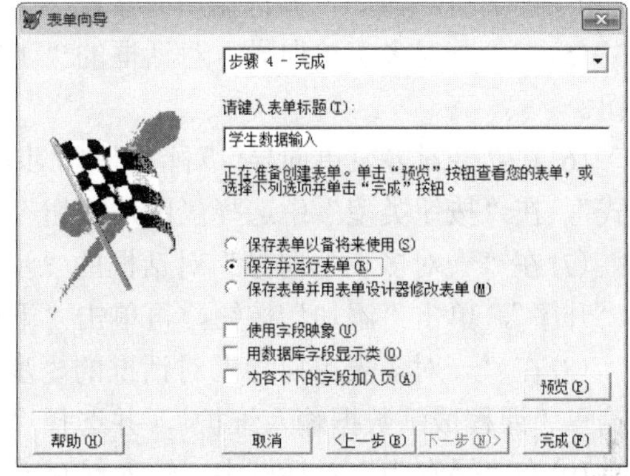

图 1-9-5　“步骤 4-完成”对话框

(7) 单击“完成”按钮，在“另存为”对话框中，输入保存表单名“学生.SCX”，单击“保存”按钮后，即可运行表单，如图 1-9-6 所示。

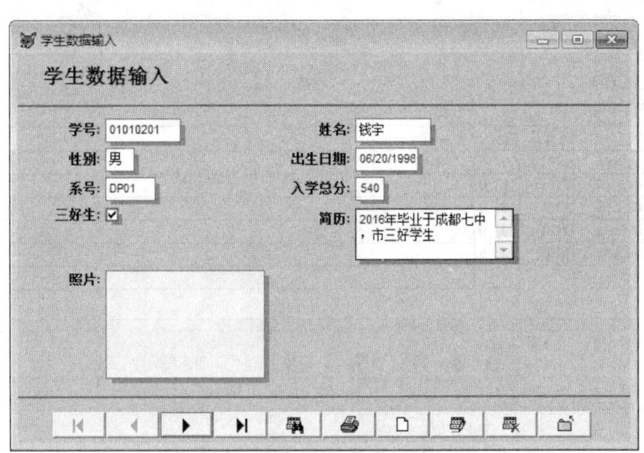

图 1-9-6　“学生.SCX”表单

【实验 9-2】 使用一对多表单向导，选择“课程.dbf”表和“成绩.dbf”表生成“课程成绩.SCX”的表单。要求从父表“课程.dbf”中选择所有字段，从子表“成绩.dbf”中选择所有字段，使用“课程号”建立两表之间的关系，样式为阴影式；按钮类型为图片按钮；排序字段为“课程号”(来自“课程.dbf”表)，升序；表单标题为“课程成绩数据输入维护”。

操作步骤如下：

(1) 单击常用工具栏中的“新建”按钮，文件类型选择“表单”，利用向导创建表单。

(2) 在“向导选取”对话框中，选择“一对多表单向导”并单击“确定”按钮，显示“一对多表单向导”对话框。

(3) 在“一对多表单向导”对话框的“步骤 1-从父表中选定字段”中，首先要选取表“课程.dbf”，在“数据库和表”列表框中，选择表“课程.dbf”，接着在“可用字段”列表框中显示“课程.dbf”表的所有字段名，并选定所有字段名，再单击“下一步”按钮。

(4) 在“一对多表单向导”对话框的“步骤 2-从子表中选定字段”中，选取“成绩.dbf”表，在“数据库和表”列表框中，选择表“成绩.dbf”，接着在“可用字段”列表框中显示“成绩.dbf”的所有字段名，并选定所有字段名，再单击“下一步”按钮。

(5) 在“一对多表单向导”对话框的“步骤 3-建立表之间的关系”中，再单击“下一步”按钮。

(6) 在“一对多表单向导”对话框的“步骤 4-选择表单样式”中，在“样式”中选择“阴影式”，在“按钮类型”中选择“图片按钮”，再单击“下一步”按钮。

(7) 在“一对多表单向导”对话框的“步骤 5-排序次序”中，选定“课程号”字段并选择“升序”，单击“添加”按钮，再单击“下一步”按钮。

(8) 在“一对多表单向导”对话框的“步骤 6-完成”中，在“请输入表单标题”文本框中输入“课程成绩数据输入维护”，并选择“保存并运行表单”项，再单击“完成”按钮。

(9) 在“另存为”对话框中，输入保存表单名“课程成绩.SCX”后，单击“保存”按钮，即可运行表单，如图 1-9-7 所示。

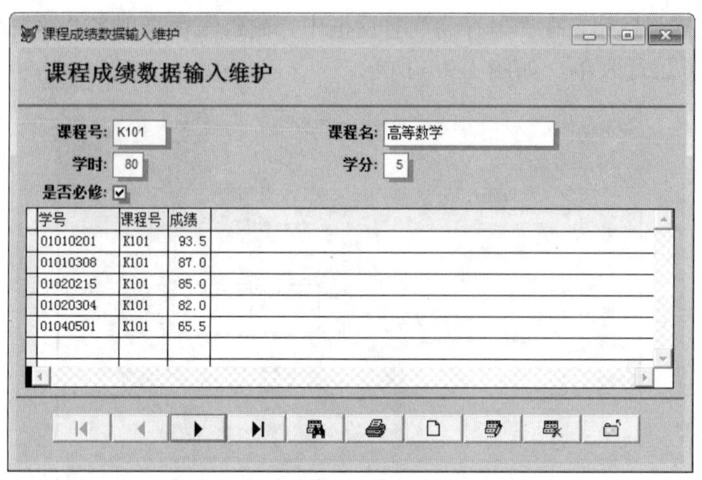

图 1-9-7　“课程成绩.SCX”表单

【实验 9-3】 建立 Calculator.SCX 表单，完成计算器的功能，如图 1-9-8 所示。

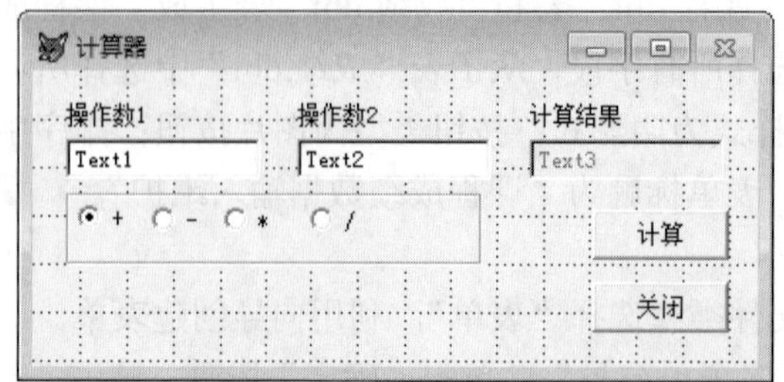

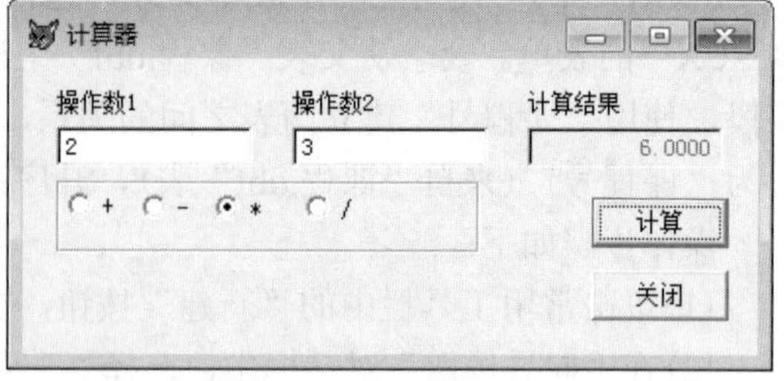

图 1-9-8　Calculator.SCX 表单

具体要求如下：

(1)表单的文件名和控件名均为 Calculator，表单的标题为“计算器”。

(2)表单运行时，分别在操作数 1(Label1)和操作数 2(Label2)下的文本框(分别为 Text1 和 Text2)中输入数字(不接受其他字符输入)，通过选项组(Optiongroup1，4 个按钮可任意排列)选择计算方法(Option1 为“＋”，Option2 为“－”，Option3 为“*”，Option4 为“/”)，然后单击命令按钮“计算”(Command1)，就会在“计算结果”(Label3)下的文本框 Text3 中显示计算结果，要求使用 DO CASE 语句判断选择的计算分类，在 CASE 表达式中直接引用选项组的相关属性。

注意：所涉及的数字和字母均为半角字符。

(3)表单另有一个命令按钮(Command2)，按钮标题为“关闭”，表单运行时单击此按钮关闭并释放表单。

操作步骤如下：

(1)单击常用工具栏中的“新建”按钮，文件类型选择“表单”，单击右侧的“新建文件”按钮，打开表单设计器。

(2)单击工具栏上的“保存”按钮，在弹出的“另存为”对话框中输入 Calculator.SCX 后，单击“保存”按钮。

(3)在“表单设计器”窗口中，设置表单的 Name 属性为 Calculator，设置 Caption 属性为“计算器”。

(4)在“表单设计器”窗口中，依次建立 Label1、Label2 和 Label3 三个标签，然后分别修改其标题 Caption 属性的值，依次为“操作数 1”“操作数 2”和“计算结果”。

(5)在“表单设计器”窗口中，依次建立 Text1、Text2 和 Text3 三个文本框，设置 Text3 的 Enabled 属性为“.F-假.”。

(6)在“表单设计器”窗口中，添加一个选项按钮组 Optiongroup1 控件，首先设置其 ButtonCount 属性值为 4，然后调整这四个按钮的排列位置以及设置其各个选项的 Caption 的值。

(7)在“表单设计器”窗口中，添加两个命令按钮(Command1 和 Command2)，将第 1 个命令按钮 Command1 的 Caption 属性改为“计算”，将第 2 个命令按钮 Command2 的 Caption 属性改为“关闭”。

(8)双击“计算”按钮，在 Command1.Click 编辑窗口中输入下列程序。

```
DO CASE
    CASE THISFORM.OPTIONGROUP1.VALUE=1
         THISFORM.TEXT3.VALUE=;
         VAL(THISFORM.TEXT1.VALUE)+VAL(THISFORM.TEXT2.VALUE)
    CASE THISFORM.OPTIONGROUP1.VALUE=2
         THISFORM.TEXT3.VALUE=;
         VAL(THISFORM.TEXT1.VALUE)-VAL(THISFORM.TEXT2.VALUE)
    CASE THISFORM.OPTIONGROUP1.VALUE=3
         THISFORM.TEXT3.VALUE=;
         VAL(THISFORM.TEXT1.VALUE)*VAL(THISFORM.TEXT2.VALUE)
    CASE THISFORM.OPTIONGROUP1.VALUE=4
         THISFORM.TEXT3.VALUE=;
         VAL(THISFORM.TEXT1.VALUE)/VAL(THISFORM.TEXT2.VALUE)
ENDCASE
```

(9) 双击“关闭”按钮，在 Command2.Click 编辑窗口中输入以下语句。

```
THISFORM.RELEASE
```

(10) 保存对表单文件的修改，然后运行表单，查看运行结果。

【实验 9-4】 建立“统计.SCX”表单，完成学生成绩情况的统计，如图 1-9-9 所示。

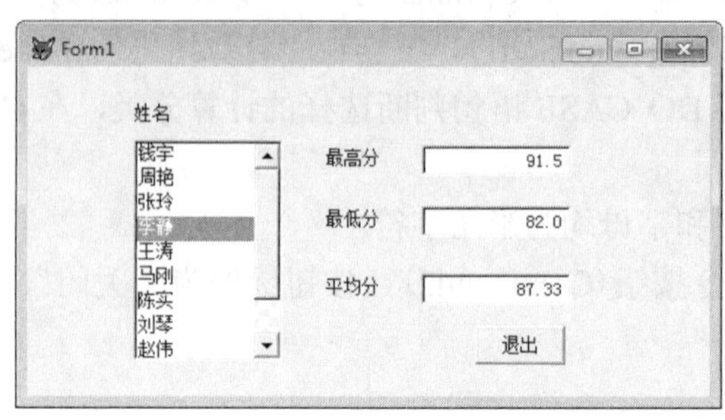

图 1-9-9 “统计.SCX”表单

具体要求如下：

(1) 包括四个标签(Label1～Label4 的标题分别为“姓名”“最高分”“最低分”“平均分”)、一个列表框(List1)、三个文本框(Text1～Text3 分别用于显示“最高分”“最低分”“平均分”)和一个命令按钮(“退出”)。

(2) 列表框(List1)的 RowSource 和 RowSourceType 属性手工指定为“学生.姓名”和“6-字段”。

(3) 为列表框(List1)的 DblClick 事件编写程序，其功能是：表单运行时，用户双击列表框中的姓名实例时，使用 SQL SELECT 语句计算该生成绩的最高分、最低分和平均分，并将计算结果存入自由表“统计.dbf”中(仅含最高分、最低分和平均分三个字段)，同时将相关信息显示在 Text1～Text3 三个文本框中。

(4) 运行表单，在列表框中双击“李静”，然后单击“退出”按钮关闭表单。

操作步骤如下：

(1) 单击“新建”按钮，在弹出的“新建”对话框中，选择“表单”类型，然后单击右侧的“新建文件”按钮，打开“表单设计器”窗口。

(2) 单击工具栏上的“保存”按钮，在弹出的“另存为”对话框中输入“统计.SCX”文件名后，单击“保存”按钮。

(3) 在“表单设计器”窗口中，右击表单空白处，在弹出的快捷菜单中，执行“数据环境”命令，打开“数据环境设计器”窗口，在弹出的“添加表或视图”对话框中，将“学生.dbf”表添加到“数据环境设计器”中，然后依次关闭“添加表或视图”对话框和“数据环境设计器”窗口。

(4) 在“表单设计器”窗口中，依次建立 Label1、Label2、Label3 和 Label4 四个标签，然后分别修改其标题 Caption 属性的值，依次为“姓名”“最高分”“最低分”和“平均分”。

(5) 在“表单设计器”窗口中，依次建立 Text1、Text2 和 Text3 三个文本框。

(6) 在“表单设计器”窗口中，添加一个列表框控件(List1)，在属性窗口中，将其 RowSource 属性值设为“学生.姓名”，将 RowSourceType 属性值设为“6-字段”。

(7)在“表单设计器”窗口中，添加一个命令按钮(Command1)，将按钮的 Caption 属性改为“退出”。

(8)双击列表框 List1，打开列表框的代码编辑器，对象选择 List1，过程选择 DbClick，然后输入以下代码。

```
X=ALLTRIM(THISFORM.LIST1.VALUE)
SELECT  MAX(成绩) AS 最高分, MIN(成绩) AS 最低分, AVG(成绩) AS 平均分;
FROM 学生, 成绩 WHERE 学生.学号=成绩.学号;
AND 姓名=X INTO TABLE 统计.dbf
SELECT 统计
THISFORM.TEXT1.VALUE=统计.最高分
THISFORM.TEXT2.VALUE=统计.最低分
THISFORM.TEXT3.VALUE=统计.平均分
```

(9)双击“退出”按钮，打开按钮的代码编辑窗口，对象选择 Command1，过程选择 Click，然后输入以下代码。

```
RELEASE THISFORM
```

(10)运行表单，先保存对表单的修改。然后，双击列表框中的选项“刘静”，观察表单结果。最后，单击“退出”按钮关闭表单。

【实验 9-5】 设计一个表单“教师任课查询.SCX”，功能是输入教师姓名，然后查询其任课情况，界面如图 1-9-10 所示。

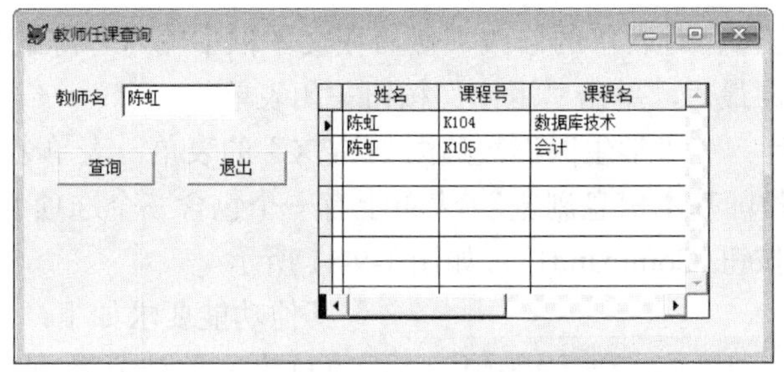

图 1-9-10 “教师任课查询.SCX”表单

具体要求如下：

(1)表单的控件名为 FormTeacher，表单的标题为“教师任课查询”。

(2)表单左侧有一个标签控件 Label1，显示内容为“教师名”，一个文本框控件 Text1，用于输入教师名，两个命令按钮 Command1 和 Command2 分别显示“查询”和“退出”以及一个表格控件 Grid1。

(3)表单运行时，用户首先在文本框中输入教师姓名，然后单击“查询”按钮，在表格控件 Grid1 中显示此教师的任课情况，包括教师“姓名”“课程号”和“课程名”3 个字段，同时将查询结果存入“任课情况.dbf”表文件中。

(4)单击“退出”按钮将关闭表单。

(5)最后，运行该程序，并查询“陈虹”老师的任课情况信息。

操作步骤如下：

(1) 单击常用工具栏中的“新建”按钮，文件类型选择“表单”，单击右侧的“新建文件”按钮，打开表单设计器。

(2) 在“表单设计器”窗口中，设置表单的 Name 属性为 FormTeacher，设置 Caption 属性为“教师任课查询”。

(3) 单击工具栏上的“保存”按钮，在弹出的“另存为”对话框中输入“教师任课查询.SCX”后，单击“保存”按钮。

(4) 在“表单设计器”窗口中，建立标签(Label1)，修改其 Caption 属性为“教师名”；建立文本框(Text1)，用于输入教师名；建立一个表格(Grid)；建立两个命令按钮(Command1 和 Command2)，修改其 Caption 属性为“查询”和“退出”。具体布局如图 1-9-10 所示。

(5) 在“表单设计器”窗口中，双击“查询”按钮，打开按钮的代码编辑窗口，对象选择 Command1，过程选择 Click，输入以下代码。

```
X=ALLT(THISFORM.TEXT1.VALUE)
SELECT 教师.姓名, 课程.课程号, 课程.课程名 FROM  教师, 课程, 授课;
WHERE 教师.教师号=授课.教师号 AND 授课.课程号=课程.课程号;
AND 教师.姓名=X INTO TABLE 任课情况.dbf
THISFORM.GRID1.RECORDSOURCE ="任课情况.dbf"
```

(6) 双击“退出”按钮，打开按钮的代码编辑窗口，对象选择 Command2，过程选择 Click，然后输入以下代码。

```
RELEASE THISFORM
```

(7) 运行表单。先保存对表单的修改，然后在文本框中输入“陈虹”后，单击“查询”按钮，观察表单结果。最后，单击“退出”按钮关闭表单。

【实验 9-6】 设计一个“学生课程教师浏览.SCX”的表单，表单名为 SDISPLAY，表单的标题为“学生课程教师基本信息浏览”。表单上有一个包含三个选项卡的页框(Pageframe1)控件和一个“退出”按钮(Command1)，如图 1-9-11 所示。

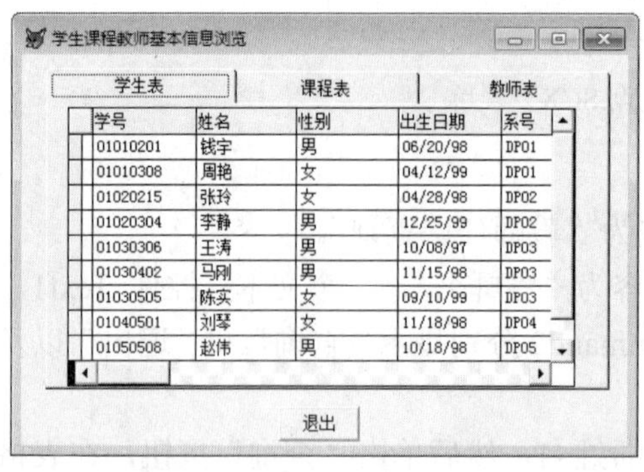

图 1-9-11 “学生课程教师浏览.SCX”表单

其他功能要求如下：

(1) 为表单建立数据环境，向数据环境依次添加“学生.dbf”表、“课程.dbf”表和“教师.dbf”表。

(2) 要求表单的高度为 280，宽度为 450；表单显示时自动在主窗口内居中。

(3) 三个选项卡的标签的名称分别为“学生表”(Page1)、“课程表”(Page2) 和“教师表”(Page3)，每个选项卡均以表格的形式浏览“学生.dbf”表(grd 学生)、“课程.dbf”表(grd 课程)和“教师.dbf”表(grd 教师)的信息。该选项卡相对于表单的左边距为 18，顶边距为 10，选项卡的高度为 230，宽度为 420。

(4) 单击“退出”按钮时关闭表单。

操作步骤如下：

(1)单击常用工具栏中的“新建”按钮，文件类型选择“表单”，单击右侧的“新建文件”按钮，打开表单设计器。

(2)在“表单设计器”窗口中，设置表单的Name属性为SDISPLAY，设置Caption属性为“学生课程教师基本信息浏览”，设置Height属性值为280，设置Width属性值为450，设置AutoCenter属性值为“.T.”。

(3)单击工具栏上的“保存”按钮，在弹出的“另存为”对话框中输入“学生课程教师浏览.SCX”后，单击“保存”按钮。

(4)在“表单设计器”窗口中，添加一个页框Pageframe1，设置其PageCount属性值为3，设置其Left属性值为18，设置其Top属性值为10，设置其Height属性值为230，设置其Width属性值为420。在编辑状态下(右击Pageframe1控件，执行“编辑”命令)，选中Page1，设置其Caption属性值为“学生表”；选中Page2，设置其Caption属性值为“课程表”；，选中Page3，设置其Caption属性值为“教师表”。

(5)在“表单设计器”窗口中，右击表单空白处，在弹出的快捷菜单中，执行“数据环境”命令，打开“数据环境设计器”窗口，在弹出的“添加表或视图”对话框中，依次将“学生.dbf”表、“课程.dbf”表和“教师.dbf”表添加到“数据环境设计器”中，然后依次关闭“添加表或视图”对话框和“数据环境设计器”窗口。

(6)在编辑状态下(右击Pageframe1控件，执行“编辑”命令)，选中“学生表”页，打开“数据环境设计器”，按住“学生”表不放，拖至“学生表”页左上角处释放鼠标；选中“课程表”页，打开“数据环境设计器”，按住“课程”表不放，拖至“课程表”页左上角处释放鼠标；选中“教师表”页，打开“数据环境设计器”，按住“教师”表不放，拖至“教师表”页左上角处释放鼠标。

(7)在“表单设计器”窗口中，添加一个命令按钮(Command1)，将按钮的Caption属性改为“退出”。然后双击“退出”按钮，打开按钮的代码编辑窗口，对象选择Command1，过程选择Click，然后输入以下代码。

```
RELEASE THISFORM
```

(8)运行表单。先保存对表单的修改，然后运行表单，观察表单运行结果。最后，单击“退出”按钮关闭表单。

实验十　报表设计

一、实验目的

1. 掌握报表向导(含一对多报表向导)的使用方法。
2. 掌握快速报表的使用方法。
3. 熟练使用报表设计器创建和修改报表。

二、实验内容

【实验10-1】 使用报表向导建立一个简单报表。要求选择“学生.dbf”表中的所有字段；

记录不分组；报表样式为随意式；列数为 1，字段布局为“列”，方向为“纵向”；排序字段为“学号”，升序；报表标题为“学生基本情况一览表”；报表文件名为 Report1.FRX。

操作步骤如下：

(1) 单击常用工具栏中的“新建”按钮，在文件类型中选择“报表”后，单击右侧的“向导”按钮，打开“向导选取”对话框，如图 1-10-1 所示。

(2) 选择“报表向导”选项，然后单击“确定”按钮，打开“报表向导”对话框。

(3) 在“报表向导”对话框的“步骤 1-字段选取”中，在“数据库和表”列表框中，选择“学生”表，接着在“可用字段”列表框中显示“学生”表的所有字段名，将所有字段添加至“选定字段”列表框中，如图 1-10-2 所示。

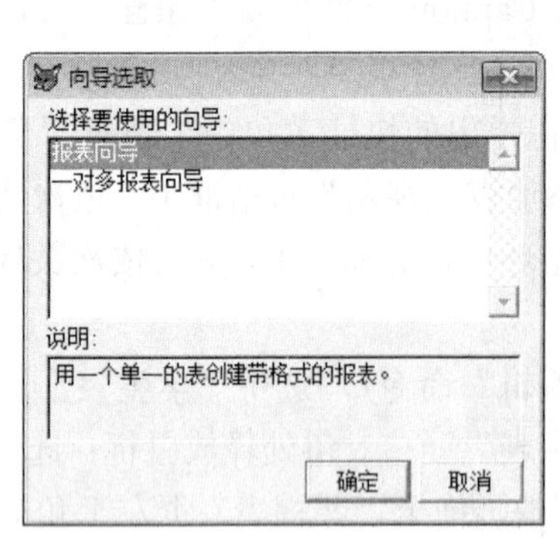

图 1-10-1　“向导选取”对话框

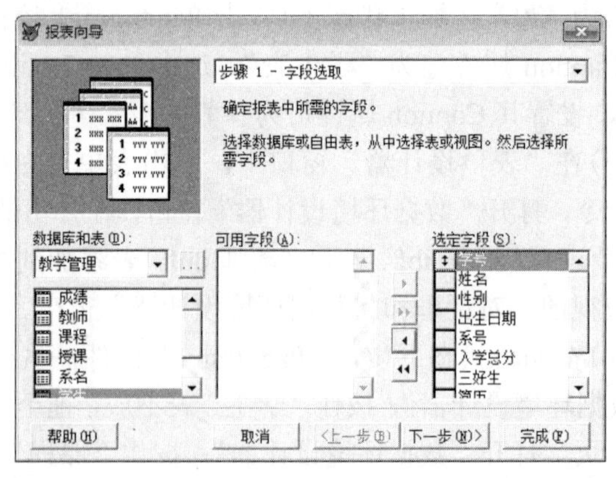

图 1-10-2　“步骤 1-字段选取”对话框

(4) 单击“下一步”按钮，在“报表向导”对话框的“步骤 2-分组记录”中，采用默认值“记录不分组”。

(5) 单击“下一步”按钮，在“报表向导”对话框的“步骤 3-选择报表样式”中，在“样式”中选择“随意式”。

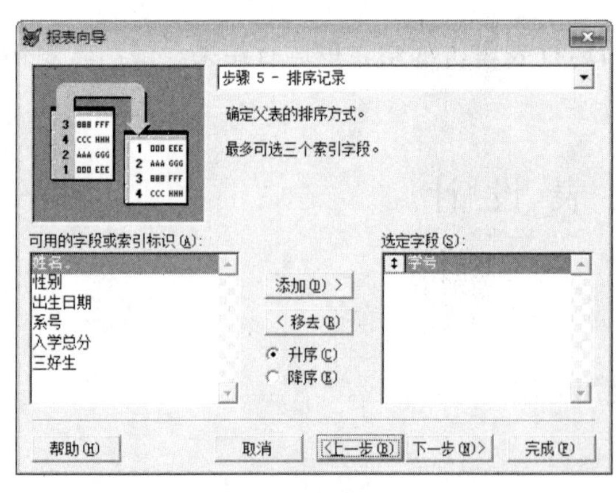

图 1-10-3　“步骤 5-排序记录”对话框

(6) 单击“下一步”按钮，在“报表向导”对话框的“步骤 4-定义报表布局”中，采用默认值：在“列数”处选择为“1”，在“方向”处选择“纵向”，在“字段布局”处选择“列”。

(7) 单击“下一步”按钮，在“报表向导”对话框的“步骤 5-排序记录”中，选定“学号”字段并选中“升序”单选按钮，再单击“添加”按钮，如图 1-10-3 所示。

(8) 单击“下一步”按钮，在“报表向导”对话框的“步骤 6-完成”中，在“报表标题”文本框中输入“学生基本情况一览表”。

(9) 单击“完成”按钮，在“另存为”对话框中，输入报表名 Report1.FRX，然后再单击“保存”按钮即可。

【实验 10-2】 使用一对多报表向导建立报表，要求父表为"学生.dbf"，子表为"成绩.dbf"。从父表中选择"学号"和"姓名"字段，从子表中选择"课程号"和"成绩"字段，两个表通过"学号"建立联系，按"学号"的降序排序，选择报表样式为"简报式"，方向为"纵向"，报表标题为"学生成绩信息"，生成的报表名为 Report2.FRX。

操作步骤如下：

(1) 单击常用工具栏中的"新建"按钮，在文件类型中选择"报表"后，单击右侧的"向导"按钮，打开"向导选取"对话框。

(2) 选择"一对多报表向导"选项，单击"确定"按钮，打开"一对多报表向导"对话框。

(3) 在"一对多报表向导"步骤 1 中，数据库选择"教学管理.dbc"，表选择"学生"，选择"学号"和"姓名"字段，分别添加到"选定字段"中。

(4) 单击"下一步"按钮，在步骤 2 中，数据库选择"教学管理.dbc"，表选择"成绩"，选择"课程号"和"成绩"字段，分别添加到"选定字段"中。

(5)，单击"下一步"按钮，在步骤 3 中，采用默认值："学生"表中选择"学号"，"成绩"表中同样选择"学号"。

(6) 单击"下一步"按钮，在步骤 4 中，在可用的字段或索引标识中选择"学号"，单击"添加"按钮，将"学号"字段添加到"选定字段"中，并选择"降序"。

(7) 单击"下一步"按钮，在步骤 5 中，样式列表框中选择"简报式"，方向选择"纵向"。

(8) 单击"下一步"按钮，在步骤 6 中，报表标题输入"学生成绩信息"。

(9) 单击"完成"按钮，在弹出的"另存为"对话框中输入 Report2.FRX，单击"确定"按钮即可。

【实验 10-3】 利用 Visual FoxPro 的"快速报表"功能建立一个满足如下要求的简单报表。

(1) 报表的内容是"教师.dbf"表的记录(全部记录，横向)。

(2) 增加"标题带区"，然后在该带区中放置一个标签控件，该标签控件显示报表的标题"教师清单"。

(3) 将页注脚区默认显示的当前日期改为显示当前的时间。

(4) 最后将建立的报表保存为 report3.frx。

操作步骤如下：

(1) 单击常用工具栏中的"新建"按钮，在文件类型中选择"报表"后，单击右侧的"新建文件"按钮，打开"报表设计器"。

(2) 选择系统菜单栏中的"报表"菜单，在下拉菜单中执行"快速报表"命令，在弹出的"打开"对话框中，选择"教师.dbf"，打开"快速报表"对话框。

(3) 单击"字段"按钮，在字段选择器中选择"教师"表的全部字段，连续两次单击"确定"按钮返回报表设计器。

(4) 在"报表设计器"窗口中，选择系统菜单栏中的"报表"菜单，在下拉菜单中执行"标题/总结"命令，打开"标题/总结"对话框。在对话框中勾选"标题带区"复选框后，单击"确定"按钮。

(5) 在"标题"带区中添加一个标签控件，设置其文本为"教师清单"。

(6) 在"页注脚"带区中，双击"DATE()"域控件，在弹出的"报表表达式"对话框中，单击表达式文本框旁边的“...”按钮，从“日期”列表框中选择“TIME()”函数，连续两次单击“确定”按钮返回报表设计器。

(7) 单击常用工具栏中的“保存”按钮，输入文件名为 report3.frx，单击“保存”按钮，即完成快速报表的创建。

(8) 单击常用工具栏中的“打印预览”按钮，查看报表，如图 1-10-4 所示。

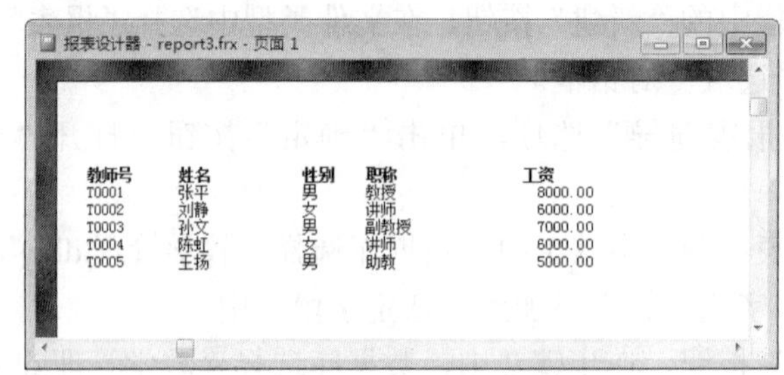

图 1-10-4　report3.frx 预览窗口

【实验 10-4】 使用报表设计器建立一个报表，具体要求如下：

(1) 报表的内容(细节带区)是“成绩.dbf”表的学号、课程号和成绩字段。

(2) 增加数据分组，分组表达式是“成绩.学号”，组标头带区的内容是“学号”，组注脚带区的内容是该生所选课程的“成绩”的合计。

(3) 增加标题带区，标题是“学生成绩汇总表(按学号)”，要求是 3 号字、黑体，括号是全角符号。

(4) 增加总结带区，该带区的内容是所有学生“成绩”的合计。

(5) 最后将建立的报表文件保存为 report4.frx 文件。

提示：可以使用“显示→预览”菜单或“打印预览”按钮查看报表的效果。

操作步骤如下：

(1) 单击常用工具栏中的“新建”按钮，在文件类型中选择“报表”后，单击右侧的“新建文件”按钮，打开“报表设计器”。

(2) 执行“文件”菜单栏中的“另存为”命令，在弹出的“另存为”对话框中输入 report4.frx 后，单击“保存”按钮。

(3) 在“报表设计器-report4.frx”窗口中，右击空白处，在弹出的菜单中选择“数据环境”菜单项，在弹出的“数据环境设计器-报表设计器-report4.frx”窗口中，再右击空白处，在弹出的菜单中选择“添加”菜单项，在“添加表或视图”对话框中，选择表“学生.dbf”，单击“添加”按钮，再单击“关闭”按钮，返回“数据环境设计器”对话框。

(4) 执行“报表”菜单下的“标题/总结”命令，打开“标题/总结”对话框，在该对话框中勾选“标题带区”和“总结带区”两项后，单击“确定”按钮返回“报表设计器”。

(5) 执行“报表”菜单下的“数据分组”命令，在“数据分组”对话框中，单击“...”按钮，打开“表达式生成器”对话框，在“字段”列表中双击“成绩.学号”项，再单击“确定”按钮，返回到“数据分组”对话框中，再次单击“确定”按钮，返回报表设计器。

(6) 在“报表设计器-report4.frx”窗口中，右击空白处，在弹出的菜单中选择“数据环境”菜单项，在“数据环境设计器”中，选定“学号”字段并按住不放，拖动到“细节”带区，释放鼠标。按同样的方法处理“课程号”和“成绩”字段。

(7)在“数据环境设计器”中，选定“学号”字段并按住不放，拖动至“组标头1:学号”带区，释放鼠标。

(8)在“页标头”带区增加一个标签，设置其文本为“学号”。

(9)在“数据环境设计器”中，选定字段“成绩”并按住不放，拖动至“组注脚1:学号”带区，释放鼠标。接着在“组注脚1:学号”带区，双击“成绩”域控件，在弹出的“报表表达式”对话框中，单击“计算”按钮，在“计算字段”对话框中，选中“总和”单选按钮，连续两次单击“确定”按钮返回到“报表设计器-report4.frx”窗口中。

(10)在“标题”带区增加一个标签，设置其文本为“学生成绩汇总表(按学号)”(注意输入时括号为全角输入)，再选定这个标签，单击系统“格式”菜单下的“字体”菜单项，在打开的“字体”对话框中，选择“黑体”和“三号”，最后单击“确定”按钮。

(11)在“数据环境设计器”中，选定“成绩”字段并按住不放，拖动至“总结”带区，释放鼠标。接着在“总结”带区，双击“成绩”域控件，在弹出的“报表表达式”对话框中，单击“计算”按钮，在“计算字段”对话框中，选中“总和”单选按钮，连续两次单击“确定”按钮返回到“报表设计器-report4.frx”窗口中。

(12)单击常用工具栏中的“保存”按钮，保存对report4.frx文件的修改。

(13)单击常用工具栏中的“打印预览”按钮，查看报表，如图1-10-5所示。

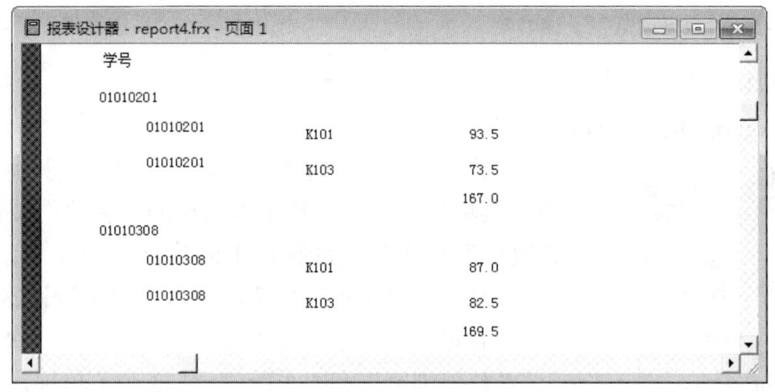

图1-10-5　report4.frx预览窗口

实验十一　菜 单 设 计

一、实验目的

1．学会使用菜单设计器创建条形菜单、SDI菜单和快捷菜单。

2．进一步熟悉和掌握菜单的用法。

二、实验内容

【实验11-1】 设计一个主菜单MENU1.MNX和MENU1.MPR，如图1-11-1所示。

主菜单包含“数据编辑”“数据浏览”和“系统管理”3 个菜单项，且各个菜单项又分别带有下拉式子菜单，如图 1-11-2、图 1-11-3 和图 1-11-4 所示。

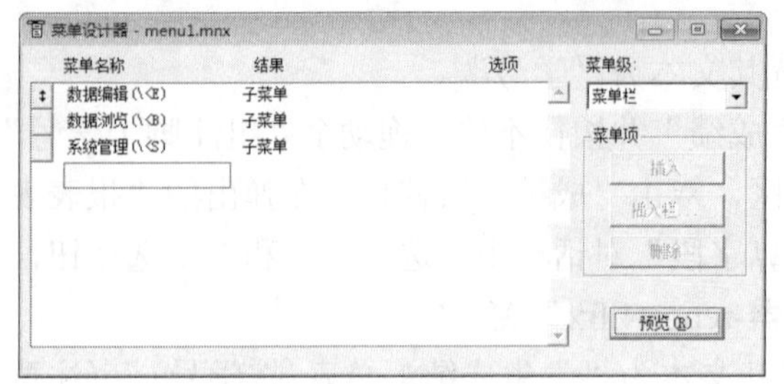

图 1-11-1　自定义主菜单

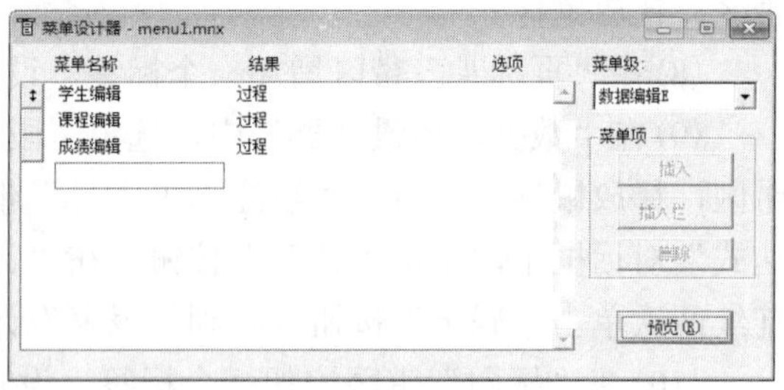

图 1-11-2　“数据编辑”子菜单项

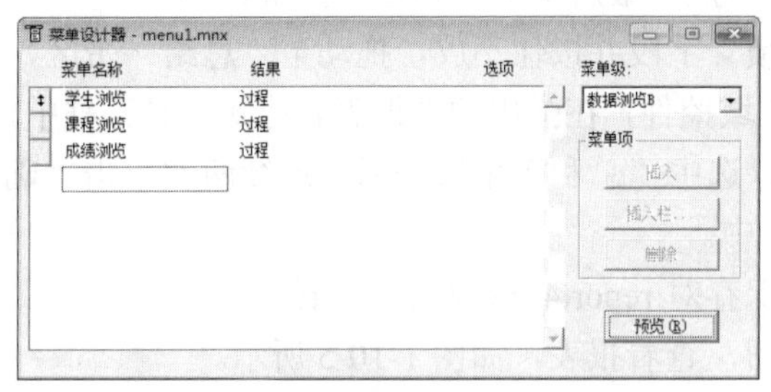

图 1-11-3　“数据浏览”子菜单项

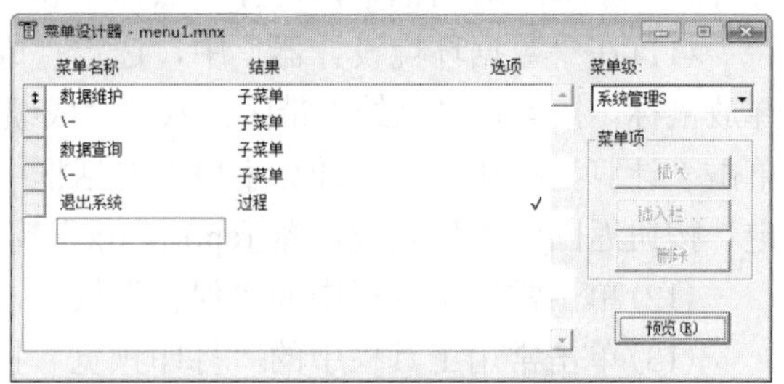

图 1-11-4　“系统管理”子菜单项

操作步骤如下：

(1) 打开 jxgl.pjx 项目管理器。

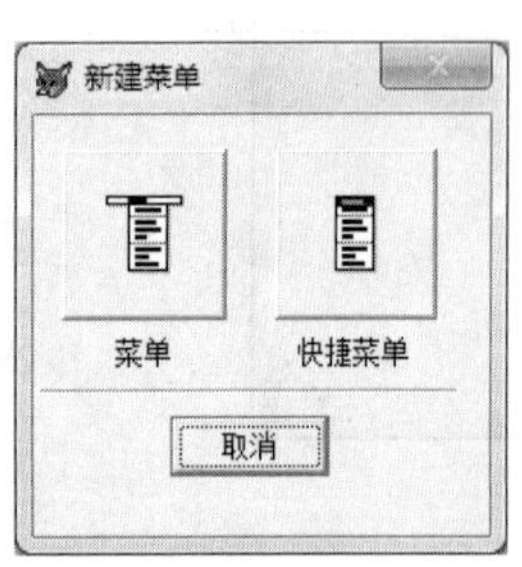

图 1-11-5　“新建菜单”对话框

(2) 在“项目管理器”窗口中，单击“其他”选项卡，选中“菜单”节点，然后单击右边的“新建”按钮，打开“新建菜单”对话框，如图 1-11-5 所示。

(3) 单击“菜单”按钮，进入“菜单设计器”窗口。

(4) 定义主菜单。在“菜单名称”栏下依次输入“数据编辑”“数据浏览”和“系统管理”3 个菜单项，在“结果”中选择为子菜单。

(5) 在“菜单名称”栏中选择某一项，如“数据编辑”后，单击“创建”(如果已创建有子菜单系统，则此按钮会变成“编辑”) 按钮，进入下一级菜单(子菜单)的编辑窗口，如图 1-11-2 所示。

(6) 在编辑菜单项时，在“结果”栏中可以选择“命令”“菜单项#”“子菜单”和“过程”。这里选择“过程”，以编辑方式打开各个数据表。其过程代码如下。

“学生编辑”项代码如下：

```
USE 学生
EDIT
USE
```

“课程编辑”项代码如下：

```
USE 课程
EDIT
USE
```

“成绩编辑”项代码如下：

```
USE 成绩
EDIT
USE
```

(7) 同理，编辑“数据浏览”菜单项。其过程代码如下。

“学生浏览”项代码如下：

```
USE 学生
BROWSE
USE
```

“课程浏览”项代码如下：

```
USE 课程
BROWSE
USE
```

“成绩浏览”项代码如下：

```
USE 成绩
BROWSE
USE
```

(8) 在编辑“系统管理”菜单项时，注意分割线和快捷键的设置。其中，“退出系统”项的过程代码如下：

```
RESULT=MESSAGEBOX("真的要退出本系统?",4+32+256,"系统询问")
IF RESULT=6
    CLEAR EVENTS
    SET SYSMENU NOSAVE
    SET SYSMENU TO DEFAULT
ENDIF
```

(9) 在“菜单设计器”窗口中，单击“预览”按钮，查看菜单效果。

(10) 打开“文件”菜单，执行“保存”或“另存为”命令，将菜单保存为 MENU1.MNX。

(11) 执行主菜单的“菜单”中的“生成”命令，生成菜单程序 MENU1.MPR。

(12) 关闭“菜单设计器”，在命令窗口中输入以下命令，执行该菜单。

```
DO MENU1.MPR                    &&改为 DO MENU1 试试看执行结果
```

【实验 11-2】将实验 11-1 中所创建的菜单添加到顶层表单中，形成 SDI 菜单，如图 1-11-6 所示。

操作步骤如下：

(1) 在“项目管理器”中，单击“其他”选项卡，双击“菜单”节点下的菜单文件 MENU1.MNX，进入“菜单设计器”窗口。

(2) 利用“文件”菜单下的“另存为”命令，将文件另存为 MENU11.MNX。

(3) 打开系统“显示”菜单，执行“常规选项”命令，打开“常规选项”对话框。选中“顶层表单”复选框，如图 1-11-7 所示。

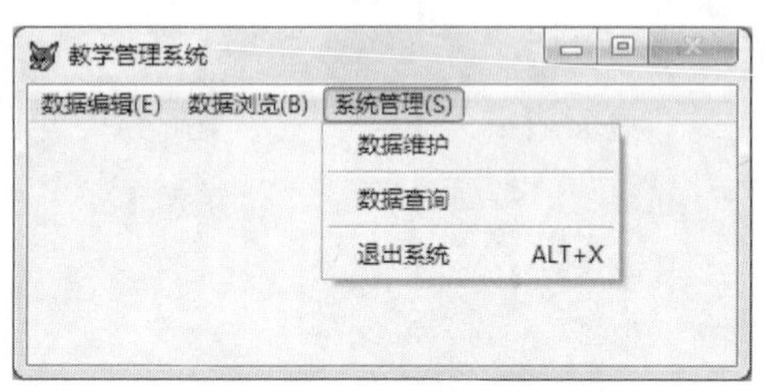

图 1-11-6　SDI 菜单效果

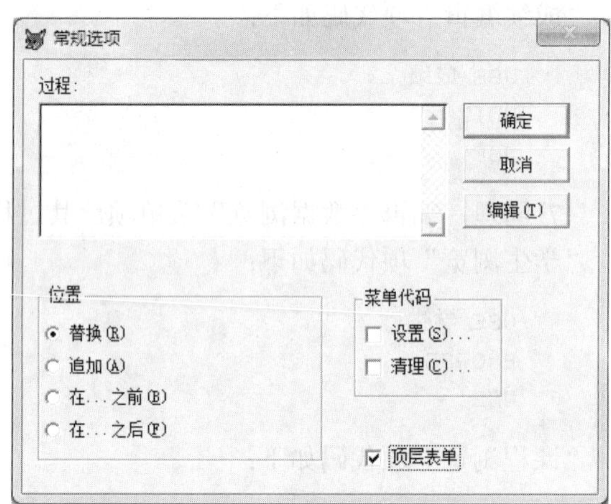

图 1-11-7　“常规选项”对话框

(4) 将“系统管理”菜单下的“退出系统”项的过程代码修改如下:

```
RESULT=MESSAGEBOX("真的要退出本系统?",4+32+256,"系统询问")
IF RESULT=6
    CLEAR EVENTS
    _VFP.ACTIVEFORM.RELEASE      &&释放并退出当前窗口
ENDIF
```

(5) 单击“确定”按钮后，保存对菜单文件的修改。

(6) 执行主菜单的“菜单”中的“生成”命令，重新生成菜单程序 MENU11.MPR。

(7) 在“项目管理器”窗口中，单击“文档”选项卡，展开“表单”节点，单击“新建”按钮，打开“新建表单”对话框。单击“新建表单”按钮，进入“表单设计器”窗口，并按表 1-11-1 的数据进行相关属性的设置。

表 1-11-1　相关属性设置数据

FORM1	Caption	教学管理系统	AutoCenter	.T.
	ShowWindows	2-作为顶层表单		

(8) 为表单添加 Init 事件代码。

```
DO MENU11.MPR WITH THIS
```

(9) 打开“文件”菜单，单击“保存”或“另存为”命令，将表单文件保存为“教学管理系统.SCX”。

(10) 运行该顶层表单。请注意观察菜单显示的位置。

【实验 11-3】 在实验 11-2 中所创建的顶层表单中，增加一个“欢迎使用本教学管理系统”的标签控件，然后利用右键的快捷菜单完成对标签字体的设置，如图 1-11-8 所示。

操作步骤如下:

(1) 打开 jxgl.pjx 项目管理器。

(2) 在“项目管理器”窗口中，单击“其他”选项卡，选中“菜单”节点，然后单击右边的“新建”按钮，打开如图 1-11-5 所示的“新建菜单”对话框。

(3) 单击“快捷菜单”按钮，进入“快捷菜单设计器”窗口。设计好的“快捷菜单”项，如图 1-11-9 所示。

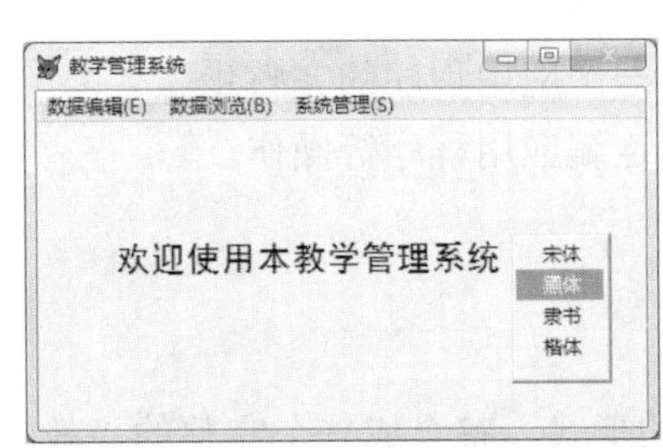

图 1-11-8　快捷菜单效果

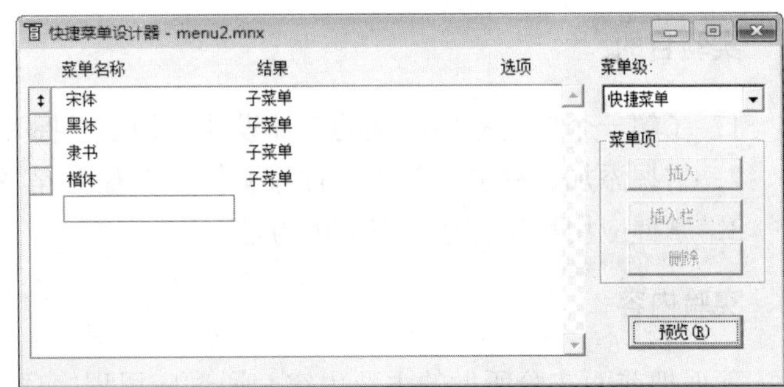

图 1-11-9　“快捷菜单”项

(4) 在“快捷菜单设计器”窗口中，执行系统菜单“显示”菜单下的“菜单选项”命令，打开“菜单选项”对话框。在该对话框中，单击“编辑”按钮进入“代码编辑”窗口。在其中编写如下代码，如图 1-11-10 所示。

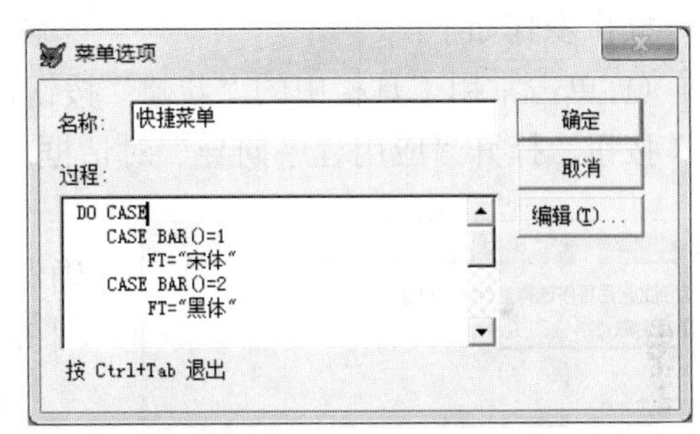

图 1-11-10　“菜单选项”对话框

```
DO CASE
    CASE BAR()=1
        FT="宋体"
    CASE BAR()=2
        FT="黑体"
    CASE BAR()=3
         FT="隶书"
    CASE BAR()=4
        FT="楷体_Gb2312"
ENDCASE
_Vfp.Activeform.Label1.Fontname=FT
```

(5) 打开“文件”菜单，执行“保存”或“另存为”命令，将菜单保存为 MENU2.MNX。

(6) 执行主菜单的“菜单”中的“生成”命令，生成菜单程序 MENU2.MPR。

(7) 在“项目管理器”窗口中，单击“文档”选项卡，展开“表单”节点，选择前面创建的“教学管理系统.SCX”表单，单击右边的“修改”按钮，进入“表单设计器”窗口。

(8) 在“表单设计器”窗口中，添加一个 Label1 标签控件，然后按表 1-11-2 的数据进行相关属性的设置，并把 Label1 标签控件放到窗口的中间位置。

表 1-11-2　Label1 相关属性设置数据

<table>
<tr><td rowspan="2">Label1</td><td>Caption</td><td colspan="3">欢迎使用本教学管理系统</td></tr>
<tr><td>Autosize</td><td>.T.</td><td>FontSize</td><td>16</td></tr>
</table>

(9) 双击表单，打开“代码编辑”窗口，在 Form1 的 RightClick 事件中编写代码。

```
DO MENU2.MPR
```

(10) 保存对表单的修改后，运行表单。在表单窗体中即可利用右击弹出的快捷菜单项，对标签中的字体进行相应的改变。

实验十二　应用系统的集成与发布

一、实验目的

1. 了解一个应用程序系统的总体设计，初步掌握开发一个应用程序的完整步骤。
2. 掌握添加、移去、包含、排除文件、设置主程序、连编应用程序等操作。
3. 掌握应用程序打包与发布的方法。

二、实验内容

下面把前面实验所做的主要内容，通过应用程序项目的形式，整合成一个完整的“教学管理系统”的应用程序，并对该软件进行打包编译和发布。

1. 建立应用程序项目

下面通过“项目”向导，生成一个完整的 JXGL 的应用程序项目。

操作步骤如下：

(1) 单击常用工具栏中的“新建”按钮，在文件类型中选择“项目”后，单击右侧的“向导”按钮，打开“应用程序向导”对话框。

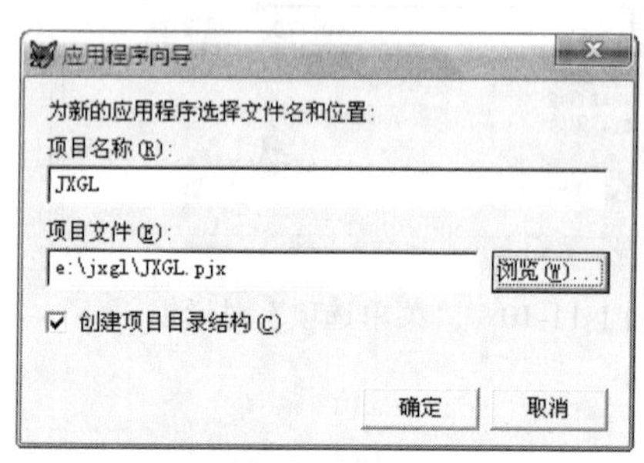

图 1-12-1　“应用程序向导”对话框

(2) 在对话框的“项目名称”文本框中输入 JXGL，确保“创建项目目录结构”复选框处于选中状态，如图 1-12-1 所示。

(3) 单击“确定”按钮，完成应用程序项目的创建。系统同时会打开“应用程序生成器”窗口，如图 1-12-2 所示。可以利用本窗口来设置应用程序的“常规”信息，也可以用来生成项目所需的部分文件。

(4) 打开应用程序项目所在的目录，即可看见项目的目录结构，如图 1-12-3 所示。

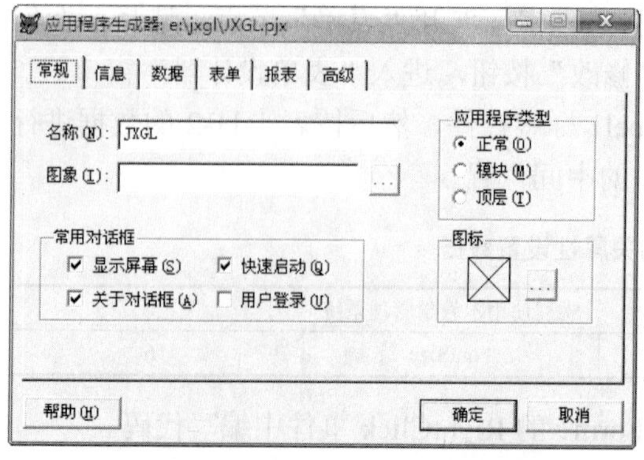

图 1-12-2　“应用程序生成器”窗口

图 1-12-3　JXGL 项目结构图

注意：①如果不需要类似的目录结构，可以在图 1-12-1 中，取消选中“创建项目目录结构”复选框即可；②由于本书前面的实验内容，并没有采用分类的目录结构，所以后面的所有内容都是在没有目录结构的应用项目下完成的，也就是直接利用最初建立的普通项目文件 JXGL.pjx 来完成的。

2．建立应用程序主界面

下面通过新建表单(JXGL.scx)文件和顶层菜单(SDI)(JXGL.mnx)文件，来构建 JXGL 应用程序的主界面。

(1)新建 JXGL.scx 表单文件。

注意：①把新建的表单，存储为 JXGL.scx 文件；②修改表单的 Caption 属性为“教学管理系统”；③修改表单的 AutoCenter 属性为“.T.”，让表单运行时自动居中；④修改表单的 ShowWindow 属性为“2-作为顶层表单”；⑤修改表单的 Width 和 Height 属性，调整表单到合适大小，也可以选择 WindowState 属性为“2-最大化”，让主界面全屏显示；⑥修改表单 Closable 属性为“.F.”，关闭最大化按钮。

(2)新建 JXGL.mnx 顶层菜单文件。

注意：①需要通过系统“显示”菜单下的“常规选项”命令，打开“常规选项”对话框来设置菜单为 SDI 顶层菜单；②需要生成 JXGL.mpr 菜单程序文件；③菜单包含“数据管理”“数据报表”和“系统管理”3 个下拉菜单，每个下拉菜单的菜单项的定义如表 1-12-1 所示。

表 1-12-1　顶层菜单项的定义

下拉菜单	菜单项	命令或过程
数据管理	学生数据输入	DO FORM 学生.SCX
数据管理	课程成绩维护	DO FORM 课程成绩.SCX
数据管理	教师任课查询	DO FORM 教师任课.SCX
数据管理	学生成绩统计	DO FORM 统计.SCX
数据管理	学生课程教师浏览	DO FORM 学生课程教师浏览.SCX
数据报表	学生情况报表	REPORT FORM REPORT1.FRX PREVIEW
数据报表	学生成绩报表	REPORT FORM REPORT2.FRX PREVIEW
数据报表	教师情况报表	REPORT FORM REPORT3.FRX PREVIEW
数据报表	学生成绩汇总	REPORT FORM REPORT4.FRX PREVIEW
系统管理	计算器	DO FORM calculator.SCX
系统管理	\-	无，分隔符
系统管理	退出系统	RESULT=MESSAGEBOX("真的要退出本系统?",4+32+256,"系统询问") IF RESULT=6 　CLEAR EVENTS 　SET SYSMENU NOSAVE 　SET SYSMEN TO DEFAULT 　_Vfp.Activeform.RELEASE ENDIF

(3)在 JXGL.scx 表单中调用 JXGL.mpr 顶层菜单文件。

注意：在 JXGL.scx 表单的 INIT 事件中，添加如下代码：

```
DO JXGL.MPR WITH THIS
```

(4) 最后完成的 JXGL 应用程序的主界面，如图 1-12-4 所示。

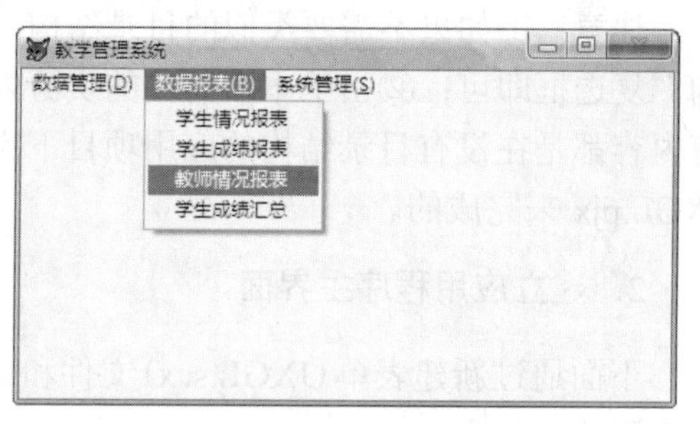

图 1-12-4　JXGL 应用程序的主界面

3. 建立应用程序主程序

在项目管理器的“代码”选项卡中，新建(MAIN.PRG)程序文件，其中代码如下：

```
SET SYSMENU OFF
SET SYSMENU TO
CLOSE DATABASE ALL
CLEAR ALL
SET TALK OFF
SET CENTURY ON
SET STATUS BAR OFF
_SCREEN.CAPTION ="欢迎使用本教学管理系统，今天是"+DTOC(DATE())
_SCREEN.WINDOWSTATE=2
DO FORM JXGL.SCX
READ EVENTS
CLEAR ALL
SET STATUS BAR ON
CANCEL
```

4. 应用程序的连编

系统调试成功后，需要生成应用程序发布所需的.APP 或.EXE 文件，这个过程就称为应用程序的连编。其操作步骤如下：

(1) 指定主程序。在项目管理器的“代码”选项卡中，右击 MAIN.PRG 程序文件，在弹出的快捷菜单中，执行“设置主文件”命令，如图 1-12-5 所示。

(2) 包含资源文件。把 Visual FoxPro 系统中的 FOXUSER.DBF、FOXUSER.FPT、CONFIG.FPW 以及特定资源文件 VFP6RCHS.DLL(中文版)、VFP6RENU.DLL(英文版)复制到项目所在的文件夹下，这里为 E:\JXGL。其中，VFP6RCHS.DLL(中文版)、VFP6RENU.DLL(英文版)文件存放在系统 Windows 的 SYSTEM 目录下。

(3) 设置好排除类型的文件。一般情况下，数据库文件和表文件设置为排除，其他文件默认方式是被包含的。设置文件包含或排除的方法是：在某文件上右击，在弹出的快捷菜单中选择“包含”或“排除”菜单项。

(4) 更改应用程序项目的默认设置。选择 Visual FoxPro 系统菜单中的“项目”菜单下的“项目信息”命令，弹出“项目信息”对话框。在该对话框中可以设置项目的有关属性，如图 1-12-6 所示。

(5) 连编项目。在项目管理器中，单击“连编”按钮，弹出“连编选项”对话框。在该对话框中，先选中“重新连编项目”和“显示错误”选项，然后单击“确定”按钮。

(6) 如果在上一步的连编项目中未显示错误信息，则再次单击“连编”按钮，弹出“连编选项”对话框。在该对话框中，选中“连编应用程序”或“连编可执行文件”选项后，单击“确定”按钮，在弹出的“另存为”对话框中，输入应用程序文件名，这里为 JXGL，系统会自动生成.APP 或.EXE 文件(本处为 JXGL.EXE)。

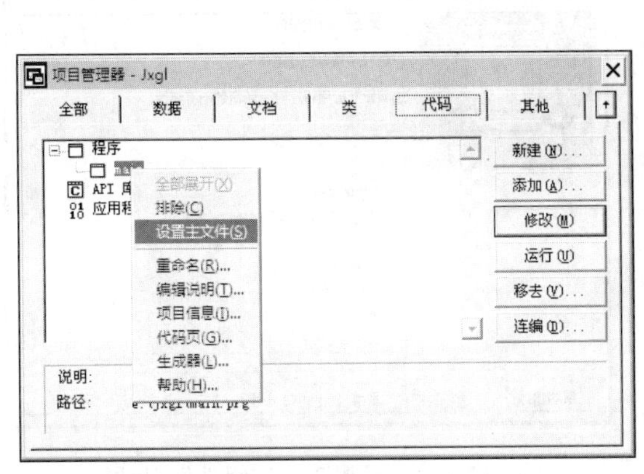

图 1-12-5　“设置主文件”命令

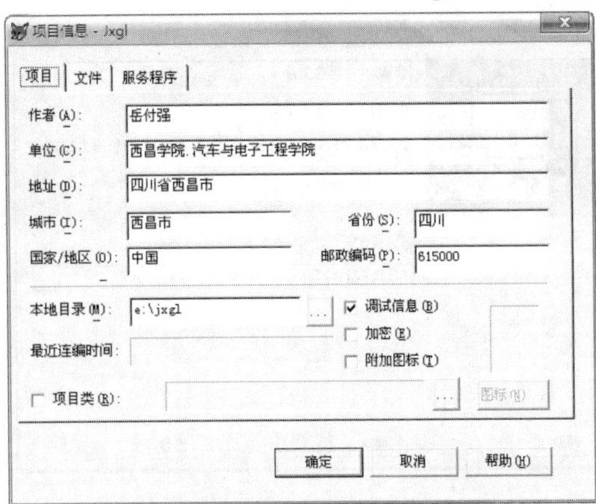

图 1-12-6　“项目信息”对话框

(7) 运行应用程序。在命令窗口中输入如下命令：

```
DO JXGL.EXE            &&注意观察效果与 JXGL.APP 的区别
```

5．应用程序的发布

软件的发布是指为所开发的应用程序制作一套应用程序安装包，使之能安装到其他计算机中使用。其操作步骤如下：

(1) 建立发布目录。发布目录用来存放用户运行应用程序时需要的全部文件，这里建立的一个发布目录为 E:\JXGL_PUBLISH。将一些必要的文件复制到该目录中。

① 项目连编后的.APP 或.EXE 文件。

② 连编时为自动加入项目的文件，如表文件(*.dbf 和*.fpt)、数据库文件(*.dbc、*.dct 和*.dcx)、索引文件(*.idx 和*.cdx)等。

③ 设置为排除类型的其他文件。

④ Visual FoxPro 支持库文件：VFP6RCHS.DLL(中文版)、VFP6RENU.DLL(英文版)。

(2) 执行系统下的“工具”菜单下的“向导”下的“安装”命令，弹出“安装向导”对话框。在此对话框中，可以单击“创建目录”按钮创建新的发布目录，也可以单击“定位目录”选择已经存在的发布目录。

(3) 单击“定位目录”按钮，打开“步骤 1-定位文件”对话框。因为前面已经建立好了发布目录为 E:\JXGL_PUBLISH，所以这里直接定位到 E:\JXGL_PUBLISH 目录，如图 1-12-7 所示。

(4) 单击“下一步”按钮，打开“步骤 2-指定组件”对话框，指定必须包含的系统文件。这里选中“Visual FoxPro 运行时刻组件”复选框，如图 1-12-8 所示。

(5) 单击“下一步”按钮，打开“步骤 3-磁盘映象”对话框，指定软件发布后，将结果存放到哪里，需要给出一个有效的目录名称，同时还需要指定存储介质是什么。这里选择“E:\JXGL_发布目录”作为磁盘映象的目录，并选中“Web 安装(压缩)”和“网络安装(非压缩)”复选框，如图 1-12-9 所示。

(6) 单击“下一步”按钮，打开“步骤 4-安装选项”对话框，在“安装对话框标题”文本框中输入“教学管理系统”和在“版权信息”文本框中输入“版权所有，不得复制!”，选择执行程序为“E:\JXGL_PUBLISH\JXGL.EXE”，如图 1-12-10 所示。

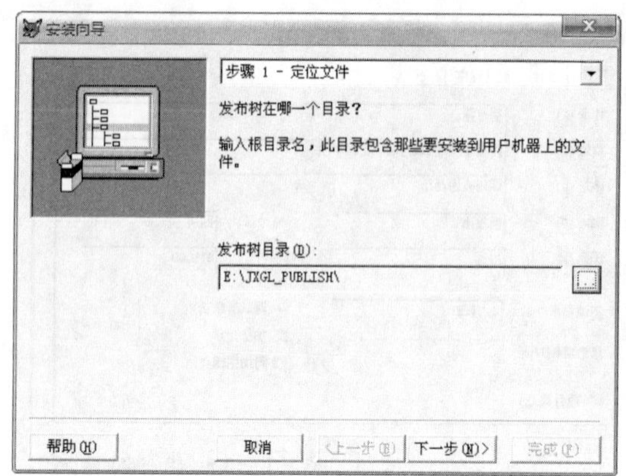

图 1-12-7　“步骤 1-定位文件”对话框

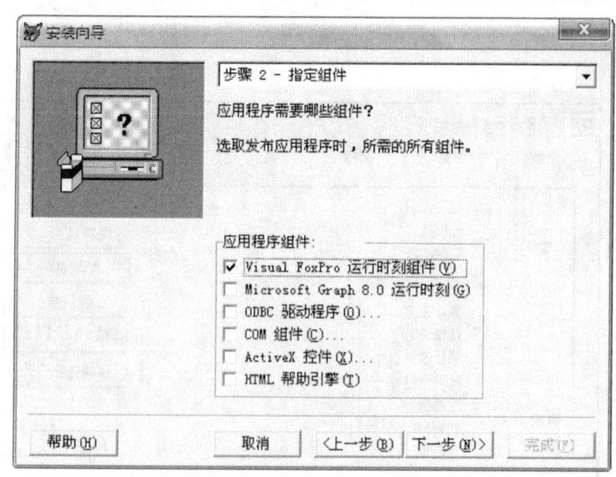

图 1-12-8　“步骤 2-指定组件”对话框

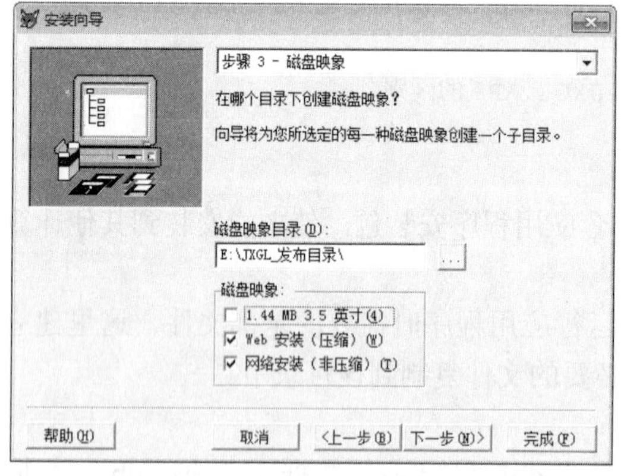

图 1-12-9　“步骤 3-磁盘映象”对话框

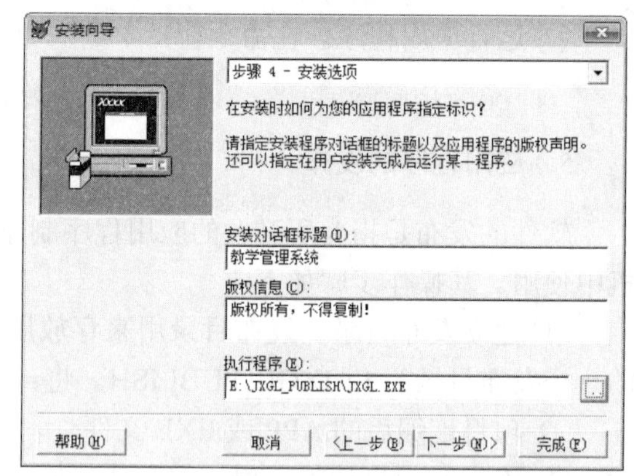

图 1-12-10　“步骤 4-安装选项”对话框

(7) 上面几个安装步骤是非常关键的，后面几个是可选的，一般采用系统默认值。这里连续两次单击“下一步”按钮，或者直接单击“完成”按钮，打开“步骤 7-完成”对话框。在该对话框中，直接单击“完成”按钮，系统就开始应用程序的发布。

注意：最后一步发布完成后，在“E:\JXGL_发布目录”目录下，会自动生成“WEBSETUP(Web 安装(压缩)方式)”目录和“NETSETUP(网络安装(非压缩)方式)”目录，打开目录后，找到 setup.exe 文件，即可安装部署应用程序。

第二篇　选择题过关训练

第 1 章　Visual FoxPro 数据库基础

1．Visual FoxPro 是________。

(A) 数据库系统　　(B) 数据库管理系统

(C) 数据库　　(D) 数据库应用系统

2．Visual FoxPro 是一个可以在计算机和服务器上运行的________。

(A) 数据库管理系统　　(B) 数据库系统

(C) 应用软件　　(D) 工具软件

3．Visual FoxPro 是指一种关系型数据库管理系统，关系是指________。

(A) 各条记录中的数据彼此有一定的关系

(B) 一个数据库文件与另一个数据库文件之间有一定的关系

(C) 数据模型符合满足一定条件的二维表格式

(D) 数据库中各个字段之间彼此有一定的关系

4．如下描述中正确的是________。

(A) 数据库中仅存储数据

(B) 数据库管理系统是数据库集合的组成部分

(C) 数据库中的数据具有很高的冗余并缺乏数据独立性

(D) 数据库管理系统是为数据库的建立、使用和维护而配置的软件

5．若一个班主任管理多个学生，每个学生对应一个班主任，则班主任和学生之间存在的联系类型为________。

(A) 一对多　　(B) 一对一　　(C) 多对多　　(D) 以上都不对

6．若一个教练训练多个运动员，每个运动员接受多个教练指导，则教练与运动员之间存在的联系类型为________。

(A) 多对多　　(B) 一对一　　(C) 一对多　　(D) 多对一

7．若一个经理管理一个分店，每个分店只有一个经理，则经理和分店之间存在的联系类型为________。

(A) 一对多　　(B) 一对一　　(C) 多对多　　(D) 以上都不对

8．数据库 (DB)、数据库系统 (DBS) 和数据库管理系统 (DBMS) 三者之间的关系是________。

(A) DBS 包括 DB 和 DBMS　　(B) DBMS 包括 DB 和 DBS

(C) DB 包括 DBS 和 DBMS　　(D) DBS 就是 DB，也就是 DBMS

9．数据库系统的核心是________。

(A) 表　　(B) 文件

(C) 数据库管理系统　　(D) 数据库管理员

10. 下列不属于数据库系统特点的是________。

(A) 采用特定的数据模型　　(B) 有统一的数据控制功能

(C) 数据冗余度高　　(D) 数据独立性高

11. 下面的描述中正确的是________。

(A) 数据库系统的核心是表

(B) 数据库系统的核心是数据库管理系统

(C) 数据库系统的核心是文件

(D) 数据库系统的核心是数据库管理员

12. 以下关于数据管理发展的描述错误的是________。

(A) 文件系统阶段的数据可以长期保存

(B) 数据库系统阶段仍没有解决数据独立性问题

(C) 数据库系统阶段实现了对数据的共享

(D) 人工管理阶段存在大量数据冗余

13. 以下描述中错误的是________。

(A) 层次数据模型可以表示一对多的联系

(B) 一张二维表就是一个关系

(C) 层次数据模型不能直接表示多对多的联系

(D) 网状数据模型不能直接表示多对多的联系

14. 以下描述中正确的是________。

(A) 数据库只包括描述事物的数据本身

(B) 数据库中的数据具有较小的冗余和较高的数据独立性

(C) 数据库系统是为数据库的建立、使用和维护而配置的软件

(D) 数据库管理系统是数据库集合的组成部分。

15. 在 Visual FoxPro 中与关系无关的是________。

(A) 视图　　(B) 自由表　　(C) 数据库表　　(D) 文本文件

16. Visual FoxPro 是一种关系型数据库管理系统，关系是________。

(A) 一个数据库文件与另一个数据库文件之间有一定关系

(B) 数据库中各记录之间有一定关系

(C) 数据库中各字段之间有一定关系

(D) 数据模型符合满足一定条件的二维表格式

17. 查询学生关系中所有年龄为 18 岁学生的操作属于关系运算中的________。

(A) 选择　　(B) 投影　　(C) 连接　　(D) 查找

18. 查询学生关系中所有学生姓名的操作属于关系运算中的________。

(A) 投影　　(B) 选择　　(C) 连接　　(D) 查找

19. 传统的集合运算包括________。

(A) 并、差和选择　　(B) 并、交和投影　　(C) 交、差和选择　　(D) 并、差和交

20. 传统的集合运算包括________。

(A) 并、选择和投影　　(B) 并、差和交

(C)并、交和选择　　(D)交、差和合并

21. 传统的集合运算包括________。

(A)并、选择和投影　　(B)并、差和交
(C)并、交和选择　　(D)交、差和投影

22. 关系的基本运算包括________。

(A)连接、选择和投影　　(B)并、交和差
(C)排序、连接和选择　　(D)选择、投影和排序

23. 关系的元组所对应的是________。

(A)表的一行　　(B)表的一列　　(C)表的一个元素　　D)表的结构

24. 关系运算中选择某些列形成新的关系的运算是________。

(A)选择运算　　(B)投影运算　　(C)交运算　　(D)除运算

25. 一个关系中的各条记录__________。

(A)前后顺序不能任意颠倒，要按输入的顺序排列
(B)前后顺序不能任意颠倒，要按关键字段值的顺序排列
(C)前后顺序可以任意颠倒，但排列顺序不同，统计处理的结果可能不同
(D)前后顺序可以任意颠倒，不影响数据的实际含义

26. 以下关于关系的说法正确的是________。

(A)不可有重复列名　　(B)可以有重复列名
(C)列可再分解成多列　　(D)列的顺序不可以改变

27. 以下关于关系的说法正确的是________。

(A)列的次序非常重要　　(B)行的次序非常重要
(C)列的次序无关紧要　　(D)关键字必须指定为第一列

28. 有关系：商品(名称，产地，单价)，查询单价在 10 元以下的操作属于关系运算中的________。

(A)选择　　(B)投影　　(C)连接　　(D)查找

29. 在 Visual FoxPro 中，“表”是指________。

(A)报表　　(B)关系　　(C)表格控件　　(D)表单

30. 在 Visual FoxPro 中，关系数据库管理系统所管理的关系是________。

(A)一个 DBF 文件　　(B)若干个二维表
(C)一个 DBC 文件　　(D)若干个 DBC 文件

31. 在 Visual FoxPro 中与关系有关的是________。

(A)表或视图　　(B)表或查询　　(C)表单　　(D)表或报表

32. 在关系模型中，每个关系模式中的关键字________。

(A)可由多个任意属性组成
(B)最多由一个属性组成
(C)可由一个或多个其值能唯一标识关系中任何元组的属性组成
(D)以上说法都不正确

33. “在命令窗口中键入 EXIT 可以退出 Visual FoxPro 返回 Windows”的说法________。

(A)对　　(B)错

(C) 应该键入 Bye 返回到 Windows (D) 以上说法都不对

34．使用键盘操作重新打开命令窗口的方法是________。

(A) 按 Ctrl+F4 组合键 (B) 按 Ctrl+F2 组合键

(C) 按 Alt+F4 组合键 (D) 按 Alt+F2 组合键

35．下面关于工具栏的叙述，错误的是________。

(A) 可以定制用户自己的工具栏 (B) 可以修改系统提供的工具栏

(C) 可以删除用户创建的工具栏 (D) 可以删除系统提供的工具栏

36．显示与隐藏命令窗口的错误操作是________。

(A) 单击常用工具栏上的“命令窗口”按钮

(B) 退出 Visual Foxpro，再重新打开

(C) 分别按 Ctrl+F4 和 Ctrl+F2 组合键

(D) 通过“窗口”菜单下的“命令窗口”选项来切换

37．在 Visual FoxPro 安装完成后可以在“选项”对话框中进行相关设置，设置货币符号在哪个选项卡完成________。

(A) 显示选项卡 (B) 常规选项卡 (C) 区域选项卡 (D) 字段选项卡

38．在 Visual FoxPro 安装完成后可以在“选项”对话框中进行相关设置，设置日期显示格式在哪个选项卡完成________。

(A) 显示选项卡 (B) 常规选项卡 (C) 项目选项卡 (D) 区域选项卡

39．在 Visual FoxPro 命令窗口退出 Visual FoxPro 的命令是________。

(A) QUIT (B) EXIT (C) CLOSE (D) RELEASE

40．在 Visual FoxPro 中，不能隐藏命令窗口的操作是________。

(A) 按 Ctrl+F4 组合键

(B) 单击命令窗口右上角的“关闭”按钮

(C) 单击“窗口”菜单下的“命令窗口”选项

(D) 单击常用工具栏上的“命令窗口”按钮

41．Visual FoxPro 的项目管理器包括多个选项卡，其中“表单”在________。

(A) 文档选项卡 (B) 数据选项卡 (C) 类选项卡 (D) 代码选项卡

42．不属于“项目管理器”的“文档”选项卡中的文件类型是________。

(A) 查询 (B) 报表 (C) 标签 (D) 表单

43．打开一个项目之后，执行“文件”菜单中的“新建”命令创建的文件________。

(A) 不属于任何项目 (B) 属于当前项目

(C) 既可属于也可不属于当前项目 (D) 属于任何项目

44．扩展名为 pjx 的文件是________。

(A) 数据库表文件 (B) 表单文件 (C) 数据库文件 (D) 项目文件

45．下列关于项目和文件的说法，正确的是________。

(A) 一个项目可以包含多个文件，一个文件只能属于一个项目

(B) 一个项目可以包含多个文件，一个文件也可以包含在多个项目中

(C) 若将一个文件添加到项目里，则该文件就合并到项目中，不能独立存在

(D) 在关闭项目时，Visual FoxPro 会自动删除不包含任何文件的项目

46．向一个项目中添加一个数据库，应该使用项目管理器的________。

(A)“代码”选项卡　　(B)“类”选项卡

(C)“文档”选项卡　　(D)“数据”选项卡

47．项目管理器窗口的“数据”选项卡用于显示和管理________。

(A)数据库、视图和查询　　(B)数据库、自由表和查询

(C)数据库、视图、自由表和查询　　(D)数据库、表单和查询

48．项目管理器的“文档”选项卡用于显示和管理________。

(A)表单和查询　　(B)表单和报表

(C)报表和视图　　(D)表单、报表和标签

49．项目文件中的“文本文件”包含在________。

(A)“文档”选项卡中　　(B)“代码”选项卡中

(C)“数据”选项卡中　　(D)“其他”选项卡中

50．在“项目管理器”窗口中，每个选项卡组织一定类型的文件。菜单文件所在的选项卡是________。

(A)数据选项卡　　(B)文档选项卡

(C)代码选项卡　　(D)其他选项卡

51．在“项目管理器”窗口中，每个选项卡组织一定类型的文件。查询文件所在的选项卡是________。

(A)数据选项卡　　(B)文档选项卡

(C)代码选项卡　　(D)其他选项卡

52．在“项目管理器”下为项目建立一个新报表，应该使用的选项卡是________。

(A)数据　　(B)文档　　(C)类　　(D)代码

53．在 Visual FoxPro 的项目管理器中，表单在哪个选项卡中管理________。

(A)数据选项卡　　(B)文档选项卡　　(C)代码选项卡　　(D)其他选项卡

54．在 Visual FoxPro 的项目管理器中，菜单在哪个选项卡中管理________。

(A)数据选项卡　　(B)文档选项卡　　(C)代码选项卡　　(D)其他选项卡

55．在 Visual FoxPro 的项目管理器中不包括的选项卡是________。

(A)表单　　(B)文档　　(C)类　　(D)数据

56．在 Visual FoxPro 中，CREATE PROJECT 命令将创建一个________。

(A)项目　　(B)数据库　　(C)程序　　(D)菜单

57．在 Visual FoxPro 中创建项目，系统将建立一个项目文件，项目文件的扩展名是________。

(A)PJX　　(B)PRJ　　(C)PRO　　(D)ITM

58．在 Visual FoxPro 中建立一个新项目的命令是________。

(A)NEW PROJECT　　(B)CREATE PROJECT

(C)NEW ITEM　　(D)CREATE ITEM

59．在项目管理器中，选择一个数据库表并单击“移去”按钮，在弹出的对话框中单击“删除”按钮后，该表将________。

(A)从数据库中移出，变成自由表

(B) 从数据库中移出，被保留在原目录里

(C) 从数据库中移出，被放在 Windows 的回收站中

(D) 从数据库中移出，并将从磁盘上删除

60. Visual FoxPro 的设计器是创建和修改应用系统各种组件的可视化工具，打开设计器的方式不包括________。

(A) 使用命令方式　　(B) 从系统的“工具”菜单选择，并打开

(C) 在项目管理器环境下调用、打开　　(D) 以上都不对

61. Visual FoxPro 的设计器是创建和修改应用系统各种组件的可视化工具，其中在表设计器中不可以________。

(A) 建立新表　　(B) 修改表结构　　(C) 建立索引　　(D) 修改数据

62. Visual FoxPro 提供了一些“向导”可以帮助用户快速地完成一些一般性的任务，其中没有________。

(A) 菜单向导　　(B) 表单向导　　(C) 报表向导　　(D) 表向导

63. Visual FoxPro 提供了一些“向导”可以帮助用户快速地完成一些一般性任务，其中没有________。

(A) 标签向导　　(B) 表单向导　　(C) 报表向导　　(D) 程序向导

64. 从“表单”菜单中选择“快速表单”选项可以打开________。

(A) 表单设计器　　(B) 表单向导　　(C) 表单生成器　　(D) 表单编辑器

65. 在 Visual FoxPro 中，根据用户在一系列屏幕上的回答来生成文件或快速完成一般性任务的可视化工具是________。

(A) 向导　　(B) 设计器　　(C) 生成器　　(D) 项目管理器

66. 在 Visual FoxPro 中，通常以窗口形式出现，用以创建和修改表、表单、数据库等应用程序组件的可视化工具称为________。

(A) 向导　　(B) 设计器　　(C) 生成器　　(D) 项目管理器

67. 在 Visual FoxPro 中，通过带选项卡的对话框快速创建或修改表单、复杂控件等的工具是________。

(A) 向导　　(B) 设计器　　(C) 生成器　　(D) 项目管理器

68. 在 Visual FoxPro 中修改数据库、表单和报表等组件的可视化工具是________。

(A) 向导　　(B) 生成器　　(C) 设计器　　(D) 项目管理器

69. 在表单中为了快速设计表格可以使用________。

(A) 表格生成器　　(B) 表格向导　　(C) 表格设计器　　(D) 以上都不对

第 2 章　Visual FoxPro 程序设计基础

1. 表示 2012 年 9 月 10 日的日期常量是________。

(A) {^2012-09-10}　　(B) {-2012-09-10}　　(C) {/2012-09-10}　　(D) {2012-09-10}

2. 从内存中清除内存变量的命令是________。

(A) Release　　(B) Delete　　(C) Erase　　(D) Destroy

3. 给 student 表增加一个“平均成绩”字段(数值型，总宽度为 6，两位小数)的 SQL 命

令是________。

(A) ALTER TABLE student ADD 平均成绩 N(6,2)

(B) ALTER TABLE student ADD 平均成绩 D(6,2)

(C) ALTER TABLE student ADD 平均成绩 E(6,2)

(D) ALTER TABLE student ADD 平均成绩 Y(6,2)

4．假设变量 *a* 的值是字符串“Computer”，可以正确显示该值的命令是________。

(A) ? {*a*}　　(B) ? &*a*　　(C) ? [*a*]　　(D) ? (*a*)

5．假设当前表有字段 id、name 和 age，同时有内存变量 id 和 name，命令“? M->name”显示的是________。

(A) 不确定，和前面的命令有关　　(B) 当前记录字段 name 的值

(C) 变量不唯一的出错信息　　(D) 内存变量 name 的值

6．假设当前表有字段 id、name 和 age，同时有内存变量 id 和 name，命令“? Name”显示的是________。

(A) 不确定，和前面的命令有关　　(B) 当前记录字段 name 的值

(C) 变量不唯一的出错信息　　(D) 内存变量 name 的值

7．假设在表单设计器环境下，表单中有一个文本框且已经被选定为当前对象。现在从属性窗口中选择 Value 属性，然后在设置框中输入：={^2001-9-10}－{^2001-8-20}。请问以上操作后，文本框 Value 属性值的数据类型为________。

(A) 日期型　　(B) 数值型　　(C) 字符型　　(D) 布尔型

8．假设职员表已在当前工作区打开，其当前记录的“姓名”字段值为“李彤”(C 型字段)。在命令窗口输入并执行如下命令：

```
姓名=姓名－"出勤"
? 姓名
```

屏幕上会显示________。

(A) 李彤　　(B) 李彤　出勤　　(C) 李彤出勤　　(D) 李彤－出勤

9．将日期格式设置为中国习惯的“年月日”格式的命令是________。

(A) SET DATE TO YMD　　(B) SET DATE TO YYYY/MM/DD

(C) SET DATE TO Y/M/D　　(D) SET DATE TO 年月日

10．如果内存变量和字段变量均有变量名“姓名”，那么引用内存变量错误的方法是________。

(A) M.姓名　　(B) M->姓名　　(C) 姓名　　(D) M

11．设 A=[6*8–2]，B=6*8–2，C=“6*8–2”，属于合法表达式的是________。

(A) $A+B$　　(B) $B+C$　　(C) $A-C$　　(D) $C-B$

12．说明数组后，数组元素的初值是________。

(A) 整数 0　　(B) 不定值　　(C) 逻辑真　　(D) 逻辑假

13．为了在“年月日”日期格式中显示 4 位年份，设置的命令是________。

(A) SET YEAR ON　　(B) SET CENTURY ON

(C) SET CENTURY TO　　(D) SET YEAR TO 4

14．下列关于 Visual FoxPro 的数组描述，错误的是________。

(A) 数组中各元素的数据类型必须相同

(B) 与简单内存变量不同，数组在使用之前要用 DIMENSION 或 DECLARE 命令创建

(C) Visual FoxPro 只支持一维数组和二维数组

(D) 数组的下标值下限为 1

15．下列数据中，不合法的 Visual FoxPro 常量是________。

(A) 12.5E2　(B) $21.35　(C) [变量]　(D) False

16．下面命令的输出结果是________。

```
DECLARE a(10)
? a(0)
```

(A) .F.　(B) .T.　(C) 0　(D) 出错

17．下面命令的输出结果是________。

```
DIMENSION a(10)
? a(1)
```

(A) .F.　(B) .T.　(C) 0　(D) 未定义

18．要将显示日期值时所用的分隔符设置为竖杠“|”，错误的设置命令是________。

(A) SET MARK TO “|”　(B) SET MARK TO ‘|’

(C) SET MARK TO [|]　(D) SET MARK TO |

19．要想将日期型或日期时间型数据中的年份用 4 位数字显示，应当使用设置命令________。

(A) SET CENTURY ON　(B) SET CENTURY OFF

(C) SET CENTURY TO 4　(D) SET CENTURY OF 4

20．以下哪个不是字符型常量________。

(A) “Computer”　(B) [Computer]　(C) ‘Computer’　(D) (Computer)

21．用 DIMENSION 命令定义数组后，数组各元素的值是________。

(A) 无定义　(B) 0　(C) .T.　(D) .F.

22．语句 LIST MEMORY LIKE a* 能够显示的变量不包括________。

(A) a　(B) a1　(C) ab2　(D) ba3

23．在 Visual FoxPro 中，表示 2012 年 9 月 10 日 10 点整的日期时间常量是________。

(A) {/2012-09-10 10：00：00}　(B) {-2012-09-10-10：00：00}

(C) {^2012-09-10 10：00：00}　(D) {^2012-09-10-10：00：00}

24．在 Visual FoxPro 中，命令“?”与命令“??”的区别是________。

(A) 命令“?”在当前光标位置输出表达式结果；命令“??”在下一行开始输出

(B) 命令“??”在当前光标位置输出表达式结果；命令“?”在下一行开始输出

(C) “?”可以输出一个常量、变量或表达式；“??”可以输出若干个常量、变量或表达式

(D) “?”在显示器上输出；“??”在打印机上输出

25．在 Visual FoxPro 中，如果要保存 Word 格式的数据，需要使用的数据类型是________。

(A)通用型　(B)备注型　(C)字符型　(D)文本型

26. 在 Visual FoxPro 中，下列关于数组的描述，错误的是________。

(A)数组是按照一定顺序排列的一组内存变量

(B)数组在使用前必须要用 DIMENSION 或 DECLARE 命令显示创建

(C)可以用一维数组的形式访问二维数组

(D)一个数组中各个数组元素的数据类型必须相同

27. 在 Visual FoxPro 中，要想将日期型或日期时间型数据中的年份用 4 位数字显示，应当使用设置命令________。

(A)SET CENTURY ON　(B)SET CENTURY TO 4

(C)SET YEAR TO 4　(D)SET YAER TO yyyy

28. 在 Visual FoxPro 中，有如下内存变量赋值语句。

```
X = {^2001—07—28 10: 15: 20 PM}
Y = .F.
M = $123.45
N = 123.45
Z = "123.24"
```

执行上述赋值语句之后，内存变量 *X*、*Y*、*M*、*N* 和 *Z* 的数据类型分别是________。

(A)D、L、Y、N、C　(B)T、L、Y、N、C

(C)T、L、M、N、C　(D)T、L、Y、N、S

29. 在 Visual FoxPro 中如果字段定义为日期型，则长度固定为________。

(A)8　(B)6　(C)10　(D)4

30. 在命令窗口中执行下面的命令序列，最后一条命令的输出结果是________。

```
SET CENTURY OFF
SET MARK TO "/"
SET DATE TO MDY
? {^2013-11-30}
```

(A)11-30-2013　(B)11-30-13　(C)11/30/2013　(D)11/30/13

31. 在命令窗口中执行下面的命令序列，最后一条命令的输出结果是________。

```
SET CENTURY ON
SET MARK TO "?"
SET DATE TO YMD
? {^2013-11-30}
```

(A)2013-11-30　(B)13-11-30　(C)2013/11/30　(D)2013?11?30

32. 在设置日期格式时，不能使用的设置命令是________。

(A)SET DATE DMY　(B)SET DATE MDY

(C)SET DATE MYD　(D)SET DATE YMD

33. 执行命令 *A*=2005/4/2 之后，内存变量 *A* 的数据类型是________。

(A)数值　(B)字符　(C)逻辑　(D)日期

34. 执行如下命令序列后，最后一条命令的显示结果是________。

```
DIMENSION M(2,2)
M(1,1)=10
M(1,2)=20
M(2,1)=30
M(2,2)=40
? M(2)
```

(A) 变量未定义的提示 (B) 10　　(C) 20　　(D) .F.

35．表达式 IIF("123"=="12", 12, "ab") 的值是________。

(A) 数值 12　　(B) 字符串 12　　(C) 字符串 ab　　(D) 出错

36．假设 A="计算机"，B="等级考试"，结果是"计算机等级考试"的表达式是________。

(A) STRING(A,"是",B)　　(B) A*"是"*B

(C) A/"是"/B　　(D) A–"是"–B

37．假设变量 s_1 的值为"数据库"，变量 s_2 的值为"Visual FoxPro 数据库"，表达式的值为真(T)的是________。

(A) s_1 $ s_2　　(B) s_2 $ s_1　　(C) $s_2 = s_1$　　(D) $s_2 > s_1$

38．假设变量 s_1 的值为"数据库"，变量 s_2 的值为"Visual FoxPro 数据库"，表达式为假(F)的是________。

(A) s_1 $ s_2　　(B) s_2 $ s_1　　(C) $s_2 < s_1$　　(D) $s_2 - s_1$

39．假设日期变量 *d* 的值是 2013 年 10 月 6 日，数值变量 *i* 的值是 10，如下表达式错误的是________。

(A) {^2013-10-30}+*i*　　(B) {^2013-10-30} – *i*

(C) {^2013-10-30}+*d*　　(D) {^2013-10-30}+*d*

40．连续执行以下命令，最后一条命令的输出结果是________。

```
SET EXACT OFF
a="北京"
b=(a="北京交通")
? b
```

(A) 北京　　(B) 北京交通　　(C) .F.　　(D) 出错

41．连续执行以下命令后，最后一条命令的输出结果是________。

```
d1={^2012-10-1}
d2={^2012-10-1 10: 10: 0}
d1=d1+1
d2=d2+1
? day(d1), day(d2)
```

(A) 1, 0　　(B) 1, 1　　(C) 2, 0　　(D) 2, 1

42．连续执行以下命令后，最后一条命令的输出结果是________。

```
SET EXACT OFF
x="A"+SPACE(2)
? IIF(x="A", x-"BCD"+"E", x+"BCD"-"E")
```

(A) ABCD　E　(B) A　BCDE　(C) ABCDE　(D) 出错

43．连续执行以下命令后，最后一条命令的输出结果是________。

```
t={^2012-10-1 10: 10 AM}
t=t+1
? day(t), sec(t)
```

(A) 1, 0　(B) 1, 1　(C) 2, 0　(D) 2, 1

44．连续执行以下命令后，最后一条命令的输出结果是________。

```
x=10
x=x=20
? x
```

(A) 10　(B) 20　(C) .T.　(D) .F.

45．连续执行以下命令后，最后一条命令的输出结果是________。

```
x=10
y=x=20
? x,y
```

(A) 20, 20　(B) 10, 20　(C) 20, .T.　(D) 10, .F.

46．逻辑运算符的优先顺序是________。

(A) NOT AND OR　(B) NOT OR AND
(C) AND OR NOT　(D) OR NOT AND

47．设 *X*="11"，*Y*="1122"，下列表达式结果为假的是________。

(A) NOT (*X*==*Y*) AND (*X*$*Y*)　(B) NOT (*X*$*Y*) OR (*X*<>*Y*)
(C) NOT (*X*>=*Y*)　(D) NOT (*X*$*Y*)

48．设 *X*=6<5，命令 ? VARTYPE (*X*) 的输出是________。

(A) N　(B) C　(C) L　(D) 出错

49．顺序执行下列命令后，显示的结果是________。

```
x='123'
str="2014 年索契冬季奥运会"
? substr(str,len(x-x)+1,4)
```

(A) 索契　(B) 2014　(C) 冬季奥运　(D) 索契冬季

50．下列程序段执行后，内存变量 *e* 的值是________。

```
a=10
b=20
c=30
d=IIF(a>b, a, b)
e=IIF(c>d, c, d)
```

(A) 10　(B) 20　(C) 30　(D) 550

51．下面的程序计算一个整数的各位数字之和，在横线处应填写的语句是________。

```
SET TALK OFF
```

```
INPUT "x=" TO x
s=0
DO WHILE x!=0
    s=s+MOD(x,10)
    ____________________
ENDDO
? s
SET TALK ON
```

(A) x=int(x/10)　　(B) x=int(x%10)

(C) x=x−int(x/10)　　(D) x=x−int(x%10)

52．在 SET EXACT OFF 情况下，结果值为逻辑真的表达式是________。

(A) "等级考试"="等级"　　(B) "等级"="等级考试"

(C) "等级"+space(4)="等级考试"　　(D) "等级考试"="等级"+space(4)

53．在 SET EXACT OFF 情况下，结果值为逻辑真的表达式是________。

(A) "数据库系统"=="数据库"　　(B) "数据库"="数据库系统"

(C) "数据库"+space(4)="数据库"　　(D) "数据库"="数据库"+space(4)

54．在 SET EXACT ON 情况下，结果值为逻辑真的表达式是________。

(A) "等级考试"="等级"　　(B) "等级"="等级考试"

(C) "等级"+space(4)="等级考试"　　(D) "等级"="等级"+space(4)

55．在 SET EXACT ON 情况下，结果值为逻辑真的表达式是________。

(A) "数据库系统"="数据库"　　(B) "数据库"="数据库系统"

(C) "数据库"=="数据库"+space(4)　　(D) "数据库"=="数据库"+space(4)

56．在 Visual FoxPro 中，下面 4 个关于日期或日期时间的表达式中，错误的是________。

(A) {^2012.02.01}+{^2011.02.01}

(B) {^2012/02/01}+2

(C) {^2012.09.01 11：10：10 AM}-{^2011.09.01 11：10：10 AM}

(D) {^2012/02/01}-{^2011/02/01}

57．在 Visual FoxPro 中，下面关于日期或日期时间的表达式中，错误的是________。

(A) {^2013.03.03}+{^2011.02.01}

(B) {^2013/03/03}+2

(C) {^2013.09.01 11：10：10 AM}-{^2013.07.01 11：10：10 AM}

(D) {^2013/03/03}-{^2012/02/02}

58．执行如下命令的输出结果是________。

```
? 15%4,15%-4
```

(A) 3　−1　　(B) 3　3　　(C) 1　1　　(D) 1　−1

59．LEFT("123456"，LEN("北京"))的计算结果是________。

(A) 1234　　(B) 3456　　(C) 12　　(D) 56

60．LEFT("123456789"，LEN("中国"))的计算结果是________。

(A) 1234　　(B) 3456　　(C) 12　　(D) 89

61．LEFT("13579"，LEN("公司"))的计算结果是________。

(A)1357　(B)3579　(C)13　(D)79

62．表达式 LEN(TRIM(SPACE(2)+'abc'-SPACE(3)))的计算结果是________。

(A)3　(B)5　(C)6　(D)8

63．表达式 VAL("2AB")*LEN("中国")的值是________。

(A)0　(B)4　(C)8　(D)12

64．函数 LEN(STR(12.5,6,1)–'12.5')的值是________。

(A)0　(B)4　(C)8　(D)10

65．函数 ROUND(208.67,–1)的返回值为________。

(A)210　(B)209　(C)208.7　(D)208.6

66．计算结果不是字符串“Teacher”的表达式是________。

(A)at("MyTeacher",3,7)　(B)substr("MyTeacher",3,7)

(C)right("MyTeacher",7)　(D)left("Teacher",7)

67．假设 *s* 的值是“浙江电视台中国好声音”，如下函数结果返回“中国好声音”的是________。

(A)left(*s*,5)　(B)left(*s*,10)　(C)right(*s*,5)　(D)right(*s*,10)

68．假设变量 *a* 的内容是“计算机软件工程师”，变量 *b* 的内容是“数据库管理员”，表达式的结果为“数据库工程师”的是________。

(A)left(*b*,6)–right(*a*,6)　(B)substr(*b*,1,3)– substr(*a*,6,3)

(C)left(*b*,6)– substr(*a*,6,3)　(D)substr(*b*,1,3)–right(*a*,6)

69．假设变量 s_2 的值为“Visual FoxPro 数据库”，表达式的值为“数据库”的是________。

(A)SUBSTR(s_2,3,6)　(B)RIGHT(s_2,6)

(C)LEFT(s_2,6)　(D)AT(s_2,6)

70．连续执行以下命令后，最后一条命令的输出结果是________。

```
A=10
x="A"+SPACE(2)
? IIF(A=20, x-"BCD"+"E", x+"BCD"-"E")
```

(A)ABCD　E　(B)A　BCDE　(C)ABCDE　(D)出错

71．连续执行以下命令后，最后一条命令的输出结果是________。

```
x=25.4
INT(x+0.5), CEIL(x), ROUND(x, 0)
```

(A)25, 25, 25　(B)25, 26, 25　(C)26, 26, 25　(D)26, 26, 26

72．连续执行以下命令后，最后一条命令的输出结果是________。

```
x=25.6
? INT(x), FLOOR(x), ROUND(x, 0)
```

(A)25, 25, 25　(B)25, 25, 26　(C)26, 25, 26　(D)26, 26, 26

73．命令? LEN(SPACE(3)－SPACE(2))的结果是________。

(A)1　(B)2　(C)3　(D)5

74. 如果在命令窗口执行命令：LIST 名称，主窗口中显示以下内容。

记录号　名称
1　　　电视机
2　　　计算机
3　　　电话线
4　　　电冰箱
5　　　电线

假定名称字段为字符型，宽度为 6，那么下面程序段的输出结果是________。

```
GO 2
SCAN  NEXT 4 FOR LEFT(名称，2)="电"
   IF RIGHT(名称，2)="线"
     EXIT
   ENDIF
ENDSCAN
? 名称
```

(A) 电话线　　(B) 电线　　(C) 电冰箱　　(D) 电视机

75. 设 *a*="计算机等级考试"，结果为"考试"的表达式是________。
(A) Left(*a*,4)　　(B) Right(*a*,4)　　(C) Left(*a*,2)　　(D) Right(*a*,2)

76. 设 *d*=len(time())，命令 ? VARTYPE(*d*) 的输出值是________。
(A) L　　(B) C　　(C) N　　(D) D

77. 设 *x* 的值为 345.345，如下函数返回值为 345 的是________。
(A) ROUND(*x*,2)　　(B) ROUND(*x*,1)　　(C) ROUND(*x*,0)　　(D) ROUND(*x*,–1)

78. 下列表达式中，表达式返回结果为.F.的是________。
(A) AT("A","BCD")　　(B) "[信息]"$"管理信息系统"
(C) ISNULL(.NULL.)　　(D) SUBSTR("计算机技术",3,2)

79. 下列表达式中，表达式返回结果为.T.的是________。
(A) AT("at", "at&t")　　(B) "[信息]"$"管理信息系统"
(C) EMPTY(.null.)　　(D) EMPTY(0)

80. 下列程序段执行后，内存变量 s_1 的值是________。

```
s1="奥运会游泳比赛"
s1=right(s1,4)+substr(s1,7,4)+left(s1,4)
? s1
```

(A) 奥运比赛游泳　　(B) 游泳比赛奥运　　(C) 比赛游泳奥运　　(D) 奥运游泳比赛

81. 下面的表达式中，运算结果为 12 的是________。
(A) INT(11.6)　　(B) ROUND(11.4, 0)
(C) FLOOR(11.6)　　(D) CEILING(11.4)

82. 下面命令的输出结果是________。

```
? LEN(TRIM(SPACE(2)+"等级"-SPACE(2)-"考试"))
```

(A) 12　(B) 10　(C) 8　(D) 6

83．下面命令的输出结果是________。

```
? LEN(TRIM(SPACE(2)+"等级考试"+SPACE(2)))
```

(A) 12　(B) 10　(C) 8　(D) 6

84．下面命令的输出结果是________。

```
? LEN(ALLT(SPACE(3)+"非你莫属"+SPACE(3)))
```

(A) 14　(B) 11　(C) 10　(D) 8

85．有如下赋值语句，结果为“大家好”的表达式是________。

```
a = "你好"
b = "大家"
```

(A) *b* + *b* + LEFT(*a*, 3, 4)　(B) *b* + LEFT(*a*, 2, 1)

(C) *b* + RIGHT(*a*, 2)　(D) *b* + RIGHT(*a*, 1)

86．有如下赋值语句，结果为“大家好”的表达式是________。

```
a="你好"
b="大家"
```

(A) *b*＋AT(*a*,1)　(B) *b*＋RIGHT(*a*,1)

(C) *b*＋LEFT(*a*,3,4)　(D) *b*+RIGHT(*a*,2)

87．有如下赋值语句：*a*="计算机"和 *b*="微型"，结果为“微型机”的表达式是________。

(A) *b* + LEFT(*a*,3)　(B) *b* + RIGHT(*a*,1)

(C) *b* + LEFT(*a*,5,2)　(D) *b* + RIGHT(*a*,2)

88．与"SELECT DISTINCT 歌手号 FROM 歌手 WHERE 最后得分>=ALL；(SELECT 最后得分 FROM 歌手 WHERE SUBSTR(歌手号，1,1)="2")"等价的 SQL 语句是________。

(A) SELECT DISTINCT 歌手号 FROM 歌手 WHERE 最后得分>=;
　(SELECT MAX(最后得分) FROM 歌手 WHERE SUBSTR(歌手号，1,1)="2")

(B) SELECT DISTINCT 歌手号 FROM 歌手 WHERE 最后得分>=;
　(SELECT MIN(最后得分) FROM 歌手 WHERE SUBSTR(歌手号，1,1)="2")

(C) SELECT DISTINCT 歌手号 FROM 歌手 WHERE 最后得分>=ANY;
　(SELECT 最后得分 FROM 歌手 WHERE SUBSTR(歌手号，1,1)="2")

(D) SELECT DISTINCT 歌手号 FROM 歌手 WHERE 最后得分>= SOME;
　(SELECT 最后得分 FROM 歌手 WHERE SUBSTR(歌手号，1,1)="2")

89．运算结果不是 2010 的表达式是________。

(A) int(2010.9)　(B) round(2010.1,0)

(C) ceiling(2010.1)　(D) floor(2010.9)

90．运算结果不是 2015 的表达式是________。

(A) int(2015.9)　(B) round(2015.1,0)

(C) ceiling(2015.1)　(D) floor(2015.9)

91．在 SQL 语句中，与表达式"姓名 LIKE '%强%' "功能相同的表达式是________。

(A) LEFT(姓名,2)='强'　　(B) '强' $ 姓名
(C) 姓名 ='%强%'　　(D) AT(姓名,'强')

92．在 Visual FoxPro 中，下列程序段执行后，内存变量 s_1 的值是________。

```
s1="奥运开幕日期"
s1= substr(s1,5,4)+left(s1,4)+ right(s1,4)
? s1
```

(A) 开幕日期奥运　　(B) 奥运日期
(C) 开幕日期　　(D) 开幕奥运日期

93．在 Visual FoxPro 中，有如下程序，函数 IIF() 返回值是________。

```
PRIVATE X, Y
STORE "男" TO X
Y = LEN(X)+2
? IIF( Y < 4, "男", "女")
RETURN
```

(A) "女"　　(B) "男"　　(C) .T.　　(D) .F.

94．在下面的 Visual FoxPro 表达式中，运算结果不为逻辑真的是________。

(A) EMPTY(SPACE(0))　　(B) LIKE('xy*', 'xyz')
(C) AT('xy', 'abcxyz')　　(D) ISNULL(.NULL.)

95．在下面的 Visual FoxPro 表达式中，运算结果为逻辑真的是________。

(A) EMPTY(.NULL.)　　(B) LIKE('xy? ', 'xyz')
(C) AT('xy', 'abcxyz')　　(D) ISNULL(SPACE(0))

96．在下面的 Visual FoxPro 表达式中，运算结果为逻辑真的是________。

(A) EMPTY(.NULL.)　　(B) LIKE('xy?', 'xyz')
(C) AT('xy', 'abcxyz')　　(D) ISNULL(SPACE(0))

97．执行?CEILING(16\5) 命令的结果是________。

(A) 3　　(B) 3.2　　(C) 4　　(D) 提示错误

98．执行如下程序段，将打开表________。

```
X='GRADE.DBF/CLASS.DBF/STUDE.DBF'
Y='/'
L=AT('/',X)+1
F=SUBSTR(X,L,5)
USE &F
```

(A) GRADE　　(B) 语法错　　(C) STUDE　　(D) CLASS

99．执行下列命令后，输出的结果是________。

```
A="+"
?"5&A.7="+STR(5&A.7,2)
```

(A) 5+7=12　　(B) 5+.7=5.7　　(C) 5&A.7=12　　(D) 5&A.7=5.7

100．执行下列命令后显示的结果是________。

```
? ROUND(15.3215,2), ROUND(15.3215,-1)
```

(A) 15.3200　15.3　　(B) 15.3220　20.0000
(C) 15.32　20　　(D) 15.3200　20.0000

101．执行以下代码后，屏幕显示结果是________。

```
STORE 10 TO x
? ABS(5-x)
```

(A) 5　(B) –5　(C) 5–x　(D) x–5

102．执行以下代码后，屏幕显示结果是________。

```
STORE 10 TO x
? SIGN(5-x)
```

(A) –1　(B) 1　(C) 5　(D) –5

103．Modify Command 命令建立的文件的默认扩展名是________。

(A) prg　(B) app　(C) cmd　(D) exe

104．假设新建了一个程序文件 myProc.prg（不存在同名的.exe、.app 和.fxp 文件），然后在命令窗口输入命令 DO myProc，执行该程序并获得正常的结果。现在用命令 ERASE myProc.prg 删除该程序文件，然后再次执行命令 DO myProc，产生的结果是________。

(A) 出错（找不到文件）
(B) 与第一次执行的结果相同
(C) 系统打开“运行”对话框，要求指定文件
(D) 以上说法都不正确

105．建立程序文件的命令是________。

(A) CREATE COMMAND　(B) CREATE PROGRAM
(C) MODIFY COMMAND　(D) CREATE

106．可以接受逻辑型数据的交互性输入命令有________。

(A) ACCEPT　(B) INPUT　(C) WAIT　(D) 以上都可以

107．可以用 DO 命令执行的文件类型包括________。

(A) PRG、MPR 和 SCX　(B) PRG、FRX 和 SCX
(C) RG、MPR 和 QPR　(D) PRG、MPR 和 FRX

108．如果一个过程不包含 RETURN 语句，或者 RETURN 语句中没有指定表达式，那么该过程________。

(A) 没有返回值　(B) 返回 0　(C) 返回.F.　(D) 返回.T.

109．欲执行程序 temp.prg，应该执行的命令是________。

(A) DO PRG temp.prg　(B) DO temp.prg
(C) DO CMD temp.prg　(D) DO FORM temp.prg

110．在 Visual FoxPro 中，用于建立或修改程序文件的命令是________。

(A) MODIFY <文件名>　(B) MODIFY　COMMAND <文件名>
(C) MODIFY　PROCEDURE<文件名>　(D) MODIFY　PROGRAM<文件名>

111．在 Visual FoxPro 中，与程序文件无关的扩展名是________。

(A) APP　　(B) EXE　　(C) DBC　　(D) FXP

112. 执行下列程序后，变量 y 的值是________。

```
SET TALK OFF
CLEAR
x=2000
DO CASE
   CASE x<=1000
         y=x*0.1
   CASE x>1000
         y=x*0.2
   CASE x>1500
         y=x*0.3
   CASE x>2500
         y=x*0.4
ENDCASE
? y
```

(A) 200　　(B) 400　　(C) 600　　(D) 800

113. 下列程序段的输出结果是________。

```
ACCEPT TO A
IF A=[789]
   S=0
ENDIF
S=1
? S
```

(A) 1　　(B) 0　　(C) 789　　(D) 程序出错

114. 如下程序的输出结果是________。

```
i=1
DO WHILE  i<10
   i=i+2
ENDDO
? i
```

(A) 11　　(B) 10　　(C) 3　　(D) 1

115. 如下程序的输出结果是________。

```
i=1
DO WHILE  i<5
   i=i+3
ENDDO
? i
```

(A) 7　　(B) 5　　(C) 3　　(D) 1

116. 设表 studnet(学号,姓名,年龄)共有 4 条记录。其记录值如下：

(1,张三,18)

(2,李斯,20)
(3,钱力,18)
(4,章好,18)

执行如下程序后，屏幕显示学生信息的记录数是________。

```
CLEAR
USE student
SCAN FOR 年龄<=18
  DISPLAY
ENDSCAN
USE
```

(A) 0　　(B) 1　　(C) 2　　(D) 3

117. 设表 studnet(学号,姓名,年龄)共有 4 条记录。其记录值如下：

(1,张三,18)
(2,李斯,20)
(3,钱力,18)
(4,章好,18)

执行如下程序后，屏幕显示学生信息的记录数是________。

```
CLEAR
USE student
SCAN WHILE 年龄<=18
  DISPLAY
ENDSCAN
USE
```

(A) 0　　(B) 1　　(C) 2　　(D) 3

118. 设教师表(教师号，姓名，职称)，执行下列程序，屏幕上显示的结果是________。

```
USE 教师表
INDEX ON 职称 TO zc
SEEK "教授"
DO WHILE NOT EOF()
  DISPLAY
  SKIP
ENDDO
```

(A) 从职称为“教授”开始一直到表结尾的所有教师记录
(B) 所有职称为“教授”的教师记录
(C) 所有教师记录
(D) 职称为“教授”的第一个教师记录

119. 设有如下程序段。

```
j=5
DO WHILE j=0
  j=j-1
```

```
ENDDO
```

则下列描述中正确的是________。

(A) 循环体语句一次也不执行　　(B) 循环体语句执行一次

(C) WHILE 循环执行 5 次　　(D) 循环是无限循环

120．下列程序段的输出结果是________。

```
ACCEPT TO A
S=-1
IF [等级] $ A
  S=0
ENDIF
S=1
? S
```

(A) 1　　(B) 0　　(C) −1　　(D) 程序出错

121．下列程序段的输出结果是________。

```
ACCEPT TO A
IF A=[123]
   S=0
ENDIF
S=1
? S
```

(A) 0　　(B) 1　　(C) 123　　(D) 由 *A* 的值决定

122．下列程序段的执行结果是________。

```
DIME a(8)
a(1)=1
a(2)=1
for i=3 to 8
    a(i)=a(i－1)+a(i－2)
next
? a(7)
```

(A) 5　　(B) 8　　(C) 13　　(D) 21

123．下列程序段执行后，内存变量 *S* 的值是________。

```
CLEAR
S=0
FOR I=10 TO 100 STEP 10
    S=S+I
ENDFOR
? S
```

(A) 不能确定　　(B) 0　　(C) 450　　(D) 550

124．下列程序段执行时在屏幕上显示的结果是________。

```
DIME a(6)
```

```
a(1)=1
a(2)=1
FOR i=3 TO 6
    a(i)=a(i-1)+a(i-2)
NEXT
? a(6)
```

(A) 5　　(B) 6　　(C) 7　　(D) 8

125．下列程序段执行以后，内存变量 y 的值是________。

```
x=76543
y=0
DO WHILE x>0
   y=x%10+y*10
   x=int(x/10)
ENDDO
```

(A) 3456　　(B) 34567　　(C) 7654　　(D) 76543

126．下列程序段执行以后，内存变量 y 的值是________。

```
CLEAR
x=56789
y=0
DO WHILE x>0
   y=y+x%10
   x=int(x/10)
ENDDO
? y
```

(A) 56789　　(B) 98765　　(C) 35　　(D) 15

127．下列程序段执行以后，内存变量 y 的值是________。

```
CLEAR
x=12345
y=0
DO WHILE x>0
   y=y+x%10
   x=int(x/10)
ENDDO
? y
```

(A) 54321　　(B) 12345　　(C) 51　　(D) 15

128．下列程序段执行以后，内存变量 y 的值是________。

```
x=34567
y=0
DO WHILE x>0
   y=x%10+y*10
   x=int(x/10)
ENDDO
```

(A) 3456　　(B) 34567　　(C) 7654　　(D) 76543

129．下列的程序段中 y 的计算结果为 76543 的是________。

(A)
```
x=34567
y=0
flag=.T.
DO WHILE flag
    y=x%10+y*10
    x=int(x/10)
    IF x>0
  flag=.F.
    ENDIF
ENDDO
```

(B)
```
x=34567
y=0
flag=.T.
DO WHILE flag
    y=x%10+y*10
    x=int(x/10)
    IF x=0
  flag=.F.
    ENDIF
ENDDO
```

(C)
```
x=34567
y=0
flag=.T.
DO WHILE ! flag
    y=x%10+y*10
    x=int(x/10)
    IF x>0
  flag=.F.
    ENDIF
ENDDO
```

(D)
```
x=34567
y=0
flag=.T.
DO WHILE ! flag
    y=x%10+y*10
    x=int(x/10)
    IF x=0
  flag=.T.
    ENDIF
ENDDO
```

130．下面程序的运行结果是________。

```
DIMENSION ad(10)
i=1
s=0
DO WHILE i<=10
   ad(i)=i-1
   s=s+ad(i)
   i=i+1
ENDDO
? s
```

(A) 40　　(B) 45　　(C) 50　　(D) 55

131．下面程序的运行结果是________。

```
SET TALK OFF
DIMENSION d(20)
FOR i=1 TO 20
   d(i)=i-1
ENDFOR
s=0
i=1
DO WHILE i<=20
   if i%5=0
      s=s+d(i)
```

```
    ENDIF
    i=i+1
ENDDO
? s
```

(A) 45　　(B) 46　　(C) 50　　(D) 55

132．下面程序的运行结果是________。

```
CLEAR
s=0
i=-1
DO WHILE i<=20
   i=i+2
   IF i%5!=0
      i=i+1
      LOOP
   ENDIF
   s=s+i
ENDDO
? s
```

(A) 0　　(B) 30　　(C) 35　　(D) 45

133．下面程序的运行结果是________。

```
CLEAR
x=1
y=1
i=2
DO WHILE i<10
   z=y+x
   x=y
   y=z
   i=i+1
ENDDO
? z
```

(A) 21　　(B) 34　　(C) 55　　(D) 89

134．下面程序的运行结果是________。

```
DIMENSION ad(10)
i=1
s=0
DO WHILE i<=10
   ad(i)=i-1
   s=s+ad(i)
   i=i+1
ENDDO
? s
```

(A) 40　(B) 45　(C) 50　(D) 55

135. 下面程序的运行结果是________。

```
SET TALK OFF
DECLARE d(2,3)
FOR i=1 TO 2
   FOR j=1 TO 3
       d(i,j) = i+j
   ENDFOR
ENDFOR
? d(4)
```

(A) 2　(B) 3　(C) 4　(D) 5

136. 下面程序的运行结果是________。

```
SET TALK OFF
DIMENSION d(20)
FOR i=1 TO 20
  d(i)=i-1
ENDFOR
s=0
i=1
DO WHILE i<=20
  if i%5=0
    s=s+d(i)
  ENDIF
  i=i+1
ENDDO
? s
```

(A) 45　(B) 46　(C) 50　(D) 55

137. 下面程序的运行结果是________。

```
SET EXACT ON
s="ni"+SPACE(2)
IF s=="ni"
   IF s="ni"
     ? "one"
   ELSE
     ? "two"
   ENDIF
ELSE
   IF s="ni"
     ? "three"
   ELSE
     ? "four"
   ENDIF
ENDIF
```

```
RETURN
```

(A) one　　(B) two　　(C) three　　(D) four

138. 下面程序的运行结果是________。

```
SET TALK OFF
STORE 0 TO s, i
DO WHILE i<20
   i=i+1
   IF MOD(i,5)=0
      s=s+i
   ENDIF
ENDDO
? s
```

(A) 20　　(B) 30　　(C) 50　　(D) 160

139. 下面程序的功能是将 11～2011 的素数插入数据库 prime，程序中的错误语句是________。

```
create table prime(dat f)
n=11
do while n<=2011
   f=0
   i=2
   do while i<=int(sqrt(n))
      if mod(n,i)<>0
         i=i+1
         loop
      else
         f=1
         exit
      endif
   enddo
   if f=0
      insert to prime values(n)
   endif
   n=n+1
enddo
```

(A) do while n<=2011　　(B) insert to prime values (n)

(C) i=i+1　　(D) exit

140. 有以下程序。

```
INPUT TO A
S=0
IF A=10
   S=1
ENDIF
```

```
S=2
? S
```

假定从键盘输入的 *A* 值是数值型，则程序的运行结果是________。

(A) 0　　(B) 1　　(C) 2　　(D) 1 或 2

141. 在 Visual FoxPro 中，如果希望跳出 SCAN…ENDSCAN 循环语句，执行 ENDSCAN 后面的语句，应使用________。

(A) LOOP 语句　　(B) EXIT 语句

(C) BREAK 语句　　(D) RETURN 语句

142. 在 Visual FoxPro 中，下列程序段执行后，内存变量 *S* 的值是________。

```
CLEAR
S=0
FOR I=5 TO 55 STEP 5
  S=S+I
ENDFOR
? S
```

(A) 不能确定　　(B) 440　　(C) 330　　(D) 0

143. 在 Visual FoxPro 中，下列程序段执行以后，内存变量 *y* 的值是________。

```
CLEAR
x=45678
y=0
DO WHILE x>0
   y=y+x%10
   x=int(x/10)
ENDDO
? y
```

(A) 30　　(B) 15　　(C) 45678　　(D) 87654

144. 在表 student.dbf 中存储了所有学生信息，设有如下程序：

```
SET TALK OFF
CLEAR
USE student
DO WHILE !EOF()
    IF 年龄<18
        REPLACE 年龄 WITH 年龄+1
        SKIP
        EXIT
    ENDIF
    SKIP
ENDDO
USE
RETURN
```

该程序实现的功能是________。

(A)将所有年龄大于 18 的学生年龄增加 1 岁
(B)将所有年龄小于 18 的学生年龄增加 1 岁
(C)将第一条年龄大于 18 的学生年龄增加 1 岁
(D)将第一条年龄小于 18 的学生年龄增加 1 岁

145. 执行下列程序后，变量 *s* 的值是________。

```
SET TALK OFF
CLEAR
x="12345"
s=""
l=LEN(x)
DO WHILE l>1
  x1=SUBSTR(x,l-1,2)
  s=s+x1
  l=l-2
ENDDO
? s
```

(A) 2345　(B) 4523　(C) 54321　(D) 45231

146. 执行下列命令后，显示的结果是________。

```
cj=75
DO CASE
CASE cj>60
    dj='及格'
CASE cj>70
    dj='中等'
CASE cj>85
    dj='优秀'
OTHERWISE
    dj='不及格'
ENDCASE
? dj
```

(A)及格　(B)中等　(C)优秀　(D)不及格

147. Visual FoxPro 中，下列程序段执行以后，内存变量 *X* 和 *Y* 的值是________。

```
CLEAR
STORE 3 TO X
STORE 5 TO Y
SET UDFPARMS TO REFERENCE
DO PLUS WITH (X),Y
? X,Y
```

```
PROCEDURE PLUS
PARAMETERS A1,A2
A1=A1+A2
A2=A1+A2
ENDPROC
```

(A) 3　13　　(B) 8　21　　(C) 8　13　　(D) 13　21

148．不需要事先建立就可以直接使用的变量是________。

(A) 局部变量　　(B) 私有变量　　(C) 全局变量　　(D) 数组

149．如果有定义 LOCAL data，data 的初值是________。

(A) 整数 0　　(B) 不定值　　(C) 逻辑真　　(D) 逻辑假

150．下列程序段执行时在屏幕上显示的结果是________。

```
x1=20
x2=30
SET UDFPARMS TO VALUE
DO test WITH x1, x2
? x1, x2

PROCEDURE test
PARAMETERS a, b
x=a
a=b
b=x
ENDPRO
```

(A) 30　30　　(B) 30　20　　(C) 20　20　　(D) 20　30

151．下列程序段执行以后，内存变量 *A* 和 *B* 的值是________。

```
CLEAR
A=10
B=20
SET UDFPARMS TO REFERENCE
DO SQ WITH (A), B    &&参数 A 是值传送，B 是引用传送
? A, B

PROCEDURE SQ
PARAMETERS X1, Y1
X1=X1*X1
Y1=2*X1
ENDPROC
```

(A) 10　200　　(B) 100　200　　(C) 100　20　　(D) 10　20

152．下列程序段执行以后，内存变量 *X* 和 *Y* 的值是________。

```
CLEAR
STORE 3 TO X
STORE 5 TO Y
PLUS((X), Y)
? X, Y

PROCEDURE PLUS
PARAMETERS A1, A2
A2=A1+A2
ENDPROC
```

(A) 8　13　(B) 3　13　(C) 3　5　(D) 8　5

153. 下面程序的运行结果是________。

```
*程序文件名：main.prg
SET TALK OFF
CLOSE ALL
CLEAR ALL
mX="数据革命"
mY="大数据"
DO s1 WITH mX
? mY+mX
RETURN

*子程序文件名：s1.prg
PROCEDURE s1
PARAMETERS mX1
LOCAL mX
mX="云时代的数据革命"
mY=mY+"正在到来的"
RETURN
```

(A) 大数据正在到来的数据革命　(B) 大数据数据革命
(C) 云时代的数据革命大数据　(D) 正在到来的

154. 下面程序的运行结果是________。

```
CLEAR
n=10
proc1()
? n

PROCEDURE proc1
n=1
FOR k=1 TO 5
   n=n*k
```

```
ENDFOR
RETURN
```

(A) 10　　(B) 16　　(C) 24　　(D) 120

155. 下面程序的运行结果是________。

```
CLEAR
n=10
proc1()
? n

PROCEDURE proc1
PRIVATE n
n=1
FOR k=1 TO 5
   n=n*k
ENDFOR
RETURN
```

(A) 10　　(B) 16　　(C) 24　　(D) 120

156. 下面程序的运行结果是________。

```
CLEAR
PUBLIC x,y
x=5
y=10
DO p1
? x,y
RETURN

PROCEDURE p1
PRIVATE y
x=50
y=100
RETURN
```

(A) 5　10　　(B) 50　10　　(C) 5　100　　(D) 50　100

157. 下面程序的运行结果是________。

```
SET TALK OFF
a=10
DO p1
? a

PROCEDURE p1
LOCAL a
a=11
DO p2
```

```
PROCEDURE p2
a=12
RETURN
```

(A) 10　　(B) 11　　(C) 12　　(D) 不确定的值

158. 下面程序的运行结果是________。

```
SET TALK OFF
a=10
DO p1
? a

PROCEDURE p1
PRIVATE a
a=11
DO p2

PROCEDURE p2
a=12
RETURN
```

(A) 10　　(B) 11　　(C) 12　　(D) 不确定的值

159. 下面程序的运行结果是________。

```
SET TALK OFF
n=1
proc1(n)
? n+2

PROCEDURE proc1
PARAMETERS n
FOR k=2 TO 4
   n=n+k
ENDFOR
RETURN
```

(A) 3　　(B) 10　　(C) 11　　(D) 12

160. 下面程序的运行结果是________。

```
SET TALK OFF
n=1
DO proc1 WITH  n
? n+2

PROCEDURE proc1
PARAMETERS n
FOR k=2 TO 4
   n=n+k
ENDFOR
```

```
RETURN
```

(A) 3　　(B) 10　　(C) 11　　(D) 12

161. 下面程序的运行结果是________。

```
SET TALK OFF
n=1
DO proc1 WITH (n)
? n+2

PROCEDURE proc1
PARAMETERS n
FOR k=2 TO 4
   n=n+k
ENDFOR
RETURN
```

(A) 3　　(B) 10　　(C) 11　　(D) 12

162. 下面关于过程调用的陈述中，哪个是正确的________。

(A) 实参与形参的数量必须相等

(B) 当实参的数量多于形参的数量时，多余的实参被忽略

(C) 当形参的数量多于实参的数量时，多余的形参取逻辑假

(D) 当形参的数量多于实参的数量时，多余的形参取逻辑真

163. 用于声明某变量为全局变量的命令是________。

(A) GLOBAL　　(B) PUBLIC　　(C) PRIVATE　　(D) LOCAL

164. 在 Visual FoxPro 中，程序中不需要用 PUBLIC 等命令明确声明和建立，可直接使用的内存变量是________。

(A) 局部变量　　(B) 私有变量　　(C) 公共变量　　(D) 全局变量

165. 在 Visual FoxPro 中，过程的返回语句是________。

(A) GOBACK　　(B) COMEBACK　　(C) RETURN　　(D) BACK

166. 在 Visual FoxPro 中，如果希望内存变量只能在本模块(过程)中使用，不能在上层或下层模块中使用。说明该种内存变量的命令是________。

(A) PRIVATE　　(B) LOCAL

(C) PUBLIC　　(D) 不用说明，在程序中直接使用

167. 执行如下程序显示的结果是________。

```
SET TALK OFF
CLOSE ALL
CLEAR ALL
mX="大数据设计"
mY="专为"
DO s1 WITH mX
? mY+mX
RETURN
```

```
PROCEDURE s1
PARAMETERS mX1
LOCAL mX
mX="云时代的大数据"
mY="智慧运算"+mY
RETURN
```

(A) 智慧运算专为大数据设计　　(B) 专为大数据设计
(C) 专为云时代的大数据　　(D) 专为云时代的大数据设计

168. 执行下列程序后，屏幕显示的结果是________。

```
CLEAR
STORE 10 TO x,y
DO p1
? x,y

**过程 p1
PROCEDURE p1
PRIVATE x
x=20
y=x+y
ENDPROC
```

(A) 10　30　　(B) 20　30　　(C) 10　10　　(D) 20　10

169. 执行下列程序后，屏幕显示的结果是________。

```
CLEAR
STORE 20 TO x,y
SET UDFPARMS TO REFERENCE
sp(x,(y))
? x,y

**过程 sp
PROCEDURE sp
PARAMETERS x1,x2
x1=100
x2=100
ENDPROC
```

(A) 20　20　　(B) 20　100　　(C) 100　20　　(D) 100　100

170. 执行下列程序之后的显示结果是________。

```
CLEAR
LOCAL x
y=10
DO p1
? x, y
RETURN
```

```
PROCEDURE p1
x=50
y=50
RETURN
```

(A) F.　50　　(B) F.　10　　(C) 50　50　　(D) 50　10

第 3 章　Visual FoxPro 数据库及其操作

1. CREATE DATABASE 命令用来建立________。

(A) 数据库　　(B) 关系　　(C) 表　　(D) 数据文件

2. Visual FoxPro 中数据库文件的扩展名是________。

(A) DBC　　(B) DBF　　(C) VFP　　(D) DBT

3. 打开数据库 abc 的正确命令是________。

(A) OPEN DATABASE abc　　(B) USE abc

(C) USE DATABASE abc　　(D) OPEN abc

4. 打开数据库的命令是________。

(A) USE　　(B) USE DATABASE

(C) OPEN　　(D) OPEN DATABASE

5. 当用命令 CREATE DATABASE db 创建一个数据库后，磁盘上不会出现的文件是________。

(A) db.DBF　　(B) db.DBC　　(C) db.DCT　　(D) db.DCX

6. 删除 Visual FoxPro 数据库的命令是________。

(A) DROP DATABASE　　(B) DELETE DATABASE

(C) REMOVE DATABASE　　(D) ALTER DATABASE

7. 删除数据库的命令是________。

(A) CLOSE DATABASE　　(B) DELETE DATABASE

(C) DROP DATABASE　　(D) REMOVE DATABASE

8. 下列打开数据库设计器的方法中，错误的是________。

(A) 使用命令 OPEN DATABASE [Database Name]

(B) 使用命令 USE DATABASE [Database Name]

(C) 从“打开”对话框中打开数据库设计器

(D) 从项目管理器中打开数据库设计器

9. 下列关于 Visual FoxPro 的数据库描述，正确的是________。

(A) 以将表逻辑地组织在一起，并使表具有更多特征

(B) 每个表可以属于多个数据库

(C) 数据库是存储用户记录的数据文件

(D) 数据库是不允许删除的

10. 下面不能创建数据库的方式是________。

(A) CREATE 命令

(B) CREATE DATABASE 命令
(C) 在“项目管理器”窗口中选择“数据库”选项，然后单击“新建”按钮
(D) 单击工具栏上的“新建”按钮，然后在打开的对话框中选择“数据库”文件类型并单击“新建文件”按钮

11．在 Visual FoxPro 中，删除数据库描述正确的是________。
(A) 数据库中的表也将一起删除　(B) 数据库中的表将变为自由表
(C) 先将数据库删空才能删除数据库　(D) 删除数据库时视图也将被删除

12．在 Visual FoxPro 中，以下叙述错误的是________。
(A) 关系也称为表
(B) 用 CREATE DATABASE 命令建立的数据库文件不存储用户数据
(C) 表文件的扩展名是.dbf
(D) 多个表存储在一个物理文件中

13．在 Visual FoxPro 中，以下叙述正确的是________。
(A) 表也称为表单
(B) 用 CREATE DATABASE 命令建立的数据库文件不存储用户数据
(C) 用 CREATE DATABASE 命令建立的数据库文件的扩展名是 DBF
(D) 一个数据库中的所有表文件存储在一个物理文件中

14．在 Visual FoxPro 中，以下叙述正确的是________。
(A) 关系也称为表单　(B) 数据库表文件存储用户数据
(C) 表文件的扩展名是.DBC　(D) 多个表存储在一个物理文件中

15．在 Visual FoxPro 中，存储声音的字段类型通常应该是________。
(A) 通用型　(B) 备注型　(C) 音乐型　(D) 双精度型

16．MODIFY STRUCTURE 命令的功能是________。
(A) 修改记录值　(B) 修改表结构
(C) 修改数据库结构　(D) 修改数据库或表结构

17．Visual FoxPro 的数据库表设计器包括________。
(A) 字段、索引和表三个选项卡　(B) 字段和索引两个选项卡
(C) 字段、索引和约束三个选项卡　(D) 以上说法均不正确

18. 假设表文件 TEST.DBF 已经在当前工作区打开，要修改其结构，可使用命令________。
(A) MODI STRU　(B) MODI COMM TEST
(C) MODI DBF　(D) MODI TYPE TEST

19．默认情况下，扩展名为.FPT 的文件是________。
(A) 表备注文件　(B) 表单备注文件
(C) 报表备注文件　(D) 数据库备注文件

20．以下关于空值(NULL 值)叙述正确的是________。
(A) 空值等于空字符串　(B) 空值等同于数值 0
(C) 空值表示字段或变量还没有确定的值　(D) Visual FoxPro 不支持空值

21．在 Visual FoxPro 表中，为了放置照片信息合理使用的字段类型是________。
(A) 备注型　(B) 图像型　(C) 二进制型　(D) 通用型

22．在 Visual FoxPro 中，不能打开表设计器或错误的命令是________。

(A) MODIFY STRU　　(B) MODIFY TABLE

(C) CREATE

23．在 Visual FoxPro 中，存储图像的字段类型是________。

(A) 通用型　　(B) 备注型　　(C) 字符型　　(D) 双精度型

24．在 Visual FoxPro 中，对于字段值为空值(NULL)叙述正确的是________。

(A) 空值等同于空字符串　　(B) 空值表示字段还没有确定值

(C) 不支持字段值为空值　　(D) 空值等同于数值 0

25．在 Visual FoxPro 中，命令 CREATE　INDEX 的功能是________。

(A) 为当前表建立一个索引

(B) 打开索引设计器

(C) 打开表设计器建立一个名为 index 的表

(D) 语法错误

26．在 Visual FoxPro 中，表的字段类型不包括________。

(A) 日期型　　(B) 日期时间型　　(C) 时间型　　(D) 货币型

27．在 Visual FoxPro 中表的字段类型不包括________。

(A) 数值型　　(B) 整型　　(C) 双精度型　　(D) 长整型

28．在 Visual FoxPro 中建立表的命令是(非 SQL 命令)________。

(A) CREATE GRID　　(B) CREATE DATABASE

(C) CREATE TABLE　　(D) CREATE

29．在 Visual FoxPro 中可以建立表的命令是________。

(A) CREATE　　(B) CREATE DATABASE

(C) CREATE QUERY　　(D) CREATE FORM

30．在 Visual FoxPro 中数据库文件的扩展名是________。

(A) .dbf　　(B) .dbc　　(C) .dcx　　(D) .dbt

31．在 Visual FoxPro 中用 CREATE 命令建立的表文件的扩展名是________。

(A) DBF　　(B) DBC　　(C) CDX　　(D) CRE

32．在创建表文件时要定义一个逻辑型字段，应在该字段的宽度位置输入________。

(A) 1　　(B) 3　　(C) F　　(D) 不必输入

33．在创建表文件时要定义一个日期型字段，应在该字段的宽度位置输入________。

(A) 1　　(B) 8　　(C) D　　(D) 不必输入

34．不能将当前表中所有学生的年龄加 1 的命令是________。

(A) REPLACE ALL 年龄 WITH 年龄+1

(B) REPLACE 年龄 WITH 年龄+1 FOR ALL

(C) REPLACE 年龄 WITH 年龄+1 FOR .T.

(D) REPLACE 年龄 WITH 年龄+1 FOR !.F.

35．假设当前表包含记录且有索引，命令 GO TOP 的功能是________。

(A) 将记录指针定位在 1 号记录

(B) 将记录指针定位在 1 号记录的前面位置

(C)将记录指针定位在索引排序排在第 1 的记录

(D)将记录指针定位在索引排序排在第 1 的记录的前面位置

36．假设记录指针指向第 2 条记录，执行下面的命令不会移动记录指针的是________。

(A)LIST　　(B)DISPLAY

(C)LOCATE FOR .T.　　(D)LOCATE FOR .F.

37．假设数据库表有 60 条记录，当前记录指针指向第 2 条记录。执行下面的命令后的输出结果是________。

```
LOCATE FOR .F.
? RECNO()
```

(A)1　　(B)2　　(C)60　　(D)61

38．假设已经打开了课程表，为了将记录指针定位在第一个学时等于 32 的记录上，应该使用的命令是________。

(A)LIST FOR 学时=32　　(B)FOUND FOR 学时=32

(C)LOCATE FOR 学时=32　　(D)DISPLAY FOR 学时=32

39．将表的当前记录复制到数组的命令是________。

(A)SCATTER TO <数组名>　　(B)COPY TO <数组名>

(C)GATHER TO <数组名>　　(D)ARRAY TO <数组名>

40．将当前表中所有记录价格增加 10%的命令是________。

(A)REPLACE ALL 价格 WITH 价格*1.1

(B)REPLACE ALL 价格 WITH 价格+10%

(C)REPLACE 价格 WITH 价格+10%

(D)REPLACE 价格 WITH 价格*1.1

41．将当前表中有删除标记的记录物理删除的命令是________。

(A)DELETE　　(B)ERASE　　(C)ZAP　　(D)PACK

42．将数组的数据复制到当前表中当前记录的命令是________。

(A)SCATTER FROM <数组名>　　(B)COPY FROM <数组名>

(C)GATHER FROM <数组名>　　(D)DATE FROM <数组名>

43．可以直接修改记录的 Visual FoxPro 命令是(非 SQL 命令、不需要交互操作)________。

(A)REPLACE　　(B)EDIT　　(C)CHANGE　　(D)以上都不对

44．设采购表包含产品号、单价、数量和金额四个字段，其中单价、数量和金额字段都是数值型。如果把所有的金额都直接修改成单价*数量，下列正确的命令是________。

(A)UPDATE ALL 金额 WITH 单价*数量

(B)REPLACE ALL 金额 WITH 单价*数量

(C)CHANGE ALL 金额 WITH 单价*数量

(D)EDIT ALL 金额 WITH 单价*数量

45．设当前表是会员表，物理删除会员表中全部记录的命令是________。

(A)ZAP　　(B)PACK

(C)DELETE　　(D)DELETE FROM 会员表

46. 设数据库表中有一个 C 型字段 NAME。打开表文件后，要把内存变量 CC 的字符串内容输入到当前记录的 NAME 字段，应当使用命令________。

(A) NAME=CC　　(B) REPLACE NAME WITH CC

(C) STORE CC TO NAME　　(D) REPLACE ALL NAME WITH CC

47. 设数据库表中有一个 C 型字段 NAME。打开表文件后，要把内存变量 NAME 的字符串内容输入到当前记录的 NAME 字段，应当使用命令________。

(A) NAME=NAME　　(B) NAME=M.NAME

(C) STORE M.NAME TO NAME　　(D) REPLACE NAME WITH M.NAME

48. 使用 LOCATE 命令定位后，要找到下一条满足同样条件的记录应该使用命令________。

(A) SKIP　　(B) CONTINUE　　(C) LOCATE FOR　(D) GOTO

49. 索引文件打开后，下列命令中不受索引影响的是________。

(A) SKIP　　(B) LIST　　(C) GO 3　　(D) GO BOTTOM

50. 为表增加记录的 Visual FoxPro 命令是________。

(A) 仅 INSERT　　(B) 仅 APPEND

(C) INSERT 和 APPEND　　(D) 以上都不对

51. 为当前表中所有学生的总分增加 10 分，正确的命令是________。

(A) CHANGE 总分 WITH 总分+10

(B) REPLACE 总分 WITH 总分+10

(C) CHANGE ALL 总分 WITH 总分+10

(D) REPLACE ALL 总分 WITH 总分+10

52. 要将数组数据复制到表的当前记录中，可以使用命令________。

(A) GATHER TO　　(B) SCATTER TO

(C) GATHER FROM　　(D) SCATTER FROM

53. 要为当前表所有性别为“女”的职工增加 100 元工资，正确的命令是________。

(A) REPLACE ALL 工资 WITH 工资+100

(B) REPLACE 工资 WITH 工资+100 FOR 性别="女"

(C) CHANGE ALL 工资 WITH 工资+100

(D) CHANGE ALL 工资 WITH 工资+100 FOR 性别="女"

54. 有关 ZAP 命令的描述，正确的是________。

(A) ZAP 命令只能删除当前表的当前记录

(B) ZAP 命令只能删除当前表的带有删除标记的记录

(C) ZAP 命令能删除当前表的全部记录

(D) ZAP 命令能删除表的结构和全部记录

55. 在 Visual FoxPro 中，ZAP 命令的功能是________。

(A) 物理删除当前表中带删除标记的记录

(B) 物理删除当前数据库所有表中带删除标记的记录

(C) 物理删除当前表中所有记录

(D) 删除当前表

56. 在 Visual FoxPro 中，假设一个表已经打开，执行 LIST 命令后再执行 DISPLAY 命令将显示该表的哪条记录________。

(A) 无显示　(B) 第一条记录　(C) 随机不确定　(D) 最后一条记录

57. 在 Visual FoxPro 中，仅显示当前表当前记录的命令是________。

(A) LIST　(B) DISPLAY　(C) SELECT　(D) SHOW

58. 在 Visual FoxPro 中，如果要使指针指向下一个满足 LOCATE 条件的记录，应该使用的命令是________。

(A) CONTINUE　(B) NEXT　(C) SKIP　(D) EXIT

59. 在 Visual FoxPro 中，使用 LOCATE ALL FOR <expL>命令按条件查找记录，可用来判断命令找到记录的逻辑条件是__________。

(A) FOUND () 函数返回.F.　(B) BOF () 函数返回.T

(C) EOF () 函数返回.F　(D) EOF () 函数返回.T.

60. 在 Visual FoxPro 中，使用 LOCATE FOR <expL>命令按条件查找记录，当查找到满足条件的第 1 条记录后，如果还需要查找下一条满足条件的记录，应该使用命令________。

(A) LOCATE FOR <expL>命令　(B) SKIP 命令

(C) CONTINUE 命令　(D) GO 命令

61. 在 Visual FoxPro 中，使用 LOCATE FOR <expL>命令按条件查找记录，当查找到满足条件的第一条记录后，如果还需要查找下一条满足条件的记录，应该________。

(A) 再次使用 LOCATE 命令重新查询　(B) 使用 SKIP 命令

(C) 使用 CONTINUE 命令　(D) 使用 GO 命令

62. 在 Visual FoxPro 中，使用 LOCATE FOR <条件>命令按条件查找记录，当查找到满足条件的第 1 条记录后，如果还需要查找下一条满足条件的记录，应使用命令________。

(A) LOCATE FOR <条件>命令　(B) SKIP 命令

(C) CONTINUE 命令　(D) GO 命令

63. 在 Visual FoxPro 中，使用 SEEK <索引键值>命令按索引键值查找记录，当查找到具有指定索引键值的第 1 条记录后，如果还需要查找下一条具有相同索引键值的记录，应使用命令________。

(A) SEEK <索引键值>命令　(B) SKIP 命令

(C) CONTINUE 命令　(D) GO 命令

64. 在 Visual FoxPro 中，使用 SEEK 命令查找匹配的记录，当查找到匹配的第一条记录后，如果还需要查找下一条匹配的记录，通常使用命令________。

(A) GOTO　(B) SKIP　(C) CONTINUE　(D) GO

65. 在 Visual FoxPro 中，用指定值直接修改当前表记录的命令是________。

(A) REPLACE　(B) EDIT　(C) CHANGE　(D) LOCATE

66. 在 Visual FoxPro 中打开表的命令是________。

(A) OPEN　(B) USE　(C) OpenTable　(D) UseTable

67. 在 Visual FoxPro 中数据库表文件的扩展名是________。

(A) .dbf　(B) .dbc　(C) .dcx　(D) .dbt

68. 在 Visual FoxPro 中与逻辑删除操作相关的命令包括________。

(A) DELETE、RECALL、PACK 和 ZAP (B) DELETE、PACK 和 ZAP
(C) DELETE、RECALL 和 PACK (D) 以上都不对

69．在当前打开的表中，显示“书名”以“计算机”开头的所有图书，下列命令中正确的是________。

(A) list for 书名="计算机*" (B) list for 书名="计算机"
(C) list for 书名="计算机%" (D) list where 书名="计算机"

70．职工表中的婚姻状态字段是逻辑型，执行如下程序后，最后一条命令显示的结果是________。

```
USE 职工
APPEND BLANK
REPLACE 职工号 WITH "E11", 姓名 WITH "张三", 婚姻状态 WITH .F.
? IIF(婚姻状态,"已婚","未婚")
```

(A) .T. (B) .F. (C) 已婚 (D) 未婚

71．只有在建立索引后才适合使用的命令是________。

(A) GOTO (B) LOCATE (C) SEEK (D) SORT

72．在 Visual FoxPro 中，若所建立索引的字段值不允许重复，并且一个表中只能创建一个，这种索引应该是________。

(A) 主索引 (B) 唯一索引 (C) 候选索引 (D) 普通索引

73．Visual FoxPro 支持的索引文件不包括________。

(A) 独立索引文件 (B) 规则索引文件
(C) 复合索引文件 (D) 结构复合索引文件

74．不允许出现重复字段值的索引是________。

(A) 候选索引和主索引 (B) 普通索引和唯一索引
(C) 唯一索引和主索引 (D) 唯一索引

75．假设当前正在使用教师表，表的主关键字是教师编号，下列语句中，能将记录指针定位在教师编号为 2001001 的记录上的命令是________。

(A) LOCATE WHERE 教师编号='2001001' (B) DISPLAY 教师编号= '2001001'
(C) SEEK 教师编号='2001001' (D) SEEK '2001001' ORDER 教师编号

76．假设会员表中包含会员号、姓名和电话字段。现在希望通过创建合适的索引来保证会员号的值唯一，下面选项中能够保证会员号的值是唯一的语句是________。

(A) INDEX ON 会员号 TO hyh CANDIDATE
(B) INDEX ON 会员号 TO hyh UNIQUE
(C) INDEX ON 会员号 TAG hyh CANDIDATE
(D) INDEX ON 会员号 TAG hyh UNIQUE

77．假设会员表中包含会员号、姓名和电话字段。现在希望通过创建合适的索引来保证会员号的值唯一，应该建立________。

(A) 唯一索引 (B) 普通索引
(C) 候选索引 (D) 在普通索引的基础上再建立唯一索引

78．假设已打开 student 表，命令 INDEX ON 性别 TO student 将产生一个名为________。

(A) 性别.idx 的文件　　(B) student.cdx 的文件
(C) student.idx 的文件　　(D) 性别.cdx 的文件

79．尽管结构索引在打开表时能够自动打开，但也可以利用命令指定特定的索引，指定索引的命令是________。

(A) SET ORDER　　(B) SET INDEX
(C) SET SEEK　　(D) SET LOCATE

80．命令“INDEX　ON 姓名 CANDIDATE”创建了一个________。

(A) 主索引　　(B) 候选索引　　(C) 唯一索引　　(D) 普通索引

81．默认情况下，扩展名为.CDX 的文件是________。

(A) 复合索引文件　　(B) 可视类库文件
(C) 可视类库备注文件　　(D) 表单备注文件

82．设已经在电影表中建立了一个普通索引，索引的表达式为电影名字段，索引名为 Fname。现电影表已经打开，并且处于当前工作区中，则可以将该索引设置为当前索引的命令是________。

(A) SET ORDER TO Fname　　(B) SET ORDER TO 电影名
(C) SET IDEX TO Fname　　(D) SET IDEX TO 电影名

83．使用索引的主要目的是________。

(A) 提高查询速度　　(B) 节省存储空间　(C) 防止数据丢失　(D) 方便管理

84．索引文件打开后________。

(A) 会提高查询和更新速度　　(B) 会降低查询和更新速度
(C) 会降低更新速度　　(D) 会降低查询速度

85．为表中一些字段创建普通索引的目的是________。

(A) 改变表中记录的物理顺序　　(B) 确保实体完整性约束
(C) 加快数据库表的更新速度　　(D) 加快数据库表的查询速度

86．下列关于 Visual FoxPro 索引的说法，错误的是________。

(A) 索引是由一个指向.dbf 文件记录的指针构成的文件
(B) 主索引和候选索引都要求建立索引的字段值不能重复
(C) 在数据表和自由表中均可建立主索引和候选索引
(D) 索引会降低插入、删除和修改等操作的效率

87．一个表可以建立多个索引，但只能建立一个的索引是________。

(A) 主索引　　(B) 唯一索引　　(C) 候选索引　　(D) 普通索引

88．已知当前表中有字符型字段职称和性别，要建立一个索引，要求首先按职称排序，职称相同时再按性别排序，正确的命令是________。

(A) INDEX ON 职称+性别 TO　　(B) INDEX ON 性别+职称 TO
(C) INDEX ON 职称，性别 TO　　(D) INDEX ON 性别，职称 TO

89．在 Visual FoxPro 的数据库表中只能有一个________。

(A) 候选索引　　(B) 普通索引　　(C) 主索引　　(D) 唯一索引

90．在 Visual FoxPro 中，不允许出现重复字段值的索引是________。

(A) 主索引和唯一索引　　(B) 主索引和候选索引

(C) 唯一索引和候选索引　　(D) 唯一索引

91．在 Visual FoxPro 中，命令“INDEX ON 姓名 TAG xm”的功能是________。

(A) 建立一个名为 xm.idx 的索引文件

(B) 建立一个名为 xm.cdx 的索引文件

(C) 在结构索引文件中建立一个名为 xm 的索引

(D) 在非结构索引文件中建立一个名为 xm 的索引

92．在 Visual FoxPro 中，命令“INDEX ON 姓名 TO xm”的功能是________。

(A) 建立一个名为 xm.idx 的索引文件

(B) 建立一个名为 xm.cdx 的索引文件

(C) 在结构索引文件中建立一个名为 xm 的索引

(D) 在非结构索引文件中建立一个名为 xm 的索引

93．在 Visual FoxPro 中，下面关于索引的正确描述是________。

(A) 当数据库表建立索引以后，表中的记录的物理顺序将被改变

(B) 索引的数据将与表的数据存储在一个物理文件中

(C) 建立索引是创建一个索引文件，该文件包含有指向表记录的指针

(D) 使用索引可以加快对表的更新操作

94．在 Visual FoxPro 中，以下描述中错误的是________。

(A) 普通索引允许出现重复字段值　　(B) 唯一索引允许出现重复字段值

(C) 候选索引允许出现重复字段值　　(D) 主索引不允许出现重复字段值

95．在 Visual FoxPro 中，自由表不能建立的索引是________。

(A) 主索引　　(B) 候选索引　　(C) 唯一索引　　(D) 普通索引

96．在 Visual FoxPro 中，一个表中只能建一个索引的是________。

(A) 主索引　　(B) 普通索引　　(C) 唯一索引　　(D) 候选索引

97．在 Visual FoxPro 中，自由表可以建立的索引是________。

(A) 候选索引、唯一索引和普通索引　　(B) 主索引、唯一索引和普通索引

(C) 主索引、候补索引和普通索引　　(D) 主索引、候选索引、唯一索引

98．在表设计器的“字段”选项卡中，通过“索引”列创建的索引是________。

(A) 主索引　　(B) 普通索引　　(C) 唯一索引　　(D) 候选索引

99．在表设计器中创建的索引都存放在________。

(A) 独立的索引文件中　　(B) 复合索引文件中

(C) 结构复合索引文件中　　(D) 普通索引文件中

100．在表设计器中设置的索引包含在________。

(A) 单独索引文件中　　(B) 唯一索引文件中

(C) 结构复合索引文件中　　(D) 非结构复合索引文件中

101．在打开表时，Visual FoxPro 会自动打开________。

(A) 单独的.idx 索引　　(B) 采用非默认名的.cdx 索引

(C) 结构复合索引　　(D) 非结构复合索引

102．在建立表间一对多的永久联系时，主表的索引类型必须是________。

(A) 主索引或候选索引

(B)主索引、候选索引或唯一索引

(C)主索引、候选索引、唯一索引或普通索引

(D)可以不建立索引

103. 在数据库表中，要求指定字段或表达式不出现重复值，应该建立的索引是________。

(A)唯一索引　　(B)唯一索引或候选索引

(C)唯一索引和候选索引　　(D)主索引和候选索引

104. 在数据库表中，要求指定字段或表达式不出现重复值，应该建立的索引是________。

(A)唯一索引　　(B)唯一索引和候选索引

(C)唯一索引和主索引　　(D)主索引和候选索引

105. 在数据库中建立索引的目的是________。

(A)节省存储空间　　(B)提高查询速度

(C)提高查询和更新速度　　(D)提高更新速度

106. 在 Visual FoxPro 中，如果在表之间的联系中设置了参照完整性规则，并在删除规则中选择了"限制"，当删除父表中的记录时，系统的反应是________。

(A)不进行参照完整性检查

(B)任何情况下不准删除父表中的记录

(C)同时自动删除子表中所有相关记录

(D)若子表中有相关记录，则禁止删除父表中的记录

107. 参照完整性规则的更新规则中"级联"的含义是________。

(A)更新父表中的连接字段值时，用新的连接字段值自动修改子表中的所有相关记录

(B)若子表中有与父表相关的记录，则禁止修改父表中的连接字段值

(C)父表中的连接字段值可以随意更新

(D)父表中的连接字段值在任何情况下都不允许更新

108. 假设客户表中有客户号(关键字)C1～C10 共 10 条客户记录，订购单表有订单号(关键字)OR1～OR8 共 8 条订购单记录，并且订购单表参照客户表。如下命令可以正确执行的是________。

(A)INSERT INTO 订购单 VALUES('OR5', 'C5',{^2008/10/10})

(B)INSERT INTO 订购单 VALUES('OR5', 'C11',{^2008/10/10})

(C)INSERT INTO 订购单 VALUES('OR9', 'C11',{^2008/10/10})

(D)INSERT INTO 订购单 VALUES('OR9', 'C5',{^2008/10/10})

109. 假设在数据库表的表设计器中，字符型字段"性别"已被选中，正确的有效性规则设置是________。

(A)="男".OR."女"　　(B)性别="男".OR."女"

(C)$"男女"　　(D)性别$"男女"

110. 如果患者和患者家属两个表建立了"级联"参照完整性的删除规定，下列选项正确的是________。

(A)删除患者表中的记录时，患者家属表中的相应记录系统自动删除

(B)删除患者表中的记录时，患者家属表中的相应记录不变

(C) 无论患者家属表中是否有相关的记录，患者表中的记录都不允许删除

(D) 患者家属表中的记录不允许删除

111. 如果患者和患者家属两个表之间的删除完整性规则为“限制”，下列选项正确的描述是________。

(A) 若患者家属表中有相关记录，则禁止删除患者表中记录

(B) 删除患者表中的记录时，患者家属表中的相应记录将自动删除

(C) 不允许删除患者家属表中的任何记录

(D) 以上都不对

112. 如果学生和学生监护人两个表的删除参照完整性规则为“级联”，下列选项正确的描述是________。

(A) 删除学生表中的记录时，学生监护人表中的相应记录将自动删除

(B) 删除学生表中的记录时，学生监护人表中的相应记录不变

(C) 不允许删除学生表中的任何记录

(D) 不允许删除学生监护人表中的任何记录

113. 如果指定参照完整性的删除规则为“级联”，则当删除父表中的记录时________。

(A) 系统自动备份父表中被删除的记录到一个新表中

(B) 若子表中有相关记录，则禁止删除父表中记录

(C) 会自动删除子表中所有相关记录

(D) 不进行参照完整性检查，删除父表记录与子表无关

114. 设有一个数据库表：学生(学号,姓名,年龄)，规定学号字段的值必须是 10 个数字组成的字符串，这一规则属于________。

(A) 实体完整性　　(B) 域完整性　　(C) 参照完整性　　(D) 限制完整性

115. 数据库系统的数据完整性是指保证数据的________。

(A) 可靠性　　(B) 正确性　　(C) 安全性　　(D) 独立性

116. 为保证数据的实体完整性，应该创建的索引是________。

(A) 主索引或唯一索引　　(B) 主索引或候选索引

(C) 唯一索引或候选索引　　(D) 唯一索引

117. 下列关于定义参照完整性的说法，错误的是________。

(A) 在数据库设计器中，只有建立两表之间的联系，才能建立参照完整性

(B) 在数据库设计器中，建立参照完整性之前，首先要清理数据库

(C) 可以在 CREATE TABLE 命令中创建参照完整性

(D) 可以在不同数据库中的两个表之间建立参照完整性

118. 以下关于主关键字的说法，错误的是________。

(A) Visual FoxPro 并不要求在每一个表中都必须包含一个主关键字

(B) 不能确定任何单字段的值的唯一性时，可以将两个或更多的字段组合成为主关键字

(C) 主关键字的值不允许重复

(D) 不能利用主关键字来对记录进行快速的排序和索引

119. 有关参照完整性的删除规定，正确的描述是________。

(A) 如果删除规则选择的是“限制”，则当用户删除父表中的记录时，系统将自动删除子表中的所有相关记录
(B) 如果删除规则选择的是“级联”，则当用户删除父表中的记录时，系统将禁止删除子表相关的记录
(C) 如果删除规则选择的是“忽略”，则当用户删除父表中的记录时，系统不负责做任何工作
(D) 以上说法都不对

120．在 Visual FoxPro 中，参照完整性的更新规则不包括________。
(A) 允许　(B) 级联　(C) 忽略　(D) 限制

121．在 Visual FoxPro 中，参照完整性规则不包括________。
(A) 更新规则　(B) 查询规则　(C) 删除规则　(D) 插入规则

122．在 Visual FoxPro 中，参照完整性规则中插入规则包括________。
(A) 级联和忽略　(B) 级联和删除　(C) 级联和限制　(D) 限制和忽略

123．在 Visual FoxPro 中，定义数据的有效性规则时，在规则框输入的表达式的类型是________。
(A) 数值型　(B) 字符型　(C) 逻辑型　(D) 日期型

124．在 Visual FoxPro 中，假定数据库表 S(学号，姓名，性别，年龄)和 SC(学号, 课程号，成绩)之间使用“学号”建立了表之间的永久联系，在参照完整性的更新规则、删除规则和插入规则中选择设置了“限制”。如果表 S 所有的记录在表 SC 中都有相关联的记录，则________。
(A) 允许修改表 S 中的学号字段值　(B) 允许删除表 S 中的记录
(C) 不允许修改表 S 中的学号字段值　(D) 不允许在表 S 中增加新的记录

125．在 Visual FoxPro 中，如果在表之间的联系中设置了参照完整性规则，并在更新规则中选择了“级联”，当更新父表中的连接字段值时，系统的反应是________。
(A) 不进行参照完整性检查
(B) 不准更新父表中的连接字段值
(C) 用新的连接字段值自动修改子表中所有相关记录
(D) 若子表中有相关记录，则禁止更新父表中的连接字段值

126．在 Visual FoxPro 中，如果在表之间的联系中设置了参照完整性规则，并在更新规则中选择了“级联”，当更新父表中记录的被参照字段时，系统的反应是________。
(A) 不进行参照完整性检查
(B) 若子表中有相关参照记录，则同时自动更新子表中记录的参照字段
(C) 若子表中有相关参照记录，则禁止更新父表中的记录
(D) 不进行参照完整性检查，可以随意更新父表中的连接字段值

127．在 Visual FoxPro 中，如果在表之间的联系中设置了参照完整性规则，并在删除规则中选择“限制”，则当删除父表中的记录时，系统反应是________。
(A) 不进行参照完整性检查
(B) 不准删除父表中的记录
(C) 自动删除子表中所有相关的记录

(D) 若子表中有相关记录，则禁止删除父表中记录

128．在 Visual FoxPro 中，如果在表之间的联系中设置了参照完整性规则，并在删除规则中选择“限制”，则当删除父表中的记录时，系统反应是________。

(A) 不进行参照完整性检查

(B) 自动删除子表中所有相关的记录

(C) 若子表中有相关记录，则禁止删除父表中的记录

(D) 以上说法都不对

129．在 Visual FoxPro 中，如果在表之间的联系中设置了参照完整性规则，并在删除规则中选择了“级联”，当删除父表中的记录时，其结果是________。

(A) 只删除父表中的记录，不影响子表

(B) 任何时候都拒绝删除父表中的记录

(C) 在删除父表中记录的同时自动删除子表中的所有参照记录

(D) 若子表中有参照记录，则禁止删除父表中的记录

130．在 Visual FoxPro 中，数据库表字段的有效性规则的设置可以在________。

(A) 项目管理器中进行　　(B) 数据库设计器中进行

(C) 表设计器中进行　　(D) 表单设计器中进行

131．在 Visual FoxPro 中，有关参照完整性的删除规则正确的描述是________。

(A) 如果删除规则选择的是“限制”，则当用户删除父表中的记录时，系统将自动删除子表中的所有相关记录

(B) 如果删除规则选择的是“级联”，则当用户删除父表中的记录时，系统将禁止删除与子表相关的父表中的记录

(C) 如果删除规则选择的是“忽略”，则当用户删除父表中的记录时，系统不负责检查子表中是否有相关记录

(D) 以上答案都不正确

132．在表设计器中可以定义字段有效性规则，规则(字段有效性规则)是________。

(A) 控制符　　(B) 字符串表达式

(C) 逻辑表达式　　(D) 随字段的类型来确定

133．在创建数据库表结构时，为了同时定义实体完整性可以通过指定哪类索引来实现________。

(A) 唯一索引　　(B) 主索引　　(C) 复合索引　　(D) 普通索引

134．在建立数据库表 baby.dbf 时，将年龄字段的字段有效性规则设为“年龄>0”，能保证数据的________。

(A) 域完整性　　(B) 实体完整性　　(C) 参照完整性　　(D) 表完整性

135．在建立数据库表 book.dbf 时，将单价字段的字段有效性规则设为“单价>0”，能保证数据的________。

(A) 域完整性　　(B) 实体完整性　　(C) 参照完整性　　(D) 表完整性

136．在建立数据库表 car.dbf 时，将数量字段的有效性规则设为“数量>0”，能保证数据的________。

(A) 域完整性　　(B) 实体完整性　　(C) 参照完整性　　(D) 表完整性

137. 在建立数据库表时给该表指定了主索引，该索引实现了数据完整性中的________。
(A) 参照完整性 (B) 实体完整性 (C) 域完整性 (D) 用户定义完整性

138. 在数据库表上的字段有效性规则是________。
(A) 逻辑表达式 (B) 字符表达式 (C) 数字表达式 (D) 汉字表达式

139. 在数据库表设计器的“字段”选项卡中，字段有效性的设置项中不包括________。
(A) 规则 (B) 信息 (C) 默认值 (D) 标题

140. 在数据库设计过程中，如果表 A 和表 B 之间是一对多的联系。下列进行的数据库设计方法中，最合理的是________。
(A) 将表 A 的主关键字字段添加到表 B 中
(B) 将表 B 的主关键字字段添加到表 A 中
(C) 创建一个新表，该表包含表 A 和表 B 的主关键字
(D) 将表 A 和表 B 合并，这样可以减少表的个数，便于管理和维护

141. 下列说法正确的是________。
(A) 将某个表从数据库中移出的操作不会影响当前数据库中其他的表
(B) 一旦某个表从数据库中移出，与之联系的所有主索引、默认值和约束都随之消失
(C) 设置了参照完整性规则的表不能从数据库中移出
(D) 如果移出的表在数据库中使用了长表名，则移出数据库之后的表仍然可以使用长表名

142. 下面有关数据库表和自由表的叙述中，错误的是________。
(A) 数据库表和自由表都可以用表设计器来建立
(B) 数据库表和自由表都支持表间联系和参照完整性
(C) 自由表可以添加到数据库中成为数据库表
(D) 数据库表可以从数据库中移出成为自由表

143. 在 Visual FoxPro 的数据库中删除表________。
(A) 用户可以决定是从数据库中移出，还是从磁盘上物理删除
(B) 只是逻辑上从数据库中删除表
(C) 将直接从磁盘上物理删除表
(D) 以上说法均不正确

144. 在 Visual FoxPro 中，“表”通常是指________。
(A) 表单 (B) 报表
(C) 关系数据库中的关系 (D) 以上说法都不对

145. 在 Visual FoxPro 中，如下描述正确的是________。
(A) 对表的所有操作，都不需要使用 USE 命令先打开表
(B) 所有 SQL 命令对表的所有操作都不需使用 USE 命令先打开表
(C) 部分 SQL 命令对表的所有操作都不需使用 USE 命令先打开表
(D) 传统的 FoxPro 命令对表的所有操作都不需使用 USE 命令先打开表

146. 在 Visual FoxPro 中，为了使表具有更多的特性，应该使用________。
(A) 数据库表 (B) 自由表
(C) 数据库表或自由表 (D) 数据库表和自由表

147．在 Visual FoxPro 中，下列关于表的叙述正确的是________。

(A)在数据库表和自由表中，都能给字段定义有效性规则和默认值

(B)在自由表中，能给字段定义有效性规则和默认值

(C)在数据库表中，能给字段定义有效性规则和默认值

(D)在数据库表和自由表中，都不能给字段定义有效性规则和默认值

148．在 Visual FoxPro 中，下面的描述中正确的是________。

(A)打开一个数据库以后建立的表是自由表

(B)没有打开任何数据库时建立的表是自由表

(C)可以为自由表指定字段级规则

(D)可以为自由表指定参照完整性规则

149．在 Visual FoxPro 中，下面的描述中正确的是________。

(A)视图就是自由表

(B)没有打开任何数据库时建立的表是自由表

(C)可以为自由表指定字段级规则

(D)可以为自由表指定参照完整性规则

150．在 Visual FoxPro 中，下面描述正确的是________。

(A)数据库表允许对字段设置默认值

(B)自由表允许对字段设置默认值

(C)自由表和数据库表都允许对字段设置默认值

(D)自由表和数据库表都不允许对字段设置默认值

151．在 Visual FoxPro 中，下面有关表和数据库的叙述中错误的是________。

(A)一个表可以不属于任何数据库

(B)一个表可以属于多个数据库

(C)一个数据库表可以从数据库中移去成为自由表

(D)一个自由表可以添加到数据库中成为数据库表

152．在当前数据库中添加一个表的命令是________。

(A)ADD 命令　　(B)ADD TABLE 命令

(C)APPEND 命令　　(D)APPEND TABLE 命令

153．假设表“学生.dbf”已在某个工作区打开，且取别名为 student。选择“学生”表所在工作区为当前工作区的命令是________。

(A)SELECT 0　　(B)USE 学生　　(C)SELECT 学生　　(D)SELECT student

154．命令 SELECT 0 的功能是________。

(A)选择编号最小的未使用工作区　　(B)选择 0 号工作区

(C)关闭当前工作区中的表　　(D)选择当前工作区

155．下列关于工作区的描述，错误的是________。

(A)Visual FoxPro 最小的工作区号是 0

(B)在一个工作区中只能打开一个表

(C)如果没有指定工作区，则在当前工作区打开和操作表

(D)SELECT 0 命令是指在尚未使用的工作区里选择编号最小的工作区

156．在 Visual FoxPro 中，每一个工作区中最多能打开数据库表的数量是________。

(A) 1 个　　(B) 2 个

(C) 任意个，根据内存资源而确定　　(D) 35535 个

157．在 Visual FoxPro 中工作区的概念是指________。

(A) 在不同的工作区可以同时打开多个表文件

(B) 在不同的工作区可以同时执行多个应用程序

(C) 在不同的工作区可以同时打开多个设计器进行工作

(D) 不能对其他工作区的表进行访问

158．在数据库设计器中建立表之间的联系时，下列说法正确的是________。

(A) 在父表中建立主索引或候选索引，在子表中建立普通索引就可以建立两个表之间的一对多关系

(B) 在父表中建立主索引，在子表中建立候选索引就可以建立两个表之间的一对多关系

(C) 只要两个表有相关联的字段就可以建立表之间的联系

(D) 只要在父表中建立主索引或候选索引就可以建立表之间的联系

159．执行 USE sc IN 0 命令的结果是________。

(A) 选择 0 号工作区打开 sc 表

(B) 选择空闲的最小号工作区打开 sc 表

(C) 选择第 1 号工作区打开 sc 表

(D) 显示出错信息

第 4 章　关系数据库标准语言 SQL

1．Visual FoxPro 中的 SQL 不包括________。

(A) 数据操纵功能　　(B) 数据控制功能

(C) 数据查询功能　　(D) 数据定义功能

2．基于 Visual FoxPro 基类生成一个表单对象的语句是________。

(A) CREATEOBJECT ("FROM")　　(B) CREATEOBJECT ("FORM")

(C) OBJECTCREATE ("FROM")　　(D) OBJECTCREATE ("FORM")

3．在 Visual FoxPro 中，一条 SQL 语句可以分多行写。下面说法正确的是________。

(A) 最后一行以分号结尾

(B) 除最后一行，其他各行以分号结尾

(C) 除最后一行，其他各行以逗号结尾

(D) 除最后一行，其他各行以空格结尾

4．查询区域名是“成都”和“重庆”的商店信息的正确命令是________。

(A) SELECT * FROM 商店 WHERE 区域名='成都' AND 区域名='重庆'

(B) SELECT * FROM 商店 WHERE 区域名='成都' OR 区域名='重庆'

(C) SELECT * FROM 商店 WHERE 区域名='成都' AND '重庆'

(D) SELECT * FROM 商店 WHERE 区域名='成都' OR '重庆'

5．“教师表”中有“职工号”“姓名”“工龄”和“系号”等字段，“学院表”中有“系名”和“系号”等字段，求教师总数最多的系的教师人数，正确的命令序列是________。

(A) SELECT 教师表.系号，COUNT(*) AS 人数 FROM 教师表，学院表;
GROUP BY 教师表.系号 INTO DBF TEMP
SELECT MAX(人数) FROM TEMP

(B) SELECT 教师表.系号，COUNT(*) FROM 教师表，学院表;
WHERE 教师表.系号 = 学院表.系号 GROUP BY 教师表.系号 INTO DBF TEMP
SELECT MAX(人数) FROM TEMP

(C) SELECT 教师表.系号，COUNT(*) AS 人数 FROM 教师表，学院表;
WHERE 教师表.系号 = 学院表.系号 GROUP BY 教师表.系号 TO FILE TEMP
SELECT MAX(人数) FROM TEMP

(D) SELECT 教师表.系号，COUNT(*) AS 人数 FROM 教师表，学院表;
WHERE 教师表.系号 = 学院表.系号 GROUP BY 教师表.系号 INTO DBF TEMP
SELECT MAX(人数) FROM TEMP

6．“客户”表和“贷款”表的结构如下：

客户(客户号，姓名，出生日期，身份证号)

贷款(贷款编号，银行号，客户号，贷款金额，贷款性质)

检索所有身份证号为“110”开头的客户信息，可以使用的 SQL 语句是________。

(A) SELECT * FROM 客户 WHERE 身份证号 like "110%"

(B) SELECT * FROM 客户 WHERE 身份证号 like "110*"

(C) SELECT * FROM 客户 WHERE 身份证号 like "110?"

(D) SELECT * FROM 客户 WHERE 身份证号 like "[110]%"

7．Employee 的表结构为：职工号、单位号、工资，Department 的表结构为：单位号、单位名称、人数，查询工资多于 12000 的职工号和他们所在单位的单位名称，正确的 SQL 命令是________。

(A) SELECT 职工号,单位名称 FROM Employee,Department;
WHERE 工资>12000 AND Employee.单位号=Department.单位号

(B) SELECT 职工号,单位名称 FROM Employee,Department;
WHERE 工资>12000 OR Employee.单位号=Department.单位号

(C) SELECT 职工号,单位名称 FROM Employee,Department;
WHERE 工资>12000 AND Employee.单位号=Department.职工号

(D) SELECT 职工号,单位名称 FROM Employee,Department;
WHERE 工资>12000 OR Employee.单位号=Department.职工号

8．Employee 的表结构为：职工号、单位号、工资，与 SELECT * FROM Employee WHERE 工资 BETWEEN 10000 AND 12000 等价的 SQL 命令是________。

(A) SELECT * FROM Employee WHERE 工资>=10000 AND 工资<=12000

(B) SELECT * FROM Employee WHERE 工资>=10000 AND <=12000

(C) SELECT * FROM Employee WHERE 工资>=10000 OR 工资<=12000

(D) SELECT * FROM Employee WHERE 工资>=10000 OR <=12000

9. Employee 的表结构为：职工号、单位号、工资，与 SELECT * FROM Employee WHERE 工资>=10000 AND 工资<=12000 等价的 SQL 命令是________。

(A) SELECT * FROM Employee WHERE 工资 BETWEEN 10000 AND 12000

(B) SELECT * FROM Employee WHERE BETWEEN 10000 OR 12000

(C) SELECT * FROM Employee WHERE 工资>=10000 AND <=12000

(D) SELECT * FROM Employee WHERE 工资>=10000 OR <=12000

10．SQL 查询命令的结构是 SELECT…FROM…WHERE…GROUP BY…HAVING…ORDER BY…，其中 HAVING 必须配合使用的短语是________。

(A) FROM　　(B) GROUP BY　　(C) WHERE　　(D) ORDER BY

11．SQL 查询命令的结构是 SELECT…FROM…WHERE…GROUP BY…HAVING…ORDER BY…，其中指定查询条件的短语是________。

(A) SELECT　　(B) FROM　　(C) WHERE　　(D) ORDER BY

12．SQL 的 SELECT 语句中，"HAVING <条件表达式>" 用来筛选满足条件的________。

(A) 列　　(B) 行　　(C) 关系　　(D) 分组

13．查询 2013 年已经年检的驾驶证编号和年检日期，正确的 SQL 语句是________。

(A) SELECT 驾驶证编号,年检日期 FROM 驾驶证年检 WHERE year(年检日期) =2013

(B) SELECT 驾驶证编号,年检日期 FROM 驾驶证年检 WHERE 年检日期=2013

(C) SELECT 驾驶证编号,年检日期 FROM 驾驶证年检 WHERE 年检日期= year(2013)

(D) SELECT 驾驶证编号,年检日期 FROM 驾驶证年检 WHERE year(年检日期) =year(2013)

14．查询 2013 年已经注册的会员编号和注册日期，正确的 SQL 语句是________。

(A) SELECT 会员编号,注册日期 FROM 注册 WHERE year(注册日期) =2013

(B) SELECT 会员编号,注册日期 FROM 注册 WHERE 注册日期=2013

(C) SELECT 会员编号,注册日期 FROM 注册 WHERE 注册日期= year(2013)

(D) SELECT 会员编号,注册日期 FROM 注册 WHERE year(注册日期) =year(2013)

15．查询 2016 年已经年检的驾驶证编号和年检日期，正确的 SQL 语句是________。

(A) SELECT 驾驶证编号,年检日期 FROM 年检 WHERE year(年检日期)=2016

(B) SELECT 驾驶证编号,年检日期 FROM 年检 WHERE 年检日期=2016

(C) SELECT 驾驶证编号,年检日期 FROM 年检 WHERE 年检日期= year(2016)

(D) SELECT 驾驶证编号,年检日期 FROM 年检 WHERE year(年检日期)= year(2016)

16．查询车型为"胜利"的所有小客车的车号和所有人，正确的 SQL 语句是________。

(A) SELECT 车号,所有人 FROM 小客车 WHERE 车型="胜利"

(B) SELECT 车号,所有人 FROM 小客车 WHERE 车型=胜利

(C) SELECT 车号,所有人 FROM 小客车 WHERE "车型"="胜利"

(D) SELECT 车号,所有人 FROM 小客车 WHERE "车型"=胜利

17．查询成绩在 70～85 分学生的学号、课程号和成绩，正确的 SQL 语句是________。

(A) SELECT 学号，课程号，成绩 FROM sc WHERE 成绩 BETWEEN 70 AND 85

(B) SELECT 学号，课程号，成绩 FROM sc WHERE 成绩 >= 70 OR 成绩 <= 85

(C) SELECT 学号，课程号，成绩 FROM sc WHERE 成绩 >= 70 OR <= 85

(D) SELECT 学号，课程号，成绩 FROM sc WHERE 成绩 >= 70 AND <= 85

18．查询单位名称中含“北京”字样的所有读者的借书证号和姓名，正确的 SQL 语句是________。

(A) SELECT 借书证号, 姓名 FROM 读者 WHERE 单位="北京%"

(B) SELECT 借书证号, 姓名 FROM 读者 WHERE 单位= "北京*"

(C) SELECT 借书证号, 姓名 FROM 读者 WHERE 单位 LIKE "北京*"

(D) SELECT 借书证号, 姓名 FROM 读者 WHERE 单位 LIKE "%北京%"

19．查询第一作者为“张三”的所有书名及出版社，正确的 SQL 语句是________。

(A) SELECT 书名，出版社 FROM 图书 WHERE 第一作者=张三

(B) SELECT 书名，出版社 FROM 图书 WHERE 第一作者="张三"

(C) SELECT 书名，出版社 FROM 图书 WHERE "第一作者"=张三

(D) SELECT 书名，出版社 FROM 图书 WHERE "第一作者"="张三"

20．查询工资在 3000～5000 的职工信息的正确 SQL 语句是________。

(A) SELECT * FROM 职工 WHERE 工资 BETWEEN 3000 AND 5000

(B) SELECT * FROM 职工 WHERE 工资>3000 AND 工资<5000

(C) SELECT * FROM 职工 WHERE 工资>3000 OR 工资<5000

(D) SELECT * FROM 职工 WHERE 工资<=3000 AND 工资>=5000

21．查询选修 C2 课程号的学生姓名，下列 SQL 语句中错误的是________。

(A) SELECT 姓名 FROM S WHERE EXISTS;

　(SELECT * FROM SC WHERE 学号 = S.学号 AND 课程号 = 'C2')

(B) SELECT 姓名 FROM S WHERE 学号 IN;

　(SELECT 学号 FROM SC WHERE 课程号 = 'C2')

(C) SELECT 姓名 FROM S JOIN SC ON S.学号=SC.学号 WHERE 课程号 = 'C2'

(D) SELECT 姓名 FROM S WHERE 学号=;

　(SELECT 学号 FROM SC WHERE 课程号 = 'C2')

22．查询主编为“李四平”的所有图书的书名和出版社，正确的 SQL 语句是________。

(A) SELECT 书名，出版社 FROM 图书 WHERE 主编="李四平"

(B) SELECT 书名，出版社 FROM 图书 WHERE 主编=李四平

(C) SELECT 书名，出版社 FROM 图书 WHERE "主编"="李四平"

(D) SELECT 书名，出版社 FROM 图书 WHERE "主编"=李四平

23．查询主编为“章平”的所有图书的书名和出版社，正确的 SQL 语句是________。

(A) SELECT 书名，出版社 FROM 图书 WHERE 主编="章平"

(B) SELECT 书名，出版社 FROM 图书 WHERE 主编=章平

(C) SELECT 书名，出版社 FROM 图书 WHERE "主编"="章平"

(D) SELECT 书名，出版社 FROM 图书 WHERE "主编"=章平

24．从“货物”表中检索重量(数据类型为整数)大于等于 30 并且小于 80 的记录信息，正确的 SQL 命令是________。

(A) SELECT * FROM 货物 WHERE 重量 BETWEEN 30 AND 79

(B) SELECT * FROM 货物 WHERE 重量 BETWEEN 30 TO 79

(C) SELECT * FROM 货物 WHERE 重量 BETWEEN 30 AND 80

(D) SELECT * FROM 货物 WHERE 重量 BETWEEN 30 TO 80

25. 从“货物”表中检索重量大于等于 10 并且小于 20 的记录信息，正确的 SQL 命令是________。

(A) SELECT * FROM 货物 WHERE 重量 BETWEEN 10 AND 19

(B) SELECT * FROM 货物 WHERE 重量 BETWEEN 10 TO 19

(C) SELECT * FROM 货物 WHERE 重量 BETWEEN 10 AND 20

(D) SELECT * FROM 货物 WHERE 重量 BETWEEN 10 TO 20

26. 从“选课”表中检索成绩大于等于 60 并且小于 90 的记录信息(成绩是整数)，正确的 SQL 命令是________。

(A) SELECT * FROM 选课 WHERE 成绩 BETWEEN 60 AND 89

(B) SELECT * FROM 选课 WHERE 成绩 BETWEEN 60 TO 89

(C) SELECT * FROM 选课 WHERE 成绩 BETWEEN 60 AND 90

(D) SELECT * FROM 选课 WHERE 成绩 BETWEEN 60 TO 90

27. 从职工表(姓名，性别，出生日期)查询所有目前年龄在 35 岁以上(不含 35 岁)的职工信息，正确的命令是________。

(A) SELECT 姓名，性别，YEAR(DATE())-YEAR(出生日期) AS 年龄;
FROM 职工 WHERE 年龄>35

(B) SELECT 姓名，性别，YEAR(DATE())-YEAR(出生日期) AS 年龄;
FROM 职工 WHERE YEAR(出生日期)>35

(C) SELECT 姓名，性别，YEAR(DATE())-YEAR(出生日期) AS 年龄;
FROM 职工 WHERE YEAR(DATE())-YEAR(出生日期)>35

(D) SELECT 姓名，性别，年龄=YEAR(DATE())-YEAR(出生日期);
FROM 职工 WHERE YEAR(DATE())-YEAR(出生日期)>35

28. 根据“产品”表建立视图 myview，视图中含有包括了“产品号”左边第一位是“1”的所有记录，正确的 SQL 命令是________。

(A) CREATE VIEW myview AS SELECT * FROM 产品 WHERE LEFT(产品号,1)="1"

(B) CREATE VIEW myview AS SELECT * FROM 产品 WHERE LIKE("1"，产品号)

(C) CREATE VIEW myview SELECT * FROM 产品 WHERE LEFT(产品号，1)="1"

(D) CREATE VIEW myview SELECT * FROM 产品 WHERE LIKE("1"，产品号)

29. 假设有商店表，查询在“北京”和“上海”区域的商店信息的正确命令是________。

(A) SELECT * FROM 商店 WHERE 区域名='北京' AND 区域名='上海'

(B) SELECT * FROM 商店 WHERE 区域名='北京' OR 区域名='上海'

(C) SELECT * FROM 商店 WHERE 区域名='北京' AND '上海'

(D) SELECT * FROM 商店 WHERE 区域名='北京' OR '上海'

30. 假设有选课表 SC(学号，课程号，成绩)，其中学号和课程号为 C 型字段，成绩为 N 型字段，查询学生有选修课程成绩小于 60 分的学号，正确的 SQL 语句是________。

(A) SELECT DISTINCT 学号 FROM SC WHERE "成绩" < 60

(B) SELECT DISTINCT 学号 FROM SC WHERE 成绩 < "60"

(C) SELECT DISTINCT 学号 FROM SC WHERE 成绩 < 60

(D) SELECT DISTINCT "学号" FROM SC WHERE "成绩" < 60

31．若 SQL 语句中的 ORDER BY 短语中指定了多个字段，则________。

(A) 依次按自右至左的字段顺序排序　　(B) 只按第一个字段排序

(C) 依次按自左至右的字段顺序排序　　(D) 无法排序

32．设表 R 有 3 条记录，表 S 有 4 条记录，执行“SELECT * FROM R,S”后返回的记录数是________。

(A) 12　　(B) 7　　(C) 1　　(D) 0

33．设话单表的表结构为(手机号，通话起始日期，通话时长，话费)，通话时长的单位为分钟，话费的单位为元。如果希望查询“通话时长超过 5 分钟并且总话费超过 100 元的手机号和总话费”，则应该使用的 SQL 语句是________。

(A) SELECT 手机号,SUM(话费) AS 总话费 FROM 话单;
　WHERE SUM(话费)>100 AND 通话时长>5 GROUP BY 手机号

(B) SELECT 手机号,SUM(话费) AS 总话费 FROM 话单;
　WHERE SUM(话费)>100 GROUP BY 手机号 HAVING 通话时长>5

(C) SELECT 手机号,SUM(话费) AS 总话费 FROM 话单;
　WHERE 通话时长>5 GROUP BY 手机号 HAVING SUM(话费)>100

(D) SELECT 手机号,SUM(话费) AS 总话费 FROM 话单;
　GROUP BY 手机号 HAVING SUM(话费)>100 AND 通话时长>5

34．设话单表的表结构为(手机号，通话起始日期，通话时长，话费)，主关键字为(手机号，通话起始日期)。如果一个手机号表示一个入网用户，则当需要查询所有入网用户数时，正确的 SQL 语句是________。

(A) SELECT COUNT(*) FROM 话单

(B) SELECT COUNT(手机号) FROM 话单

(C) SELECT COUNT(DISTINCT 手机号) FROM 话单

(D) SELECT DISTINCT COUNT(手机号) FROM 话单

35．设借阅表的表结构为(读者编号，图书编号，借书日期，还书日期)。其中借书日期和还书日期的数据类型是日期类型，当还书日期为空值时，表示还没有归还。如果要查询尚未归还，且借阅天数已经超过 60 天的借阅信息，应该使用的 SQL 语句是________。

(A) SELECT * FROM 借阅表 WHERE (借书日期–DATE())>60 OR 还书日期= NULL

(B) SELECT * FROM 借阅表 WHERE (DATE()–借书日期)>60 OR 还书日期 IS NULL

(C) SELECT * FROM 借阅表 WHERE (借书日期–DATE())>60 AND 还书日期=NULL

(D) SELECT * FROM 借阅表 WHERE (DATE()–借书日期)>60 AND 还书日期 IS NULL

36．设有学生(学号，姓名，性别，出生日期)和选课(学号，课程号，成绩)两个关系，并假定学号的第 3、4 位为专业代码。要计算各专业学生选修课程号为“101”课程的平均成绩，正确的 SQL 语句是________。

(A) SELECT 专业 AS SUBS(学号，3,2)，平均分 AS AVG (成绩) FROM 选课;
　WHERE 课程号="101" GROUP BY 专业

(B) SELECT SUBS(学号，3,2) AS 专业, AVG(成绩) AS 平均分 FROM 选课;
WHERE 课程号="101" GROUP BY 1

(C) SELECT SUBS(学号，3,2) AS 专业, AVG(成绩) AS 平均分 FROM 选课;
WHERE 课程号="101" ORDER BY 专业

(D) SELECT 专业 AS SUBS(学号，3,2)，平均分 AS AVG (成绩) FROM 选课;
WHERE 课程号="101" ORDER BY 1

37．使用 SQL 语句进行分组检索时，为了去掉不满足条件的分组，应当________。

(A) 使用 WHERE 子句

(B) 在 GROUP BY 后面使用 HAVING 子句

(C) 先使用 WHERE 子句，再使用 HAVING 子句

(D) 先使用 HAVING 子句，再使用 WHERE 子句

38．消除 SQL SELECT 查询结果中的重复记录，可采取的方法是________。

(A) 通过指定主关键字　　(B) 通过指定唯一索引

(C) 使用 DISTINCT 短语　　(D) 使用 UNIQUE 短语

39．学生表 S(学号，姓名，性别) 和选课成绩表 SC(学号，课程号，成绩)，用 SQL 检索选修课程在 5 门以上(含 5 门) 的学生的学号、姓名和平均成绩，并按平均成绩降序排序，正确的命令是________。

(A) SELECT S.学号,姓名,AVG(成绩) 平均成绩 FROM S,SC;
WHERE S.学号=SC.学号;
GROUP BY S.学号,姓名 HAVING COUNT (*) >=5 ORDER BY 3 DESC

(B) SELECT S.学号,姓名,AVG(成绩) FROM S,SC;
WHERE S.学号=SC.学号 AND COUNT (*) >=5;
GROUP BY 学号,姓名 ORDER BY 3 DESC

(C) SELECT S.学号,姓名,AVG(成绩) 平均成绩 FROM S,SC;
WHERE S.学号=SC.学号 AND COUNT (*) >=5;
GROUP BY S.学号,姓名 ORDER BY 平均成绩 DESC

(D) SELECT S.学号,姓名,平均成绩 FROM S,SC;
WHERE S.学号=SC.学号;
GROUP BY S.学号,姓名 HAVING COUNT (*) >=5 ORDER BY 平均成绩 DESC

40．学生表中有“学号”“姓名”和“年龄”三个字段，SQL 语句“SELECT 学号 FROM 学生”完成的关系操作称为________。

(A) 选择　　(B) 投影　　(C) 连接　　(D) 并

41．以下哪个不是 SQL 查询命令中的关键词________。

(A) HAVING　　(B) ORDER BY　　(C) GROUP BY　　(D) LOCATE

42．以下有关 SELECT 短语的叙述中错误的是________。

(A) SELECT 短语中可以使用别名

(B) SELECT 短语中只能包含表中的列及其构成的表达式

(C) SELECT 短语规定了结果集中列的顺序

(D) 如果 FROM 短语引用的两个表有同名的列，则 SELECT 短语引用它们时必须使用表名前缀加以限定

43．有订单表如下：订单(订单号(C,4)，客户号(C,4)，职员号(C,3)，签订日期((D)，金额(N,6,2))。查询 2014 年之前签订的所有的订单信息，正确的 SQL 语句是________。

(A) SELECT * FROM 订单 WHERE 签订日期<{^2014-1-1}

(B) SELECT * FROM 订单 WHERE 签订日期<2014

(C) SELECT * FROM 订单 WHERE 签订日期 BEFORE 2014

(D) SELECT * FROM 订单 WHERE 签订日期<2014 年

44．有订单表如下：订单(订单号(C,4)，客户号(C,4)，职员号(C,3)，签订日期(D)，金额(N,6,2))。查询所有 2002 年 6 月签订的订单，正确的 SQL 语句是________。

(A) SELECT * FROM 订单 WHERE 签订日期 LIKE {^2002-06}

(B) SELECT * FROM 订单 WHERE;
签订日期>={^2002-6-1} OR 签订日期<={^2002-6-30}

(C) SELECT * FROM 订单 WHERE;
签订日期>={^2002-6-1} AND 签订日期<={^2002-6-30}

(D) SELECT * FROM 订单 WHERE 签订日期>={^2002-6-1} ,签订日期<={^2002-6-30}

45．有订单表如下：订单(订单号(C,4)，客户号(C,4)，职员号(C,3)，签订日期((D)，金额(N,6,2))。查询所有 2002 年 6 月签订的订单，正确的 SQL 语句是________。

(A) SELECT * FROM 订单 WHERE 签订日期 LIKE {^2002-06}

(B) SELECT * FROM 订单 WHERE;
签订日期>={^2002-6-1} OR 签订日期<={^2002-6-30}

(C) SELECT * FROM 订单 WHERE;
签订日期>={^2002-6-1} AND 签订日期<={^2002-6-30}

(D) SELECT * FROM 订单 WHERE 签订日期>={^2002-6-1} ,签订日期<={^2002-6-30}

46．有客户表如下：客户(客户号(C,4),客户名(C,36),地址(C,36),所在城市(C,10),联系电话(C,8))。查询所有地址中包含“中山路”字样的客户，正确的 SQL 语句是________。

(A) SELECT * FROM 客户 WHERE 地址 LIKE "%中山路%"

(B) SELECT * FROM 客户 WHERE 地址 LIKE "*中山路*"

(C) SELECT * FROM 客户 WHERE 地址 LIKE "?中山路?"

(D) SELECT * FROM 客户 WHERE 地址 LIKE "_中山路_"

47．有客户表如下：客户(客户号(C,4)，客户名(C,36)，地址(C,36)，所在城市(C,10)，联系电话(C,8))。查询所有联系电话前 4 位是“8359”的客户，不正确的 SQL 语句是________。

(A) SELECT * FROM 客户 WHERE LEFT(联系电话,4) = "8359"

(B) SELECT * FROM 客户 WHERE SUBSTR(联系电话,1,4) = "8359"

(C) SELECT * FROM 客户 WHERE 联系电话 LIKE "8359%"

(D) SELECT * FROM 客户 WHERE 联系电话 LIKE "_8359_"

48．有客户表如下：客户(客户号(C,4)，客户名(C,36)，地址(C,36)，所在城市(C,10)，

联系电话(C,8))。查询所在城市为“北京”和“上海”的客户，正确的SQL语句是________。

(A) SELECT * FROM 客户 WHERE 所在城市="北京" AND 所在城市="上海"

(B) SELECT * FROM 客户 WHERE 所在城市="北京" OR 所在城市="上海"

(C) SELECT * FROM 客户 WHERE 所在城市="北京" AND "上海"

(D) SELECT * FROM 客户 WHERE 所在城市="北京" OR "上海"

49. 有如下职员表和订单表：职员(职员号(C,3)，姓名(C,6)，性别(C,2)，职务(C,10))，订单(订单号(C,4)，客户号(C,4)，职员号(C,3)，签订日期((D)，金额(N,6,2))。查询职工“李丽”签订的订单信息，正确的SQL语句是________。

(A) SELECT 订单号,客户号,签订日期,金额 FROM 订单 WHERE 姓名="李丽"

(B) SELECT 订单号,客户号,签订日期,金额 FROM 职员,订单 WHERE 姓名="李丽" ;
AND 职员.职员号=订单.职员号

(C) SELECT 订单号,客户号,签订日期,金额 FROM 职员 JOIN 订单 ;
WHERE 职员.职员号=订单.职员号 AND 姓名="李丽"

(D) SELECT 订单号,客户号,签订日期,金额 FROM 职员,订单;
ON 职员.职员号=订单.职员号 AND 姓名="李丽"

50. 有以下表：读者(借书证号 C, 姓名 C, 单位 C, 性别 L, 职称 C, 联系电话 C)。查询单价小于16或大于20的图书信息，不正确的SQL语句是________。

(A) SELECT * FROM 图书 WHERE NOT 单价 BETWEEN 16 AND 20

(B) SELECT * FROM 图书 WHERE 单价 NOT BETWEEN 16 AND 20

(C) SELECT * FROM 图书 WHERE !单价 BETWEEN 16 AND 20

(D) SELECT * FROM 图书 WHERE 单价 !BETWEEN 16 AND 20

51. 有以下表：图书(总编号 C, 分类号 C, 书名 C, 作者 C, 出版单位 C, 单价 N)。查询由“高等教育出版社”和“科学出版社”出版的图书信息，要求同一出版单位出版的图书集中在一起显示，正确的SQL语句是________。

(A) SELECT * FROM 图书 WHERE 出版单位="高等教育出版社" AND 出版单位="科学出版社" ORDER BY 出版单位

(B) SELECT * FROM 图书 WHERE 出版单位 IN("高等教育出版社", "科学出版社") ORDER BY 出版单位

(C) SELECT * FROM 图书 WHERE 出版单位="高等教育出版社" AND 出版单位="科学出版社" GROUP BY 出版单位

(D) SELECT * FROM 图书 WHERE 出版单位 IN("高等教育出版社","科学出版社") GROUP BY 出版单位

52. 有以下表：读者(借书证号 C, 姓名 C, 单位 C, 性别 L, 职称 C, 联系电话 C)。

说明：“性别”值为逻辑真表示男。查询性别为男(字段值为逻辑真)、职称为教授或副教授的读者信息，正确的SQL语句是________。

(A) SELECT * FROM 读者 WHERE 性别 AND 职称="教授" OR 职称="副教授"

(B) SELECT * FROM 读者 WHERE 性别=.T. AND 职称="教授" OR 职称="副教授"

(C) SELECT * FROM 读者 WHERE 职称="教授" OR 职称="副教授" AND 性别=.T.

(D) SELECT * FROM 读者 WHERE (职称="教授" OR 职称="副教授") AND 性别

53．有主题帖表如下：主题帖(编号 C,用户名 C,标题 C,内容 M,发帖时间 T)。查询所有 2012 年 1 月发表的主题帖，正确的 SQL 语句是________。

(A) SELECT * FROM 主题帖 WHERE 发帖时间 LIKE {^2012-01}

(B) SELECT * FROM 主题帖 WHERE YEAR(发帖时间)=2012 AND MONTH(发帖时间)=1

(C) SELECT * FROM 主题帖 WHERE YEAR(发帖时间)=2012 OR MONTH(发帖时间)=1

(D) SELECT * FROM 主题帖 WHERE YEAR(发帖时间)=2012, MONTH(发帖时间)=1

54．有主题帖表如下：主题帖(编号 C,用户名 C,标题 C,内容 M,发帖时间 T)。查询所有内容包含“春节”字样的主题帖，正确的 SQL 语句是________。

(A) SELECT * FROM 主题帖 WHERE 内容$"春节"

(B) SELECT * FROM 主题帖 WHERE "春节" IN 内容

(C) SELECT * FROM 主题帖 WHERE "春节" IN (内容)

(D) SELECT * FROM 主题帖 WHERE 内容 LIKE "%春节%"

55．有主题帖表如下：主题帖(编号 C,用户名 C,标题 C,内容 M,发帖时间 T)。

查询所有的主题帖，要求各主题帖按其发帖时间的先后次序倒序排序，正确的 SQL 语句是________。

(A) SELECT * FROM 主题帖 ORDER BY 发帖时间

(B) SELECT * FROM 主题帖 ORDER BY 发帖时间 DESC

(C) SELECT * FROM 主题帖 ORDER 发帖时间

(D) SELECT * FROM 主题帖 ORDER 发帖时间 DESC

56．与“SELECT * FROM 歌手 WHERE NOT(最后得分>9.00 OR 最后得分<8.00)”等价的语句是________。

(A) SELECT * FROM 歌手 WHERE 最后得分 BETWEEN 9.00 AND 8.00

(B) SELECT * FROM 歌手 WHERE 最后得分>=8.00 AND 最后得分<=9.00

(C) SELECT * FROM 歌手 WHERE 最后得分>9.00 OR 最后得分<8.00

(D) SELECT * FROM 歌手 WHERE 最后得分<=8.00 AND 最后得分>=9.00

57．与“SELECT DISTINCT 产品号 FROM 产品 WHERE 单价>=ALL(SELECT 单价 FROM 产品 WHERE SUBSTR(产品号，1,1)="2")”等价的 SQL 命令是________。

(A) SELECT DISTINCT 产品号 FROM 产品 WHERE 单价>=;
(SELECT MAX(单价) FROM 产品 WHERE SUBSTR(产品号，1,1)="2")

(B) SELECT DISTINCT 产品号 FROM 产品 WHERE 单价>=;
(SELECT MIN(单价) FROM 产品 WHERE SUBSTR(产品号，1,1)="2")

(C) SELECT DISTINCT 产品号 FROM 产品 WHERE 单价>= ANY;
(SELECT 单价 FROM 产品 WHERE SUBSTR(产品号，1,1)="2")

(D) SELECT DISTINCT 产品号 FROM 产品 WHERE 单价>= SOME;
(SELECT 单价 FROM 产品 WHERE SUBSTR(产品号，1,1)="2")

58．在 SQL SELECT 语句的 ORDER BY 短语中如果指定了多个字段，则________。

(A)无法进行排序　　(B)只按第一个字段排序
(C)按从左至右优先依次排序　　(D)按字段排序优先级依次排序

59．在 SQL SELECT 语句中，如果要限制返回结果的记录个数，需要使用的关键字是________。

(A)DISTINCT　　(B)UNION　　(C)TOP　　(D)ORDER BY

60.在 SQL 查询语句 SELECT…FROM…WHERE…GROUP BY…HAVING…ORDER BY 中初始查询条件短语是________。

(A)SELECT　　(B)FROM　　(C)WHERE　　(D)HAVING

61．在 SQL 的 SELECT 查询的结果中，消除重复记录的方法是________。

(A)通过指定主索引实现　　(B)通过指定唯一索引实现
(C)使用 DISTINCT 短语实现　　(D)使用 WHERE 短语实现

62．在 SQL 语句中，与表达式“房间号 NOT IN("w1","w2")”功能相同的表达式是________。

(A)房间号="w1" AND 房间号="w2"　　(B)房间号!="w1" OR 房间号# "w2"
(C)房间号<>"w1" OR 房间号!="w2"　　(D)房间号!="w1" AND 房间号!="w2"

63.在 SQL 语句中，与表达式“序号 NOT IN("r1","r2")”功能相同的表达式是________。

(A)序号="r1" AND 序号="r2"　　(B)序号!="r1" OR 序号# "r2"
(C)序号<>"r1" OR 序号!="r2"　　(D)序号!="r1" AND 序号!="r2"

64．在 Visual FoxPro 中，假设教师表 T(教师号，姓名，性别，职称，研究生导师)中，性别是 C 型字段，研究生导师是 L 型字段。若要查询“是研究生导师的女老师”信息，那么 SQL 语句“SELECT * FROM T WHERE <逻辑表达式>”中的<逻辑表达式>应是________。

(A)研究生导师 AND 性别 ="女"
(B)研究生导师 OR 性别 ="女"
(C)性别 ="女" AND 研究生导师 =.F.
(D)研究生导师 =.T. OR 性别 = 女

65．在表结构为(职工号，姓名，工资)的表 Employee 中查询职工号的第 5 位开始的 4 个字符为“0426”的职工情况，正确的 SQL 命令是________。

(A)SELECT * FROM Employee WHERE SUBSTR(职工号,4,5)="0426"
(B)SELECT * FROM Employee WHERE STR(职工号,4,5)="0426"
(C)SELECT * FROM Employee WHERE STR(职工号,5,4)="0426"
(D)SELECT * FROM Employee WHERE SUBSTR(职工号,5,4)="0426"

66．设有健身项目表，该表的定义如下：

```
CREATE  TABLE 健身项目表(项目编号 I  PRIMARY KEY, ;
项目名称 C(30)NOT NULL, ;
单价 I NULL CHECK (单价>=0))
```

下列插入语句中，提示错误的是________。

(A)INSERT INTO 健身项目表(项目编号, 项目名称, 单价) VALUES (1,'瑜伽',20)
(B)INSERT INTO 健身项目表(项目编号, 项目名称) VALUES (1,'瑜伽')

(C) INSERT INTO 健身项目表 VALUES (1,'瑜伽',NULL)

(D) INSERT INTO 健身项目表(项目名称，单价) VALUES ('瑜伽',20)

67. 有如下职员表：职员(职员号(C,3),姓名(C,6),性别(C,2),职务(C,10))。

要在该表中插入一条记录，正确的 SQL 语句是________。

(A) INSERT TO 职员 VALUES ("666","杨军","男","组员")

(B) INSERT INTO 职员 VALUES ("666","杨军",.T.,"组员")

(C) APPEND TO 职员 VALUES ("666","杨军",.T.,"组员")

(D) INSERT INTO 职员 VALUES ("666","杨军","男","组员")

68. "客户"表和"贷款"表的结构如下：客户(客户号，姓名，出生日期，身份证号)，贷款(贷款编号，银行号，客户号，贷款金额，贷款性质)。

语句"DELETE FROM 贷款 WHERE 贷款性质=1"的功能是________。

(A) 删除贷款表的贷款性质字段

(B) 删除贷款表中贷款性质为 1 的记录，并保存到临时表里

(C) 从贷款表中彻底删除贷款性质为 1 的记录

(D) 将贷款表中贷款性质为 1 的记录加上删除标记

69. SQL 的数据操作语句不包括________。

(A) INSERT　　(B) UPDATE　　(C) DELETE　　(D) CHANGE

70. SQL 的数据插入命令中不会出现的关键字是________。

(A) INSERT　　(B) APPEND　　(C) INTO　　(D) VALUES

71. SQL 的数据更新命令中不包含________。

(A) SET　　(B) WHERE　　(C) REPLACE　　(D) UPDATE

72. SQL 数据操纵的删除命令是________。

(A) DELETE　　(B) DROP　　(C) UPDATE　　(D) REMOVE

73. SQL 的更新命令的关键词是________。

(A) INSERT　　(B) UPDATE　　(C) CREATE　　(D) SELECT

74. 不属于 SQL 操纵命令的是________。

(A) REPLACE　　(B) INSERT　　(C) DELETE　　(D) UPDATE

75. 插入一条记录到表结构为(职工号，姓名，工资)的表 Employee 中，正确的 SQL 命令是________。

(A) INSERT TO Employee VALUES ("19620426", "李平",8000)

(B) INSERT INTO Employee VALUES ("19620426", "李平",8000)

(C) INSERT INTO Employee RECORD ("19620426", "李平",8000)

(D) INSERT TO Employee RECORD ("19620426", "李平",8000)

76. 从"订单"表中删除签订日期为 2012 年 1 月 10 日之前(含)的订单记录，正确的 SQL 命令是________。

(A) DROP FROM 订单 WHERE 签订日期<={^2012-1-10}

(B) DROP FROM 订单 FOR 签订日期<={^2012-1-10}

(C) DELETE FROM 订单 WHERE 签订日期<={^2012-1-10}

(D) DELETE FROM 订单 FOR 签订日期<={^2012-1-10}

77．从 student 表删除年龄大于 30 的记录的正确 SQL 命令是________。

(A) DELETE FOR 年龄>30

(B) DELETE FROM student WHERE 年龄>30

(C) DELETE student FOR 年龄>30

(D) DELETE student WHILE 年龄>30

78．对表 SC(学号 C(8)，课程号 C(2)，成绩 N(3)，备注 C(20))，可以插入的记录是________。

(A) ('20080101', 'c1', '90', NULL)

(B) ('20080101', 'c1', 90 , '成绩优秀')

(C) ('20080101', 'c1', '90', '成绩优秀')

(D) ('20080101', 'c1', '79', '成绩优秀')

79．计算每名运动员的"得分"的正确 SQL 命令是________。

(A) UPDATE 运动员 FIELD 得分 =2*投中 2 分球+3*投中 3 分球+罚球

(B) UPDATE 运动员 FIELD 得分 WITH 2*投中 2 分球+3*投中 3 分球+罚球

(C) UPDATE 运动员 SET 得分 WITH 2*投中 2 分球+3*投中 3 分球+罚球

(D) UPDATE 运动员 SET 得分 =2*投中 2 分球+3*投中 3 分球+罚球

80．假设表 s 中有 10 条记录，其中字段 b 小于 20 的记录有 3 条，大于等于 20 并且小于等于 30 的记录有 3 条，大于 30 的记录有 4 条。执行下面的程序后，屏幕显示的结果是________。

```
SET DELETE ON
DELETE FROM s WHERE b BETWEEN 20 AND 30
? RECCOUNT()
```

(A) 10　　(B) 7　　(C) 0　　(D) 3

81．将"万真秀"的工资增加 200 元的 SQL 语句是________。

(A) REPLACE 教师 WITH 工资=工资+200 WHERE 姓名="万真秀"

(B) UPDATE 教师 SET 工资= 200 WHERE 姓名="万真秀"

(C) UPDATE 教师 工资 WITH 工资+200 WHERE 姓名="万真秀"

(D) UPDATE 教师 SET 工资=工资+200 WHERE 姓名="万真秀"

82．将 Employee 表中职工号为"19620426"的记录中"单位号"修改为"003"正确的 SQL 语句是________。

(A) UPDATE Employee SET 单位号="003" WHERE 职工号 IS "19620426"

(B) UPDATE Employee WHERE 职工号 IS "19620426" SET 单位号="003"

(C) UPDATE Employee SET 单位号="003" WHERE 职工号="19620426"

(D) UPDATE Employee 单位号 WITH "003" WHERE 职工号="19620426"

83．将表结构为(职工号，姓名，工资)的表 Employee 中所有职工的工资增加 20%，正确的 SQL 命令是________。

(A) CHANGE Employee SET 工资=工资*1.2

(B) CHANGE Employee SET 工资 WITH 工资*1.2

(C) UPDATE Employee SET 工资=工资*1.2

(D) UPDATE　Employee SET 工资 WITH 工资*1.2

84. 将学号为“02080110”、课程号为“102”的选课记录的成绩改为 92，正确的 SQL 语句是________。

(A) UPDATE 选课 SET 成绩 WITH 92 WHERE;
　学号="02080110" AND 课程号="102"

(B) UPDATE 选课 SET 成绩=92 WHERE 学号="02080110" AND 课程号="102"

(C) UPDATE FROM 选课 SET 成绩 WITH 92 WHERE;
　学号="02080110" AND 课程号="102"

(D) UPDATE FROM 选课 SET 成绩=92 WHERE;
　学号="02080110" AND 课程号="102"

85. 如果客户表是使用下面的 SQL 语句创建的。

```
CREATE  TABLE 客户表(客户号 C(6) PRIMARY KEY, ;
姓名 C(8) NOT NULL, ;
出生日期 (D)
```

则下面的 SQL 语句中可以正确执行的是________。

(A) INSERT INTO 客户表 VALUES("1001","张三",{^1999-2-12})

(B) INSERT INTO 客户表(客户号, 姓名) VALUES("1001","张三",{^1999-2-12})

(C) INSERT INTO 客户表(客户号, 姓名) VALUES(1001,"张三")

(D) INSERT INTO 客户表(客户号, 姓名, 出生日期);
　VALUES("1001","张三","1999-2-12")

86. 删除 Employee 表中职工号为“19620426”的记录，正确的 SQL 语句是________。

(A) DELETE FROM Employee WHILE 职工号="19620426"

(B) DELETE FOR Employee WHERE 职工号="19620426"

(C) DELETE FOR Employee WHILE 职工号="19620426"

(D) DELETE FROM Employee WHERE 职工号="19620426"

87. 设教师表的表结构为(教师编号，姓名，职称，出生日期)，删除 1950 年以前出生的教师信息，正确的 SQL 语句是________。

(A) DELETE FROM 教师表 WHERE 出生日期< {^1950-1-1}

(B) DELETE FROM 教师表 WHERE 出生日期< '1950-1-1'

(C) DELETE 教师表 WHERE 出生日期< {^1950-1-1}

(D) DELETE 教师表 WHERE 出生日期< '1950-1-1'

88. 设数据库有如下表：产品(产品号，产品名，型号，单价)，库存(仓库号，产品号，库存数量)。

如果需要将总的库存数量超过 1000 的产品单价降价 10%，则下面语句正确的是________。

(A) UPDATE 产品 SET 单价=单价*0.9 ;
　WHERE 产品号 IN (SELECT 产品号 FROM 库存;
　GROUP BY 产品号 HAVING SUM(库存数量)>1000)

(B) UPDATE 产品 SET 单价=单价*0.9 ;
WHERE 产品号 IN (SELECT 产品号 FROM 库存;
WHERE SUM(库存数量)>1000)

(C) UPDATE 单价=单价*0.9 ;
WHERE 产品号 IN (SELECT 产品号 FROM 库存;
GROUP BY 产品号 HAVING SUM(库存数量)>1000)

(D) UPDATE 单价=单价*0.9 ;
WHERE 产品号 IN (SELECT 产品号 FROM 库存;
WHERE SUM(库存数量)>1000

89．设数据库有如下表：作者表(作者号，姓名，电话)，投稿表(作者号，投稿日期，文章名，审稿结果)。

删除作者名为“张三”的投稿记录，正确的SQL语句是________。

(A) DELETE FROM 投稿表 WHERE 姓名 ='张三'

(B) DELETE FROM 作者表 WHERE 姓名 ='张三'

(C) DELETE FROM 投稿表;
WHERE 作者号 IN (SELECT 作者号 FROM 作者表 WHERE 姓名 ='张三')

(D) DELETE FROM 投稿表 JOIN 作者表 ON 投稿表.作者号=作者表.作者号;
WHERE 姓名 ='张三'

90．设有订单表order(订单号，客户号，职员号，签订日期，金额)，删除2012年1月1日以前签订的订单记录，正确的SQL命令是________。

(A) DELETE TABLE order WHERE 签订日期<{^2012-1-1}

(B) DELETE TABLE order WHILE 签订日期>{^2012-1-1}

(C) DELETE FROM order WHERE 签订日期<{^2012-1-1}

(D) DELETE FROM order WHILE 签订日期>{^2012-1-1}

91．设有关系SC(SNO，CNO，GRADE)，其中SNO、CNO分别表示学号和课程号(两者均为字符型)，GRADE表示成绩(数值型)。若要把学号为“S101”的同学，选修课程号为“C11”，成绩为98分的记录插入到表SC中，正确的SQL语句是________。

(A) INSERT INTO SC (SNO, CNO, GRADE) VALUES ('S101', 'C11', '98')

(B) INSERT INTO SC (SNO, CNO, GRADE) VALUES (S101, C11, 98)

(C) INSERT ('S101'，'C11'，'98') INTO SC

(D) INSERT INTO SC VALUES ('S101'，'C11', 98)

92．设有关系评分(歌手号，分数，评委号)，插入一条记录到“评分”关系，歌手号、分数和评委号的值分别是“1001”、9.9和“105”，正确的SQL语句是________。

(A) INSERT VALUES ("1001",9.9，"105") INTO 评分(歌手号，分数，评委号)

(B) INSERT TO 评分(歌手号，分数，评委号) VALUES ("1001",9.9，"105")

(C) INSERT INTO 评分(歌手号，分数，评委号) VALUES ("1001",9.9，"105")

(D) INSERT VALUES ("1001",9.9，"105") TO 评分(歌手号，分数，评委号)

93．设有健身项目表，该表的定义如下：

```
CREATE  TABLE 健身项目表(项目编号 I  PRIMARY KEY, ;
项目名称 C(30) NOT NULL, ;
单价 I NULL CHECK (单价>=0))
```

下列插入语句中，提示错误的是________。

(A) INSERT INTO 健身项目表(项目编号, 项目名称, 单价) VALUES (1,'瑜伽',20)

(B) INSERT INTO 健身项目表(项目编号, 项目名称) VALUES (1,'瑜伽')

(C) INSERT INTO 健身项目表 VALUES (1,'瑜伽',NULL)

(D) INSERT INTO 健身项目表(项目名称, 单价) VALUES ('瑜伽',20)

94．设有教师表，该表的定义如下：

```
CREATE  TABLE 教师表(教师编号 I  PRIMARY KEY, ;
姓名 C(8) NOT NULL, ;
职称 C(10) NULL  DEFAULT '讲师')
```

当前教师表没有记录。执行下面的插入语句之后，教师表中，字段“职称”的值为________。

```
INSERT INTO 教师表(教师编号,姓名) VALUES(101,'张三')
```

(A) NULL　　(B) 空字符串　　(C) 讲师　　(D) 插入失败

95．设有选课(学号，课程号，成绩)关系，插入一条记录到“选课”表中，学号、课程号和成绩分别是“02080111”“103”和 80，正确的 SQL 语句是________。

(A) INSERT INTO 选课 VALUES ("02080111"，"103",80)

(B) INSERT VALUES ("02080111"，"103",80) TO 选课(学号，课程号，成绩)

(C) INSERT VALUES ("02080111"，"103",80) INTO 选课(学号，课程号，成绩)

(D) INSERT INTO 选课(学号,课程号,成绩) FROM VALUES ("02080111","103",80)

96．设有学生表 student(学号，姓名，性别，出生日期，院系)、课程表 course(课程号，课程名，学时)和选课表 score(学号，课程号，成绩)，删除学号为“20091001”且课程号为“C1”的选课记录，正确的命令是________。

(A) DELETE FROM score WHERE 课程号= 'C1' AND 学号='20091001'

(B) DELETE FROM score WHERE 课程号= 'C1' OR 学号='20091001'

(C) DELETE FORM score WHERE 课程号= 'C1' AND 学号='20091001'

(D) DELETE score WHERE 课程号= 'C1' AND 学号='20091001'

97．设有一个还没有记录的电影表，该表的定义如下：

```
CREATE  TABLE 电影表(电影编号 I  PRIMARY KEY, ;
电影名 C(30)NOT NULL, ;
票价 Y NULL CHECK (票价>=0))
```

下列插入语句中，能够正确执行的是________。

(A) INSERT INTO 电影表(电影编号,电影名) VALUES (1,'北京爱情故事')

(B) INSERT INTO 电影表(电影编号,票价) VALUES (1,70)

(C) INSERT INTO 电影表 VALUES (1,'北京爱情故事')

(D) INSERT INTO 电影表 VALUES (1,北京爱情故事,70)

98．使用 SQL 的 UPDATE 语句更新数据表中的数据时，以下说法正确的是________。

(A) 如果没有数据项被更新，将提示错误信息

(B) 更新数据时，必须带有 WHERE 子句

(C) 不能更新主关键字段的值

(D) 一次可以更新多行数据或多个字段的值

99．使用 SQL 语句将表 s 中字段 price 的值大于 30 的记录删除，正确的命令是________。

(A) DELETE FROM s FOR price > 30

(B) DELETE FROM s WHERE price > 30

(C) DELETE s FOR price > 30

(D) DELETE s WHERE price > 30

100．使用 SQL 语句将学生表 S 中年龄大于 30 岁的记录删除，正确的命令是________。

(A) DELETE FOR 年龄>30

(B) DELETE FROM S WHERE 年龄>30

(C) DELETE S FOR 年龄>30

(D) DELETE S WHERE 年龄>30

101．使用 SQL 语句完成"将所有冷饮类商品的单价优惠 1 元"，正确的操作是________。

(A) UPDATE 商品 SET 单价=单价−1 WHERE 类别="冷饮"

(B) UPDATE 商品 SET 单价=1 WHERE 类别="冷饮"

(C) UPDATE 商品 SET 单价−1 WHERE 类别="冷饮"

(D) 以上都不对

102．使用 SQL 语句完成"将所有女职工的工资提高 5%"，正确的操作是________。

(A) UPDATE 职工 SET 工资=工资*1.05 WHERE 性别="女"

(B) UPDATE 职工 SET 工资*0.05 WHERE 性别="女"

(C) UPDATE 职工 SET 工资=工资*5% WHERE 性别="女"

(D) UPDATE 职工 SET 工资*1.05 WHERE 性别="女"

103．使用 SQL 语句完成"将所有职工的年龄增加 1 岁"，正确的操作是________。

(A) UPDATE 职工 SET 年龄=年龄+1　　(B) UPDATE 职工 ADD 年龄+1

(C) UPDATE 职工 SET 年龄=1　　(D) UPDATE 职工 ADD 1

104．向 student 表插入一条新记录的正确 SQL 语句是________。

(A) APPEND INTO student VALUES ('0401', '王芳', '女', 18)

(B) APPEND student VALUES ('0401', '王芳', '女', 18)

(C) INSERT INTO student VALUES ('0401', '王芳', '女', 18)

(D) INSERT student VALUES ('0401', '王芳', '女', 18)

105．向 student 表插入一条新记录的正确 SQL 语句是________。

(A) INSERT INTO student VALUES ('0401', '丽萍', '女', 18)

(B) APPEND student VALUES ('0401', '丽萍', '女', 18)

(C) APPEND INTO student VALUES ('0401', '丽萍', '女', 18)

(D) INSERT student VALUES ('0401', '丽萍', '女', 18)

106．要使"产品"表中所有产品的单价上浮 8%，正确的 SQL 命令是________。

(A) UPDATE 产品 SET 单价=单价 + 单价*8% FOR ALL

(B) UPDATE 产品 SET 单价=单价*1.08 FOR ALL

(C) UPDATE 产品 SET 单价=单价 + 单价*8%

(D) UPDATE 产品 SET 单价=单价*1.08

107．要使“产品”表中所有产品的单价下浮 8%，正确的 SQL 命令是________。

(A) UPDATE 产品 SET 单价=单价 – 单价*8% FOR ALL

(B) UPDATE 产品 SET 单价=单价*0.92 FOR ALL

(C) UPDATE 产品 SET 单价=单价 – 单价*8%

(D) UPDATE 产品 SET 单价=单价*0.92

108．以下不属于 SQL 数据操作命令的是________。

(A) MODIFY (B) INSERT (C) UPDATE (D) DELETE

109．用于修改表数据的 SQL 语句是________。

(A) MODIFY 语句 (B) UPDATE 语句 (C) ALTER 语句 (D) EDIT 语句

110．有如下订单表：订单(订单号(C,4)，客户号(C,4)，职员号(C,3)，签订日期(D)，金额(N,6,2))。要在该表中插入一条记录，正确的 SQL 语句是________。

(A) INSERT TO 订单 VALUES("OR01","C001","E01",DATE(),1000)

(B) INSERT INTO 订单 VALUES("OR01","C001","E01",DATE(),1000)

(C) APPEND TO 订单 VALUES("OR01","C001","E01",DATE(),1000)

(D) APPEND INTO 订单 VALUES("OR01","C001","E01",DATE(),1000)

111．有如下客户表：客户(客户号(C,4)，客户名(C,36)，地址(C,36)，所在城市(C,10)，联系电话(C,8))。要在该表中插入一条记录，正确的 SQL 语句是________。

(A) INSERT INTO 客户 VALUES("6666","汽修厂","中山路 10 号")

(B) INSERT INTO 客户(客户号,客户名,所在城市);
VALUES("6666","汽修厂","中山路 10 号","广东省广州市","11111111")

(C) INSERT INTO 客户[客户号,客户名,所在城市];
VALUES("6666","汽修厂","中山路 10 号")

(D) INSERT INTO 客户(客户号,客户名,所在城市);
VALUES("6666","汽修厂","中山路 10 号")

112．有如下用户表：用户(用户名 C,密码 C,性别 L,电子邮箱 C)。

假设已存在与表各字段变量同名的内存变量，现在要把这些内存变量的值作为一条新记录的值插入表中，正确的 SQL 语句是________。

(A) INSERT INTO 用户 WITH MEMVAR

(B) INSERT INTO 用户 WITH MEMORY

(C) INSERT INTO 用户 FROM MEMVAR

(D) INSERT INTO 用户 FROM MEMORY

113．有如下用户表：用户(用户名 C,密码 C,性别 L,电子邮箱 C)。

假设已存在与表各字段变量同名的内存变量，现在要把这些内存变量的值作为一条新记录的值插入表中，正确的 SQL 语句是________。

(A) INSERT TO 用户 WITH MEMVAR

(B) INSERT INTO 用户　WITH MEMVAR
(C) INSERT TO 用户　FROM MEMVAR
(D) INSERT INTO 用户　FROM MEMVAR

114．有如下用户表：用户(用户名 C,密码 C,性别 L,电子邮箱 C)。

要修改用户名为“liuxiaobo”的用户的密码和电子邮箱，正确的 SQL 语句是________。

(A) UPDATE 用户 SET 密码="abcdef",电子邮箱="lxb@123.com" ;
WHERE 用户名="liuxiaobo"
(B) UPDATE 用户 SET 密码="abcdef" AND 电子邮箱="lxb@123.com" ;
HERE 用户名="liuxiaobo"
(C) UPDATE TO 用户 SET 密码="abcdef",电子邮箱="lxb@123.com" ;
WHERE 用户名="liuxiaobo"
(D) UPDATE TO 用户 SET 密码="abcdef" AND 电子邮箱="lxb@123.com" ;
WHERE 用户名="liuxiaobo"

115．有主题帖表如下：主题帖(编号 C,用户名 C,标题 C,内容 M,发帖时间 T)。

要将编号为“00002”的主题帖的标题改为“Visual Foxpro”，正确的 SQL 语句是________。

(A) UPDATE 主题帖 SET 标题="Visual Foxpro" WHERE 编号="00002"
(B) UPDATE 主题帖 SET 标题 WITH "Visual Foxpro" WHERE 编号="00002"
(C) UPDATE INTO 主题帖 SET 标题="Visual Foxpro" WHERE 编号="00002"
(D) UPDATE INTO 主题帖 SET 标题 WITH "Visual Foxpro" WHERE 编号="00002"

116．在 SQL 语句中，插入一条新记录采用的命令是________。

(A) INSERT　(B) ADD　(C) UPDATE　(D) CREATE

117．在 SQL 语句中，删除一条记录采用的命令是________。

(A) INSERT　(B) DELETE　(C) UPDATE　(D) DROP

118．在 SQL 中，数据操纵语句不包括________。

(A) APPEND　(B) DELETE　(C) UPDATE　(D) INSERT

119．在 SQL 中，数据操纵语句不包括________。

(A) INSERT　(B) ERASE　(C) UPDATE　(D) DELETE

120．在 Visual FoxPro 中，执行 SQL 的 DELETE 命令和传统的 FoxPro DELETE 命令都可以删除数据库表中的记录，下面正确的描述是________。

(A) SQL 的 DELETE 命令删除数据库表中的记录之前，不需要先用 USE 命令打开表
(B) SQL 的 DELETE 命令和传统的 FoxPro DELETE 命令删除数据库表中的记录之前，都需要先用命令 USE 打开表
(C) SQL 的 DELETE 命令可以物理地删除数据库表中的记录，而传统的 FoxPro DELETE 命令只能逻辑删除数据库表中的记录
(D) 传统的 FoxPro DELETE 命令还可以删除其他工作区中打开的数据库表中的记录

121．在用 CREATE VIEW 语句定义视图时，可以包含________。

(A) SELECT 语句　(B) UPDATE 语句　(C) INSERT 语句　(D) DELETE 语句

122．正确的 SQL 插入命令的语法格式是________。

(A) INSERT IN … VALUES …　　(B) INSERT TO … VALUES …

(C) INSERT INTO … VALUES …　　(D) INSERT … VALUES …

123．“教师表”中有“职工号”“姓名”和“工龄”等字段，其中“职工号”为主关键字，建立“教师表”的 SQL 命令是________。

(A) CREATE TABLE 教师表(职工号 C(10) PRIMARY, 姓名 C(20),工龄 I)

(B) CREATE TABLE 教师表(职工号 C(10) FOREIGN, 姓名 C(20),工龄 I)

(C) CREATE TABLE 教师表(职工号 C(10) FOREIGN KEY,姓名 C(20),工龄 I)

(D) CREATE TABLE 教师表(职工号 C(10) PRIMARY KEY, 姓名 C(20),工龄 I)

124．“客户”表和“贷款”表的结构如下：客户(客户号，姓名，出生日期，身份证号)，贷款(贷款编号，银行号，客户号，贷款金额，贷款性质)。

如果要删除客户表中的出生日期字段，使用的 SQL 语句是________。

(A) ALTER TABLE 客户 DELETE 出生日期

(B) ALTER TABLE 客户 DELETE COLUMN 出生日期

(C) ALTER TABLE 客户 DROP 出生日期

(D) ALTER TABLE 客户 DROP FROM 出生日期

125．SQL 命令：ALTER TABLE S ADD 年龄 I CHECK 年龄>15 AND 年龄<30，该命令的含义是________。

(A) 给数据库表 S 增加一个“年龄”字段

(B) 将数据库表 S 中“年龄”字段取值范围修改为 15～30 岁

(C) 给数据库表 S 中“年龄”字段增加一个取值范围约束

(D) 删除数据库表 S 中的“年龄”字段

126．SQL 删除表的命令是________。

(A) DROP TABLE　　(B) DELETE TABLE

(C) DELETE DBF　　(D) REMOVE DBF

127．SQL 语句中删除表的命令是________。

(A) DROP TABLE　　(B) ERASE TABLE

(C) DELETE TABLE　　(D) DELETE DBF

128．SQL 语句中修改表结构的命令是________。

(A) ALTER TABLE　　(B) MODIFY TABLE

(C) ALTER STRUCTURE　　(D) MODIFY STRUCTURE

129．表名为 Employee 的表结构是(职工号，姓名，工资)，建立表 Employee 的 SQL 命令是________。

(A) CREATE TABLE Employee(职工号 C(10),姓名 C(20), 工资 Y)

(B) CREATE Employee TABLE(职工号 C(10),姓名 C(20), 工资 Y)

(C) CREATE DATABASE Employee(职工号 C(10),姓名 C(20), 工资 Y)

(D) CREATE Employee DATABASE(职工号 C(10),姓名 C(20), 工资 Y)

130．创建一个表，使用的 SQL 命令是________。

(A) CREATE LIST　　　　　　　　(B) CREATE DATEBASE

(C) CREATE TABLE　　　　　　　(D) CREATE INDEX

131．从产品表中删除生产日期为 2013 年 1 月 1 日之前(含)的记录，正确的 SQL 语句是________。

(A) DROP FROM 产品 WHERE 生产日期<={^2013-1-1}

(B) DROP FROM 产品 FOR 生产日期<={^2013-1-1}

(C) DELETE FROM 产品 WHERE 生产日期<={^2013-1-1}

(D) DELETE FROM 产品 FOR 生产日期<={^2013-1-1}

132．给 student 表增加一个“平均成绩”字段(数值型，总宽度为 6，两位小数)的 SQL 命令是________。

(A) ALTER TABLE student ADD 平均成绩 N(6,2)

(B) ALTER TABLE student ADD 平均成绩 D(6,2)

(C) ALTER TABLE student ADD 平均成绩 E(6,2)

(D) ALTER TABLE student ADD 平均成绩 Y(6,2)

133．假设有 student 表，正确添加字段“平均分数”的命令是________。

(A) ALTER TABLE student ADD 平均分数 F(6,2)

(B) ALTER DBF student ADD 平均分数 F 6,2

(C) CHANGE TABLE student ADD 平均分数 F(6,2)

(D) CHANGE TABLE student INSERT 平均分数 6,2

134．如果在话单表中已经定义了话费字段的有效性规则，下列语句中可以删除话费字段的有效性规则的是________。

(A) ALTER TABLE 话单 ALTER 话费 DROP CHECK

(B) ALTER TABLE 话单 MODIFY 话费 DROP CHECK

(C) ALTER TABLE 话单 ALTER 话费 DELETE CHECK

(D) ALTER TABLE 话单 MODIFY 话费 DELETE CHECK

135．删除 student 表的“平均成绩”字段的正确 SQL 命令是________。

(A) DELETE TABLE student DELETE COLUMN 平均成绩

(B) ALTER TABLE student DELETE COLUMN 平均成绩

(C) ALTER TABLE student DROP COLUMN 平均成绩

(D) DELETE TABLE student DROP COLUMN 平均成绩

136．删除表 Em_temp 的 SQL 语句是________。

(A) DROP TABLE Em_temp　　　　　(B) DELETE TABLE Em_temp

(C) DROP FILE Em_temp　　　　　　(D) DELETE FILE Em_temp

137．删除表 s 中字段 c 的 SQL 命令是________。

(A) ALTER TABLE s DELETE c　　　　(B) ALTER TABLE s DROP c

(C) DELETE TABLE s DELETE c　　　(D) DELETE TABLE s DROP c

138．设电影表的定义如下：

```
CREATE  TABLE 电影表(电影编号 I  PRIMARY KEY, ;
电影名 C(30), ;
```

```
票价 Y CHECK (票价>=0))
```

下列选项中，能够删除“票价”字段的有效性规则的是________。

(A) ALTER TABLE 电影表 ALTER 票价 DROP CHECK

(B) ALTER TABLE 电影表 MODIFY 票价 DROP CHECK

(C) ALTER TABLE 电影表 ALTER 票价 DELETE CHECK

(D) ALTER TABLE 电影表 MODIFY 票价 DELETE CHECK

139. 使用下列 SQL 语句创建教师表。

```
CREATE  TABLE 教师表(教师编号 I  PRIMARY KEY, ;
姓名 C(8)NOT NULL, ;
职称 C(10)DEFAULT '讲师')
```

如果要删除“职称”字段的 DEFAULT 约束，正确的 SQL 语句是________。

(A) ALTER TABLE 教师表 ALTER 职称 DROP DEFAULT

(B) ALTER TABLE 教师表 ALTER 职称 DELETE DEFAULT

(C) ALTER TABLE 教师表 DROP 职称 DEFAULT

(D) ALTER TABLE 教师表 DROP 职称

140. 为“乘客”表的“体重”字段增加有效性规则“50～80 公斤”的 SQL 语句是________。

(A) ALTER TABLE 乘客 ALTER 体重 SET CHECK 体重>=50 AND 体重<=80

(B) ALTER TABLE 乘客 ALTER 体重 ADD 体重>=50 AND 体重<=80

(C) ALTER TABLE 乘客 ALTER 体重 WHERE 体重>=50 AND 体重<=80

(D) ALTER TABLE 乘客 ALTER 体重 MODI 体重>=50 AND 体重<=80

141. 为“歌手”表增加一个字段“最后得分”的 SQL 语句是________。

(A) ALTER TABLE 歌手 ADD 最后得分 F(6,2)

(B) ALTER DBF 歌手 ADD 最后得分 F 6,2

(C) CHANGE TABLE 歌手 ADD 最后得分 F(6,2)

(D) CHANGE TABLE 学院 INSERT 最后得分 F 6,2

142. 为“评分”表的“分数”字段添加有效性规则：“分数必须大于等于 0 并且小于等于 10”，正确的 SQL 语句是________。

(A) CHANGE TABLE 评分 ALTER 分数 SET CHECK 分数>=0 AND 分数<=10

(B) ALTER TABLE 评分 ALTER 分数 SET CHECK 分数>=0 AND 分数<=10

(C) ALTER TABLE 评分 ALTER 分数 CHECK 分数>=0 AND 分数<=10

(D) CHANGE TABLE 评分 ALTER 分数 SET CHECK 分数>=0 OR 分数<=10

143. 为“选课”表增加一个“等级”字段，其类型为 C、宽度为 2，正确的 SQL 命令是________。

(A) ALTER TABLE 选课 ADD FIELD 等级 C(2)

(B) ALTER TABLE 选课 ALTER FIELD 等级 C(2)

(C) ALTER TABLE 选课 ADD 等级 C(2)

(D) ALTER TABLE 选课 ALTER 等级 C(2)

144. 为“学生”表的“年龄”字段增加有效性规则“年龄必须在 18～45 岁”的 SQL 语

句是________。

(A) ALTER TABLE 学生 ALTER 年龄 SET CHECK 年龄<=45 AND 年龄>=18
(B) ALTER TABLE 学生 ALTER 年龄 ADD 年龄<=45 AND 年龄>=18
(C) ALTER TABLE 学生 ALTER 年龄 WHERE 年龄<=45 AND 年龄>=18
(D) ALTER TABLE 学生 ALTER 年龄 MODI 年龄<=45 AND 年龄>=18

145. 为“运动员”表增加一个“得分”字段的正确的 SQL 命令是________。
(A) CHANGE TABLE 运动员 ADD 得分 I
(B) ALTER DATA 运动员 ADD 得分 I
(C) ALTER TABLE 运动员 ADD 得分 I
(D) CHANGE TABLE 运动员 INSERT 得分 I

146. 为“运动员”表增加一个“国籍”字段的 SQL 语句是________。
(A) ALTER TABLE 运动员 ADD 国籍 C(20)
(B) UPDATE DBF 运动员 ADD 国籍 C(20)
(C) CHANGE TABLE 运动员 ADD 国籍 C(20)
(D) CHANGE DBF 运动员 INSERT 国籍 C(20)

147. 为 Employee 表增加一个字段“出生日期”，正确的 SQL 语句是________。
(A) CHANGE TABLE Employee ADD 出生日期 D
(B) ALTER DBF Employee ADD 出生日期 D
(C) ALTER TABLE Employee ADD 出生日期 D
(D) CHANGE TABLE Employee INSERT 出生日期 D

148. 为客户表添加一个“邮政编码”字段(字符型，宽度为 6)，正确的 SQL 语句是________。
(A) ALTER TABLE 客户 ALTER 邮政编码(C,6)
(B) ALTER TABLE 客户 ALTER 邮政编码 C(6)
(C) ALTER TABLE 客户 ADD 邮政编码(C,6)
(D) ALTER TABLE 客户 ADD 邮政编码 C(6)

149. 为“选手.dbf”数据库表增加一个字段“最后得分”的 SQL 语句是________。
(A) ALTER TABLE 选手 ADD 最后得分 F(6,2)
(B) UPDATE DBF 选手 ADD 最后得分 F(6,2)
(C) CHANGE TABLE 选手 ADD 最后得分 F(6,2)
(D) CHANGE DBF 选手 INSERT 最后得分 F(6,2)

150. 为“职工.dbf”数据库表增加一个字段“联系方式”的 SQL 语句是________。
(A) ALTER TABLE 职工 ADD 联系方式 C(40)
(B) ALTER 职工 ADD 联系方式 C(40)
(C) CHANGE TABLE 职工 ADD 联系方式 C(40)
(D) CHANGE DBF 职工 INSERT 联系方式 C(40)

151. 下列 SQL 短语中与域完整性有关的是________。
(A) 订单号 C(10) PRIMARY KEY
(B) 供应商号 C(10) REFERENCES 供应商

(C) 数量 I CHECK(数量>=0)

(D) 数量 I 10

152. 下列与修改表结构相关的命令是________。

(A) INSERT　(B) ALTER　(C) UPDATE　(D) CREATE

153. 有表名为 Employee 的表结构(职工号，姓名，工资)，为表 Employee 增加字段“住址”的 SQL 命令是________。

(A) ALTER DBF Employee ADD 住址 C(30)

(B) CHANGE DBF Employee ADD 住址 C(30)

(C) CHANGE TABLE Employee ADD 住址 C(30)

(D) ALTER TABLE Employee ADD 住址 C(30)

154. 有如下职员数据库表：职员(职员号(C,3)，姓名(C,6)，性别(C,2)，职务(C,10))。

为职员表的“性别”字段设置有效性规则(只能取“男”或“女”)，正确的 SQL 语句是________。

(A) ALTER TABLE 职员 ALTER 性别 CHECK 性别 $ "男女"

(B) ALTER TABLE 职员 ADD 性别 CHECK 性别 $ "男女"

(C) ALTER TABLE 职员 ALTER 性别 SET CHECK 性别 $ "男女"

(D) ALTER TABLE 职员 ALTER 性别 ADD CHECK 性别 $ "男女"

155. 有如下职员数据库表：职员(职员号(C,3)，姓名(C,6)，性别(C,2)，职务(C,10))。

为职员表的“职员号”字段设置有效性规则“第 1 位必须是字母 E”，正确的 SQL 语句是________。

(A) ALTER TABLE 职员 ALTER 职员号 CHECK LEFT(职员号,1)='E'

(B) ALTER TABLE 职员 ADD 职员号 CHECK LEFT(职员号,1)='E'

(C) ALTER TABLE 职员 ALTER 职员号 SET CHECK LEFT(职员号,1)='E'

(D) ALTER TABLE 职员 ALTER 职员号 ADD CHECK LEFT(职员号,1)='E'

156. 在 SQL 的 ALTER TABLE 语句中，为了增加一个新的字段应该使用短语________。

(A) CREATE　(B) APPEND　(C) COLUMN　(D) ADD

157. 在 SQL 的 CREATE TABLE 语句中定义外部关键字需使用________。

(A) OUT　(B) PRIMARY KEY　(C) REFERENCE　(D) CHECK

158. 在 SQL 的 CREATE TABLE 语句中和定义参照完整性有关的是________。

(A) FOREIGN KEY　(B) PRIMARY KEY　(C) CHECK　(D) DEFAULT

159. 在 SQL 中，删除表的语句是________。

(A) DROP TABLE　(B) DROP VIEW

(C) ERASE TABLE　(D) DELETE TABLE

160. 在 SQL 中，修改表结构的语句是________。

(A) MODIFY STRUCTURE　(B) MODIFY TABLE

(C) ALTER STRUCTURE　(D) ALTER TABLE

161. 在 Visual FoxPro 中，如果要将学生表 S(学号，姓名，性别，年龄)中“年龄”属性删除，正确的 SQL 命令是________。

(A) ALTER TABLE S DROP COLUMN 年龄

(B) DELETE 年龄 FROM S

(C) ALTER TABLE S DELETE COLUMN 年龄

(D) ALTER TABLE S DELETE 年龄

162．在 Visual FoxPro 中，下列关于 SQL 表定义语句(CREATE TABLE)的说法中错误的是________。

(A) 可以定义一个新的基本表结构

(B) 可以定义表中的主关键字

(C) 可以定义表的域完整性、字段有效性规则等

(D) 对自由表，同样可以实现其完整性、有效性规则等信息的设置

163．在数据库中创建表的 CREATE TABLE 命令中定义主索引、实现实体完整性规则的短语是________。

(A) FOREIGN KEY　(B) DEFAULT　(C) PRIMARY KEY　(D) CHECK

164．在用户表(user)中给已有的字段 age 增加一个约束，要求年龄必须在 18 岁以上，下面语句正确的是________。

(A) ALTER TABLE user ADD age CHECK age>18

(B) ALTER TABLE user ADD age SET CHECK age>18

(C) ALTER TABLE user MODIFY age SET CHECK age>18

(D) ALTER TABLE user ALTER age SET CHECK age>18

第 5 章　查询与视图

1．“查询”菜单下的“查询去向”命令指定了查询结果的输出去向，输出去向不包括________。

(A) 报表　(B) 标签　(C) 文本文件　(D) 图形

2．SQL SELECT 语句中的 GROUP BY 子句对应于查询设计器的________。

(A)“字段”选项卡　(B)“排序依据”选项卡

(C)“分组依据”选项卡　(D)“筛选”选项卡

3．查询设计器中，实现投影操作的选项卡是________。

(A)“字段”选项卡　(B)“筛选”选项卡

(C)“杂项”选项卡　(D)“连(联)接”选项卡

4．查询设计器中不包括的选项卡是________。

(A) 联接　(B) 筛选　(C) 排序依据　(D) 更新条件

5．查询设计器中的“筛选”选项卡的作用是________。

(A) 增加或删除查询表　(B) 查看生成的 SQL 代码

(C) 指定查询记录的条件　(D) 选择查询结果的字段输出

6．打开查询设计器建立查询的命令是________。

(A) CREATE QUERY　(B) OPEN QUERY

(C) DO QUERY　(D) EXEC QUERY

7．假设查询文件(myquery.qpr)已经创建，要显示查询结果，可使用命令________。

(A) DO myquery.qpr　　(B) USE myquery.qpr

(C) BROWSE myquery.qpr　　(D) LIST mquery.qpr

8. 可以运行查询的命令是________。

(A) DO QUERY　　(B) DO　　(C) BROWSE　　(D) CREATE

9. 可以运行查询文件的命令是________。

(A) DO　　(B) BROWSE

(C) DO QUERY　　(D) CREATE QUERY

10. 利用“查询设计器”设计查询，若要为查询设置一个查询计算表达式，应使用________。

(A)“字段”选项卡　　(B)“联接”选项卡

(C)“筛选”选项卡　　(D)“分组依据”选项卡

11. 利用“查询设计器”设计查询，若要指定是否要重复记录(对应于 DISTINCT)，应使用________。

(A)“字段”选项卡　　(B)“联接”选项卡

(C)“筛选”选项卡　　(D)“杂项”选项卡

12. 使用查询设计器设计查询时为了去掉重复记录，应该在哪个选项卡中操作________。

(A) 联接　　(B) 筛选　　(C) 排序依据　　(D) 杂项

13. 使用查询设计器设计的查询将保留为________。

(A) 数据库文件　　(B) 文本文件

(C) DBF 文件　　(D) 特殊的二进制文件

14. 下列关于 Visual FoxPro 查询对象的描述，错误的是________。

(A) 不能利用查询来修改相关表中的数据

(B) 可以基于表或视图创建查询

(C) 执行查询文件和执行该文件包含的 SQL 命令的效果是一样的

(D) 执行查询时，必须要事先打开相关的表

15. 下列关于查询的描述中，错误的是________。

(A) 查询只可以访问本地数据源，不可以访问远程数据源

(B) 查询是一个独立的文件，它不属于任何一个数据库

(C) 不能通过查询更新基本表中的数据

(D) 查询就是预先定义好的一个 SQL SELECT 语句

16. 下列关于查询的说法，不正确的是________。

(A) 查询是预先定义好的 SQL SELECT 语句

(B) 查询是从指定的表或视图中提取满足条件的记录，然后按照希望输出的类型输出查询结果

(C) 在用命令使用查询时，必须首先打开数据库

(D) 查询设计器中没有“更新条件”选项卡

17. 下列选项中，不能作为查询的输出去向的是________。

(A) 数组　　(B) 图形　　(C) 临时表　　(D) 浏览

18. 下面有关查询的叙述中错误的是________。

(A) 查询文件的扩展名是.QPR
(B) 查询的去向包括表、临时表、报表等
(C) 查询的数据源包括表和视图
(D) 查询是一种特殊的文件，只能通过查询设计器创建

19. 下面有关查询的叙述中错误的是________。
(A) 查询文件的扩展名是.QPR
(B) 查询文件是一种文本文件，可以直接用文本编辑器创建
(C) 查询的去向包括表、临时表、报表等
(D) 查询的数据源只能是数据库表和视图，不能是自由表

20. 以纯文本形式保存设计结果的设计器是________。
(A) 查询设计器　(B) 表单设计器　(C) 菜单设计器　(D) 以上都不对

21. 以下关于“查询”的描述正确的是________。
(A) 查询保存在项目文件中　(B) 查询保存在数据库文件中
(C) 查询保存在表文件中　(D) 查询保存在查询文件中

22. 以下关于“查询”的正确描述是________。
(A) 查询文件的扩展名为 prg　(B) 查询保存在数据库文件中
(C) 查询保存在表文件中　(D) 查询保存在查询文件中

23. 以下关于查询的描述正确的是________。
(A) 不能根据自由表建立查询
(B) 只能根据自由表建立查询
(C) 只能根据数据库表建立查询
(D) 可以根据数据库表和自由表建立查询

24. 有关查询设计器，正确的描述是________。
(A) “联接”选项卡与 SQL 语句的 WHERE 短语对应
(B) “筛选”选项卡与 SQL 语句的 ORDER BY 短语对应
(C) “排序依据”选项卡与 SQL 语句的 FROM 短语对应
(D) “分组依据”选项卡与 SQL 语句的 GROUP BY 短语和 HAVING 短语对应

25. 运行查询(student)的命令是________。
(A) DO student　(B) DO student.qpr
(C) DO QUERY student　(D) RUN QUERY student

26. 在 Visual FoxPro 的查询设计器中，查询去向可以是标签。标签文件的扩展名是________。
(A) lbl　(B) lbx　(C) lst　(D) txt

27. 在 Visual FoxPro 中，下面对查询设计器的描述中正确的是________。
(A) “排序依据”选项卡对应 JOIN IN 短语
(B) “分组依据”选项卡对应 JOIN IN 短语
(C) “联接”选项卡对应 WHERE 短语
(D) “筛选”选项卡对应 WHERE 短语

28. 在 Visual FoxPro 中，以下关于查询的描述正确的是________。

(A) 不能用自由表建立查询
(B) 只能用自由表建立查询
(C) 不能用数据库表建立查询
(D) 可以用数据库表和自由表建立查询

29. 在 Visual FoxPro 中，执行查询 Query2.QPR 的正确命令是________。
(A) DO Query2.QPR (B) EXEC Query2.QPR
(C) DO Query2 (D) EXEC Query2

30. 在查询设计器“添加表和视图”窗口中，单击“其他”按钮用于添加________。
(A) 视图 (B) 其他查询
(C) 本数据库中的表 (D) 本数据库之外的表

31. 在查询设计器环境中，“查询”菜单下的“查询去向”不包括________。
(A) 临时表 (B) 表 (C) 文本文件 (D) 屏幕

32. 在查询设计器中，要想将查询结果直接送至 Visual FoxPro 主窗口显示，查询去向应指定为________。
(A) 浏览 (B) 临时表 (C) 屏幕 (D) 报表

33. 在查询设计器中，与 SQL 的 WHERE 子句对应的选项卡是________。
(A) 筛选 (B) 字段 (C) 联接 (D) 分组依据

34. 在查询设计器中可以根据需要指定查询的去向。下列选项中不属于 Visual FoxPro 指定的查询输出去向的是________。
(A) 临时表 (B) 标签 (C) 文本 (D) 图形

35. 在使用查询设计器创建查询时，为了指定在查询结果中是否包含重复记录(对应于 DISTINCT)，应该使用的选项卡是________。
(A) 排序依据 (B) 联接 (C) 筛选 (D) 杂项

36. “客户”表和“贷款”表的结构如下：客户(客户号，姓名，出生日期，身份证号)，贷款(贷款编号，银行号，客户号，贷款金额，贷款性质)。

建立视图统计每个客户贷款的次数，正确的 SQL 语句是________。
(A) CREATE VIEW v_dk AS SELECT 客户号,count(*) AS 次数 FROM 贷款
(B) CREATE VIEW v_dk AS SELECT 客户号,count(*) AS 次数 FROM 贷款; COMPUTE BY 客户号
(C) CREATE VIEW v_dk AS SELECT 客户号,count(*) AS 次数 FROM 贷款; ORDER BY 客户号
(D) CREATE VIEW v_dk AS SELECT 客户号,count(*) AS 次数 FROM 贷款; GROUP BY 客户号

37. SQL 语句中删除视图的命令是________。
(A) DROP TABLE (B) DROP VIEW
(C) ERASE TABLE (D) ERASE VIEW

38. 查询设计器和视图设计器很像，以下哪个选项卡是查询设计器没有的________。
(A) 联接 (B) 筛选 (C) 排序依据 (D) 更新条件

39. 创建一个视图，使用的 SQL 命令是________。

(A) CREATE　(B) CREATE DATEBASE
(C) CREATE VIEW　(D) CREATE TABLE

40．打开视图后，可以显示视图中数据的命令是________。

(A) DO　(B) USE　(C) BROWSE　(D) CREATE

41．根据“产品”表建立视图 myview，视图中含有包括了“产品号”左边第一位是“1”的所有记录，正确的 SQL 命令是________。

(A) CREATE VIEW myview AS SELECT * FROM 产品;
WHERE LEFT(产品号，1)="1"
(B) CREATE VIEW myview AS SELECT * FROM 产品 WHERE LIKE("1",产品号)
(C) CREATE VIEW myview SELECT * FROM 产品 WHERE LEFT(产品号，1)="1"
(D) CREATE VIEW myview SELECT * FROM 产品 WHERE LIKE("1"，产品号)

42．根据“职工”表建立一个“部门”视图，该视图包括了“部门编号”和(该部门的)“平均工资”两个字段，正确的 SQL 语句是________。

(A) CREATE VIEW 部门 AS 部门编号,AVG(工资) AS 平均工资;
FROM 职工 GROUP BY 部门编号
(B) CREATE VIEW 部门 AS SELECT 部门编号,AVG(工资) AS 平均工资;
FROM 职工 GROUP BY 部门名称
(C) CREATE VIEW 部门 SELECT 部门编号,AVG(工资) AS 平均工资;
FROM 职工 GROUP BY 部门编号
(D) CREATE VIEW 部门 AS SELECT 部门编号,AVG(工资) AS 平均工资;
FROM 职工 GROUP BY 部门编号

43．关于 Visual FoxPro 视图的描述，说法正确的是________。

(A) 视图设计完成之后，将以.VPR 为扩展名的文件形式保存在磁盘中
(B) 不用打开数据库也可以使用视图
(C) 通过视图只能查询数据，不能更新数据
(D) 通过远程视图可以访问其他数据库

44．关于视图和查询，以下叙述正确的是________。

(A) 视图和查询都只能在数据库中建立
(B) 视图和查询都不能在数据库中建立
(C) 视图只能在数据库中建立
(D) 查询只能在数据库中建立

45．假设数据库已经打开，要打开其中的视图 myview，可使用命令________。

(A) OPEN myview　(B) OPEN VIEW myview
(C) USE myview　(D) USE VIEW myview

46．假设数据库已经打开，要删除其中的视图 myview，可使用命令________。

(A) DELETE myview　(B) DELETE VIEW myview
(C) DROP myview　(D) DROP VIEW myview

47．建立表 Employee 的视图 Em_view，正确的 SQL 命令是________。

(A) CREATE VIEW Em_view WHLIE SELECT 职工号,工资 FROM Employee

(B) CREATE AS Em_view VIEW SELECT 职工号,工资 FROM Employee

(C) CREATE VIEW Em_view AS SELECT 职工号,工资 FROM Employee

(D) CREATE VIEW Em_view SELECT 职工号,工资 FROM Employee

48．建立一个视图 salary，该视图包括了系号和该系的平均工资两个字段，正确的 SQL 语句是________。

(A) CREATE VIEW salary AS 系号, AVG(工资) AS 平均工资;
FROM 教师 GROUP BY 系号

(B) CREATE VIEW salary AS SELECT 系号, AVG(工资) AS 平均工资;
FROM 教师 GROUP BY 系名

(C) CREATE VIEW salary SELECT 系号, AVG(工资) AS 平均工资;
FROM 教师 GROUP BY 系号

(D) CREATE VIEW salary AS SELECT 系号, AVG(工资) AS 平均工资;
FROM 教师 GROUP BY 系号

49．删除视图 myview 的命令是________。

(A) DELETE myview VIEW　　(B) DELETE myview

(C) DROP myview VIEW　　(D) DROP VIEW myview

50．删除视图 myview 的命令是________。

(A) DELETE myview　　(B) DELETE VIEW myview

(C) DROP VIEW myview　　(D) REMOVE VIEW myview

51．设有关系歌手(歌手号，姓名)，根据“歌手”关系建立视图 myview，视图中含有包括了“歌手号”左边第一位是“1”的所有记录，正确的 SQL 语句是________。

(A) CREATE VIEW myview AS SELECT * FROM 歌手;
WHERE LEFT(歌手号，1)="1"

(B) CREATE VIEW myview AS SELECT * FROM 歌手;
WHERE LIKE("1"，歌手号)

(C) CREATE VIEW myview SELECT * FROM 歌手;
WHERE LEFT(歌手号，1)="1"

(D) CREATE VIEW myview SELECT * FROM 歌手;
WHERE LIKE("1"，歌手号)

52．设有学生(s)、课程(c)和选课(sc)三个表，创建一个名称为“计算机系”的视图，该视图包含计算机系学生的学号、姓名和学生所选课程的课程名及成绩，正确的 SQL 命令是________。

(A) CREATE VIEW 计算机系 AS SELECT s.学号,姓名,课程名,成绩 FROM s, sc, c;
ON s.学号 =sc.学号 AND sc.课程号 =c.课程号 AND 院系 ='计算机系'

(B) CREATE VIEW 计算机系 AS SELECT 学号,姓名,课程名,成绩 FROM s, sc, c ;
WHERE s.学号 =sc.学号 AND sc.课程号 =c.课程号 AND 院系 ='计算机系'

(C) CREATE VIEW 计算机系 AS SELECT 学号,姓名,课程名,成绩 FROM s, sc, c ;
ON s.学号 =sc.学号 AND sc.课程号 =c.课程号 AND 院系 ='计算机系'

(D) CREATE VIEW 计算机系 AS SELECT s.学号,姓名,课程名,成绩 FROM s, sc, c ;

WHERE s.学号 = sc.学号 AND sc.课程号 = c.课程号 AND 院系 ='计算机系'

53．下列关于视图的描述，错误的是________。

(A)视图只能存在于数据库中，不能成为一个单独的文件

(B)不能基于自由表创建视图

(C)在数据库中只保存了视图的定义，没有保存它的数据

(D)可以通过视图更新数据源表的数据

54．下列命令中，不会创建文件的是________。

(A)CREATE　(B)CREATE VIEW

(C)CREATE FORM　(D)CREATE QUERY

55．下面对视图的描述中错误的是________。

(A)通过视图可以查询表　(B)通过视图可以修改表的结构

(C)通过视图可以更新表中的数据　(D)通过自由表不能建立视图

56．下面有关视图的叙述中错误的是________。

(A)视图的数据源只能是数据库表和视图，不能是自由表

(B)在视图设计器中不能指定“查询去向”

(C)视图没有相应的文件，视图定义保存在数据库文件中

(D)使用 USE 命令可以打开或关闭视图

57．下面有关视图的叙述中错误的是________。

(A)通过视图可以更新相应的基本表

(B)使用 USE 命令可以打开或关闭视图

(C)在视图设计器中不能指定“查询去向”

(D)视图文件的扩展名是.VCX

58．要打开视图设计器以便修改一个视图，可以使用命令________。

(A)USE VIEW　(B)CREATE VIEW

(C)BROWSE VIEW　(D)MODIFY VIEW

59．要打开一个视图以便浏览或更新其中的数据，可以使用命令________。

(A)USE　(B)USE VIEW

(C)BROWSE　(D)BROWSE VIEW

60．以下关于“视图”的描述正确的是________。

(A)视图保存在项目文件中　(B)视图保存在数据库中

(C)视图保存在表文件中　(D)视图保存在视图文件中

61．以下关于“视图”的正确描述是________。

(A)视图独立于表文件　(B)视图不可进行更新操作

(C)视图只能从一个表派生出来　(D)视图可以进行删除操作

62．以下关于视图的描述，正确的是________。

(A)使用视图不需要打开数据库

(B)利用视图，可以更新表中的数据

(C)使用视图，可以提高查询速度

(D)当某个视图被删除后，则基于该视图建立的视图也将自动被删除

63．以下关于视图的描述正确的是________。

(A) 视图和表一样包含数据　(B) 视图物理上不包含数据

(C) 视图定义保存在命令文件中　(D) 视图定义保存在视图文件中

64．以下关于视图描述错误的是________。

(A) 只有在数据库中可以建立视图　(B) 视图定义保存在视图文件中

(C) 从用户查询的角度视图和表一样　(D) 视图物理上不包括数据

65．在 Visual FoxPro 中，查询设计器和视图设计器很像，如下描述正确的是________。

(A) 使用查询设计器创建的是一个包含 SQL SELECT 语句的文本文件

(B) 使用视图设计器创建的是一个包含 SQL SELECT 语句的文本文件

(C) 查询和视图有相同的用途

(D) 查询和视图实际都是一个存储数据的表

66．在 Visual FoxPro 中，关于查询和视图的正确描述是________。

(A) 查询是一个预先定义好的 SQL SELECT 语句文件

(B) 视图是一个预先定义好的 SQL SELECT 语句文件

(C) 查询和视图是同一种文件，只是名称不同

(D) 查询和视图都是一个存储数据的表

67．在 Visual FoxPro 中，关于视图的正确描述是________。

(A) 视图也称为窗口

(B) 视图是一个预先定义好的 SQL SELECT 语句文件

(C) 视图是一种用 SQL SELECT 语句定义的虚拟表

(D) 视图是一个存储数据的特殊表

68．在 Visual FoxPro 中，视图的创建不能基于________。

(A) 数据库表　(B) 自由表　(C) 视图　(D) 查询

69．在 Visual FoxPro 中，下面的描述正确的是________。

(A) 视图设计器中没有“查询去向”的设定

(B) 视图设计完成后，视图的结果保存在以.QPR 为扩展名的文件中

(C) 视图不能用于更新数据

(D) 视图不能从多个表中提取数据

70．在 Visual FoxPro 中，以下和视图概念相关的描述正确的是________。

(A) 任何时候可以使用 USE 命令打开视图

(B) 任何时候可以使用 USE VIEW 命令打开视图

(C) 任何时候可以使用 BROWSE 命令浏览视图的内容

(D) 必须先打开数据库才能打开视图

71．在 Visual FoxPro 中以下叙述错误的是________。

(A) 可以用 CREATE QUERY 命令打开查询设计器建立查询

(B) 可以用 CREATE VIEW 命令打开视图设计器建立视图

(C) 如果熟悉 SQL SELECT，可以直接编辑.QPR 文件建立查询

(D) 在视图设计器中可以利用“输出去向”选项卡指定视图输出的目标

72．在 Visual FoxPro 中以下叙述正确的是________。

(A)查询和视图都不能定义输出去向
(B)查询和视图都可以定义输出去向
(C)视图可以用 USE 命令打开
(D)视图可以用 MODIFY STRUCTURE 命令修改

73．在 Visual FoxPro 中以下叙述正确的是________。
(A)利用视图可以修改数据，利用查询不能修改数据
(B)利用查询可以修改数据，利用视图不能修改数据
(C)利用查询或视图都不能修改数据
(D)利用查询或视图都可以修改数据

74．在 Visual FoxPro 中以下叙述正确的是________。
(A)利用视图可以修改数据 (B)利用查询可以修改数据
(C)查询和视图具有相同的作用 (D)视图可以定义输出去向

75．在查询设计器的工具栏中有，而在视图设计器中没有的工具按钮是________。
(A)查询去向 (B)添加联接 (C)显示 SQL 窗口 (D)移去表

76．在当前数据库中根据“学生”表建立视图 viewone，正确的 SQL 语句是________。
(A)DEFINE VIEW viewone AS SELECT * FROM 学生
(B)DEFINE VIEW viewone SELECT * FROM 学生
(C)CREATE VIEW viewone AS SELECT * FROM 学生
(D)CREATE VIEW viewone SELECT * FROM 学生

77．在视图设计器环境下，系统菜单中不包含的菜单是________。
(A)文件菜单 (B)查询菜单 (C)视图菜单 (D)窗口菜单

78．在视图设计器中有，而在查询设计器中没有的选项卡是________。
(A)排序依据 (B)更新条件 (C)分组依据 (D)杂项

第 6 章 表单设计与应用

1．关闭表单的程序代码是 ThisForm.Release，Release 是________。
(A)表单对象的标题 (B)表单对象的属性
(C)表单对象的事件 (D)表单对象的方法

2．下面关于类、对象、属性和方法的叙述中，错误的是________。
(A)类是对一类相似对象的描述，这些对象具有相同种类的属性和方法
(B)属性用于描述对象的状态，方法用于表示对象的行为
(C)基于同一个类产生的两个对象可以分别设置自己的属性值
(D)通过执行不同对象的同名方法，其结果必然是相同的

3．一个类库文件中可以包含许多类定义，每个类都有自己的名字。要修改某个类的名字，可以________。
(A)在类设计器环境下，重新设置类的 Caption 属性值
(B)在类设计器环境下，重新设置类的 Name 属性值
(C)使用 RENAME CLASS 命令

(D) 不能修改，但可以删除类

4．在 Visual FoxPro 中，下面关于属性、方法和事件的叙述错误的是________。

(A) 属性用于描述对象的状态，方法用于表示对象的行为

(B) 基于同一个类产生的两个对象可以分别设置自己的属性值

(C) 事件代码也可以像方法一样被显式调用

(D) 在创建一个表单时，可以添加新的属性、方法和事件

5．在 Visual FoxPro 中，下面关于属性、事件、方法叙述错误的是________。

(A) 属性用于描述对象的状态

(B) 方法用于表示对象的行为

(C) 事件代码也可以像方法一样被显式调用

(D) 基于同一个类产生的两个对象不能分别设置自己的属性值

6．在 Visual FoxPro 中，下列陈述正确的是________。

(A) 数据环境是对象，关系不是对象

(B) 数据环境不是对象，关系是对象

(C) 数据环境是对象，关系是数据环境中的对象

(D) 数据环境和关系都不是对象

7．假定一个表单里有一个文本框 Text1 和一个命令按钮组 CommandGroup1。命令按钮组是一个容器对象，其中包含 Command1 和 Command2 两个命令按钮。如果要在 Command1 命令按钮的某个方法中访问文本框的 Value 属性值，正确的表达式是________。

(A) This.ThisForm.Text1.Value　　(B) This.Parent.Parent.Text1.Value

(C) Parent.Parent.Text1.Value　　(D) This.Parent.Text1.Value

8．在 Visual FoxPro 中，可视类库文件的扩展名是________。

(A) .dbf　　(B) .scx　　(C) .vcx　　(D) .dbc

9．在 Visual FoxPro 中，列表框基类的类名是________。

(A) CheckBox　　(B) ComboBox　　(C) EditBox　　(D) ListBox

10．在 Visual FoxPro 中，组合框基类的类名是________。

(A) CheckBox　　(B) ComboBox　　(C) EditBox　　(D) ListBox

11．表单文件的扩展名是________。

(A) frm　　(B) prg　　(C) scx　　(D) vcx

12．打开已经存在的表单文件的命令是________。

(A) MODIFY FORM　　(B) EDIT FORM

(C) OPEN FORM　　(D) READ FORM

13．建立表单的命令是________。

(A) CREATE FORM　　(B) CREATE TABLE

(C) NEW FORM　　(D) NEW TABLE

14．下列关于命令 DO FORM XX NAME YY LINKED 的陈述中，正确的是________。

(A) 产生表单对象引用变量 XX，在释放变量 XX 时自动关闭表单

(B) 产生表单对象引用变量 XX，在释放变量 XX 时并不关闭表单

(C) 产生表单对象引用变量 YY，在释放变量 YY 时自动关闭表单

(D)产生表单对象引用变量 YY，在释放变量 YY 时并不关闭表单

15．下面不属于按钮控件事件的是________。

(A) Init　(B) Load　(C) Click　(D) Error

16．运行表单(cart)的命令是________。

(A) DO cart　(B) DO cart.scx

(C) DO FORM cart　(D) RUN FORM cart

17．在 Visual FoxPro 中调用表单文件 mf1 的正确命令是________。

(A) DO mf1　(B) DO FROM mf1

(C) DO FORM mf1　(D) RUN mf1

18．在 Visual FoxPro 中设计屏幕界面通常使用________。

(A)表单　(B)报表　(C)查询　(D)视图

19．在 Visual FoxPro 中修改表单的命令是(在表单设计器打开已有表单)________。

(A) MODIFY FORM　(B) ALTER FORM

(C) UPDATE FORM　(D) OPEN FORM

20．在命令窗口中执行表单文件 MyForm.scx 的命令是________。

(A) DO FORM MyForm　(B) Do MyForm

(C) Do MyForm.scx　(D) RUN FORM MyForm

21．扩展名为 SCX 的文件是________。

(A)备注文件　(B)项目文件　(C)表单文件　(D)菜单文件

22．默认情况下，扩展名为.SCX 的文件是________。

(A)表备注文件　(B)表单文件

(C)报表文件　(D)数据库备注文件

23．如果希望一个控件在任何时候都不能获得焦点，可以设置的属性是 Enabled 或是________。

(A) Moveable　(B) Closeable　(C) Visible　(D) SelStart

24．为便于在表单中连续添加同种类型的多个控件，可先按下“表单控件”工具栏中的________。

(A)“选定对象”按钮　(B)“按钮锁定”按钮

(C)“生成器锁定”按钮　(D)“查看类”按钮

25．在“表单控件”工具栏中，除了控件按钮，还有 4 个辅助按钮。默认情况下处于按下状态的辅助按钮是________。

(A)“选定对象”按钮　(B)“按钮锁定”按钮

(C)“生成器锁定”按钮　(D)“查看类”按钮

26．表单关闭或释放时将引发事件________。

(A) Load　(B) Destroy　(C) Hide　(D) Release

27．表单启动或运行时将引发事件________。

(A) Load　(B) Destroy　(C) Show　(D) run

28．关闭释放表单的方法是________。

(A) shut　(B) closeForm　(C) release　(D) close

29. 假设表单 MyForm 隐藏着，让该表单在屏幕上显示的命令是________。

(A) MyForm.List (B) MyForm.Display

(C) MyForm.Show (D) MyForm.ShowForm

30. 假设表单中有一个“关闭”按钮，单击该按钮将关闭所在表单。下面有关按钮的 Click 事件代码中，不正确的是________。

(A) Thisform.Release() (B) Thisform.Release

(C) This.Parent.Release (D) Parent.Release

31. 假设某表单的 Visible 属性的初值为.F.，能将其设置为.T.的方法是________。

(A) Hide (B) Show (C) Release (D) SetFocus

32. 假设有一个表单，其中包含一个选项按钮组，在表单运行启动时，最后触发的事件是________。

(A) 表单的 Load (B) 表单的 Init

(C) 选项按钮的 Init (D) 选项按钮组的 Init

33. 假设有一个表单，其中包含一个选项按钮组，则当表单运行时，最后引发的事件是________。

(A) Load (B) 表单的 Init

(C) 选项按钮的 Init (D) 选项按钮组的 Init

34. 将当前表单从内存中释放的正确语句是________。

(A) ThisForm.Close (B) ThisForm.Clear

(C) ThisForm.Release (D) ThisForm.Refresh

35. 让隐藏的 MeForm 表单显示在屏幕上的命令是________。

(A) MeForm.Display (B) MeForm.Show

(C) MeForm.List (D) MeForm.See

36. 如果运行一个表单，以下表单事件首先被触发的是________。

(A) Load (B) Error (C) Init (D) Click

37. 设置表单标题的属性是________。

(A) Title (B) Text (C) Biaoti (D) Caption

38. 释放和关闭表单的方法是________。

(A) Release (B) Delete (C) LostFocus (D) Destroy

39. 下列表单的哪个属性设置为真时，表单运行时将自动居中________。

(A) AutoCenter (B) AlwaysOnTop (C) ShowCenter (D) FormCenter

40. 下列属于表单方法名(非事件名)的是________。

(A) Init (B) Release (C) Destroy (D) Caption

41. 下面不属于表单事件的是________。

(A) Load (B) Init (C) Release (D) Click

42. 运行表单时，以下两个事件被引发的顺序是________。

(A) Load 事件是在 Init 事件之前被引发

(B) Load 事件是在 Init 事件之后被引发

(C) Load 事件和 Init 事件同时被引发

(D) 以上都不对

43．在 Visual FoxPro 中为表单指定标题的属性是________。

(A) Caption　　(B) Name　　(C) Title　　(D) Top

44．在 Visual FoxPro 的一个表单中设计一个“退出”命令按钮负责关闭表单，该命令按钮的 Click 事件代码是________。

(A) Thisform.Release　　(B) Thisform.Close

(C) Thisform.Unload　　(D) Thisform.Free

45．在 Visual FoxPro 中，释放表单时会引发的事件是________。

(A) UnLoad 事件　　(B) Init 事件

(C) Load 事件　　(D) Release 事件

46．在 Visual FoxPro 中，用于设置表单标题的属性是________。

(A) Text　　(B) Title　　(C) Lable　　(D) Caption

47．在 Visual FoxPro 中，属于表单方法的是________。

(A) DblClick　　(B) Click　　(C) Destroy　　(D) Show

48．在表单设计中，经常会用到一些特定的关键字、属性和事件，下列各项中属于属性的是________。

(A) This　　(B) ThisForm　　(C) Caption　　(D) Click

49．执行命令 MyForm=CreateObject("Form")可以建立一个表单，为了让该表单在屏幕上显示，应该执行命令________。

(A) MyForm.List　　(B) MyForm.Display

(C) MyForm.Show　　(D) MyForm.ShowForm

50．属于表单事件的是________。

(A) Hide　　(B) Show　　(C) Release　　(D) DblClick

51．Visual FoxPro 基类的最小事件集不包含的事件是________。

(A) Init　　(B) Click　　(C) Destroy　　(D) Error

52．Visual FoxPro 基类的最小事件集不包含的事件是________。

(A) Init　　(B) Destroy　　(C) Load　　(D) Error

53．表单名为 myForm 的表单中有一个页框 myPageFrame，将该页框的第 3 页(Page3)的标题设置为“修改”，可以使用代码________。

(A) myForm.Page3.myPageFrame.Caption="修改"

(B) myForm.myPageFrame. Caption.Page3="修改"

(C) Thisform.myPageFrame.Page3.Caption="修改"

(D) Thisform.myPageFrame.Caption.Page3="修改"

54．假定一个表单里有一个文本框 Text1 和一个命令按钮组 CommandGroup1。命令按钮组是一个容器对象，其中包含 Command1 和 Command2 两个命令按钮。如果要在 Command1 命令按钮的某个方法中访问文本框的 Value 属性值，不正确的表达式是________。

(A) Thisform.Text1.Value

(B) This.Parent.Parent.Text1.Value

(C) This.Thisform.Text1.Value

(D) Thisform.CommandGroup1.Parent.Text1.Value

55．假设表单中有一个选项按钮组，选项按钮组包含两个选项按钮 Option1 和 Option2。其中表单、选项按钮组和按钮 Option1 都有 Click 事件代码，而按钮 Option2 没有指定 Click 事件代码。如果用户单击按钮 Option2，系统将________。

(A) 不执行任何 Click 事件代码

(B) 执行按钮 Option1 的 Click 事件代码

(C) 执行选项按钮组的 Click 事件代码

(D) 先后执行选项按钮组和表单的 Click 事件代码

56．假设某个表单中有一个复选框(CheckBox1)和一个命令按钮 Command1，如果要在 Command1 的 Click 事件代码中取得复选框的值，以判断该复选框是否被用户选择，正确的表达式是________。

(A) This.CheckBox1.Value (B) ThisForm.CheckBox1.Value

(C) This.CheckBox1.Selected (D) ThisForm.CheckBox1.Selected

57．如果希望用户在文本框中输入的字符显示的是“*”号，而不是真正输入的内容，应该指定的属性是________。

(A) PasswordChar (B) Password (C) CharPassword (D) CharWord

58．设置文本框显示内容的属性是________。

(A) Value (B) Caption (C) Name (D) InputMask

59．为了使命令按钮在界面运行时显示“运行”，需要设置该命令按钮的哪个属性________。

(A) Text (B) Title (C) Display (D) Caption

60．为了隐藏在文本框中输入的信息，用占位符代替显示用户输入的字符，需要设置的属性是________。

(A) Value (B) ControlSource (C) InputMask (D) PasswordChar

61．下列关于列表控件(ListBox)的说法，错误的是________。

(A) 当列表框的 RowSourceType 为 0 时，在程序运行中，可以通过 AddItem 方法添加列表框条目

(B) 列表框可以有多个列，即一个条目可包含多个数据项

(C) 不能修改列表框中 Value 属性的值

(D) 列表框控件可显示一个数据项列表，用户只能从中选择一个条目

62．下面关于列表框和组合框的陈述中，正确的是________。

(A) 列表框可以设置成多重选择，而组合框不能

(B) 组合框可以设置成多重选择，而列表框不能

(C) 列表框和组合框都可以设置成多重选择

(D) 列表框和组合框都不能设置成多重选择

63．以下所列各项属于命令按钮事件的是________。

(A) Parent (B) This (C) ThisForm (D) Click

64．用来指明复选框(CheckBox)是选中还是非选中的属性是________。

(A) Value (B) CHECKED (C) Enabled (D) Visible

65. 在 Visual FoxPro 中，若要文本框控件内显示用户输入时全部以"*"号代替，需要设置属性________。

(A) Value　(B) Passvalue　(C) Password　(D) PasswordChar

66. 在 Visual FoxPro 中，为了实现密码框的功能，需要设置文本框的________。

(A) Passwords 属性　(B) Password 属性

(C) PasswordChars 属性　(D) PasswordChar 属性

67. 在 Visual FoxPro 中，属于命令按钮属性的是________。

(A) Parent　(B) This　(C) ThisForm　(D) Click

68. 在表单控件中希望能够编辑日期型数据，可创建________。

(A) 标签　(B) 列表框　(C) 编辑框　(D) 文本框

69. 在设计界面时，为提供多选功能，通常使用的控件是________。

(A) 选项按钮组　(B) 一组复选框　(C) 编辑框　(D) 命令按钮组

70. 表单里有一个选项按钮组，包含两个选项按钮 Option1 和 Option2。假设 Option2 没有设置 Click 事件代码，而 Option1 以及选项按钮组和表单都设置了 Click 事件代码。那么当表单运行时，如果用户单击 Option2，系统将________。

(A) 执行表单的 Click 事件代码　(B) 执行选项按钮组的 Click 事件代码

(C) 执行 Option1 的 Click 事件代码　(D) 不会有反应

71. 表格控件的数据源可以是________。

(A) 视图　(B) 表

(C) SQL SELECT 语句　(D) 以上三种都可以

72. 假设表单上有一个选项组：⊙男 ○女，其中第一个选项按钮"男"被选中。请问该选项组的 Value 属性值为________。

(A) .T.　(B)"男"　(C) 1　(D)"男"或 1

73. 假设表单上有一个选项组：⊙男 ○女，如果选择第二个按钮"女"，则该选项组 Value 属性的值为________。

(A) .F.　(B) 女　(C) 2　(D) 女 或 2

74. 页框控件也称为选项卡控件，在一个页框中可以有多个页面，表示页面个数的属性是________。

(A) Count　(B) Page　(C) Num　(D) PageCount

75. 在 Visual FoxPro 的表单设计中，为表格控件指定数据源的属性是________。

(A) RecordSource　(B) TableSource　(C) SourceRecord　(D) SourceTable

76. 在 Visual FoxPro 中，假设表单上有一个选项组：○男 ⊙女，初始时该选项组的 Value 属性值为 1。若选项按钮"女"被选中，该选项组的 Value 属性值是________。

(A) 1　(B) 2　(C)"女"　(D)"男"

77. 在表单控件中，不属于容器型控件的是________。

(A) 组合框　(B) 选项组　(C) 页框　(D) 表格

78. 在表单设计器环境中，为表单添加一个选项按钮组：⊙ 男 ○女。默认情况下，第一个选项按钮"男"为选中状态，此时该选项按钮组的 Value 属性值为________。

(A) 0　(B) 1　(C)"男"　(D) .T.

79．在表单中为表格控件指定数据源的属性是________。

(A) DataSource　(B) RecordSource　(C) DataFrom　(D) RecordFrom

80．在命令按钮组中，决定命令按钮数目的属性是________。

(A) ButtonCount　(B) ButtonNum

(C) Value　(D) ControlSource

81．在下列控件中，不属于容器型控件的是________。

(A) 组合框　(B) 表格　(C) 页框　(D) 选项组

82．在一个空的表单中添加一个选项按钮组控件，该控件可能的默认名称是________。

(A) Optiongroup1　(B) Check1　(C) Spinner1　(D) List1

83．创建一个名为 student 的新类，保存新类的类库名称是 mylib，新类的父类是 Person，正确的命令是________。

(A) CREATE CLASS mylib OF student As Person

(B) CREATE CLASS student OF Person As mylib

(C) CREATE CLASS student OF mylib As Person

(D) CREATE CLASS Person OF mylib As student

84．从类库 myclasslib 删除类 myBox，正确的命令语句是________。

(A) REMOVE CLASS myBox FROM myclasslib

(B) REMOVE CLASS myBox OF myclasslib

(C) DELETE CLASS myBox FROM myclasslib

(D) DELETE CLASS myBox OF myclasslib

85．利用类设计器创建的类总是保存在类库文件中，类库文件的默认扩展名是________。

(A) cdx　(B) frx　(C) vcx　(D) scx

第 7 章　菜单设计与应用

1．在 Visual FoxPro 中，无论是哪种类型的菜单，当选择某个选项时都会有一定的动作，这个动作不可能是________。

(A) 执行一条命令　(B) 执行一个过程

(C) 执行一个 EXE 程序　(D) 激活另一个菜单

2．恢复系统默认菜单的命令是________。

(A) SET MENU TO DEFAULT　(B) SET SYSMENU TO DEFAULT

(C) SET SYSTEM MENU TO DEFAULT　(D) SET SYSTEM TO DEFAULT

3．如果希望屏蔽系统菜单，使系统菜单不可用，应该使用的命令是________。

(A) SET SYSMENU OFF　(B) SET SYSMENU TO

(C) SET SYSMENU TO CLOSE　(D) SET SYSMENU TO OFF

4．下面设置系统菜单的命令中，错误的是________。

(A) SET SYSMENU DEFAULT　(B) SET SYSMENU NOSAVE

(C) SET SYSMENU OFF　(D) SET SYSMENU TO

5．要将 Visual FoxPro 系统菜单恢复成标准配置，可执行 SET SYSMENU NOSAVE 命令，

然后再执行命令________。

(A) SET SYSMENU TO DEFAULT　　(B) SET MENU TO DEFAULT
(C) SET DEFAULT MENU　　(D) SET SYSMENU TO

6．要将系统菜单的缺省配置恢复成 Visual FoxPro 系统菜单的标准配置，正确的命令是________。

(A) SET SYSMENU TO DEFAULT　　(B) SET SYSMENU DEFAULT
(C) SET SYSMENU TO NOSAVE　　(D) SET SYSMENU NOSAVE

7．以下是与设置系统菜单有关的命令，其中错误的是________。

(A) SET SYSMENU DEFAULT　　(B) SET SYSMENU TO DEFAULT
(C) SET SYSMENU NOSAVE　　(D) SET SYSMENU SAVE

8．在 Visual FoxPro 中，要将系统菜单恢复成缺省配置，正确的命令是________。

(A) SET SYSMENU TO DEFAULT　　(B) SET SYSMENU DEFAULT
(C) SET SYSMENU TO NOSAVE　　(D) SET SYSMENU NOSAVE

9．调用菜单设计器创建菜单(mymenu)的命令是________。

(A) CREATE mymenu　　(B) CREATE mymenu.mnx
(C) MODIFY mymenu　　(D) MODIFY MENU mymenu

10．假设已用命令 MODIFY MENU mymenu 创建了一个菜单并生成了相应的菜单程序，则运行菜单程序的命令是________。

(A) DO mymenu　　(B) DO MENU mymenu
(C) DO mymenu.mpr　　(D) DO MENU mymenu.mpr

11．扩展名为 mnx 的文件是________。

(A) 备注文件　　(B) 项目文件　　(C) 表单文件　　(D) 菜单文件

12．扩展名为 mpr 的文件是________。

(A) 菜单文件　　(B) 菜单程序文件
(C) 菜单备注文件　　(D) 菜单参数文件

13．为顶层表单设计菜单时需要进行一系列设置，下面有关这些设置的描述中错误的是________。

(A) 在设计相应的菜单时，需要在“常规选项”对话框中选择“顶层表单”复选框
(B) 需要将表单的 WindowType 属性值设置为“2-作为顶层表单”
(C) 在表单的 Init 事件代码中运行菜单程序
(D) 在表单的 Destroy 事件代码中清除相应的菜单

14．为顶层表单添加菜单时，需要在表单的事件代码中添加调用菜单程序的命令，该事件是________。

(A) Load　　(B) Init　　(C) PreLoad　　(D) PreInit

15．在 Visual FoxPro 中，菜单程序文件的默认扩展名是________。

(A) .mnx　　(B) .mnt　　(C) .mpr　　(D) .prg

16．在 Visual FoxPro 中，菜单设计器生成的程序文件的扩展名是________。

(A) MNU　　(B) PRG　　(C) MPR　　(D) MNX

17．在 Visual FoxPro 中，打开菜单设计器设计新菜单的命令是________。

(A) CREATE MENU　　(B) CREATE POPUP
(C) MODIFY MENU　　(D) MENU <新菜单文件名>

18．在 Visual FoxPro 中，扩展名为 mnx 的文件是________。
(A) 备注文件　　(B) 项目文件　　(C) 表单文件　　(D) 菜单文件

19．在 Visual FoxPro 中，为了将菜单作为顶层菜单，需要设置表单的某属性值为 2，该属性是________。
(A) ShowWindow　　(B) WindowShow　　(C) WindowState　　(D) Visible

20．在 Visual FoxPro 中，要运行菜单文件 menu1.mpr，可以使用命令________。
(A) DO menu1　　(B) DO menu1.mpr
(C) DO MENU menu1　　(D) RUN menu1

21．在菜单定义中，可以在定义菜单名称时为菜单项指定一个访问键。规定了菜单项的访问键为“s”的菜单项名称定义是________。
(A) 保存\<(s)　　(B) 保存/<(s)　　(C) 保存(\<s)　　(D) 保存(/<s)

22．在菜单设计中，可以在定义菜单名称时为菜单项指定一个访问键。规定了菜单项的访问键为“x”的菜单名称定义是________。
(A) 综合查询<(x)　　(B) 综合查询\<(x)
(C) 综合查询(<x)　　(D) 综合查询(\<x)

23．在菜单设计中，可以在定义菜单名称时为菜单项指定一个访问键。指定访问键为“x”的菜单项名称定义是________。
(A) 综合查询(>x)　　(B) 综合查询(/>x)
(C) 综合查询(<x)　　(D) 综合查询(\<x)

24．假设已经为某控件设计好了快捷菜单 mymenu，那么要为该控件设置的 RightClick 事件代码应该为________。
(A) DO mymenu　　(B) DO MENU mymenu
(C) DO mymenu.mnx　　(D) DO mymenu.mpr

25．释放或清除快捷菜单的命令是________。
(A) RELEASE MENU　　(B) RELEASE POPUPS
(C) CLEAR MENU　　(D) CLEAR POPUPS

26．要将一个弹出式菜单作为某个控件的快捷菜单，需要在该控件的某事件代码中调用弹出式菜单程序的命令。这个事件是________。
(A) RightClick　　(B) Click　　(C) Load　　(D) DblClick

第 8 章　报表的设计和应用

1．报表的数据源不包括________。
(A) 视图　　(B) 自由表　　(C) 数据库表　　(D) 文本文件

2．报表的数据源可以是________。
(A) 表或视图　　(B) 表或查询

(C)表、查询或视图　　(D)表或其他报表

3．如果要显示的记录和字段较多，并且希望可以同时浏览多条记录和方便比较同一字段的值，则应创建________。

(A)列报表　　(B)行报表　　(C)一对多报表　　(D)多栏报表

4．若职工表中有姓名、基本工资和职务津贴等字段，在产生 Visual FoxPro 报表时，需计算每个职工的工资(工资=基本工资+职务津贴)，应把计算工资的域控件设置在________。

(A)“细节”带区里　　(B)“标题”带区里

(C)“页标头”带区里　　(D)“列标头”带区里

5．为了在报表的某个区显示表达式的值，需要在设计报表时添加________。

(A)标签控件　　(B)文本控件　　(C)域控件　　(D)表达式控件

6．不属于快速报表默认的基本带区的是________。

(A)标题　　(B)页标头　　(C)细节　　(D)页注脚

7．为了在报表中打印当前时间，应该插入的控件是________。

(A)文本框控件　　(B)表达式　　(C)标签控件　　(D)域控件

8．为了在报表中打印当前时间，应该插入一个________。

(A)表达式控件　　(B)域控件　　(C)标签控件　　(D)文本控件

9．为了在报表中打印当前时间，应该在适当区域插入一个________。

(A)标签控件　　(B)文本框　　(C)表达式　　(D)域控件

10．下列关于报表的说法，错误的是________。

(A)报表的数据源可以是临时表、视图或自由表

(B)必须为报表设置数据源

(C)可以利用报表设计器创建自定义报表

(D)不能利用报表来修改表中的数据

11．在 Visual FoxPro 中，报表的数据源不包括________。

(A)视图　　(B)自由表　　(C)查询　　(D)文本文件

12．在报表中打印当前时间，需要插入________。

(A)标签控件　　(B)文本控件　　(C)表达式控件　　(D)域控件

13．输出报表(myreport)的命令是________。

(A)REPORT myreport　　(B)REPORT myreport.frx

(C)REPORT FORM myreport　　(D)DO REPORT myreport

14．在 Visual FoxPro 中，在屏幕上预览报表的命令是________。

(A)PREVIEW　REPORT　　(B)REPORT FORM … PREVIEW

(C)DO REPORT … PREVIEW　　(D)RUN REPORT… PREVIEW

15．在 Visual FoxPro 中可以用 DO 命令执行的文件不包括________。

(A)PRG 文件　　(B)MPR 文件　　(C)FRX 文件　　(D)QPR 文件

16．在 Visual FoxPro 中设计打印输出通常使用________。

(A)报表和标签　　(B)报表和表单

(C)标签和表单　　(D)以上选项均不正确

第 9 章　应用程序的开发和生成

1．如果想将项目“工资管理.pjx”连编得到一个应用程序“工资管理系统.app”，则应该执行的命令是________。

(A) BUILD APP 工资管理系统 FROM 工资管理

(B) BUILD APP 工资管理 TO 工资管理系统

(C) CREATE APP 工资管理系统 FROM 工资管理

(D) CREATE APP 工资管理 TO 工资管理系统

2．Visual FoxPro 的连编功能可以生成的文件类型包括________。

(A) .APP、.PRG 和.EXE　　(B) .APP、.EXE.和 COM DLL

(C) .APP 和.EXE　　(D) .APP 和.PRG

3．Visual FoxPro 应用程序在显示初始界面后需要建立一个事件循环来等待用户的操作，控制事件循环的命令是________。

(A) CONTROL EVENTS　　(B) WAIT EVENTS

(C) FOR EVENTS　　(D) READ EVENTS

4．从项目“学生管理.pjx”连编应用程序“学生管理系统”应使用的命令是________。

(A) CREATE APP 学生管理 FROM 学生管理系统

(B) CREATE APP 学生管理系统 FROM 学生管理

(C) BUILD APP 学生管理 FROM 学生管理系统

(D) BUILD APP 学生管理系统 FROM 学生管理

5．连编生成的应用系统的主程序至少应具有以下功能________。

(A) 初始化环境

(B) 初始化环境、显示初始用户界面

(C) 初始化环境、显示初始用户界面、控制事件循环

(D) 初始化环境、显示初始的用户界面、控制事件循环、退出时恢复环境

6．如果添加到项目中的文件标识为“排除”，表示________。

(A) 此类文件不是应用程序的一部分

(B) 生成应用程序文件时不包括此类文件，用户可以修改

(C) 生成应用程序文件时包括此类文件，用户可以修改

(D) 生成应用程序文件时包括此类文件，用户不能修改

7．下面关于运行应用程序的说法正确的是________。

(A) .app 应用程序可以在 Visual FoxPro 和 Windows 环境下运行

(B) .app 应用程序只能在 Windows 环境下运行

(C) .exe 应用程序可以在 Visual FoxPro 和 Windows 环境下运行

(D) .exe 应用程序只能在 Windows 环境下运行

8．在连编生成的应用程序中，显示初始界面之后需要建立一个事件循环来等待用户的交互操作，相应的命令是________。

(A) WAIT EVENTS　　(B) READ EVENTS

(C) CONTROL EVENTS　　(D) CIRCLE EVENTS

9．在连编应用程序中，下列描述错误的是________。

(A) 主程序文件不能被设置为“排除”

(B) 可以将应用程序文件(.app)设置为“包含”

(C) 数据文件默认被设置为“排除”

(D) 在项目中标记为“包含”的文件是只读文件，不能被修改

10．在项目管理器中，将一个程序设置为主程序的方法是________。

(A) 将程序命名为 main

(B) 通过属性窗口设置

(C) 右击该程序，从快捷菜单中选择相关项

(D) 单击修改按钮设置

11．应用程序生成器包括________。

(A) 常规、数据、表单、报表和高级等 5 个选项卡

(B) 常规、数据、表单、报表和其他等 5 个选项卡

(C) 常规、信息、数据、表单、报表和其他等 6 个选项卡

(D) 常规、信息、数据、表单、报表和高级等 6 个选项卡

12．在 Visual FoxPro 中，编译或连编生成的程序文件的扩展名不包括________。

(A) APP　　(B) EXE　　(C) DBC　　(D) FXP

13．在应用程序生成器的“常规”选项卡中，对应用程序类型设置为“顶层”，将生成一个________。

(A) .exe 可执行程序　　(B) .app 应用程序

(C) .dll 动态链接库　　(D) 应用程序框架

第 10 章　公共基础知识

10.1　算法与数据结构

1．定义无符号整数类为 UInt，下面可以作为类 UInt 实例化值的是________。

(A) –369　　(B) 369　　(C) 0.369　　(D) 整数集合{1,2,3,4,5}

2．堆排序最坏情况下的时间复杂度为________。

(A) $O(n^{1.5})$　　(B) $O(n\log_2 n)$　　(C) $O\left(\frac{n(n-1)}{2}\right)$　　(D) $O(\log_2 n)$

3．对长度为 10 的线性表进行冒泡排序，最坏情况下需要比较的次数为________。

(A) 9　　(B) 10　　(C) 45　　(D) 90

4．对长度为 n 的线性表排序，在最坏情况下，比较次数不是 $n(n-1)/2$ 的排序方法是________。

(A) 快速排序　　(B) 冒泡排序　　(C) 直接插入排序　　(D) 堆排序

5．对长度为 n 的线性表进行快速排序，在最坏情况下，比较次数为________。

(A) n　　(B) $n-1$　　(C) $n(n-1)$　　(D) $n(n-1)/2$

6．对图 2-10-1 所示的二叉树，进行前序遍历的结果为________。

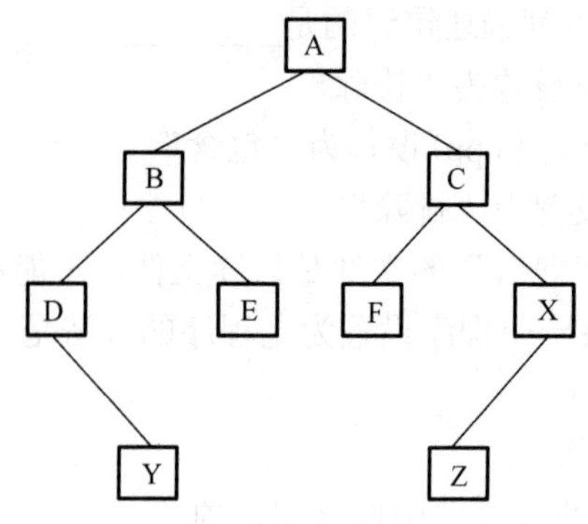

图 2-10-1　二叉树

(A) DYBEAFCZX　(B) YDEBFZXCA
(C) ABDYECFXZ　(D) ABCDEFXYZ

7．对于循环队列，下列叙述中正确的是________。
(A) 队头指针是固定不变的
(B) 队头指针一定大于队尾指针
(C) 队头指针一定小于队尾指针
(D) 队头指针可以大于队尾指针，也可以小于队尾指针

8．某二叉树的前序序列为 ABCD，中序序列为 DCBA，则后序序列为________。
(A) BADC　(B) DCBA　(C) CDAB　(D) ABCD

9．某二叉树的前序序列为 ABCDEFG，中序序列为 DCBAEFG，则该二叉树的后序序列为________。
(A) EFGDCBA　(B) DCBEFGA　(C) BCDGFEA　(D) DCBGFEA

10．某二叉树的前序序列为 ABCDEFG，中序序列为 DCBAEFG，则该二叉树的深度(根节点在第 1 层)为________。
(A) 2　(B) 3　(C) 4　(D) 5

11．某二叉树的中序序列为 DCBAEFG，后序序列为 DCBGFEA，则该二叉树的深度(根节点在第 1 层)为________。
(A) 5　(B) 4　(C) 3　(D) 2

12．某二叉树共有 12 个节点，其中叶子节点只有 1 个，则该二叉树的深度为________。(根节点在第 1 层)
(A) 3　(B) 6　(C) 8　(D) 12

13．某二叉树共有 13 个节点，其中有 4 个度为 1 的节点，则叶子节点数为________。
(A) 5　(B) 4　(C) 3　(D) 2

14．某二叉树共有 150 个节点，其中有 50 个度为 1 的节点，则________。
(A) 不存在这样的二叉树　(B) 该二叉树有 49 个叶子节点
(C) 该二叉树有 50 个叶子节点　(D) 该二叉树有 51 个叶子节点

15．某二叉树共有 400 个节点，其中有 100 个度为 1 的节点，则该二叉树中的叶子节点

数为________。

(A) 149　　(B) 150　　(C) 151　　(D) 不存在这样的二叉树

16．某二叉树共有 7 个节点，其中叶子节点只有 1 个，则该二叉树的深度为(假设根节点在第 1 层) ________。

(A) 3　　(B) 4　　(C) 6　　(D) 7

17．某二叉树共有 845 个节点，其中叶子节点有 45 个，则度为 1 的节点数为________。

(A) 400　　(B) 754　　(C) 756　　(D) 不确定

18．某二叉树有 5 个度为 2 的节点，则该二叉树中的叶子节点数是________。

(A) 10　　(B) 8　　(C) 6　　(D) 4

19．某二叉树中共有 935 个节点，其中叶子节点有 435 个，则该二叉树中度为 2 的节点个数为________。

(A) 64　　(B) 66　　(C) 436　　(D) 434

20．某二叉树中有 15 个度为 1 的节点，16 个度为 2 的节点，则该二叉树中总的节点数为________。

(A) 32　　(B) 46　　(C) 48　　(D) 49

21．某二叉树中有 n 个叶子节点，则该二叉树中度为 2 的节点数为________。

(A) $n+1$　　(B) $n-1$　　(C) $2n$　　(D) $n/2$

22．某系统总体结构图如图 2-10-2 所示，该系统总体结构图的深度是________。

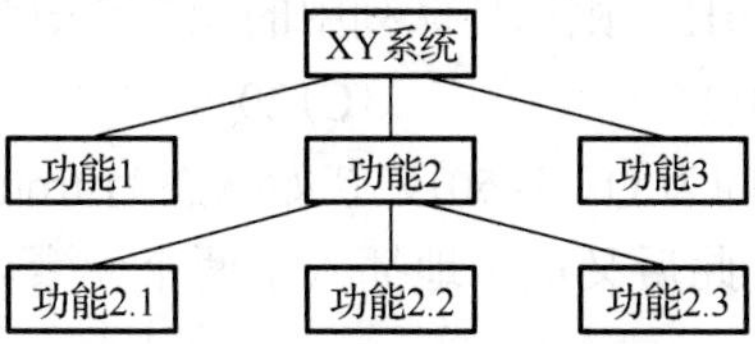

图 2-10-2　某系统总体结构图

(A) 7　　(B) 6　　(C) 3　　(D) 2

23．设二叉树如图 2-10-3 所示，则后序序列为________。

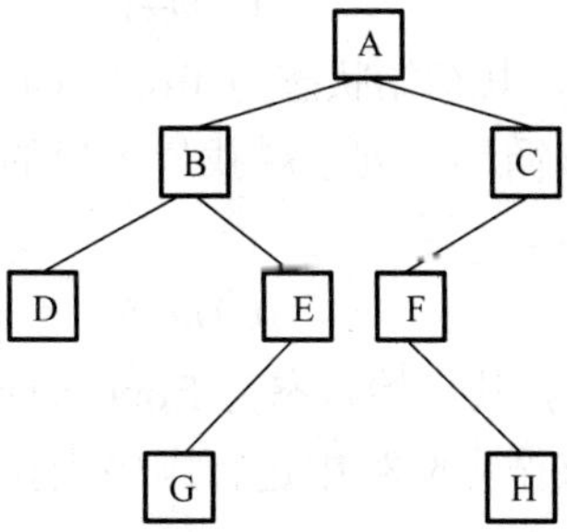

图 2-10-3　23 题二叉树

(A) ABDEGCFH　(B) DBGEAFHC　(C) DGEBHFCA　(D) ABCDEFGH

24．设二叉树如图 2-10-3 所示，则前序序列为________。

(A) ABDEGCFH　(B) DBGEAFHC　(C) DGEBHFCA　(D) ABCDEFGH

25．设二叉树如图 2-10-3 所示，则中序序列为________。

(A) ABDEGCFH (B) DBGEAFHC (C) DGEBHFCA (D) ABCDEFGH

26．设某二叉树的后序序列为 CBA，中序序列为 ABC，则该二叉树的前序序列为________。

(A) BCA (B) CBA (C) ABC (D) CAB

27．设某二叉树的后序序列与中序序列均为 ABCDEFGH，则该二叉树的前序序列为________。

(A) HGFEDCBA (B) ABCDEFGH (C) EFGHABCD (D) DCBAHGFE

28．设某二叉树的前序序列为 ABC，中序序列为 CBA，则该二叉树的后序序列为________。

(A) BCA (B) CBA (C) ABC (D) CAB

29．设数据集合为 $D=\{1,2,3,4,5\}$。下列数据结构 $B=(D, R)$ 中为非线性结构的是________。

(A) $R=\{(1,2), (2,3), (3,4), (4,5)\}$ (B) $R=\{(1,2), (2,3), (4,3), (3,5)\}$

(C) $R=\{(5,4), (4,3), (3,2), (2,1)\}$ (D) $R=\{(2,5), (5,4), (3,2), (4,3)\}$

30．设数据元素的集合 $D=\{1,2,3,4,5\}$，则满足下列关系 R 的数据结构中为线性结构的是________。

(A) $R=\{(1,2), (3,4), (5,1)\}$ (B) $R=\{(1,3), (4,1), (3,2), (5,4)\}$

(C) $R=\{(1,2), (2,3), (4,5)\}$ (D) $R=\{(1,3), (2,4), (3,5)\}$

31．设循环队列的存储空间为 Q(1：35)，初始状态为 front=rear=35。现经过一系列入队与退队运算后，front=15，rear=15，则循环队列中的元素个数为________。

(A) 15 (B) 16 (C) 20 (D) 0 或 35

32．设循环队列的存储空间为 Q(1：50)，初始状态为 front=rear=50。现经过一系列入队与退队操作后，front=rear=1，此后又正常地插入了两个元素。最后该队列中的元素个数为________。

(A) 2 (B) 1 (C) 3 (D) 52

33．设循环队列为 Q(1：m)，初始状态为 front=rear=m。现经过一系列的入队与退队运算后，front=rear=1，则该循环队列中的元素个数为________。

(A) 1 (B) 2 (C) m−1 (D) 0 或 m

34．设循环队列为 Q(1：m)，其初始状态为 front=rear=m。经过一系列入队与退队运算后，front=15，rear=20。现要在该循环队列中寻找最大值的元素，最坏情况下需要比较的次数为________。

(A) 4 (B) 6 (C) m−5 (D) m−6

35．设循环队列为 Q(1：m)，其初始状态为 front=rear=m。经过一系列入队与退队运算后，front=30，rear=10。现要在该循环队列中进行顺序查找，最坏情况下需要比较的次数为________。

(A) 19 (B) 20 (C) m−19 (D) m−20

36．设循环队列为 Q(1：m)，其初始状态为 front=rear=m。经过一系列入队与退队运算后，front=20，rear=15。现要在该循环队列中寻找最小值的元素，最坏情况下需要比较的次数为________。

(A) 5 (B) 6 (C) m−5 (D) m−6

37．设有栈 S 和队列 Q，初始状态均为空。首先依次将 A,B,C,D,E,F 入栈，然后从栈中退出三个元素依次入队，再将 X,Y,Z 入栈后，将栈中所有元素退出并依次入队，最后将队列中所有元素退出，则退队元素的顺序为________。

(A) DEFXYZABC　(B) DEFXYZABC　(C) FEDXYZCBA　(D) DEFZYXABC

38．设栈的存储空间为 S(1：50)，初始状态为 top=51。现经过一系列正常的入栈与退栈操作后，top=20，则栈中的元素个数为________。

(A) 31　(B) 30　(C) 21　(D) 20

39．设栈的顺序存储空间为 S(0：49)，栈底指针 bottom=49，栈顶指针 top=30(指向栈顶元素)，则栈中的元素个数为________。

(A) 30　(B) 29　(C) 20　(D) 19

40．设栈的顺序存储空间为 S(1：50)，初始状态为 top=0。现经过一系列入栈与退栈运算后，top=20，则当前栈中的元素个数为________。

(A) 30　(B) 29　(C) 20　(D) 19

41．设栈的顺序存储空间为 S(1：m)，初始状态为 top=m+1。现经过一系列入栈与退栈运算后，top=20，则当前栈中的元素个数为________。

(A) 30　(B) 20　(C) m−19　(D) m−20

42．深度为 5 的完全二叉树的节点数不可能是________。

(A) 15　(B) 16　(C) 17　(D) 18

43．深度为 7 的完全二叉树中共有 125 个节点，则该完全二叉树中的叶子节点数为________。

(A) 62　(B) 63　(C) 64　(D) 65

44．算法的空间复杂度是指________。

(A) 算法在执行过程中所需要的计算机存储空间

(B) 算法所处理的数据量

(C) 算法程序中的语句或指令条数

(D) 算法在执行过程中所需要的临时工作单元数

45．算法的有穷性是指________。

(A) 算法程序的运行时间是有限的　(B) 算法程序所处理的数据量是有限的

(C) 算法程序的长度是有限的　(D) 算法只能被有限的用户使用

46．算法空间复杂度的度量方法是________。

(A) 算法程序的长度　(B) 算法所处理的数据量

(C) 执行算法所需要的工作单元　(D) 执行算法所需要的存储空间

47．算法时间复杂度的度量方法是________。

(A) 算法程序的长度　(B) 执行算法所需要的基本运算次数

(C) 执行算法所需要的所有运算次数　(D) 执行算法所需要的时间

48．为了对有序表进行对分查找，则要求有序表________。

(A) 只能顺序存储　(B) 只能链式存储

(C) 可以顺序存储也可以链式存储　(D) 任何存储方式

49．下列各序列中不是堆的是________。

(A) (91,85,53,36,47,30,24,12) (B) (91,85,53,47,36,30,24,12)
(C) (47,91,53,85,30,12,24,36) (D) (91,85,53,47,30,12,24,36)

50. 下列各组排序法中，最坏情况下比较次数相同的是________。
(A) 希尔排序与堆排序 (B) 简单插入排序与希尔排序
(C) 简单选择排序与堆排序 (D) 冒泡排序与快速排序

51. 下列关于二叉树的叙述中，正确的是________。
(A) 叶子节点总是比度为 2 的节点少一个
(B) 叶子节点总是比度为 2 的节点多一个
(C) 叶子节点数是度为 2 的节点数的两倍
(D) 度为 2 的节点数是度为 1 的节点数的两倍

52. 下列关于算法的描述中错误的是________。
(A) 算法强调动态的执行过程，不同于静态的计算公式
(B) 算法必须能在有限个步骤之后终止
(C) 算法设计必须考虑算法的复杂度
(D) 算法的优劣取决于运行算法程序的环境

53. 下列关于算法复杂度叙述正确的是________。
(A) 最坏情况下的时间复杂度一定高于平均情况的时间复杂度
(B) 时间复杂度与所用的计算工具无关
(C) 对同一个问题，采用不同的算法，则它们的时间复杂度是相同的
(D) 时间复杂度与采用的算法描述语言有关

54. 下列关于线性链表的叙述中，正确的是________。
(A) 各数据节点的存储空间可以不连续，但它们的存储顺序与逻辑顺序必须一致
(B) 各数据节点的存储顺序与逻辑顺序可以不一致，但它们的存储空间必须连续
(C) 进行插入与删除时，不需要移动表中的元素
(D) 以上说法均不正确

55. 下列关于栈的叙述正确的是________。
(A) 栈按“先进先出”组织数据 (B) 栈按“先进后出”组织数据
(C) 只能在栈底插入数据 (D) 不能删除数据

56. 下列关于栈的叙述中，正确的是________。
(A) 栈底元素一定是最后入栈的元素 (B) 栈顶元素一定是最先入栈的元素
(C) 栈操作遵循先进后出的原则 (D) 以上说法均错误

57. 下列关于栈叙述正确的是________。
(A) 栈顶元素最先能被删除 (B) 栈顶元素最后才能被删除
(C) 栈底元素永远不能被删除 (D) 栈底元素最先被删除

58. 下列链表中，其逻辑结构属于非线性结构的是________。
(A) 二叉链表 (B) 循环链表 (C) 双向链表 (D) 带链的栈

59. 下列排序方法中，最坏情况下比较次数最少的是________。
(A) 冒泡排序 (B) 简单选择排序 (C) 直接插入排序 (D) 堆排序

60. 下列排序方法中，最坏情况下时间复杂度(即比较次数)低于 $O(n^2)$ 的是________。

(A) 快速排序 (B) 简单插入排序 (C) 冒泡排序 (D) 堆排序

61．下列排序方法中，最坏情况下时间复杂度最小的是________。

(A) 冒泡排序 (B) 快速排序 (C) 堆排序 (D) 直接插入排序

62．下列数据结构中，能够按照“先进后出”原则存取数据的是________。

(A) 循环队列 (B) 栈 (C) 队列 (D) 二叉树

63．下列数据结构中，属于非线性结构的是________。

(A) 循环队列 (B) 带链队列 (C) 二叉树 (D) 带链栈

64．下列叙述中错误的是________。

(A) 算法的时间复杂度与算法所处理数据的存储结构有直接关系

(B) 算法的空间复杂度与算法所处理数据的存储结构有直接关系

(C) 算法的时间复杂度与空间复杂度有直接关系

(D) 算法的时间复杂度与算法程序执行的具体时间是不一致的

65．下列叙述中错误的是________。

(A) 在带链队列中，队头指针和队尾指针都是在动态变化的

(B) 在带链栈中，栈顶指针和栈底指针都是在动态变化的

(C) 在带链栈中，栈顶指针是在动态变化的，但栈底指针是不变的

(D) 在带链队列中，队头指针和队尾指针可以指向同一个位置

66．下列叙述中错误的是________。

(A) 在双向链表中，可以从任何一个节点开始直接遍历到所有节点

(B) 在循环链表中，可以从任何一个节点开始直接遍历到所有节点

(C) 在线性单链表中，可以从任何一个节点开始直接遍历到所有节点

(D) 在二叉链表中，可以从根节点开始遍历到所有节点

67．下列叙述中正确的是________。

(A) 程序执行的效率与数据的存储结构密切相关

(B) 程序执行的效率只取决于程序的控制结构

(C) 程序执行的效率只取决于所处理的数据量

(D) 以上说法均错误

68．下列叙述中正确的是________。

(A) 存储空间不连续的所有链表一定是非线性结构

(B) 节点中有多个指针域的所有链表一定是非线性结构

(C) 能顺序存储的数据结构一定是线性结构

(D) 带链的栈与队列是线性结构

69．下列叙述中正确的是________。

(A) 存储空间连续的数据结构一定是线性结构

(B) 存储空间不连续的数据结构一定是非线性结构

(C) 没有根节点的非空数据结构一定是线性结构

(D) 具有两个根节点的数据结构一定是非线性结构

70．下列叙述中正确的是________。

(A) 带链队列的存储空间可以不连续，但队头指针必须大于队尾指针

(B) 带链队列的存储空间可以不连续，但队头指针必须小于队尾指针
(C) 带链队列的存储空间可以不连续，且队头指针可以大于也可以小于队尾指针
(D) 带链队列的存储空间一定是不连续的

71．下列叙述中正确的是________。
(A) 节点中具有两个指针域的链表一定是二叉链表
(B) 节点中具有两个指针域的链表可以是线性结构，也可以是非线性结构
(C) 二叉树只能采用链式存储结构
(D) 循环链表是非线性结构

72．下列叙述中正确的是________。
(A) 链表节点中具有两个指针域的数据结构可以是线性结构，也可以是非线性结构
(B) 线性表的链式存储结构中，每个节点必须有指向前件和指向后件的两个指针
(C) 线性表的链式存储结构中，每个节点只能有一个指向后件的指针
(D) 线性表的链式存储结构中，叶子节点的指针只能是空

73．下列叙述中正确的是________。
(A) 数据的存储结构会影响算法的效率
(B) 算法设计只需考虑结果的可靠性
(C) 算法复杂度是指算法控制结构的复杂程度
(D) 算法复杂度是用算法中指令的条数来度量的

74．下列叙述中正确的是________。
(A) 顺序存储结构的存储一定是连续的，链式存储结构的存储空间不一定是连续的
(B) 顺序存储结构只针对线性结构，链式存储结构只针对非线性结构
(C) 顺序存储结构能存储有序表，链式存储结构不能存储有序表
(D) 链式存储结构比顺序存储结构节省存储空间

75．下列叙述中正确的是________。
(A) 算法的空间复杂度与算法所处理的数据存储空间有关
(B) 算法的空间复杂度是指算法程序控制结构的复杂程度
(C) 算法的空间复杂度是指算法程序中指令的条数
(D) 压缩数据存储空间不会降低算法的空间复杂度

76．下列叙述中正确的是________。
(A) 算法的效率只与问题的规模有关，而与数据的存储结构无关
(B) 算法的时间复杂度是指执行算法所需要的计算工作量
(C) 数据的逻辑结构与存储结构是一一对应的
(D) 算法的时间复杂度与空间复杂度一定相关

77．下列叙述中正确的是________。
(A) 算法复杂度是指算法控制结构的复杂程度
(B) 算法复杂度是指设计算法的难度
(C) 算法的时间复杂度是指设计算法的工作量
(D) 算法的复杂度包括时间复杂度与空间复杂度

78．下列叙述中正确的是________。

(A)算法就是程序
(B)设计算法时只需要考虑数据结构的设计
(C)设计算法时只需要考虑结果的可靠性
(D)以上三种说法都不对

79．下列叙述中正确的是________。
(A)所谓算法就是计算方法　(B)程序可以作为算法的一种描述方法
(C)算法设计只需考虑得到计算结果　(D)算法设计可以忽略算法的运算时间

80．下列叙述中正确的是________。
(A)所谓有序表是指在顺序存储空间内连续存放的元素序列
(B)有序表只能顺序存储在连续的存储空间内
(C)有序表可以用链式存储方式存储在不连续的存储空间内
(D)任何存储方式的有序表均能采用二分法进行查找

81．下列叙述中正确的是________。
(A)所有数据结构必须有根节点
(B)所有数据结构必须有终端节点(即叶子节点)
(C)只有一个根节点，且只有一个叶子节点的数据结构一定是线性结构
(D)没有根节点或没有叶子节点的数据结构一定是非线性结构

82．下列叙述中正确的是________。
(A)线性表的链式存储结构与顺序存储结构所需要的存储空间是相同的
(B)线性表的链式存储结构所需要的存储空间一般要多于顺序存储结构
(C)线性表的链式存储结构所需要的存储空间一般要少于顺序存储结构
(D)线性表的链式存储结构与顺序存储结构在存储空间的需求上没有可比性

83．下列叙述中正确的是________。
(A)线性表链式存储结构的存储空间一般要少于顺序存储结构
(B)线性表链式存储结构与顺序存储结构的存储空间都是连续的
(C)线性表链式存储结构的存储空间可以是连续的，也可以是不连续的
(D)以上说法均错误

84．下列叙述中正确的是________。
(A)循环队列是队列的一种链式存储结构
(B)循环队列是队列的一种顺序存储结构
(C)循环队列是非线性结构
(D)循环队列是一种逻辑结构

85．下列叙述中正确的是________。
(A)循环队列是顺序存储结构
(B)循环队列是链式存储结构
(C)循环队列是非线性结构
(D)循环队列的插入运算不会发生溢出现象

86．下列叙述中正确的是________。
(A)循环队列有队头和队尾两个指针，因此，循环队列是非线性结构

(B) 在循环队列中，只需要队头指针就能反映队列中元素的动态变化情况
(C) 在循环队列中，只需要队尾指针就能反映队列中元素的动态变化情况
(D) 循环队列中元素的个数是由队头指针和队尾指针共同决定的

87．下列叙述中正确的是________。
(A) 循环队列中的元素个数随队头指针与队尾指针的变化而动态变化
(B) 循环队列中的元素个数随队头指针的变化而动态变化
(C) 循环队列中的元素个数随队尾指针的变化而动态变化
(D) 以上说法都不对

88．下列叙述中正确的是________。
(A) 循环队列属于队列的链式存储结构
(B) 双向链表是二叉树的链式存储结构
(C) 非线性结构只能采用链式存储结构
(D) 有的非线性结构也可以采用顺序存储结构

89．下列叙述中正确的是________。
(A) 一个算法的空间复杂度大，则其时间复杂度也必定大
(B) 一个算法的空间复杂度大，则其时间复杂度必定小
(C) 一个算法的时间复杂度大，则其空间复杂度必定小
(D) 算法的时间复杂度与空间复杂度没有直接关系

90．下列叙述中正确的是________。
(A) 有两个指针域的链表称为二叉链表
(B) 循环链表是循环队列的链式存储结构
(C) 带链的栈有栈顶指针和栈底指针，因此又称为双重链表
(D) 节点中具有多个指针域的链表称为多重链表

91．下列叙述中正确的是________。
(A) 有且只有一个根节点的数据结构一定是线性结构
(B) 每一个节点最多有一个前件也最多有一个后件的数据结构一定是线性结构
(C) 有且只有一个根节点的数据结构一定是非线性结构
(D) 有且只有一个根节点的数据结构可能是线性结构，也可能是非线性结构

92．下列叙述中正确的是________。
(A) 有一个以上根节点的数据结构不一定是非线性结构
(B) 只有一个根节点的数据结构不一定是线性结构
(C) 循环链表是非线性结构
(D) 双向链表是非线性结构

93．下列叙述中正确的是________。
(A) 在链表中，如果每个节点有两个指针域，则该链表一定是非线性结构
(B) 在链表中，如果有两个节点的同一个指针域的值相等，则该链表一定是非线性结构
(C) 在链表中，如果每个节点有两个指针域，则该链表一定是线性结构
(D) 在链表中，如果有两个节点的同一个指针域的值相等，则该链表一定是线性结构

94. 下列叙述中正确的是________。

(A) 在栈中，栈中元素随栈底指针与栈顶指针的变化而动态变化

(B) 在栈中，栈顶指针不变，栈中元素随栈底指针的变化而动态变化

(C) 在栈中，栈底指针不变，栈中元素随栈顶指针的变化而动态变化

(D) 以上说法都不正确

95. 下列叙述中正确的是________。

(A) 栈是“先进先出”的线性表

(B) 队列是“先进后出”的线性表

(C) 循环队列是非线性结构

(D) 有序线性表既可以采用顺序存储结构，也可以采用链式存储结构

96. 下列叙述中正确的是________。

(A) 栈是一种先进先出的线性表　(B) 队列是一种后进先出的线性表

(C) 栈与队列都是非线性结构　(D) 以上三种说法都不对

97. 下列叙述中正确的是________。

(A) 栈与队列都只能顺序存储

(B) 循环队列是队列的顺序存储结构

(C) 循环链表是循环队列的链式存储结构

(D) 栈是顺序存储结构而队列是链式存储结构

98. 下列与队列结构有关联的是________。

(A) 函数的递归调用　(B) 数组元素的引用

(C) 多重循环的执行　(D) 先到先服务的作业调度

99. 线性表的链式存储结构与顺序存储结构相比，链式存储结构的优点有________。

(A) 节省存储空间　(B) 插入与删除运算效率高

(C) 便于查找　(D) 排序时减少元素的比较次数

100. 循环队列的存储空间为 Q(1：50)，初始状态为 front=rear=50。经过一系列正常的入队与退队操作后，front=rear=25，此后又正常地插入了一个元素，则循环队列中的元素个数为________。

(A) 51　(B) 50　(C) 46　(D) 1

101. 一个栈的初始状态为空。现将元素 1、2、3、A、B、C 依次入栈，然后再依次出栈，则元素出栈的顺序是________。

(A) 123ABC　(B) CBA123　(C) CBA321　(D) 123CBA

102. 一个栈的初始状态为空。现将元素 1、2、3、4、5、A、B、C、D、E 依次入栈，然后再依次出栈，则元素出栈的顺序是________。

(A) 12345ABCDE　(B) EDCBA54321　(C) ABCDE12345　(D) 54321EDCBA

103. 一个栈的初始状态为空。现将元素 A、B、C、D、E 依次入栈，然后依次退栈三次，并将退栈的三个元素依次入队(原队列为空)，最后将队列中的元素全部退出，则元素退队的顺序为________。

(A) ABC　(B) CBA　(C) EDC　(D) CDE

104. 一棵二叉树共有 25 个节点，其中 5 个是叶子节点，则度为 1 的节点数为________。

(A) 16 (B) 10 (C) 6 (D) 4

105．一棵二叉树中共有 80 个叶子节点与 70 个度为 1 的节点，则该二叉树中的总节点数为________。

(A) 219 (B) 229 (C) 230 (D) 231

106．一棵完全二叉树共有 360 个节点，则在该二叉树中度为 1 的节点个数为________。

(A) 0 (B) 1 (C) 180 (D) 181

107．在长度为 n 的有序线性表中进行二分查找，最坏情况下需要比较的次数是________。

(A) $O(n)$ (B) $O(n^2)$ (C) $O(\log_2 n)$ (D) $O(n\log_2 n)$

108．在排序过程中，每一次数据元素的移动会产生新的逆序的排序方法是________。

(A) 快速排序 (B) 简单插入排序 (C) 冒泡排序 (D) 以上说法均不正确

109．在深度为 7 的满二叉树中，度为 2 的节点个数为________。

(A) 64 (B) 63 (C) 32 (D) 31

110．在线性表的顺序存储结构中，其存储空间连续，各个元素所占的字节数________。

(A) 相同，元素的存储顺序与逻辑顺序一致

(B) 相同，但其元素的存储顺序可以与逻辑顺序不一致

(C) 不同，但元素的存储顺序与逻辑顺序一致

(D) 不同，且其元素的存储顺序可以与逻辑顺序不一致

111．在最坏情况下________。

(A) 快速排序的时间复杂度比冒泡排序的时间复杂度要小

(B) 快速排序的时间复杂度比希尔排序的时间复杂度要小

(C) 希尔排序的时间复杂度比直接插入排序的时间复杂度要小

(D) 快速排序的时间复杂度与希尔排序的时间复杂度是一样的

112．支持子程序调用的数据结构是________。

(A) 栈 (B) 树 (C) 队列 (D) 二叉树

10.2 程序设计基础

1．结构化程序包括的基本控制结构是________。

(A) 主程序与子程序 (B) 选择结构、循环结构与层次结构

(C) 顺序结构、选择结构与循环结构 (D) 输入、处理、输出

2．结构化程序设计的基本原则不包括________。

(A) 多态性 (B) 自顶向下 (C) 模块化 (D) 逐步求精

3．结构化程序设计中，下面对 goto 语句使用描述正确的是________。

(A) 禁止使用 goto 语句 (B) 使用 goto 语句程序效率高

(C) 应避免滥用 goto 语句 (D) 以上说法均错误

4．结构化程序所要求的基本结构不包括________。

(A) 顺序结构 (B) GOTO 跳转

(C) 选择(分支)结构 (D) 重复(循环)结构

5．面向对象方法中，继承是指________。

(A) 一组对象所具有的相似性质 (B) 一个对象具有另一个对象的性质

(C)各对象之间的共同性质　　(D)类之间共享属性和操作的机制

6．面向对象方法中，实现对象的数据和操作结合于统一体中的是________。

(A)结合　　(B)封装　　(C)隐藏　　(D)抽象

7．下列选项中不属于结构化程序设计原则的是________。

(A)可封装　　(B)自顶向下　　(C)模块化　　(D)逐步求精

8．下列选项中属于面向对象设计方法主要特征的是________。

(A)继承　　(B)自顶向下　　(C)模块化　　(D)逐步求精

9．下面不属于对象基本特点的是________。

(A)标识唯一性　　(B)可复用性　　(C)多态性　　(D)封装性

10．下面对对象概念描述正确的是________。

(A)对象间的通信靠消息传递　　(B)对象是名字和方法的封装体

(C)任何对象必须有继承性　　(D)对象的多态性是指一个对象有多个操作

11．下面对类-对象主要特征描述正确的是________。

(A)对象唯一性　　(B)对象无关性　　(C)类的单一性　　(D)类的依赖性

12．下面属于“类-对象”主要特征的是________。

(A)对象一致性　　(B)对象无关性　　(C)类的多态性　　(D)类的依赖性

13．下面属于整数类的实例是________。

(A)0x518　　(B)0.518　　(C)“–518”　　(D)518E–2

14．下面属于字符类的实例是________。

(A)'518'　　(B)“5”　　(C)'nm　　(D)'\n'

15．在面向对象方法中，不属于“对象”基本特点的是________。

(A)一致性　　(B)分类性　　(C)多态性　　(D)标识唯一性

10.3　软件工程基础

1．程序测试的目的是________。

(A)执行测试用例　　(B)发现并改正程序中的错误

(C)发现程序中的错误　　(D)诊断和改正程序中的错误

2．程序调试的任务是________。

(A)设计测试用例　　(B)验证程序的正确性

(C)发现程序中的错误　　(D)诊断和改正程序中的错误

3．程序流程图中带有箭头的线段表示的是________。

(A)图元关系　　(B)数据流　　(C)控制流　　(D)调用关系

4．构成计算机软件的是________。

(A)源代码　　(B)程序和数据

(C)程序和文档　　(D)程序、数据及相关文档

5．计算机软件包括________。

(A)算法和数据　　(B)程序和数据

(C)程序和文档　　(D)程序、数据及相关文档

6．结构化程序的三种基本控制结构是________。

(A) 顺序、选择和重复(循环)　　(B) 过程、子程序和分程序
(C) 顺序、选择和调用　　(D) 调用、返回和转移

7. 某系统结构图如图 2-10-4 所示，该系统结构图的宽度是________。

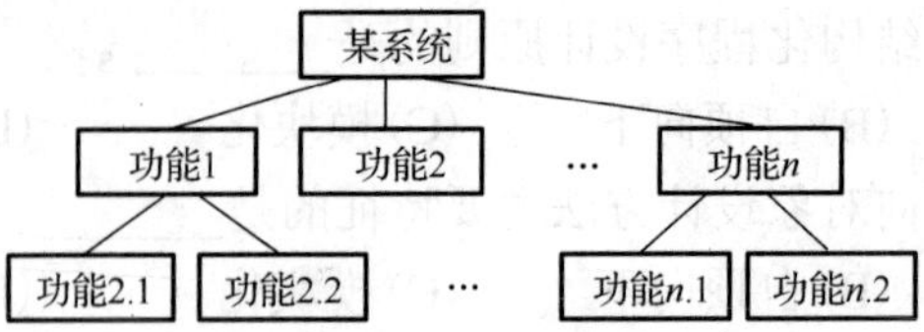

图 2-10-4　7 题结构图

(A) 2　　(B) 3　　(C) 4　　(D) n

8. 某系统结构图如图 2-10-5 所示，该系统结构图的深度是________。

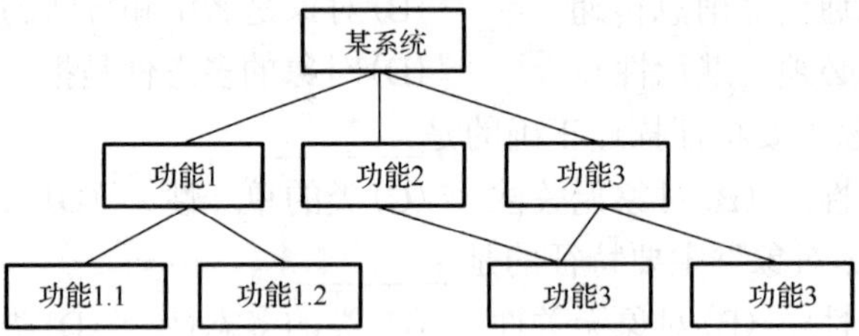

图 2-10-5　8 题结构图

(A) 1　　(B) 2　　(C) 3　　(D) 4

9. 某系统结构图如图 2-10-4 所示，该系统结构图的最大扇出数是________。

(A) n　　(B) 1　　(C) 3　　(D) 4

10. 某系统结构图如图 2-10-5 所示，该系统结构中最大扇入数是________。

(A) 0　　(B) 1　　(C) 2　　(D) 3

11. 耦合性和内聚性是对模块独立性度量的两个标准。下列叙述中正确的是________。

(A) 内聚性是指模块间互相连接的紧密程度
(B) 提高耦合性降低内聚性有利于提高模块的独立性
(C) 耦合性是指一个模块内部各个元素间彼此结合的紧密程度
(D) 降低耦合性提高内聚性有利于提高模块的独立性

12. 软件按功能可以分为：应用软件、系统软件和支撑软件(或工具软件)。下面属于应用软件的是________。

(A) 编译程序　　(B) 操作系统　　(C) 教务管理系统　　(D) 汇编程序

13. 软件按功能可以分为应用软件、系统软件和支撑软件(或工具软件)。下面属于应用软件的是________。

(A) 学生成绩管理系统　　(B) C 语言编译程序
(C) UNIX 操作系统　　(D) 数据库管理系统

14. 软件测试的目的是________。

(A) 评估软件可靠性　　(B) 发现并改正程序中的错误
(C) 改正程序中的错误　　(D) 发现程序中的错误

15. 软件工程的三要素是________。

(A) 方法、工具和过程　　(B) 建模、方法和工具

(C)建模、方法和过程　　(D)定义、方法和过程

16. 软件设计中模块划分应遵循的准则是________。

(A)低内聚低耦合　　(B)高内聚低耦合

(C)低内聚高耦合　　(D)高内聚高耦合

17. 软件生命周期可分为定义阶段、开发阶段和维护阶段，下面不属于开发阶段任务的是__________。

(A)测试　(B)设计　(C)可行性研究　(D)实现

18. 软件生命周期是指________。

(A)软件产品从提出、实现、使用、维护到停止使用退役的过程

(B)软件的需求分析、设计与实现

(C)软件的开发与管理

(D)软件的实现和维护

19. 软件生命周期是指________。

(A)软件产品从提出、实现、使用维护到停止使用退役的过程

(B)软件从需求分析、设计、实现到测试完成的过程

(C)软件的开发过程

(D)软件的运行维护过程

20. 软件生命周期中，确定软件系统要做什么的阶段是________。

(A)需求分析　(B)软件测试　(C)软件设计　(D)系统维护

21. 软件生命周期中的活动不包括________。

(A)市场调研　(B)需求分析　(C)软件测试　(D)软件维护

22. 软件详细设计生产的图如图 2-10-6 所示，该图是________。

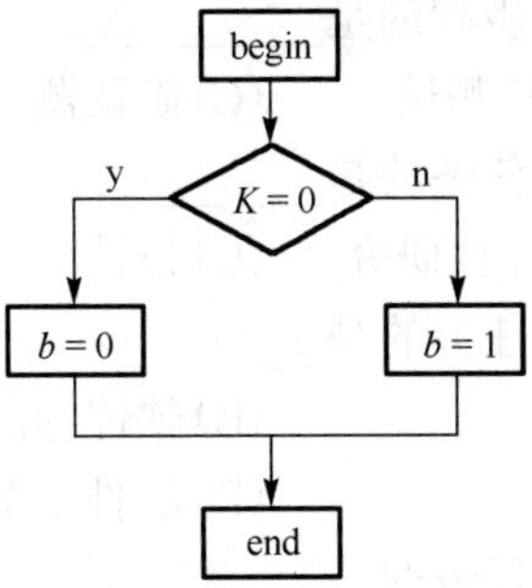

图 2-10-6　软件详细设计生产的图

(A)N–S 图　(B)PAD 图　(C)程序流程图　(D)E–R 图

23. 软件需求分析阶段的主要任务是________。

(A)确定软件开发方法　　(B)确定软件开发工具

(C)确定软件开发计划　　(D)确定软件系统的功能

24. 软件需求规格说明书的作用不包括________。

(A)软件验收的依据

(B)用户与开发人员对软件要做什么的共同理解

(C) 软件设计的依据

(D) 软件可行性研究的依据

25. 数据流图中带有箭头的线段表示的是________。

(A) 控制流　(B) 事件驱动　(C) 模块调用　(D) 数据流

26. 数据字典(DD)所定义的对象都包含于________。

(A) 数据流图(DFD 图)　(B) 程序流程图

(C) 软件结构图　(D) 方框图

27. 通常软件测试实施的步骤是________。

(A) 集成测试、单元测试、确认测试　(B) 单元测试、集成测试、确认测试

(C) 确认测试、集成测试、单元测试　(D) 单元测试、确认测试、集成测试

28. 下面不能作为结构化方法软件需求分析工具的是________。

(A) 系统结构图　(B) 数据字典(DD)

(C) 数据流程图(DFD 图)　(D) 判定表

29. 下面不能作为软件设计工具的是________。

(A) PAD 图　(B) 程序流程图

(C) 数据流程图(DFD 图)　(D) 总体结构图

30. 下面不能作为软件需求分析工具的是________。

(A) PAD 图　(B) 数据字典(DD)

(C) 数据流程图(DFD 图)　(D) 判定树

31. 下面不属于黑盒测试方法的是________。

(A) 边界值分析法　(B) 基本路径测试

(C) 等价类划分法　(D) 错误推测法

32. 下面不属于软件测试实施步骤的是________。

(A) 集成测试　(B) 回归测试　(C) 确认测试　(D) 单元测试

33. 下面不属于软件开发阶段任务的是________。

(A) 测试　(B) 可行性研究　(C) 设计　(D) 实现

34. 下面不属于软件设计阶段任务的是________。

(A) 软件的详细设计　(B) 软件的总体结构设计

(C) 软件的需求分析　(D) 软件的数据设计

35. 下面不属于软件设计阶段任务的是________。

(A) 软件总体设计　(B) 算法设计

(C) 制定软件确认测试计划　(D) 数据库设计

36. 下面不属于软件需求分析阶段工作的是________。

(A) 需求获取　(B) 需求计划　(C) 需求分析　(D) 需求评审

37. 下面不属于软件需求分析阶段主要工作的是________。

(A) 需求变更申请　(B) 需求分析　(C) 需求评审　(D) 需求获取

38. 下面不属于需求分析阶段工作的是________。

(A) 需求获取　(B) 可行性研究

(C) 需求分析　(D) 撰写软件需求规格说明书

39．下面不属于需求分析阶段任务的是________。

(A)确定软件系统的功能需求　　(B)确定软件系统的性能需求

(C)需求规格说明书评审　　(D)制定软件集成测试计划

40．下面对软件测试和软件调试有关概念叙述错误的是________。

(A)严格执行测试计划，排除测试的随意性

(B)程序调试通常也称为 Debug

(C)软件测试的目的是发现错误和改正错误

(D)设计正确的测试用例

41．下面对软件测试描述错误的是________。

(A)严格执行测试计划，排除测试的随意性

(B)随机地选取测试数据

(C)严格地选取测试数据

(D)软件测试是保证软件质量的重要手段

42．下面对软件工程描述正确的是________。

(A)软件工程是用工程、科学和数学的原则与方法研制、维护计算机软件的有关技术及管理方法

(B)软件工程的三要素是方法、工具和进程

(C)软件工程是用于软件的定义、开发和维护的方法

(D)软件工程是为了解决软件生产率问题

43．下面对软件特点描述错误的是________。

(A)软件没有明显的制作过程

(B)软件是一种逻辑实体，不是物理实体，具有抽象性

(C)软件的开发、运行对计算机系统具有依赖性

(D)软件在使用中存在磨损、老化问题

44．下面可以作为软件设计工具的是________。

(A)系统结构图　　(B)数据字典(DD)

(C)数据流程图(DFD 图)　　(D)甘特图

45．下面的描述不属于软件特点的是________。

(A)软件是一种逻辑实体，具有抽象性

(B)软件在使用中不存在磨损、老化问题

(C)软件复杂性高

(D)软件使用不涉及知识产权

46．下面描述正确的是________。

(A)软件测试是指动态测试

(B)软件测试可以随机地选取测试数据

(C)软件测试是保证软件质量的重要手段

(D)软件测试的目的是发现和改正错误

47．下面的描述中，不属于软件危机表现的是________。

(A)软件过程不规范　　(B)软件开发生产率低

(C) 软件质量难以控制　　(D) 软件成本不断提高

48. 下面描述中不属于软件需求分析阶段任务的是________。

(A) 撰写软件需求规格说明书　　(B) 软件的总体结构设计

(C) 软件的需求分析　　(D) 软件的需求评审

49. 下面描述中错误的是________。

(A) 系统总体结构图支持软件系统的详细设计

(B) 软件设计是将软件需求转换为软件表示的过程

(C) 数据结构与数据库设计是软件设计的任务之一

(D) PAD 图是软件详细设计的表示工具

50. 下面图中属于软件设计建模工具的是________。

(A) DFD 图（数据流程图）　　(B) 程序流程图（PFD 图）

(C) 用例图（USE_CASE 图）　　(D) 网络工程图

51. 下面叙述中错误的是________。

(A) 软件测试的目的是发现错误并改正错误

(B) 对被调试的程序进行“错误定位”是程序调试的必要步骤

(C) 程序调试通常也称为 Debug

(D) 软件测试应严格执行测试计划，排除测试的随意性

52. 下面属于白盒测试方法的是________。

(A) 边界值分析法　　(B) 基本路径测试

(C) 等价类划分法　　(D) 错误推测法

53. 下面属于白盒测试方法的是________。

(A) 等价类划分法　(B) 逻辑覆盖　　(C) 边界值分析法　　(D) 错误推测法

54. 下面属于黑盒测试方法的是________。

(A) 边界值分析法　　(B) 基本路径测试

(C) 条件覆盖　　(D) 条件–分支覆盖

55. 下面属于黑盒测试方法的是________。

(A) 语句覆盖　　(B) 逻辑覆盖　　(C) 边界值分析　　(D) 路径覆盖

56. 下面属于系统软件的是________。

(A) 财务管理系统　　(B) 数据库管理系统

(C) 编辑软件 Word　　(D) 杀毒软件

57. 下面属于应用软件的是________。

(A) 学生成绩管理系统　　(B) UNIX 操作系统

(C) 汇编程序　　(D) 编译程序

58. 在黑盒测试方法中，设计测试用例的主要根据是________。

(A) 程序内部逻辑　　(B) 程序外部功能

(C) 程序数据结构　　(D) 程序流程图

59. 在软件开发中，需求分析阶段产生的主要文档是________。

(A) 可行性分析报告　　(B) 软件需求规格说明书

(C) 概要设计说明书　　(D) 集成测试计划

60．在软件开发中，需求分析阶段产生的主要文档是________。

(A) 软件集成测试计划　(B) 软件详细设计说明书

(C) 用户手册　(D) 软件需求规格说明书

61．在软件开发中，需求分析阶段可以使用的工具是________。

(A) N–S 图　(B) DFD 图　(C) PAD 图　(D) 程序流程图

62．在软件设计中不使用的工具是________。

(A) 系统结构图　(B) PAD 图

(C) 数据流图 (DFD 图)　(D) 程序流程图

10.4　数据库设计基础

1．某个工厂有若干个仓库，每个仓库存放有不同的零件，相同零件可能放在不同的仓库中，则实体仓库和零件间的联系是________。

(A) 多对多　(B) 一对多　(C) 多对一　(D) 一对一

2．层次型、网状型和关系型数据库的划分原则是________。

(A) 记录长度　(B) 文件的大小

(C) 联系的复杂程度　(D) 数据之间的联系方式

3．大学中每个年级有多个班，每个班有多名学生，则实体班级和实体学生之间的联系是________。

(A) 一对多　(B) 一对一　(C) 多对一　(D) 多对多

4．数据库中数据总体逻辑结构发生变化，而应用程序不受影响，称为数据的________。

(A) 逻辑独立性　(B) 物理独立性　(C) 应用独立性　(D) 空间独立性

5．负责数据库中查询操作的数据库语言是________。

(A) 数据定义语言　(B) 数据管理语言

(C) 数据操纵语言　(D) 数据控制语言

6．公司中有多个部门和多名职员，每个职员只能属于一个部门，一个部门可以有多名职员，则实体部门和职员间的联系是________。

(A) 1∶1 联系　(B) m∶1 联系　(C) 1∶m 联系　(D) m∶n 联系

7．关系数据模型________。

(A) 只能表示实体间 1∶1 联系

(B) 只能表示实体间 1∶m 联系

(C) 可以表示实体间 m∶n 联系

(D) 能表示实体间 1∶n 联系而不能表示实体间 n∶1 联系

8．将 E–R 图转换为关系模式时，E–R 图中的实体和联系都可以表示为________。

(A) 属性　(B) 键　(C) 关系　(D) 域

9．将 E–R 图转换为关系模式时，E–R 图中的属性可以表示为________。

(A) 属性　(B) 键　(C) 关系　(D) 域

10．逻辑模型是面向数据库系统的模型，下面属于逻辑模型的是________。

(A) 关系模型　(B) 谓词模型　(C) 物理模型　(D) 实体–联系模型

11．若实体 A 和 B 是一对多的联系，实体 B 和 C 是一对一的联系，则实体 A 和 C 的联系是________。

(A)一对一　(B)一对多　(C)多对一　(D)多对多

12．若实体 A 和 B 是一对一的联系，实体 B 和 C 是多对一的联系，则实体 A 和 C 的联系是________。

(A)多对一　(B)一对多　(C)一对一　(D)多对多

13．设有表示公司和员工及雇佣的三张表，员工可在多家公司兼职，其中公司 C（公司号，公司名，地址，注册资本，法人代表，员工数），员工 S（员工号，姓名，性别，年龄，学历），雇佣 E（公司号，员工号，工资，工作起始时间）。其中表 C 的键为公司号，表 S 的键为员工号，则表 E 的键(码)为________。

(A)公司号，员工号　(B)员工号，工资

(C)员工号　(D)公司号，员工号，工资

14．设有表示学生选课的三张表，学生 S(学号，姓名，性别，年龄，身份证号)，课程 C(课号，课名)，选课 SC(学号，课号，成绩)，则表 SC 的关键字(键或码)为________。

(A)课号，成绩　(B)学号，成绩　(C)学号，课号　(D)学号，姓名，成绩

15．设有关系表学生 S(学号，姓名，性别，年龄，身份证号)，每个学生学号唯一。除属性学号外，也可以作为键的是________。

(A)姓名　(B)身份证号

(C)姓名，性别，年龄　(D)学号，姓名

16．设有一个商店的数据库，记录客户及其购物情况，由三个关系组成：商品(商品号，商品名，单价，商品类别，供应商)，客户(客户号，姓名，地址，电邮，性别，身份证号)，购买（客户号，商品号，购买数量)，则关系购买的键为________。

(A)客户号　(B)商品号

(C)客户号, 商品号　(D)客户号, 商品号, 购买数量

17．数据库(DB)、数据库系统(DBS)和数据库管理系统(DBMS)之间的关系是________。

(A)DB 包括 DBS 和 DBMS　(B)DBMS 包括 DB 和 DBS

(C)DBS 包括 DB 和 DBMS　(D)DBS、DB 和 DBMS 相互独立

18．数据库管理系统是________。

(A)操作系统的一部分　(B)在操作系统支持下的系统软件

(C)一种编译系统　(D)一种操作系统

19．数据库设计过程不包括________。

(A)概念设计　(B)逻辑设计　(C)物理设计　(D)算法设计

20．数据库设计中反映用户对数据要求的模式是________。

(A)内模式　(B)概念模式　(C)外模式　(D)设计模式

21．数据库系统的三级模式不包括________。

(A)概念模式　(B)内模式　(C)外模式　(D)数据模式

22．数据库应用系统中的核心问题是________。

(A)数据库设计　(B)数据库系统设计

(C)数据库维护　(D)数据库管理员培训

23．数据库中对概念模式内容进行说明的语言是________。

(A) 数据定义语言　　(B) 数据操纵语言
(C) 数据控制语言　　(D) 数据宿主型语言

24．下列关于数据库设计的叙述中，正确的是________。
(A) 在需求分析阶段建立数据字典　　(B) 在概念设计阶段建立数据字典
(C) 在逻辑设计阶段建立数据字典　　(D) 在物理设计阶段建立数据字典

25．下列关于数据库系统的叙述中正确的是________。
(A) 数据库系统中数据的一致性是指数据类型一致
(B) 数据库系统避免了一切冗余
(C) 数据库系统减少了数据冗余
(D) 数据库系统比文件系统能管理更多的数据

26．下面的描述中不属于数据库系统特点的是________。
(A) 数据共享　　(B) 数据完整性
(C) 数据冗余度高　　(D) 数据独立性高

27．学生选课成绩表的关系模式是 SC(S#,C#,G)，其中 S#为学号，C#为课程号，G 为成绩，如图 2-10-7 所示，则下面的表达式表示________。

表达式 $\pi_{S\#,C\#}(SC)/S$

SC

S#	C#	G
S1	C1	90
S1	C2	92
S2	C1	91
S2	C2	80
S3	C1	55
S4	C2	59
S5	C3	75

S

S#
S1
S2

图 2-10-7　27 题参考图

(A) 表 S 中所有学生都选修了的课程的课号
(B) 全部课程的课号
(C) 成绩不小于 80 的学生的学号
(D) 所选人数较多的课程的课号

28．一般情况下，当对关系 R 和 S 进行自然连接时，要求 R 和 S 含有一个或者多个共有的________。
(A) 记录　　(B) 行　　(C) 属性　　(D) 元组

29．一个工作人员可以使用多台计算机，而一台计算机可被多个人使用，则实体工作人员与实体计算机之间的联系是________。
(A) 一对一　　(B) 一对多　　(C) 多对多　　(D) 多对一

30．一个教师可讲授多门课程，一门课程可由多个教师讲授，则实体教师和课程间的联系是________。
(A) 1∶1 联系　　(B) 1∶*m* 联系　　(C) *m*∶1 联系　　(D) *m*∶*n* 联系

31．一个兴趣班可以招收多名学生，而一个学生可以参加多个兴趣班，则实体兴趣班和实体学生之间的联系是________。

(A) 1∶1 联系　(B) 1∶m 联系　(C) m∶1 联系　(D) m∶n 联系

32．一个运动队有多个队员，一个队员仅属于一个运动队，一个队一般都有一个教练，则实体运动队和队员的联系是________。

(A) 一对多　(B) 一对一　(C) 多对一　(D) 多对多

33．一间宿舍可住多个学生，则实体宿舍和学生之间的联系是________。

(A) 一对一　(B) 一对多　(C) 多对一　(D) 多对多

34．一名雇员就职于一家公司，一个公司有多个雇员，则实体公司和实体雇员之间的联系是________。

(A) 1∶1 联系　(B) 1∶m 联系　(C) m∶1 联系　(D) m∶n 联系

35．一名演员可以出演多部电影，则实体演员和电影之间的联系是________。

(A) 多对多　(B) 一对一　(C) 多对一　(D) 一对多

36．医院里有不同的科室，每名医生分属不同科室，则实体科室与实体医生间的联系是________。

(A) 一对一　(B) 一对多　(C) 多对一　(D) 多对多

37．优化数据库系统查询性能的索引设计属于数据库设计的________。

(A) 需求分析　(B) 概念设计　(C) 逻辑设计　(D) 物理设计

38．有表示公司和职员及工作的三张表，职员可在多家公司兼职。其中公司 C(公司号，公司名，地址，注册资本，法人代表，员工数)，职员 S(职员号，姓名，性别，年龄，学历)，工作 W(公司号，职员号，工资)，则表 W 的键(码)为________。

(A) 公司号，职员号　(B) 职员号，工资

(C) 职员号　(D) 公司号，职员号，工资

39. 有关系 R 如图 2-10-8 所示，其中属性 B 为主键，则其中最后一个记录违反了________。

B	C	D
a	0	k_1
b	1	n_1
	2	p_1

图 2-10-8　39 题参考图

(A) 实体完整性约束　(B) 参照完整性约束

(C) 用户定义的完整性约束　(D) 关系完整性约束

40．有两个关系 R、S 如图 2-10-9 所示，由关系 R 和 S 得到关系 T，则所使用的操作为________。

R

B	C	D
a	0	k_1

S

B	C	D
f	3	k_2
n	2	x_1

T

B	C	D
a	0	k_1
f	3	k_2
n	2	x_1

图 2-10-9　40 题参考图

(A)并　　(B)自然连接　　(C)差　　(D)交

41．有两个关系 R、S 如图 2-10-10 所示，由关系 R 和 S 通过运算得到关系 T，则所使用的操作为________。

R

B	C	D
a	0	k_1
b	1	n_1

S

B	C	D
f	3	k_2
a	0	k_1
n	2	x_1

T

B	C	D
b	1	n_1

图 2-10-10　41 题参考图

(A)并　　(B)自然连接　　(C)笛卡儿积　　(D)差

42．有两个关系 R、S 如图 2-10-11 所示，由关系 R 和 S 通过运算得到关系 T，则所使用的操作为________。

R

B	C	D
a	0	k_1
b	1	n_1

S

B	C	D
f	3	k_2
a	0	k_1
n	2	x_1

T

B	C	D
a	0	k_1

图 2-10-11　42 题参考图

(A)并　　(B)自然连接　　(C)差　　(D)交

43．有两个关系 R、S 如图 2-10-12 所示，由关系 R 通过运算得到关系 S，则所使用的运算为________。

R

A	B	C
a	1	2
b	2	1
c	3	1

S

A	B	C
b	2	1

图 2-10-12　43 题参考图

(A)选择　　(B)投影　　(C)插入　　(D)连接

44．有两个关系 R 和 S 如图 2-10-13 所示，则由关系 R 得到关系 S 的操作是________。

R

A	B	C
a	1	2
b	2	1
c	3	1

S

A	B	C
c	3	1

图 2-10-13　44 题参考图

(A)选择　　(B)投影　　(C)自然连接　　(D)并

45．有两个关系 R 和 T 如图 2-10-14 所示，则由关系 R 得到关系 T 的操作是________。

R

A	B	C
a	1	2
b	4	4
c	2	3
d	3	2

S

A	B
a	1
b	4
c	2
d	3

图 2-10-14　45 题参考图

(A) 投影　　(B) 交　　(C) 选择　　(D) 并

46．有两个关系 R 与 S 如图 2-10-15 所示，由关系 R 和 S 得到关系 T，则所使用的操作为________。

R

A	A1
a	0
b	1

S

B	B1	B2
f	3	k_2
n	2	x_1

T

A	A1	B	B1	B2
a	0	*f*	3	k_2
a	0	*n*	2	x_1
b	1	*f*	3	k_2
b	1	*n*	2	x_1

图 2-10-15　46 题参考图

(A) 并　　(B) 自然连接　　(C) 笛卡儿积　　(D) 交

47．有两个关系 R 与 S 如图 2-10-16 所示，由关系 R 和 S 得到关系 T，则所使用的操作为________。

R

A	A1	B	B1
a	0	*f*	3
a	0	*n*	2
b	1	*f*	3
b	1	*n*	2
a	1	*f*	4

S

A	A1
a	0
b	1

T

B	B1
f	3
n	2

图 2-10-16　47 题参考图

(A) 并　　(B) 自然连接　　(C) 除法　　(D) 交

48．有三个关系 R、S 和 T 如图 2-10-17 所示，则由关系 R 和 S 得到关系 T 的操作是________。

R

A	B	C
a	1	2
b	2	1
c	3	1

S

A	D
c	4

T

A	B	C	D
c	3	1	4

图 2-10-17　48 题参考图

(A)自然连接　(B)交　(C)投影　(D)并

49. 有三个关系 R、S 和 T 如图 2-10-18 所示，由关系 R 和 S 通过运算得到关系 T，则所使用的运算为________。

R

B	C	D
a	0	k_1
b	1	n_1

S

B	C	D
f	3	h_2
a	0	k_1
n	2	x_1

T

B	C	D
a	0	k_1

图 2-10-18　49 题参考图

(A)并　(B)自然连接　(C)笛卡儿积　(D)交

50. 有三个关系 R、S 和 T 如图 2-10-19 所示，由关系 R 和 S 通过运算得到关系 T，则所使用的运算为________。

R

A	B
m	1
n	2

S

B	C
1	3
3	5

T

A	B	C
m	1	3

图 2-10-19　50 题参考图

(A)笛卡儿积　(B)交　(C)并　(D)自然连接

51. 有三个关系 R、S 和 T 如图 2-10-20 所示，则关系 T 是由关系 R 和 S 通过某种操作得到的，该操作为________。

R

A	B	C
a	1	2
b	2	1
c	3	1

S

A	B	C
d	3	2

T

A	B	C
a	1	2
b	2	1
c	3	1
d	3	2

图 2-10-20　51 题参考图

(A)选择　(B)投影　(C)交　(D)并

52. 有三个关系 R、S 和 T 如图 2-10-21 所示，则由关系 R 和 S 得到关系 T 的操作是________。

R

A	B	C
a	1	2
b	2	1
c	3	1

S

A	B	C
a	1	2
b	2	1

T

A	B	C
c	3	1

图 2-10-21　52 题参考图

(A)自然连接　(B)差　(C)交　(D)并

53. 有三个关系 R、S 和 T 如图 2-10-22 所示，则由关系 R 和 S 得到关系 T 的操作是________。

R

A	B	C
a	1	2
b	2	1
c	3	1

S

A	B
c	3

T

C
1

图 2-10-22　53 题参考图

(A)自然连接　(B)交　(C)除　(D)并

54. 有三个关系 R、S 和 T 如图 2-10-23 所示，则由关系 R 和 S 得到关系 T 的操作是________。

R

A	B	C
a	1	2
b	2	1
c	3	1

S

A	B	C
d	3	2
c	3	1

T

A	B	C
a	1	2
b	2	1

图 2-10-23　54 题参考图

(A)选择　(B)差　(C)交　(D)并

55. 有三个关系 R、S 和 T 如图 2-10-24 所示，则由关系 R 和 S 得到关系 T 的操作是________。

R

A	B	C
a	1	2
b	2	1
c	3	1

S

A	B	C
d	3	2
c	3	1

T

A	B	C
a	1	2
b	2	1
c	3	1
d	3	2

图 2-10-24　55 题参考图

(A)选择　(B)投影　(C)交　(D)并

56. 有两个关系 R 和 S 如图 2-10-25 所示，则由关系 R 得到关系 S 的操作是________。

R

A	B	C
a	1	2
b	2	1
c	3	1

S

A	B	C
c	3	1

图 2-10-25　56 题参考图

(A)选择　(B)投影　(C)自然连接　(D)并

57. 有三个关系 R、S 和 T 如图 2-10-26 所示，则由关系 R 和 S 得到关系 T 的操作是________。

R

A	B	C
a	1	2
b	2	1
c	3	1

S

A	D
c	4
a	5

T

A	B	C	D
c	3	1	4
a	1	2	5

图 2-10-26　57 题参考图

(A)自然连接　(B)交　(C)投影　(D)并

58. 有三个关系R、S和T如图2-10-27所示，由关系R和S得到关系T的操作是______。

R

A	B	C
a	1	2
b	2	1
c	3	1
e	4	2

S

A	B	C
d	3	2
c	3	1

T

A	B	C
a	1	2
b	2	1
c	3	1
d	3	2
e	4	2

图2-10-27　58题参考图

(A)并　(B)投影　(C)交　(D)选择

59. 有三个关系R、S和T如图2-10-28所示，由关系R和S得到关系T的操作是______。

R

A	B	C
a	1	2
b	2	1
c	3	1
e	4	5
d	3	2

S

A	B	C
d	3	2
c	3	1
f	4	7

T

A	B	C
c	3	1
d	3	2

图2-10-28　59题参考图

(A)交　(B)差　(C)并　(D)选择

60. 有三个关系R、S和T如图2-10-29所示，由关系R和S得到关系T的操作是______。

R

A	B	C
a	1	*n*
b	2	*m*
c	3	*f*
d	5	*e*

S

A	D
c	4
a	5
e	7

T

A	B	D	C
c	3	4	*f*
a	1	5	*n*

图2-10-29　60题参考图

(A)交　(B)投影　(C)自然连接　(D)并

61. 有三个关系R、S和T如图2-10-30所示，由关系R和S得到关系T的操作是______。

R

A	B	C
a	3	4
b	2	1
c	3	2
e	4	2

S

A	B	C
d	3	2
c	3	2

T

A	B	C
a	3	4
b	2	1
e	4	2

图2-10-30　61题参考图

(A)投影　(B)选择　(C)交　(D)差

62．有三个关系表 R、S 和 T 如图 2-10-31 所示，其中三个关系对应的关键字分别为 A、B 和复合关键字(A，B)。则表 T 的记录项(*b*，*q*，4)违反了________。

R

A	A1
a	1
b	*n*

S

B	B1	B2
f	*g*	*h*
l	*x*	*y*
n	*p*	*x*

T

A	B	C
a	*f*	3
b	*q*	4

图 2-10-31　62 题参考图

(A) 实体完整性约束　　(B) 参照完整性约束
(C) 用户定义的完整性约束　　(D) 关系完整性约束

63．运动会中一个运动项目可以有多名运动员参加，一个运动员可以参加多个项目，则实体项目和运动员之间的联系是________。

(A) 多对多　　(B) 一对多　　(C) 多对一　　(D) 一对一

64．在 E–R 图中，用来表示实体联系的图形是________。

(A) 椭圆形　　(B) 矩形　　(C) 菱形　　(D) 三角形

65．在关系 A(S，SN，D) 和 B(D，CN，NM) 中，A 的主关键字是 S，B 的主关键字是 D，则 D 是 A 的________。

(A) 外键(码)　　(B) 候选键(码)　　(C) 主键(码)　　(D) 元组

66．在关系模型中，每一个二维表称为一个________。

(A) 关系　　(B) 属性　　(C) 元组　　(D) 主码(键)

67．在关系数据库中，用来表示实体间联系的是________。

(A) 属性　　(B) 二维表　　(C) 网状结构　　(D) 树状结构

68．在进行逻辑设计时，将 E–R 图中实体之间联系转换为关系数据库的________。

(A) 关系　　(B) 元组　　(C) 属性　　(D) 属性的值域

69．在满足实体完整性约束的条件下________。

(A) 一个关系中应该有一个或多个候选关键字
(B) 一个关系中只能有一个候选关键字
(C) 一个关系中必须有多个候选关键字
(D) 一个关系中可以没有候选关键字

70．在数据管理的三个发展阶段中，数据的共享性好且冗余度最小的是________。

(A) 人工管理阶段　　(B) 文件系统阶段
(C) 数据库系统阶段　　(D) 面向数据应用系统阶段

71．在数据管理技术发展的三个阶段中，数据共享最好的是________。

(A) 人工管理阶段　　(B) 文件系统阶段
(C) 数据库系统阶段　　(D) 三个阶段相同

72．在数据库的三级模式结构中，描述数据库中全体数据的全局逻辑结构和特征的是________。

(A) 内模式　　(B) 用户模式　　(C) 外模式　　(D) 概念模式

73．在数据库管理系统提供的数据语言中，负责数据的查询、增加、删除和修改等操作的是________。

(A)数据定义语言　(B)数据管理语言
(C)数据操纵语言　(D)数据控制语言

74. 在数据库管理系统提供的数据语言中，负责数据模式定义的是________。

(A)数据定义语言　(B)数据管理语言
(C)数据操纵语言　(D)数据控制语言

75. 在数据库设计中，将 E–R 图转换成关系数据模型的过程属于________。

(A)逻辑设计阶段　(B)需求分析阶段
(C)概念设计阶段　(D)物理设计阶段

76. 在数据库设计中，描述数据间内在语义联系得到 E–R 图的过程属于________。

(A)逻辑设计阶段　(B)需求分析阶段
(C)概念设计阶段　(D)物理设计阶段

77. 在数据库系统中，给出数据模型在计算机上物理结构表示的是________。

(A)概念数据模型　(B)逻辑数据模型
(C)物理数据模型　(D)关系数据模型

78. 在数据库系统中，考虑数据库实现的数据模型是________。

(A)概念数据模型　(B)逻辑数据模型
(C)物理数据模型　(D)关系数据模型

79. 在数据库系统中，数据模型包括概念模型、逻辑模型和________。

(A)物理模型　(B)空间模型　(C)时间模型　(D)数据模型

80. 在数据库系统中，用于对客观世界中复杂事物的结构及它们之间的联系进行描述的是________。

(A)概念数据模型　(B)逻辑数据模型
(C)物理数据模型　(D)关系数据模型

81. 在数据库中，数据模型包括数据结构、数据操作和________。

(A)数据约束　(B)数据类型　(C)关系运算　(D)查询

82. 在下列模式中，能够给出数据库物理存储结构与物理存取方法的是________。

(A)外模式　(B)内模式　(C)概念模式　(D)逻辑模式

第三篇　操作题过关训练

第 1 套　操作题过关训练

一、基本操作题

1．在考生文件夹下新建一个名为“供应”的项目文件。

2．将数据库“供应零件”加入新建的“供应”项目中。

3．通过“零件号”字段为“零件”表和“供应”表建立永久性联系，其中，“零件”是父表，“供应”是子表。

4．为“供应”表的“数量”字段设置有效性规则：数量必须大于 0 并且小于 9999；错误提示信息是“数量超范围”(注意：规则表达式必须是“数量>0.and.数量<9999”)。

二、简单应用题

1．用 SQL 语句完成下列操作：列出所有与“红”颜色零件相关的信息(供应商号、工程号和数量)，并将查询结果按数量降序存放于表 supply_temp 中。

2．新建一个名为 menu_quick 的快捷菜单，菜单中有两个菜单项“查询”和“修改”。并在表单 myform 的 RightClick 事件中调用快捷菜单 menu_quick。

三、综合应用题

1．设计一个名为 mysupply 的表单，表单的控件名和文件名均为 mysupply。表单的形式如图 3-1-1 所示。

图 3-1-1　mysupply 表单形式

2．表单标题为“零件供应情况”，表格控件为 Grid1，命令按钮“查询”为 Command1、“退出”为 Command2，标签控件为 Label1 和文本框控件为 Text1(程序运行时用于输入工程号)。

3．运行表单时，在文本框中输入工程号，单击“查询”命令按钮后，表格控件中显示相应工程所使用的零件的零件名、颜色和重量(通过设置有关“数据”属性实现)，并将结果按“零件名”升序排序存储到 pp.dbf 文件。

4．单击“退出”按钮关闭表单。

5．完成表单设计后运行表单，并查询工程号为“J4”的相应信息。

第 2 套　操作题过关训练

一、基本操作题

1．在考生文件夹下建立数据库 BOOKAUTH.DBC，把表 BOOKS 和 AUTHORS 添加到该数据库中。

2．为 AUTHORS 表建立主索引，索引名为“PK”，索引表达式为“作者编号”。

3．为 BOOKS 表建立两个普通索引，第一个索引名为“PK”，索引表达式为“图书编号”；第二个索引名和索引表达式均为“作者编号”。

4．建立 AUTHORS 表和 BOOKS 表之间的永久联系。

二、简单应用题

1．打开表单 MYFORM4-4，把表单(名称为 Form1)标题改为“欢迎您”，将文本“欢迎您访问系统”(名称为 Label1 的标签)改为 25 号黑体。最后在表单上添加“关闭”(名称为 Command1)命令按钮，单击此按钮关闭表单。

保存并运行表单。

2. 设计一个表单 MYFORM4，表单中有两个命令按钮“查询”和“退出”(名称为 Command1 和 Command2)。

(1) 单击“查询”命令按钮，查询 BOOKAUTH 数据库中出版过 3 本以上(含 3 本)图书的作者信息，查询信息包括作者姓名和所在城市；查询结果按作者姓名升序保存在表 NEW_VIEW4 中。

(2) 单击“退出”命令按扭关闭表单。

注意：完成表单设计后要运行表单的所有功能。

三、综合应用题

1．在考生文件夹下，将 BOOKS 表中所有书名中含有“计算机”3 个字的图书复制到 BOOKS_BAK 表中，以下操作均在 BOOKS_BAK 表中完成。

2．复制后的图书价格在原价格的基础上降低 5%。

3．从图书均价高于 25 元(含 25 元)的出版社中，查询并显示图书均价最低的出版社名称及均价，查询结果保存在 new_table4 表中(字段名为出版单位和均价)。

第 3 套　操作题过关训练

一、基本操作题

1．在考生文件夹下打开数据库“订单管理”，然后删除其中的 customer 表(从磁盘中删除)。

2. 为 employee 表建立一个按升序排列的普通索引，索引名为 xb，索引表达式为“性别”。

3．为 employee 表建立一个按升序排列的普通索引，索引名为 xyz，索引表达式为“str(组别，1)+职务”。

4．为 employee 表建立一个主索引，为 orders 建立一个普通索引，索引名和索引表达式均为“职员号”。通过“职员号”为 employee 表和 orders 表建立一个一对多的永久联系。

二、简单应用题

1．在考生文件夹下已有表单文件 formone.scx，其中包含两个标签、一个组合框和一个文本框，如图 3-3-1 所示。

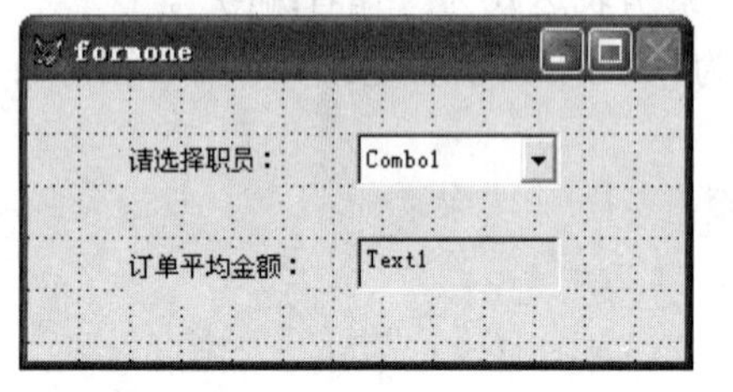

图 3-3-1　formone 窗口

按要求完成相应的操作，使得当表单运行时，用户能够从组合框选择职员，并且该职员所签订单的平均金额能自动显示在文本框里。

(1) 将 orders 表和 employee 表依次添加到该表单的数据环境中(不要修改两个表对应对象的各属性值)。

(2) 将组合框设置成“下拉列表框”，将 employee 表中的“姓名”字段作为下拉列表框条目的数据源。其中，组合框的 RowSourceType 属性值应设置为：6-字段。

(3) 将 Text1 设置为只读文本框。

(4) 修改组合框的 InteractiveChange 事件代码，当用户从组合框选择职员时，能够将该职员所签订单平均金额自动显示在文本框里。

2．利用查询设计器创建查询，从 employee 表和 orders 表中查询“组别”为 1 的组各职员所签的所有订单信息。查询结果依次包含“订单号”“金额”和“签订者”3 项内容，其中“签订者”为签订订单的职员姓名。按“金额”降序排列各记录，查询去向为表 tableone。最后将查询保存在 queryone.qpr 文件中，并运行该查询。

三、综合应用题

1．在考生文件夹下创建一个名为 mymenu.mnx 的下拉式菜单，并生成菜单程序 mymenu.mpr。运行该菜单程序时会在当前 Visual FoxPro 系统菜单的“帮助”子菜单之前插入一个“考试”子菜单，如图 3-3-2 所示。

图 3-3-2　“考试”子菜单

2．“统计”和“返回”菜单命令的功能都通过执行“过程”命令完成。

3．“统计”菜单命令的功能是以组为单位求“订单金额”的和。统计结果包含“组别”“负责人”和“合计”3 项内容，其中“负责人”为该组组长(取自 employee 表中的“职务”字段)的姓名，“合计”为该组所有职员所签订单的金额总和。统计结果按“合计”降序排序，并存放在 tabletwo 表中。

4．“返回”菜单命令的功能是返回 Visual FoxPro 的系统菜单。

5．菜单程序生成后，运行菜单程序并依次执行“统计”和“返回”菜单命令。

第4套　操作题过关训练

一、基本操作题

1．通过 SQL INSERT 语句插入元组("p7"，"PN7"，1020)到“零件信息”表(注意不要重复执行插入操作)，并将相应的 SQL 语句存储在文件 one.prg 中。

2．通过 SQL DELETE 语句从“零件信息”表中删除单价小于 600 的所有记录，并将相应的 SQL 语句存储在文件 two.prg 中。

3．通过 SQL UPDATE 语句将“零件信息”表中零件号为“p4”的零件的单价更改为 1090，并将相应的 SQL 语句存储在文件 Three.prg 中。

4．打开菜单文件 mymenu.mnx，然后生成可执行的菜单程序 mymenu.mpr。

二、简单应用题

1．modi1.prg 程序文件中 SQL SELECT 语句的功能是查询目前用于 3 个项目的零件(零件名称)，并将结果按升序存入文本文件 results.txt 中。给出的 SQL SELECT 语句中在第 1、3、5 行各有一处错误，请改正并运行程序(不得增、删语句或短语，也不得改变语句行)。

2．在考生文件夹下创建一个表单，表单名和表单文件名均为 formone.scx，如图 3-4-1 所示，其中包含一个标签(Label1)、一个文本框(Text1)和一个命令按钮(Command1)。然后按相关要求完成相应操作。

图 3-4-1　表单界面

(1) 如图 3-4-1 所示设置表单、标签和命令按钮的 Caption 属性。

(2) 设置“确定”按钮的 Click 事件代码，使得表单运行时单击该按钮能够完成如下功能：从“项目信息”“零件信息”和“使用零件”表中查询指定项目所使用零件的详细信息，查询结果依次包含零件号、零件名称、数量、单价四项内容，各记录按零件号升序排序，并将检查结果存放在以项目号为文件名的表中，如指定项目号 s1，则生成文件 s1.dbf。

(3) 最后执行表单，并依次查询项目 s1 和 s3 所用零件的详细信息.

三、综合应用题

按如下要求完成综合应用(所有控件的属性必须在表单设计器的属性窗口中设置)。

1．根据“项目信息”“零件信息”和“使用零件”3 个表建立一个查询(注意表之间的连接字段)，该查询包括项目号、项目名、零件名称和数量 4 个字段，并要求先按项目号升序排列，项目号相同的再按零件名称降序排列，查询去向为表 three，保存的查询文件名为 chaxun。

2．建立一个表单名和文件名均为 myform 的表单，表单中含有一个表格控件 Grid1，该表格控件的数据源是前面建立的查询 chaxun；然后在表格控件下面添加一个“退出”命令按钮 Command1，要求命令按钮与表格控件左对齐，并且宽度相同，单击该按钮时关闭表单。

第 5 套　操作题过关训练

一、基本操作题

1．在考生文件夹下创建一个名为“订单管理”的数据库，将已有的 employee、orders 和 customer 三个表添加到该数据库中。

2．为 orders 表建立一个普通索引，索引名为 nf，索引表达式为“year(签订日期)”。

3．为 employee 表建立一个主索引，为 orders 表建立一个普通索引，索引名和索引表达式均为“职员号”。通过“职员号”为 employee 表和 orders 表建立一个一对多的永久联系。

4．为上述建立的联系设置参照完整性约束：更新规则为“限制”，删除规则为“级联”，插入规则为“限制”。

二、简单应用题

1．在考生文件夹下存在表单文件 formone.scx，其中包含一个列表框、一个表格和一个命令按钮，如图 3-5-1 所示。

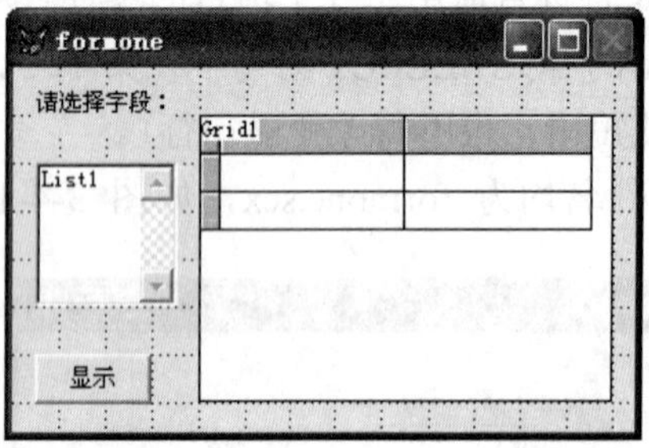

图 3-5-1　表单文件 formone.scx

按要求完成相应的操作。

(1) 将 orders 表添加到表单的数据环境中。

(2) 将列表框 List1 设置成多选，并将其 RowSourceType 属性值设置为“8-结构”、RowSource 属性值设置为 orders。

(3) 将表格 Grid1 的 RecordSourceType 的属性值设置为“4-SQL 说明”。

(4) 修改“显示”按钮的 Click 事件代码。使得当单击该按钮时，表格 Grid1 内将显示在列表框中所选 orders 表中指定字段的内容。

2．利用查询设计器创建一个查询，要求从 orders、employee 和 customer 表中查询 2001 年 5 月 1 日以后(含)所签订单的所有信息。查询结果依次包含“订单号”“签订日期”“金额”“签订者”和“客户名”5 项内容，其中“签订者”为签订订单的职员姓名。各记录按签订日期降序排列，若签订日期相同则按金额降序排序；查询去向为表 tableone。最后将查询保存在 queryone.qpr 文件中，并运行该查询。

三、综合应用题

1. 在考生文件夹下创建一个顶层表单 myform.scx，表单的标题为“考试”，然后创建并在表单中添加一个菜单，菜单的名称为 mymenu.mnx，菜单程序的名称为 mymenu.mpr，如图 3-5-2 所示。

图 3-5-2　顶层表单 myform.scx

2．“统计”和“退出”菜单命令的访问键分别是“T”和“R”，功能都通过执行“过程”命令完成。

3．“统计”菜单命令的功能是以客户为单位从 customer

表和 orders 表中求出订单金额的和。统计结果有“客户号”“客户名”和“合计”3 项内容，“合计”是指与某客户所签所有订单金额的和。统计结果应按“合计”降序排列，并存放在 tabletwo 表中。

4．菜单命令“退出”的功能是关闭并释放表单。

5．最后运行表单并依次执行其中的“统计”和“退出”菜单命令。

第 6 套　操作题过关训练

一、基本操作题

1．在考生文件夹下新建一个名为“学校”的数据库文件，并将自由表“教师表”“课程表”和“学院表”依次添加到该数据库中。

2．使用 SQL 语句 ALTER TABLE…UNIQUE…将“课程表”中的“课程号”定义为候选索引，索引名是 temp，并将该语句存储到文件 one.prg 中。

3．用表单设计器向导为“课程表”建立一个名为 myform 的表单，选定“课程表”中的全部字段，按“课程号”字段降序排列，其他选项选择默认值。

4．test.prg 中的第 2 条语句是错误的，修改该语句(注意：只能修改该条语句)，使得程序执行的结果是在屏幕上显示 10 到 1，如图 3-6-1 所示。

```
10
9
8
7
6
5
4
3
2
1
```

图 3-6-1　程序执行结果

二、简单应用题

1．修改并执行程序 temp。该程序的功能是根据“教师表”和“课程表”计算讲授“数据结构”这门课程，并且“工资”大于等于 4000 的教师人数。注意，只能修改标有错误的语句行，不能修改其他语句。

2．在“学校”数据库中(在基本操作题中建立的)，使用视图设计器建立视图 teacher_v，该视图是根据“教师表”和“学院表”建立的，视图中的字段项包括“姓名”“工资”和“系名”，并且视图中只包括“工资”大于等于 4000 的记录，视图中的记录先按“工资”降序排列，若“工资”相同再按“系名”升序排列。

三、综合应用题

1．在考生文件夹下建立一个文件名和表单名均为 oneform 的表单，该表单中包括两个标签(Label1 和 Label2)、一个选项按钮组(OptionGroup1)、一个组合框(Combo1)和两个命令按钮(Command1 和 Command2)，Label1 和 Label2 的标题分别为“工资”和“实例”，选项组中有两个选项按钮，标题分别为“大于等于”和“小于”，Command1 和 Command2 的标题分别为“生成”和“退出”，如图 3-6-2 所示。

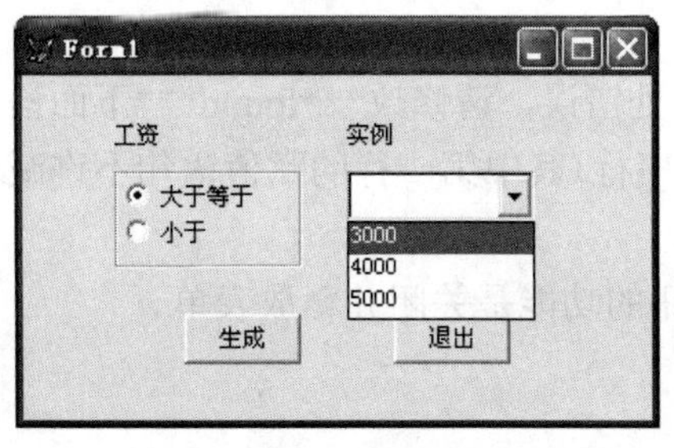

图 3-6-2　oneform 表单

2. 将组合框的 RowSourceType 和 RowSource 属性手工指定为 5 和 *a*，然后在表单的 Load 事件代码中定义数组 *a* 并赋值，使得程序开始运行时，组合框中有可供选择的“工资”实例为 3000、4000 和 5000。

3．为“生成”命令按钮编写程序代码，其功能是：表单运行时，根据选项按钮组和组合框中选定的值，将“教师表”中满足工资条件的所有记录存入自由表 salary.dbf 中，表中的记录先按“工资”降序排列，若“工资”相同再按“姓名”升序排列。

4．为“退出”命令按钮设置 Click 事件代码，其功能是关闭并释放表单。

5．运行表单，在选项组中选择“小于”，在组合框中选择“4000”，单击“生成”命令按钮，最后单击“退出”命令按钮。

第 7 套　操作题过关训练

一、基本操作题

1．将 student 表中学号为 99035001 的学生的“院系”字段值修改为“经济”。

2．将 score 表中“成绩”字段的名称修改为“考试成绩”。

3．使用 SQL 命令(ALTER TABLE)为 student 表建立一个候选索引，索引名和索引表达式均为“学号”，并将相应的 SQL 命令保存在 three.prg 文件中。

4．通过表设计器为 course 表建立一个候选索引，索引名和索引表达式都是“课程编号”。

二、简单应用题

1．建立一个满足下列要求的表单文件 tab。

(1)表单中包含一个页框控件 Pageframe1，该页框含有 3 个页面，Page1、Page2、Page3 三个页面的标题依次为“学生”“课程”和“成绩”。

(2)将 student(学生)表、course(课程)表和 score(成绩)表分别添加到表单的数据环境中。

(3)直接用拖拽的方法使得在页框控件的相应页面上分别显示 student(学生)表、course(课程)表和 score(成绩)表的内容。

(4)表单中包含一个“退出”命令按钮(Command1)，单击该按钮关闭并释放表单。

2．给定表单 modi2.scx，功能是：要求用户输入一个正整数，然后计算从 1 到该数字之间有多少偶数、多少奇数、多少能被 3 整除的数，并分别显示出来，最后统计出满足条件的数的总数量。请修改并调试该程序，使之能够正确运行。

改错要求：“计算”按钮的 Click 事件代码中共有 3 处错误，请修改***found***下面语句行的错误，必须在原来的位置修改，不能增加或删减程序行(其中第一行的赋值语句不许减少或改变变量名)。

“退出”按钮的 Click 事件代码中有一处错误，该按钮的功能是关闭并释放表单。

三、综合应用题

1．在考生文件夹下有一个名为 zonghe 的表单文件，其中：单击“添加>”命令按钮可以将左边列表框中被选中的项添加到右边的列表框中；单击“<移去”命令按钮可以将右边列表框中被选中的项移去(删除)。

2．请完善“确定”命令按钮的 Click 事件代码，其功能是：查询右边列表框所列课程的学生的考试成绩(依次包含“姓名”“课程名称”和“考试成绩”3 个字段)，并先按“课程名称”升序排列，“课程名称”相同的再按“考试成绩”降序排列，最后将查询结果存储到 zonghe 表中。

3．注意：①score 表中的“考试成绩”字段是在基本操作题中修改的；②程序完成后必须运行，要求将“计算机基础”和“高等数学”从左边的列表框添加到右边的列表框，并单击“确定”命令按钮完成查询和存储。

第 8 套　操作题过关训练

一、基本操作题

1．打开考生文件夹下的数据库 College，物理删除该数据库中的 temp 表，然后将 3 个自由表“教师表”“课程表”和“学院表”添加到该数据库中。

2．为“课程表”和“教师表”分别建立主索引和普通索引，字段名和索引名均为“课程号”，并为两个表建立一对多的联系。

3．使用 SQL 语句查询“教师表”中工资大于 4500 的教师的全部信息，将查询结果按职工号升序排列，查询结果存储到文本文件 one.txt 中，SQL 语句存储于文件 two.prg 中。

4．使用报表向导为“学院表”创建一个报表 three，选择“学院表”的所有字段，其他选项均取默认值。

二、简单应用题

1．修改并执行程序 four.prg，该程序的功能是：根据“学院表”和“教师表”计算“信息管理”系教师的平均工资。注意，只能修改标有错误的语句行，不能修改其他语句。

2．在 College 数据库中使用视图设计器建立一个名为 course_v 的视图，该视图根据“课程表”“学院表”和“教师表”建立，视图中的字段包括“姓名”“课程名”“学时”和“系名”4 项，视图中只包括“学时”大于等于 60 的记录，视图中的记录先按“系名”升序排列，若“系名”相同再按“姓名”降序排列，最后查询该视图中的全部信息，并将结果存放到表 sef 中。

三、综合应用题

1．建立一个文件名和表单名均为 oneform 的表单文件，表单中包括两个标签控件(Label1 和 Label2)、一个选项组控件(Optiongroup1)、一个组合框控件(Combo1)和两个命令按钮控件(Command1 和 Command2)，Label1 和 Label2 的标题分别为“系名”和“计算内容”，选项组中有两个选项按钮 option1 和 option2，标题分别为“平均工资”和“总工资”，Command1 和 Command2 的标题分别为“生成”和“退出”，如图 3-8-1 所示。

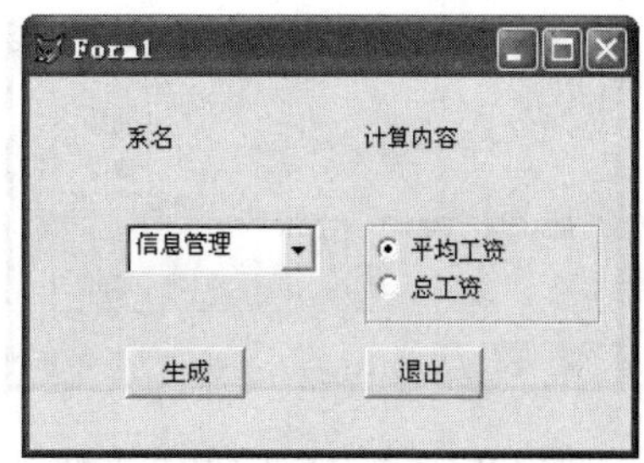

图 3-8-1　oneform 表单文件

2．将“学院表”添加到表单的数据环境中，然后手工设置组合框(Combo1)的RowSourceType属性为6、RowSource属性为“学院表．系名”，程序开始运行时，组合框中可供选择的是“学院表”中的所有“系名”。

3．为“生成”命令按钮编写程序代码。程序的功能是：表单运行时，根据组合框和选项组中选定的“系名”和“计算内容”，将相应“系”的“平均工资”或“总工资”存入自由表salary中，表中包括“系名”“系号”以及“平均工资”或“总工资”3个字段。

4．为“退出”命令按钮编写程序代码，程序的功能是关闭并释放表单。

5．运行表单，在选项组中选择“平均工资”，在组合框中选择“信息管理”，单击“生成”命令按钮。最后，单击“退出”命令按钮结束。

第9套　操作题过关训练

一、基本操作题

1．打开“客户”表，为“性别”字段增加约束规则，即性别只能为“男”或“女”，默认值为“女”，表达式为：性别$“男女”。

2．为“入住”表创建一个主索引，索引名为fkkey，索引表达式为“客房号+客户号”。

3．根据各表的名称、字段名的含义和存储的内容建立表之间的永久联系，并根据要求建立相应的普通索引，索引名与创建索引的字段名相同，升序排序。

4．使用SQL的SELECT语句查询“客户”表中性别为“男”的客户号、身份证、姓名和工作单位字段及相应的记录值，并将结果存储到名为TABA的表(注意，该表不需要排序)。请将该语句存储到名为ONE.PRG的文件中。

二、简单应用题

1．使用查询设计器设计一个名为TWO的查询文件，查询房价价格大于等于280元的每个客房的客房号、类型号(取自客房表)、类型名和价格。查询结果按类型号升序排列，并将查询结果输出到表TABB中。设计完成后，运行该查询。

2．修改命令文件THREE.PRG。该命令文件用来查询与“姚小敏”同一天入住宾馆的每个客户的客户号、身份证、姓名和工作单位，查询结果包括“姚小敏”。最后将查询结果输出到表TABC中。该命令文件在第3行、第5行、第7行和第8行有错误(不含注释行)，打开该命令文件，直接在错误处修改，不可改变SQL语句的结构和短语的顺序，不能增加、删除或合并行。修改完成后，运行该命令文件。

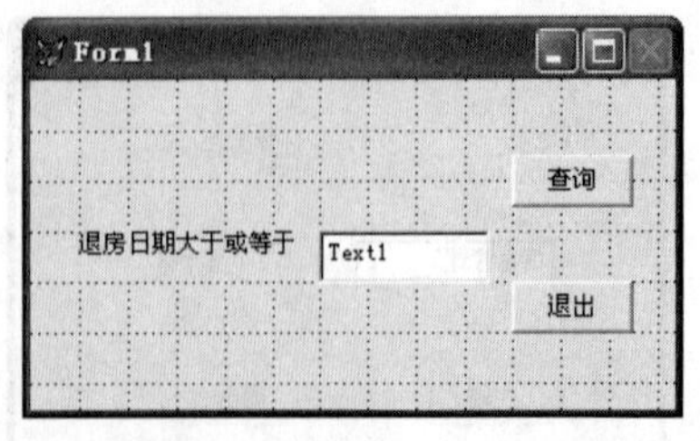

图3-9-1　名为test的表单文件

三、综合应用题

在考生文件夹下，先打开“宾馆”数据库，然后创建一个名为test的表单文件，如图3-9-1所示。

1．该表单完成如下综合应用：

(1)向表单中添加一个标签(Label1)、一个文本框(Text1)和两个命令按钮。

(2)标签的标题为“退房日期大于或等于”。

(3)文本框用于输入退房日期。

2．两个命令按钮的功能如下：

(1)“查询”按钮(Command1)：在该按钮的 Click 事件代码中，通过 SQL 的 SELECT 命令查询退房日期大于或等于输入日期的客户的客户号、身份证、姓名、工作单位和该客户入住的客房号、类型名、价格信息，查询结果按价格降序排列，并将查询结果存储到表 TABD 中。表 TABD 的字段为客户号、身份证、姓名、工作单位、客房号、类型名和价格。

(2)“退出”按钮(Command2)：功能是关闭并释放表单。

3．表单设计完成后，运行该表单，查询退房日期大于或等于 2005-04-01 的顾客信息。

第 10 套　操作题过关训练

一、基本操作题

1．打开考生文件夹下的表单 one，如图 3-10-1 所示，编写“显示”命令按钮的 Click 事件代码，使表单运行时单击该命令按钮则在 Text1 文本框中显示当前系统日期的年份(提示：通过设置文本框的 Value 属性实现，系统日期函数是 date()，年份函数是 year())。

2．打开考生文件夹下的表单 two，如图 3-10-2 所示，执行“表单”菜单中的“新建方法程序”命令，在“新建方法程序”对话框中，为该表单新建一个 test 方法，然后双击表单，选择该方法编写代码，该方法的功能是使“测试”按钮变为不可用，即将该按钮的 Enabled 属性设置为.F.。

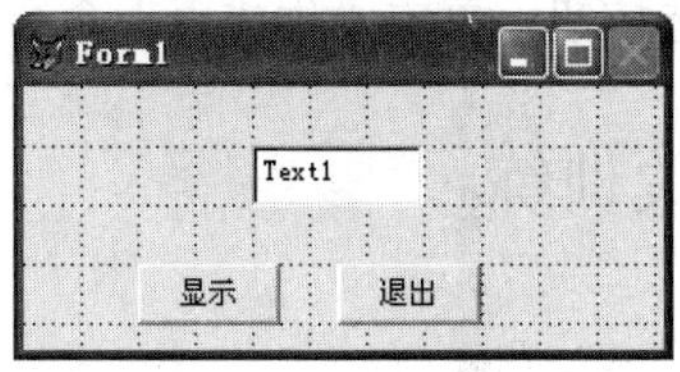

图 3-10-1　表单 one

图 3-10-2　表单 two

3．创建一个名为 study_report 的快速报表，报表包含表“课程表”中的所有字段。

4．为“教师表”的“职工号”字段增加有效性规则：职工号左边 3 位字符是 110，表达式为：LEFT(职工号，3)="110"。

二、简单应用题

1．打开“课程管理”数据库，使用 SQL 语句建立一个视图 salary，该视图包括系号和平均工资两个字段，并且按平均工资降序排列。将该 SQL 语句存储在 four.prg 文件中。

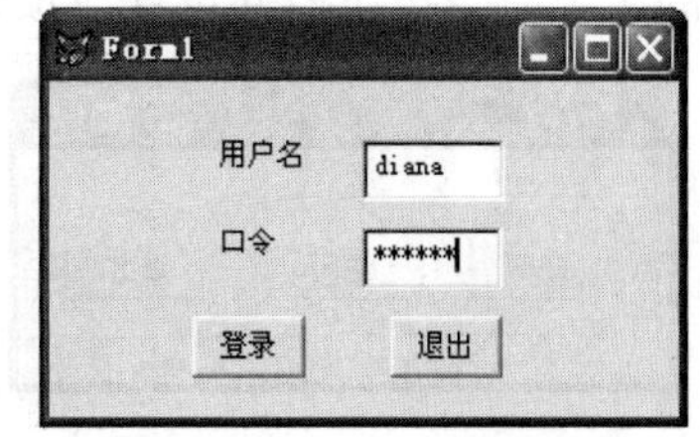

图 3-10-3　表单 six

2．打开考生文件夹下的表单 six，如图 3-10-3 所示，“登录”命令按钮的功能是：当用户输入用户名和口令以后，单击“登录”按钮时，程序在自由表“用户表”中进行查找，若找不到相应的用户名，则提示

"用户名错误"，若用户名输入正确，而口令输入错误，则提示"口令错误"。修改"登录"命令按钮 Click 事件中标有错误的语句，使其能够正确运行。注意：不得进行其他修改。

三、综合应用题

1．建立一个表单名和文件名均为 myform 的表单，如图 3-10-4 所示。表单的标题为"教师情况"，表单中有两个命令按钮(Command1 和 Command2)，两个复选框(Check1 和 Check2)和两个单选按钮(Option1 和 Option2)。Command1 和 Command2 的标题分别是"生成表"和"退出"，Check1 和 Check2 的标题分别是"系名"和"工资"，Option1 和 Option2 的标题分别是"按职工号升序"和"按职工号降序"。

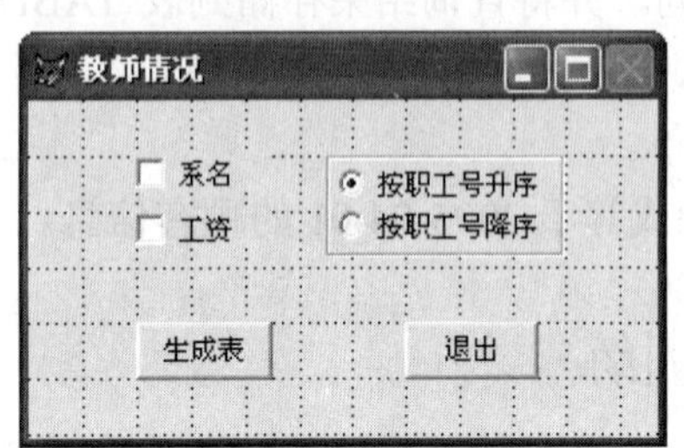

图 3-10-4　表单 myform

2．为"生成表"命令按钮编写 Click 事件代码，其功能是根据表单运行时复选框指定的字段和单选按钮指定的排序方式生成新的自由表。如果两个复选框都被选中，生成的自由表命名为 two.dbf，two.dbf 的字段包括职工号、姓名、系名、工资和课程号；如果只有"系名"复选框被选中，生成的自由表命名为 one_x.dbf，one_x.dbf 的字段包括职工号、姓名、系名和课程号；如果只有"工资"复选框被选中，生成的自由表命名为 one_xx.dbf，one_xx.dbf 的字段包括职工号、姓名、工资和课程号。

3．运行表单，并分别执行如下操作：

(1) 选中两个复选框和"按职工号升序"单选按钮，单击"生成表"命令按钮。

(2) 只选中"系名"复选框和"按职工号降序"单选按钮，单击"生成表"命令按钮。

(3) 只选中"工资"复选框和"按职工号降序"单选按钮，单击"生成表"命令按钮。

第 11 套　操作题过关训练

一、基本操作题

1．打开表单 one，如图 3-11-1 所示，通过设置控件的相关属性，使得表单开始运行时焦点在"打开"命令按钮上，并且接下来的焦点的移动顺序是"关闭"和"退出"。

2．打开表单 two，如图 3-11-2 所示，使用"布局"工具栏的"顶边对齐"按钮将表单中的 3 个命令按钮控件设置成顶边对齐，如图 3-11-3 所示。

图 3-11-1　打开表单 one

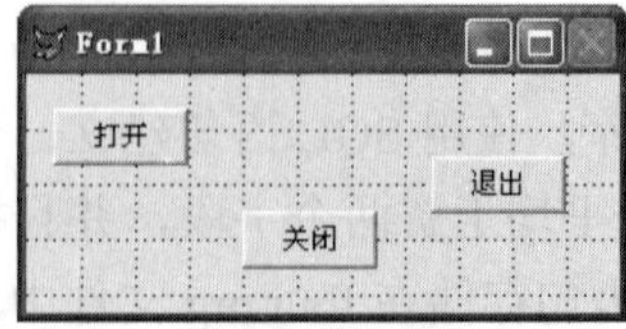

图 3-11-2　打开表单 two

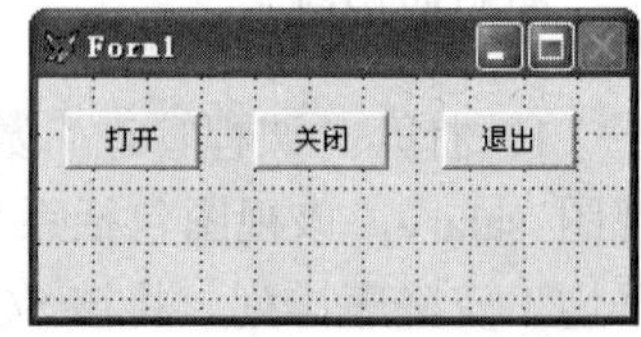

图 3-11-3　命令按钮控件顶边对齐

3．创建一个名为"分组情况表"的自由表(使用 SQL 语句)，其中有组号和组名两个字段，组号占两个字符，组名占 10 个字符。将该 SQL 语句存储在 three.prg 中。

4．使用 SQL 语句插入一条记录到“分组情况表”中，插入的记录中，组号是“01”，组名是“通俗唱法”。将该 SQL 语句存储在 four.prg 中。

二、简单应用题

1．将歌手比赛分为 4 个组，“歌手表”中的“歌手编号”字段的左边两位表示该歌手所在的组号。考生文件夹下的程序文件 five.prg 的功能是：根据“歌手表”计算每个组的歌手人数，将结果存入表 one，表 one 中有“组号”和“歌手人数”两个字段。程序中有 3 处错误，请修改并执行程序。

注意：只能修改标有错误的语句行，不能修改其他语句，数组名 A 不允许修改。

2．建立一个数据库文件“歌手大奖赛．dbc”，并将“歌手表”“评委表”和“评分表”3 个自由表添加到该数据库中。使用视图设计器建立视图 songer_view，根据“歌手表”“评委表”和“评分表”建立该视图，视图中的字段项包括：评委姓名、歌手姓名、分数，视图中的记录按“歌手姓名”升序排列，若“歌手姓名”相同再按“分数”降序排列。

三、综合应用题

1．建立一个文件名和表单名均为 myform 的表单，表单中包括一个列表框(List1)和两个命令按钮(Command1 和 Command2)，两个命令按钮的标题分别为“计算”和“退出”。

2．列表框(List1)中应显示组号，通过 RowSource 和 RowSourceType 属性手工指定列表框的显示条目为 01、02、03、04(注意不要使用命令指定这两个属性，否则将不能得分)。

3．为“计算”命令按钮编写 Click 事件代码。代码的功能是：表单运行时，根据列表框中选定的“组号”，将“评分表”中该组歌手(“歌手编号”字段的左边两位表示该歌手所在的组号)的记录存入自由表 two 中，two 的表结构与“评分表”相同，表中的记录先按“歌手编号”降序排列，若“歌手编号”相同再按“分数”升序排列。

4．运行表单，在列表框中指定组号“01”，并且单击“计算”命令按钮。注意：结果 two 表文件中只能且必须包含 01 组歌手的评分信息。

第 12 套　操作题过关训练

一、基本操作题

1．在考生文件夹下打开数据库文件“大学管理”，为其中的“课程表”和“教师表”分别建立主索引和普通索引，字段名和索引名均为“课程号”。

2．打开 one.prg 文件，修改其中的一处错误，使程序执行的结果是在屏幕上显示以下内容。

```
5 4 3 2 1
```

注意：错误只有一处，文件修改之后要存盘。

3．为“教师表”创建一个快速报表 two，要求选择“教师表”的所有字段，其他选项均取默认值。

4．使用 SQL 语句为“教师表”的“职工号”字段增加有效性规则：职工号的最左边四位字符是“1102”，并将该 SQL 语句存储在 three.prg 中，否则不得分。

二、简单应用题

1．打开考生文件夹下的数据库文件“大学管理”，修改并执行程序 four.prg。程序 four.prg 的功能如下：

(1) 建立一个“工资表”（各字段的类型和宽度与“教师表”的对应字段相同），其中职工号为关键字。

(2) 插入一条“职工号”“姓名”和“工资”分别为“11020034”“宣喧”和 4500 的记录。

(3) 将“教师表”中所有记录的相应字段插入“工资表”。

(4) 将工资低于 3000 的职工工资增加 10%。

(5) 删除姓名为“Thomas”的记录。

注意：只能修改标有错误的语句行，不能修改其他语句，修改以后请执行一次该程序，如果多次执行，请将前一次执行后生成的表文件删除。

2．使用查询设计器建立查询 teacher_q 并执行，查询的数据来源是“教师表”和“学院表”，查询的字段项包括“姓名”“工资”和“系名”，查询结果中只包括“工资”小于等于 3000 的记录，查询去向是表 five，查询结果先按“工资”降序排列，若“工资”相同再按“姓名”升序排列。

三、综合应用题

1．在考生文件夹下建立一个文件名和表单名均为 myform 的表单文件。

2．在考生文件夹下建立一个如图 3-12-1 所示的快捷菜单 mymenu，该快捷菜单有两个选项“取前三名”和“取前五名”。分别为两个选项建立过程，使得程序运行时，单击“取前三名”选项的功能是：根据“学院表”和“教师表”统计平均工资最高的前三名的系的信息并存入表 sa_three 中，sa_three 中包括“系名”和“平均工资”两个字段，结果按“平均工资”降序排列；单击“取前五名”选项的功能与“取前三名”类似，统计查询“平均工资”最高的前五名的信息，结果存入 sa_five 中，sa_five 表中的字段和排序方法与 sa_three 相同。

图 3-12-1　快捷菜单 mymenu

3．在表单 myform 中设置相应的事件代码，使得右击表单内部区域时，能调出快捷菜单，并能执行菜单中的选项。

4．运行表单，调出快捷菜单，分别执行“取前三名”和“取前五名”两个选项。

第 13 套　操作题过关训练

一、基本操作题

1．打开表单 one，向其中添加一个组合框（Combo1），并将其设置为下拉列表框。

2．在表单 one 中，通过表单设计器中的属性窗口设置组合框的 RowSource 和

RowSourceType 属性，使组合框 Combo1 的显示条目为“上海”“北京”（不要使用命令指定这两个属性），显示情况如图 3-13-1 所示。

3．向表单 one 中添加两个命令按钮“统计”和“退出”，名称分别为 Command1 和 Command2。为“退出”命令按钮的 Click 事件编写一条命令，执行该命令时关闭并释放表单。

4．为表单 one 中的“统计”命令按钮的 Click 事件编写一条 SQL 命令，执行该命令时，将“歌手表”中所有“歌手出生地”与组合框(Combo1)指定的内容相同的歌手的全部信息存入自由表 birthplace 中。

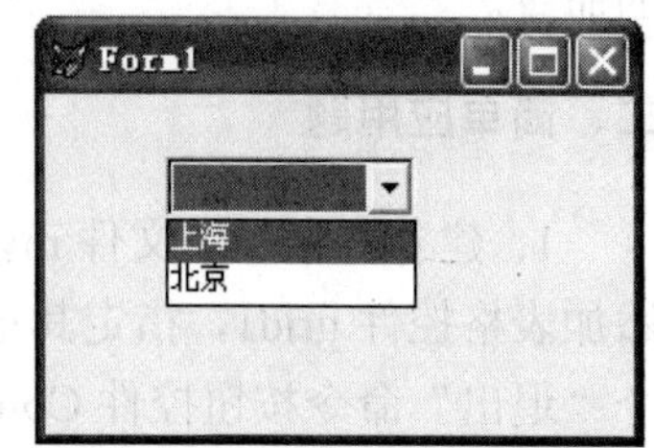

图 3-13-1　表单 one 显示情况

二、简单应用题

1．建立一个名为 score_query 的查询。查询评委为“歌手编号”是“01002”的歌手所打的分数，然后将结果存入自由表 result 中，该自由表的字段有“评委姓名”和“分数”，各记录按分数升序排列。最后运行该查询。

2．根据上一步操作得到的自由表 result 建立一个名为 score_result 的报表，要求如下：

(1) 使用报表向导建立报表，报表中包括“评委姓名”和“分数”两个字段，按“分数”字段降序排列，报表标题为空。

(2) 打开报表 score_result，利用报表标签控件，将“王岩盐得分情况”作为报表的标题添加到报表中。

三、综合应用题

1．编写程序文件 two.prg 并执行。计算“01”组(歌手编号的前两位)歌手的得分，并将结果存入自由表 FINAL 中。FINAL 包含“歌手姓名”和“得分”两个字段，“得分”取各评委所打分数的平均值。FINAL 中的结果按得分降序排列，若得分相同则按歌手姓名降序排列。

2．新建一个文件名和表单名均为 score_form 的表单文件，向表单添加一个命令按钮 Command1，标题为“计算”，为该命令按钮的 Click 事件增加命令，以调用并执行 two.prg 程序。最后运行该表单，并单击“计算”按钮执行 two 程序。

3．新建一个项目文件 score_project，然后将自由表“歌手表”“评委表”“评分表”以及表单文件 score_form 加入该项目，最后将项目文件连编成应用程序文件 score_app。

第 14 套　操作题过关训练

一、基本操作题

1．在考生文件夹下建立一个名为 emp_bak 的表，其结构与 employee 表的结构完全相同。

2．为 employee 表的“职员号”字段建立一个候选索引，索引名为 empid，表达式为“职员号”。

3．使用报表向导生成一个名为 employee.frx 的报表文件，其中包括 employee 表的职员号、姓名、性别和职务 4 个字段，报表样式为“简报式”，按“职员号”升序排序，报表标题为“职员一览表”。

4．建立一个名为 one.prg 的命令文件，该文件包含一条运行(预览)报表文件 employee.frx 的命令。

二、简单应用题

1．建立一个表单文件 myform，将 employee 表添加到表单的数据环境中，然后在表单中添加表格控件 grid1，指定其记录源类型为“别名”、记录源为 employee 表文件，最后添加一个“退出”命令按钮控件 Command1，程序运行时单击该命令按钮将关闭表单。

2．修改 two.prg 文件中的 SQL SELECT 命令，使之正确运行时可以显示如图 3-14-1 所示结果。

三、综合应用题

1．在考生文件夹下建立如图 3-14-2 所示的表单文件 form_three，表单名为 form1。标签控件命名为 Ln，文本框控件命名为 Textn，命令按钮控件命名为 Commands。表单运行时在文本框中输入职员号，单击“开始查询”命令按钮查询该职员所经手的订购单信息(取自 order 表)，查询的信息包括：订单号、客户号、签订日期和金额，查询结果按签订日期升序排列，将结果存储到用字母“t”加上职员号命名的表文件中，如职员 101 经手的订购单信息将存储在表 t101 中，每次完成查询后关闭表单。

组别	组长	组员
1	朱茵	赵一军
1	朱茵	李龙
1	朱茵	王婧
1	朱茵	王一凡
2	李毅军	刘严俊
2	李毅军	杨小萍
2	李毅军	胡小晴
3	吴军	杨兰
3	吴军	吴伟军
3	吴军	赵小青
3	吴军	韦小光
4	杨一明	李琪
4	杨一明	杨小阳
4	杨一明	李楠
4	杨一明	胡一刀

图 3-14-1　运行结果

图 3-14-2　表单文件 form_three

2．建立菜单 mymenu，其中包含“查询”和“退出”两个菜单项，选择“查询”时运行表单 form_three(直接用命令)，选择“退出”时返回到默认的系统菜单(直接用命令)。

3．最后从菜单运行所建立的表单，并依次查询职员 107、111 和 115 经手的订购单信息。

第 15 套　操作题过关训练

一、基本操作题

1．my_menu 菜单中的“文件”菜单项下有子菜单项“新建”“打开”“关闭”和“退出”，请在“关闭”和“退出”之间添加一条水平的分组线，并为“退出”菜单项编写一条返回到系统菜单的命令(不可以使用过程)。

2．创建一个快速报表 sport_report，报表中包含了“金牌榜”表中的“国家代码”和“金牌数”两个字段。

3．使用 SQL 建立表的语句建立一个与自由表“金牌榜”结构完全一样的自由表 golden，并将该 SQL 语句存储在文件 one.prg 中。

4．使用 SQL 语句向自由表 golden 中添加一条记录("011"，9，7，11)，并将该 SQL 语句存储在文件 two.prg 中。

二、简单应用题

1．使用 SQL 语句完成下面的操作：根据“国家”和“获奖牌情况”两个表统计每个国家获得的金牌数(“名次”为 1 表示获得一块金牌)，结果包括“国家名称”和“金牌数”两个字段，并且先按“金牌数”降序排列，若“金牌数”相同再按“国家名称”降序排列，然后将结果存储到表 temp 中。最后将该 SQL 语句存储在文件 three.prg 中。

2．建立一个文件名和控件名均为 myform 的表单，如图 3-15-1 所示。表单中包括一个列表框(List1)、一个选项组(Optiongroup1)和一个“退出”命令按钮(Command1)，这 3 个控件名使用系统默认的名称。相关控件属性按如下要求进行设置：表单的标题为“奖牌查询”，列表框的数据源使用 SQL 语句根据“国家”表显示国家名称，选项组中有 3 个按钮，标题分别为金牌(Option1)、银牌(Option2)和铜牌(Option3)。

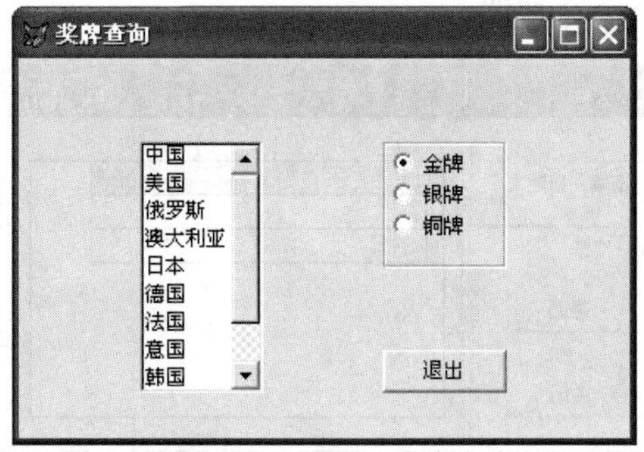

图 3-15-1　myform 表单

三、综合应用题

打开考生文件夹下的 sport_project 项目，项目中有一个名为 sport_form 的表单文件，表单中包括 3 个命令按钮。请完成如下操作。

1．编写并运行程序 Four.prg。程序功能是：根据“国家”和“获奖牌情况”两个表统计并生成一个新表“假奖牌榜”，新表包括“国家名称”和“奖牌总数”两个字段，要求先按奖牌总数降序排列(注意“获奖牌情况”的每条记录表示一枚奖牌)，若奖牌总数相同再按“国家名称”升序排列。

2．为 sport_form 表单中的“生成表”命令按钮编写一条 Click 事件代码命令，执行 Four.prg 程序。

3．将在基本操作中建立的快速报表 sport_report 加入项目文件，并为表单 sport_form 中的命令按钮“浏览报表”编写一条命令，预览快速报表 sport_report。

4．将自由表“国家”和“获奖牌情况”加入项目文件中，然后将项目文件连编成应用程序文件 sport_app.app。

第 16 套　操作题过关训练

一、基本操作题

1．在考生文件夹下创建一个名为“订单管理”的数据库，并将已有的 employee 和 orders 两个表添加到该数据库中。

2．为 orders 表建立一个按降序排列的普通索引，索引名为 je，索引表达式为“金额”。

3．在“订单管理”数据库中新建一个名为 customer 的表，表结构如下：

客户号，字符型(4)；客户名，字符型(36)；地址，字符型(36)。

4．为 customer 表建立主索引，为 orders 表建立普通索引，索引名和索引表达式均为“客户号”，通过“客户号”为 customer 表和 orders 表建立一个一对多的永久联系。

二、简单应用题

1．在考生文件夹下有一个名为 formone.scx 的表单文件，如图 3-16-1 所示，其中包含一个文本框、一个表格和两个命令按钮。

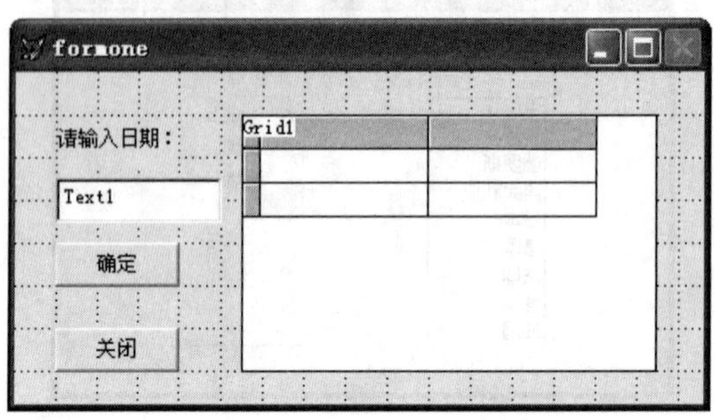

图 3-16-1　formone.scx 表单文件

请按下列要求完成相应的操作。

(1) 通过“属性”窗口将文本框 Text1 的 Value 属性值设置为当前系统日期(日期型，不含时间)。

(2) 通过“属性”窗口将表格 Grid1 的 RecordResourceType 属性值设置为“4-SQL 说明”。

(3) 修改“确定”按钮的 Click 事件代码。使得单击该按钮时，表格 Grid1 内将显示指定日期以后(含)签订的订单信息，包括“订单号”“签订日期”和“金额”3 个字段。

(4) 设置“关闭”按钮的 Click 事件代码。使得单击该按钮时，将关闭并释放表单。

2．利用查询设计器创建查询，要求根据 employee 表和 orders 表对各组在 2001 年所签订单的金额进行统计。统计结果仅包含那些总金额大于等于 500 的组，各记录包括“组别”“总金额”“最高金额”和“平均金额”4个字段；各记录按“总金额”降序排序；查询去向为表 tableone。最后将查询保存在 queryone.qpr 文件中，并运行该查询。

三、综合应用题

1．在考生文件夹下创建一个名为 mymenu.mnx 的下拉式菜单，运行该菜单程序时会在当前 Visual FoxPro 系统菜单的末尾追加一个“考试”子菜单，如图 3-16-2 所示。

图 3-16-2　“考试”子菜单

(1)“统计”和“返回”菜单命令的功能都通过执行“过程”命令完成。

(2)菜单命令“统计”的功能是以某年某月为单位求订单金额的和。统计结果包含“年份”“月份”和“合计”3 项内容(若某年某月没有订单，则不应包含记录)。统计结果应按年份降序排列，若年份相同再按月份升序排列，并存放在 tabletwo 表中。

(3)“返回”菜单命令的功能是返回 Visual FoxPro 的系统菜单。

2．创建一个项目 myproject.pjx，并将已经创建的菜单 mymenu.mnx 设置成主文件，然后连编生成应用程序 myproject.app。最后运行 myproject.app，并依次执行“统计”和“返回”菜单命令。

第 17 套　操作题过关训练

一、基本操作题

在考生文件夹下有一个名为 myform.scx 的表单文件。打开该表单，然后在表单设计器环境下完成如下操作：

1．在“属性”窗口中修改表单的相关属性，使表单在打开时，在 Visual FoxPro 主窗口内居中显示。

2．在“属性”窗口中修改表单的相关属性，将表单内名为 Center、East、South、West 和 North 的 5 个按钮的大小都设置为宽 60、高 25。

3．将 West、Center 和 East 三个按钮设置为顶边对齐，将 North、Center 和 South 三个按钮设置为左边对齐。

4．按 Center、East、South、West、North 的顺序设置各按钮的 Tab 键次序。

二、简单应用题

1．利用查询设计器创建一个名为 query1.qpr 的查询文件，查询考生文件夹下 xuesheng 表和 chengji 表中数学、英语和信息技术 3 门课中至少有一门课在 90 分以上(含)的学生记录。查询结果包含学号、姓名、数学、英语和信息技术 5 个字段，各记录按学号降序排列；查询去向为表 table1，并运行该查询。

2．新建一个名为 cj_m 的数据库，并向其中添加 xuesheng 表和 chengji 表。然后在数据库中创建视图 view1：通过该视图只能查询少数民族学生的英语成绩；查询结果包含学号、姓名、英语 3 个字段；各记录按英语成绩降序排序，若英语成绩相同则按学号升序排序。最后利用刚创建的视图 view1 查询视图中的全部信息，并将查询结果存放在表 table2 中。

三、综合应用题

1．利用表设计器在考生文件夹下建立表 table3，表结构如下：

学号，字符型(10)；姓名，字符型(6)；课程名，字符型(8)；分数，数值型(5，1)。

2．然后编写程序 prog1.prg，在 xuesheng 表和 chengji 表中查询所有成绩不及格(分数小于 60)的学生信息(学号、姓名、课程名和分数)，并把这些数据保存到表 table3 中(若一个学生有多门课程不及格，在表 table3 中就会有多条记录)。要求查询结果按分数升序排列，分数相同则按学号降序排列。

3．要求在程序中用 SET RELATION 命令建立 chengji 表和 xuesheng 表之间的关联(同时用 INDEX 命令建立相关的索引)，并通过 DO WHILE 循环语句实现规定的功能。最后运行程序。

第 18 套　操作题过关训练

一、基本操作题

1．打开名称为 SDB 的学生数据库，分别为学生表 Student、选课成绩表 SC 和课程表 Course 创建主索引。Student 表主索引的索引名和索引表达式均为“学号”；Course 表主索引的索引名和索引表达式均为“课程号”；SC 表的主索引名为 PK_SC，索引表达式为“学号+课程号”的字段组合。

2．通过“学号”字段建立 Student 表与 SC 表之间的永久联系，通过“课程号”字段建立 Course 表与 SC 表之间的永久联系，并为以上建立的永久联系设置参照完整性约束：更新规则为“级联”；删除规则为“级联”；插入规则为“限制”。

3．使用 SQL 语句将学号为“s3”的学生记录从 Student 表中逻辑删除，并将该 SQL 语句存放在文件 ONE.PRG 中。

4．创建一个名为 Project_S 的项目文件。将学生数据库 SDB 添加到该项目中。

二、简单应用题

1．使用一对多报表向导建立名称为 P_ORDER 的报表。要求从父表顾客表 CUST 中选择所有字段，从子表订单表 ORDER 中选择所有字段；两表之间采用“顾客号”字段连接；按“顾客号”字段升序排序；报表样式为“经营式”，方向为“纵向”；报表标题为“顾客订单表”。然后修改该报表，在页注脚中增加一个标签“制表人：王爱学”；该标签水平居中，标签中的“：”为中文的冒号。

2．修改一个名称为 TWO.PRG 的命令文件。该命令文件统计每个顾客购买商品的金额合计(应付款)，结果存储在临时表 ls 中。然后用 ls 中的每个顾客的数据去修改表 scust 对应的记录。该命令文件有 3 行语句有错误，打开该命令文件进行修改。

注意：直接在错误处修改，不改变 SQL 语句的结构和短语的顺序，不允许增加、删除或合并行，修改完成后，运行该命令文件。

三、综合应用题

在考生文件夹下，打开名称为 CDB 的商品销售数据库，完成如下综合应用。

创建一个标题名为“顾客购买商品查询”、文件名为 GK 的表单，如图 3-18-1 所示。

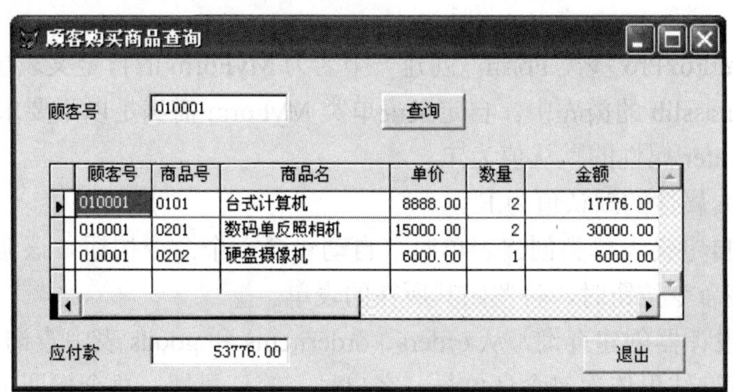

图 3-18-1　GK 表单

表单要求如下：

1．在该表单中设计两个标签、两个文本框、一个表格控件和两个命令按钮。

2．表单中两个标签的名称分别为 Label1 和 Label2，其标题分别为“顾客号”和“应付款”；两个文本框的名称分别为 Text1 和 Text2，前者用于输入查询的顾客号，后者用于显示顾客的应付款；表格 Grid1 用于显示顾客购买商品的详细记录。

3．两个命令按钮的功能如下：

(1)“查询”按钮(Command1)。

在该按钮的 Click 事件中编写程序，采用 SQL 语句根据第 1 个文本框输入的顾客号进行查询。在表格控件中显示该顾客的顾客号和购买的每件商品的商品号、商品名、单价、数量和金额，各记录按商品号升序排序。该查询结果应同时存储到表 tjb.dbf 中。另外需要统计该顾客的应付款，并将结果显示在 Text2 文本框中。

说明：金额=单价*数量，应付款=顾客购买的商品金额合计。

(2)“退出”按钮(Command2)：关闭并释放表单。

注意：表格控件的 RecordSourceType 属性设置为“4-SQL 说明”。

表单设计完成后，运行该表单，输入顾客号：010003，单击“查询”按钮进行查询。

第 19 套　操作题过关训练

一、基本操作题

在考生文件夹下有一个表单文件 formone.scx，其中包含一个文本框和一个命令按钮。打开该表单文件，然后在表单设计器环境下完成如下操作：

1．将文本框和命令按钮两个控件设置为顶边对齐。

2．将文本框的默认值设置为 0。

3．将表单的标题设置为“基本操作”，将命令按钮的标题设置为“确定”。

4．设置文本框的 InteractiveChange 事件代码，使得当文本框输入负数时，命令按钮为无效，即不能响应用户的操作。

二、简单应用题

1．扩展 Visual FoxPro 基类 Form，创建一个名为 MyForm 的自定义表单类。自定义表单类保存在名为 myclasslib 的类库中。自定义表单类 MyForm 需满足以下要求：

(1)其 AutoCenter 属性的默认值为.T.。

(2)其 Closable 属性的默认值为.F.。

(3)当基于该自定义表单类创建表单时，自动包含一个命令按钮。该命令按钮的标题为“关闭”，当单击该命令按钮时，将关闭其所在的表单。

2．利用查询设计器创建查询，从 orders、orderitems 和 goods 表中查询 2007 年签订的所有订单的信息。查询结果依次包含订单号、客户号、签订日期、总金额四项内容，其中总金额为该订单所签所有商品的金额(单价*数量)之和。各记录按总金额降序排序，总金额相同按订单号升序排序。查询去向为表 tableone。最后将查询保存在 queryone.qpr 文件中，并运行该查询。

三、综合应用题

1．在考生文件夹下创建一个下拉式菜单 mymenu.mnx，并生成菜单程序 mymenu.mpr。运行该菜单程序时会在当前 Visual FoxPro 系统菜单的末尾追加一个“考试”子菜单，如图 3-19-1 所示。

图 3-19-1 “考试”子菜单

2．菜单命令“统计”和“返回”的功能都通过执行“过程”命令完成。

3．菜单命令“统计”的功能是统计 2007 年有关客户签订的订单数。统计结果依次包含“客户名”和“订单数”两个字段，其中客户名即客户的姓名(在 customers 表中)。各记录按订单数降序排序，订单数相同则按客户名升序排序，统计结果存放在 tabletwo 表中。

4．菜单命令“返回”的功能是恢复标准的系统菜单。

5．菜单程序生成后，运行菜单程序并依次执行“统计”和“返回”菜单命令。

第 20 套 操作题过关训练

一、基本操作题

1．新建一个项目 myproject，然后再在该项目中建立一个数据库 mybase。

2．将考生文件夹下的 3 个自由表全部添加到新建的 mybase 数据库中。

3．利用 SQL ALTER 语句为 orderitem 表的“数量”字段设置有效性规则：字段值必须大于零，然后把该 SQL 语句保存在 sone.prg 文件中。

4．在新建的项目 myproject 中建立一个表单，并将其保存为 myform.scx(不要做其他任何操作)。

二、简单应用题

1．在 mybase 数据库中建立视图 myview，视图中包括客户名、订单号、图书名、单价、数量和签订日期字段。然后使用 SQL SELECT 语句查询：“吴”姓读者(客户第一个字为“吴”)订购图书情况，查询结果按顺序包括 myview 视图中的全部字段，并要求先按客户名排序，再按订单号排序，再按图书名排序(均升序)，并将查询结果存储在表文件 mytable 中。

2．打开在基本操作题中建立的表单文件 myform，并完成如下简单应用：

(1)将表单的标题设置为“简单应用”。

(2)表单运行时自动居中。

(3)增加命令按钮“退出”(Command1)，程序运行时单击该按钮释放表单。

(4)将第 1 题建立的视图 myview 添加到数据环境中。

(5)将视图 myview 拖拽到表单中使得表单运行时能够显示视图的内容(不要修改任何属性)。

三、综合应用题

1．打开在基本操作题中建立的项目 myproject。

2．在项目中建立程序 SQL，该程序只有一条 SQL 查询语句，功能是：查询 7 月份以后(含)签订订单的客户名、图书名、数量、单价和金额(单价*数量)，结果先按客户名，再按图书名升序排序存储到表 MYSQLTABLE 中。

3．在项目中建立菜单 mymenu，该菜单包含运行表单、执行程序和退出 3 个菜单项，它们的功能分别是执行表单 myform，执行程序 SQL，恢复到系统默认菜单(前两项使用直接命令方式；最后一项使用过程，其中包含一条 clear events 命令)。

4．在项目中建立程序 main，该程序的第一条语句是执行菜单 mymenu，第二条语句是 read events，并将程序设置为主文件。

5．连编生成应用程序 myproject.app。

6．最后运行连编生成的应用程序，并执行程序所有菜单项。

第 21 套　操作题过关训练

一、基本操作题

1．新建一个不包含任何控件的空表单 myform.scx(表单名和表单文件名均为 myform)。

2．打开表单文件 formtwo.scx，将表单的标题设置为“计算机等级考试”。

3．打开表单文件 formthree.scx，使用布局工具栏操作使表单上的 4 个命令按钮按顶边水平对齐。

4．打开表单文件 formfour.scx，设置相关属性使表单初始化时自动在 Visual FoxPro 主窗口内居中显示。

二、简单应用题

1．使用查询设计器设计完成：查询“吴”姓读者(客户第一个字为“吴”)订购图书情况，查询结果包括客户名、订单号、图书名、单价、数量和签订日期字段的值，要求按客户名升序排序，并运行该查询将查询结果存储在表文件 appone 中，查询文件也保存为 appone。

2．使用 SQL 语句查询每个读者订购图书的数量和金额(数量*单价)，查询结果包括客户名、订购总册数和金额，查询按金额降序排序，查询结果存储在 apptwo.dbf 表文件中，最后将 SQL 语句保存在 apptwo.prg 命令文件中。

三、综合应用题

1．建立数据库“订单管理”。

2．将表 order、goods 和 orderitem 添加到“订单管理”数据库中。

3．在“订单管理”数据库中创建视图 orderview，该视图包含信息：客户名、订单号、图书名、数量、单价和金额(单价*数量)。

4．建立文件名和表单名均为 orderform 的表单，在表单中添加表格控件 Grid1(将 RecordSourceType 属性设置为“表”)和命令按钮“退出”(Command1)。

5．在表单的 load 事件中使用 SQL 语句从视图 orderview 中按客户名升序、金额降序查询数量为 1 的客户名、图书名和金额信息，并将结果存储到表文件 result.dbf 中。

6．在表单运行时使得控件 Grid1 中能够显示表 result.dbf 中的内容(在相应的事件中将 Grid1 的 recordsource 属性指定为 result.dbf)。

7．单击“退出”命令按钮时释放并关闭表单。

8．完成以上所有功能后运行表单 orderform。

第 22 套　操作题过关训练

一、基本操作题

在考生文件夹下，有一个名为 myform 的表单。打开表单文件，然后在表单设计器中完成下列操作：

1．将表单设置为不可移动，并将其标题修改为“表单操作”。

2．为表单新建一个名为 mymethod 的方法，方法代码为：wait "mymethod" window。

3．编写 OK 按钮的 Click 事件代码，其功能是调用表单的 mymethod 方法。

4．编写 Cancel 按钮的 Click 事件代码，其功能是关闭当前表单。

二、简单应用题

1．利用查询设计器创建一个查询，其功能是从 xuesheng 和 chengji 两个表中找出 1982 年出生的汉族学生记录。查询结果包含学号、姓名、数学、英语和信息技术 5 个字段；各记录按学号降序排列；查询去向为表 table1。最后将查询保存为 query1.qpr，并运行该查询。

2．首先创建数据库 cj_m，并向其中添加 xuesheng 表和 chengji 表。然后在数据库中创建视图 view1，其功能是利用该视图只能查询数学、英语和信息技术 3 门课程中至少有一门不及格(小于 60 分)的学生记录；查询结果包含学号、姓名、数学、英语和信息技术 5 个字段；各记录按学号降序排列。最后利用刚创建的视图 view1 查询视图中的全部信息，并将查询结果存储于表 table2 中。

三、综合应用题

1．首先利用表设计器在考生文件夹下建立表 table3，表结构如下：

民族，字符型(4)；数学平均分，数值型(6,2)；英语平均分，数值型(6,2)。

2．然后在考生文件夹下创建一个名为 mymenu.mnx 的下拉菜单，并生成菜单程序 mymenu.mpr。运行该菜单程序则在当前 Visual FoxPro 系统菜单的末尾追加一个“考试”子菜单，如图 3-22-1 所示。

图 3-22-1　追加的“考试”子菜单

(1)“考试”菜单下“计算”和“返回”命令的功能都通过执行“过程”命令完成。

(2)“计算”菜单命令的功能是根据 xuesheng 表和 chengji 表分别统计汉族学生和少数民族学生数学和英语两门课程的平均分，并把统计结果保存在表 table3 中。表 table3 的结果有两条记录：第 1 条记录是汉族学生的统计数据，“民族”字段填“汉”；第 2 条记录是少数民族学生的统计数据，“民族”字段填“其他”。

(3)“返回”菜单命令的功能是恢复到 Visual FoxPro 的系统菜单。

(4)菜单程序生成后，运行菜单程序并依次执行“计算”和“返回”菜单命令。

第 23 套　操作题过关训练

一、基本操作题

在考生文件夹下存在表单文件 myform.scx，其中包含一个名为“高度”的标签，文本框 Text1，以及一个名为“确定”的命令按钮。打开该表单文件，然后在表单设计器环境下完成如下操作：

1．将标签、文本框和命令按钮 3 个控件设置为顶边对齐。

2．修改“确定”按钮的相关属性，在表单运行时按 Enter 键就可以直接选择该按钮。

3．设置表单的标题为“表单操作”，名称为 myform。

4．编写“确定”按扭的 Click 事件代码，使得表单运行时，单击该按钮可以将表单的高度设置成在文本框中指定的值。

二、简单应用题

在考生文件夹下已有 order、orderitem 和 goods 三个表。其中，order 表包含了订单的基本信息，orderitem 表包含了订单的详细信息，goods 表包含了商品(图书)的相关信息。

1. 利用查询设计器创建查询，从 order、orderitem 和 goods 表中查询客户名为 lilan 的所有订单信息，查询结果依次包含订单号、客户名、签订日期、商品名、单价和数量 6 项内容。各记录按订单号降序排序，订单号相同则按商品名降序排序，查询去向为表 tableone。最后将查询保存在 queryone.qpr 文件中，并运行该查询。

2. 首先创建一个名为 order_m 的数据库，并向其中添加 order 表和 orderitem 表。然后在数据库中创建视图 viewone：利用该视图只能查询商品号为 a00002 的商品订购信息。查询结果依次包含订单号、签订日期和数量 3 项内容。各记录按订单号升序排列，最后利用刚创建的视图查询视图中的全部信息，并将查询结果存放在表 tabletwo 中。

三、综合应用题

在考生文件夹下创建一个下拉式菜单 mymenu.mnx，并生成菜单程序 mymenu.mpr。运行该菜单程序时会在当前 Visual FoxPro 系统菜单的末尾追加一个“考试”子菜单，如图 3-23-1 所示。

图 3-23-1　追加一个“考试”子菜单

1. “计算”和“返回”菜单命令的功能都通过执行“过程”命令完成。

2. “计算”菜单命令的功能如下：

(1) 用 ALTER TABLE 语句在 order 表中添加一个“总金额”字段，该字段为数值型，宽度为 7，小数位数为 2。

(2) 根据 orderitem 表和 goods 表中的相关数据计算各订单的总金额，其中，一个订单的总金额等于它所包含的各商品的金额之和，每种商品的金额等于其数量乘以单价，填入刚建立的字段中。

3. “返回”其菜单命令的功能是恢复到 Visual FoxPro 的系统菜单。

4. 菜单程序生成后，运行菜单程序，并依次执行“计算”和“返回”菜单命令。

第 24 套　操作题过关训练

一、基本操作题

考生文件夹下的自由表 employee 中存放着职员的相关数据。

1. 利用表设计器为 employee 表创建一个普通索引，索引表达式为“姓名”，索引名为 xm。

2. 打开考生文件夹下的表单文件 formone，然后设置表单的 Load 事件，代码的功能是打开 employee 表，并将索引 xm 设置为当前索引。

3．在表单 formone 中添加一个列表框，并设置列表框的名称为 mylist，高度为 60，可以多重选择。

4．设置表单 formone 中 mylist 列表框的相关属性，其中 RowSourceType 属性为字段，使得当表单运行时，列表框内显示 employee 表中姓名字段的值。

二、简单应用题

在考生文件夹下完成以下简单应用(自由表 order 中存放着订单的有关数据)。

1．利用查询设计器创建查询，从 employee 表和 order 表中查询金额最高的 10 笔订单。查询结果依次包含订单号、姓名、签订日期和金额 4 个字段，各记录按金额降序排列，查询去向为表 tableone。最后将查询保存在 queryone.qpr 文件中，并运行该查询。

2．首先创建数据库 order_m，并向其中添加 employee 表和 order 表。然后在数据库中创建视图 viewone：利用该视图只能查询组别为 1 的职员的相关数据；查询结果依次包含职员号、姓名、订单号、签订日期、金额 5 个字段；各记录按职员号升序排列，若职员号相同则按金额降序排列。最后利用刚创建的视图查询视图中的全部信息，并将查询结果存放在表 tabletwo 中。

三、综合应用题

1．创建一个名为 tablethree 的自由表，其结构如下：

姓名 C(6)，最高金额 N(6,2)，最低金额 N(6,2)，平均金额 N(6,2)。

2．设计一个用于查询统计的表单 formtwo，其界面如图 3-24-1 所示。其中的表格名称为 Grid1，“查询统计”按钮的名称为 Command1，“退出”按钮的名称为 Command2，文本框的名称为 Text1。

(1) 当在文本框中输入某职员的姓名并单击“查询统计”按钮时，会在左边的表格内显示该职员所签订单的金额，并将其中的最高金额、最低金额和平均金额存入表 tablethree 中。

(2) 单击“退出”按钮将关闭表单。

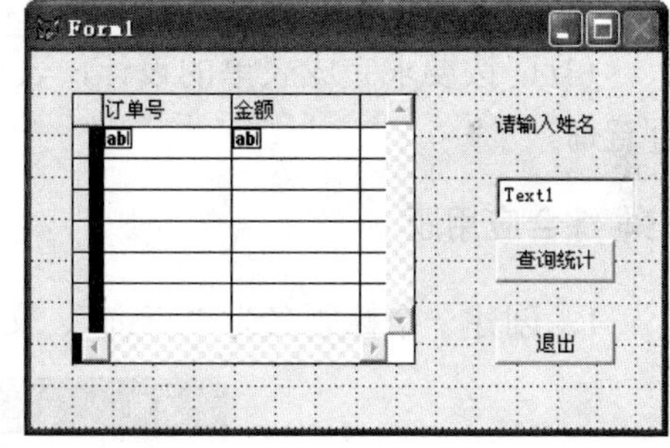

图 3-24-1　表单 formtwo 界面

3．运行上面创建的表单 formtwo，然后依次查询统计“赵小青”和“吴伟军”两位职员所签订单的相关金额。执行完后，表 tablethree 中应该包含两条相应的记录。

第 25 套　操作题过关训练

一、基本操作题

打开考生文件夹下的 DB 数据库，完成如下基本操作：

1．为 TABB 表增加一个字段，字段名为“日期”，数据类型为日期型。

2．使用 SQL UPDATE 语句将 TABB 表中所有记录的“日期”字段的值修改为 2005-10-01，并将 SQL 语句存储到名为 TWO.PRG 的文件中。

3．用 SQL 语句将 TABA 表中的记录复制到另外一个与它结构相同的 TABC 表中，并消除其中的重复记录，并且对于重复多次的记录，只复制一条记录的数据。最后将 SQL 的 SELECT 语句存储到名为 THREE.PRG 的文件中。

4．使用报表向导建立一个简单报表。要求选择 TABA 表中的所有字段；记录不分组；报表样式为随意式；列数为 1，字段布局为“列”，方向为“横向”；排序字段为 NO，升序；报表标题为“计算结果一览表”；报表文件名为 P_ONE。

二、简单应用题

1．编写一个名为 FOUR.PRG 的程序，根据 TABA 表中所有记录的 a、b、c 三个字段的值，计算各记录的一元二次方程的两个根 x_1 和 x_2，并将两个根 x_1 和 x_2 写到对应的字段 x_1 和 x_2 中，如果无实数解，在 note 字段中写入“无实数解”。提示：平方根函数为 SQRT()；程序编写完成后，运行该程序计算一元二次方程的两个根。注意：一元二次方程公式为

$$x = \frac{-b \pm \sqrt{b^2 - 4ac}}{2a}$$

2．打开名为 testA 的表单，其中有两个命令按钮，界面要求如下：

(1) 设置两个按钮的高度均为 30，宽度均为 80，“退出”按钮与“查询”按钮顶边对齐。

(2) “查询”按钮的功能是在该按钮的 Click 事件中使用 SQL 的 SELECT 命令从 TABA 表中查询“无实数解”的记录并存储到 TABD 表中。

(3) “退出”按钮的功能是关闭并释放表单。

(4) 请按要求完成表单的设计，表单设计完成后，运行该表单，并单击“查询”按钮进行查询。

三、综合应用题

1．创建一个标题名为“查询”、文件名为 testb 的表单，如图 3-25-1 所示。

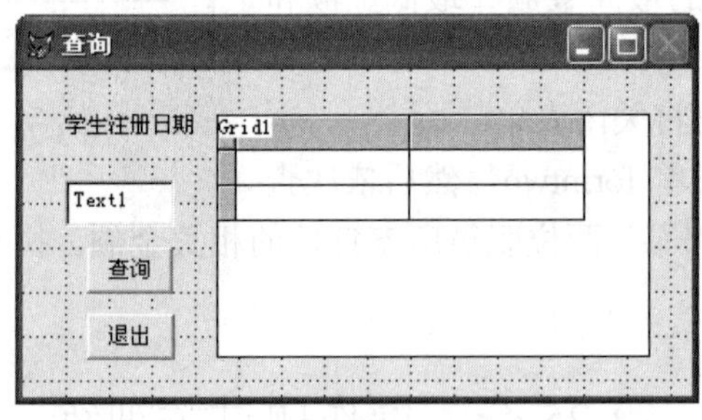

图 3-25-1　testb 表单

2．表单要求如下：

(1) 为表单建立数据环境，并向数据环境中添加“学生表”。

(2) 表单启动后自动居中。

(3) 向该表单中添加一个标签、一个文本框、一个表格和两个命令按钮。

① 标签对象(Label1)的标题文本为“学生注册日期”，文本框(Text1)用于输入学生注册日期，表格(Grid1)用于显示结果。

② 命令按钮的功能如下：

a．“查询”按钮(Command1)的功能是在该按钮的 Click 事件中使用 SQL 的 SELECT 命令从“学生表”中查询学生注册日期等于文本框中指定的注册日期的学生的学号、姓名、年龄、性别、班级和注册日期，查询结果按年龄降序排序，并将查询结果在表格控件中显示，同时将查询结果存储到 TABE 表中。

注意：查询结果存储到 TABE 表之前，应将 TABE 表中的记录清空。TABE 表是已经建立好的表，它与学生表的结构不完全一样，多两个字段。

b．“退出”按钮(Command2)的功能是关闭并释放表单。

注意：需将表格控件的 RecordSourceType 属性值设置为“4-SQL 说明”。

3．表单设计完成后，运行该表单，查询注册日期等于 2005 年 9 月 2 日的学生信息。

第 26 套　操作题过关训练

一、基本操作题

1．新建一个名为“学校”的数据库文件，将自由表“教师表”“职称表”和“学院表”添加到该数据库中。

2．在“学校”数据库文件中，为“职称表”建立主索引，索引表达式为“职称级别”，索引名为 indexone。

3．使用报表向导为“职称表”建立一个报表 myreport，选定“职称表”的全部字段，按“职称级别”字段降序排序，其他选项选择默认值。

4．修改 test.prg 中的语句，该语句的功能是将“职称表”中所有职称名为“教授”的记录的“基本工资”存储于一个新表 prof.dbf 中，新表中包含“职称级别”和“基本工资”两个字段，并按“基本工资”升序排列。最后运行程序文件 test.prg。

二、简单应用题

1．请修改并执行程序 temp.prg，该程序的功能是：根据“教师表”和“职称表”计算每位教师的“应发工资”，每个教师的“应发工资”等于与“职称级别”相符的“基本工资”+“课时”×80×职称系数，教授的职称系数为 1.4，副教授的职称系数为 1.3，讲师的职称系数为 1.2，助教的职称系数为 1.0，计算结果存储于自由表 salary.dbf 中，salary.dbf 中的字段包括姓名、系号和应发工资，并按系号降序排列，系号相同时按应发工资升序排列。注意，只能修改标有错误的语句行，不能修改其他语句行。

2．创建一个新类 MyCheckBox，该类扩展 Visual FoxPro 的 CheckBox 基类，新类保存在考生文件夹下的 myclasslib 类库中。在新类中将 Value 属性设置为 1。新建一个表单 MyForm，然后在表单中添加一个基于新类 MyCheckBox 的复选框，如图 3-26-1 所示。

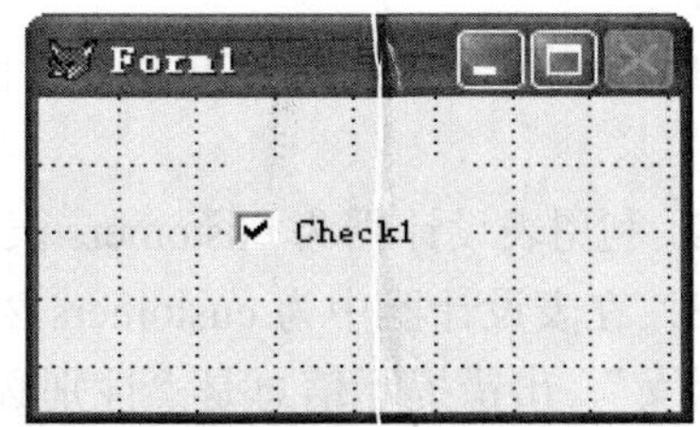

图 3-26-1　基于新类 MyCheckBox 的复选框

三、综合应用题

1．建立一个文件名和表单名均为 formtest 的表单，表单中包括一个标签(Label1)、一个列表框(List1)、一个表格(Grid1)，如图 3-26-2 所示。

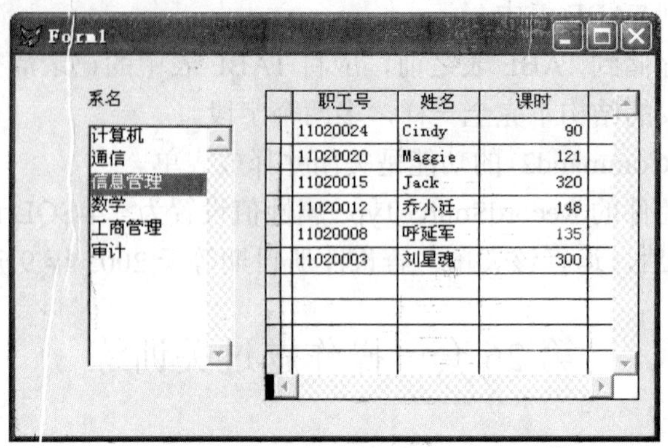

图 3-26-2　formtest 表单

2．在表单的数据环境中添加“学院表”和“教师表”。

3．通过“属性”窗口将标签的标题设为“系名”。

4．列表框用于显示系名，通过属性窗口将列表框(List1)的 RowSource 和 RowSourceType 属性指定为“学院表.系名”和 6。

5．表格用于显示所有教师的相关信息，通过属性窗口将表格(Grid1)的 RecordSource 和 RecordSourceType 属性指定为“select 职工号，姓名，课时 from 教师表 into cursor tmp”和 4。

6．为列表框(List1)的 Dbclick 事件编写程序。程序的功能是：表单运行时，用户双击列表框中的选项时，将所选系教师的“职工号”“姓名”和“课时”三个字段的信息存入自由表 two.dbf 中，表中的记录按“职工号”降序排列。

7．运行表单，在列表框中双击“信息管理”。

第 27 套　操作题过关训练

一、基本操作题

在考生文件夹下有 customers(客户)、orders(订单)、orderitems(订单项)和 goods(商品)4 个表。

1．创建一个名为“订单管理”的数据库，并将考生文件夹下的 customers 表添加到该数据库中。

2．利用表设计器为 customers 表建立一个普通索引，索引名为 bd，表达式为“出生日期”。

3．在表设计器中为 customers 表的“性别”字段设置有效性规则，规则表达式为：性别 $“男女”，出错提示信息是“性别必须是男或女”。

4．利用 INDEX 命令为 customers 表建立一个普通索引，索引名为 khh，表达式为“客户号”，索引存放在 customers.cdx 中。然后将该 INDEX 命令存入命令文件 pone.prg 中。

二、简单应用题

1．在考生文件夹下创建一个名为 formone 的表单文件，其中包含一个标签(Label1)、一个文本框(Text1)和一个命令按钮(Command1)，如图 3-27-1 所示，然后按要求完成相应操作。

(1)如图 3-27-1 所示设置表单、标签和命令按钮的 Caption 属性。

(2)设置文本框的 Value 属性值为表达式“Date()”。

(3)编写“查询”按钮的 Click 事件代码，使得表单运行时，单击该按钮完成如下查询功能：从 customers 表中查询指定日期以后出生的客户，查询结果依次包含姓名、性别、出生日期 3 项内容，各记录按出生日期降序排列，查询去向为表 tableone。

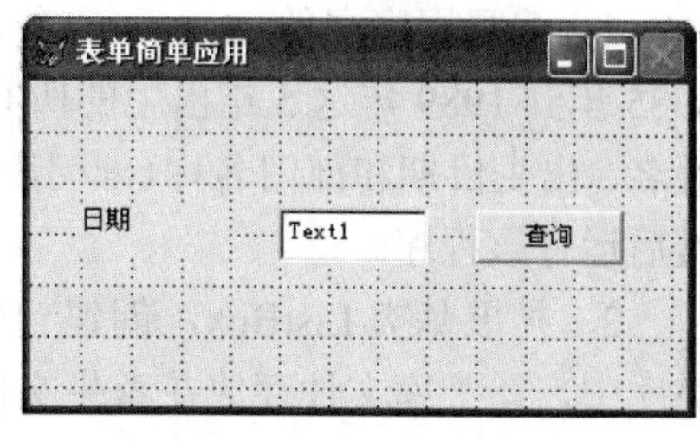

图 3-27-1 formone 表单界面

(4)运行该表单，查询 1980 年 1 月 1 日以后出生的客户。

2．向名为“订单管理”的数据库(在基本操作题中建立)添加 orderitems 表。在数据库中创建视图 viewone：利用该视图可以从 orderitems 表中查询各商品的订购总量，查询结果依次包含商品号和订购总量两项内容，即所有订单对该商品的订购数量之和，各记录按商品号升序排列。最后利用该视图查询视图中的全部信息，并将查询结果存放在表 tabletwo 中。

三、综合应用题

1．在考生文件夹下创建一个名为 myform 的顶层表单，表单的标题为“考试”，然后在表单中添加菜单，菜单的名称为 mymenu.mnx，菜单程序的名称为 mymenu.mpr。效果如图 3-27-2 所示。

图 3-27-2 添加菜单效果

2．“计算”和“退出”菜单命令的功能都通过执行“过程”命令完成。

3．“计算”菜单命令的功能是根据 orderitems 表和 goods 表中的相关数据计算各订单的总金额，其中一个订单的总金额等于它所包含的各商品的金额之和，每种商品的金额等于数量乘以单价，并将计算的结果填入 orders 表的相应字段中。

4．“退出”菜单命令的功能是关闭并释放表单。

5．运行表单并依次执行其中的“计算”和“退出”菜单命令。

第 28 套 操作题过关训练

一、基本操作题

1．在考生文件夹下的“人事管理”数据库中，为“职工”表中的“性别”字段设置有效性规则，只能取“男”或“女”；默认值是“男”。

2．建立快捷菜单 cd，选项有打开、关闭和退出，生成同名的菜单程序文件。

3．为“职工”表加入一个普通索引，索引名和索引表达式均为“部门编号”，升序。

4．为“职工”表和“部门”表建立联系，定义参照完整性规则：删除规则为“级联”，更新规则和插入规则为“限制”。

二、简单应用题

1．编写程序文件 prgone.prg，其功能是从“人事管理”数据库的相关表中查询销售部从 1985 年到 1989 年这 5 年出生的所有职工的信息，并存到表 cyqk.dbf 中。查询结果包含编号、姓名、出生日期和部门名称(部门表中的名称)4 个字段；按职工的出生日期和编号升序排列。最后运行该程序。

2．扩展基类 ListBox，创建一个名为 MyListBox 的新类。新类保存在名为 Myclasslib 的类库中，该类库文件存放在考生文件夹下。设置新类的 Height 属性的默认值为 120，Width 属性的默认值为 80。

三、综合应用题

1．为了对“认识管理”数据库中的数据进行查询，请设计一个用于查询部门职工的表单。该表单的名称为 formone，文件名为 pform.scx，标题为“人员查询”，其界面如图 3-28-1 所示。

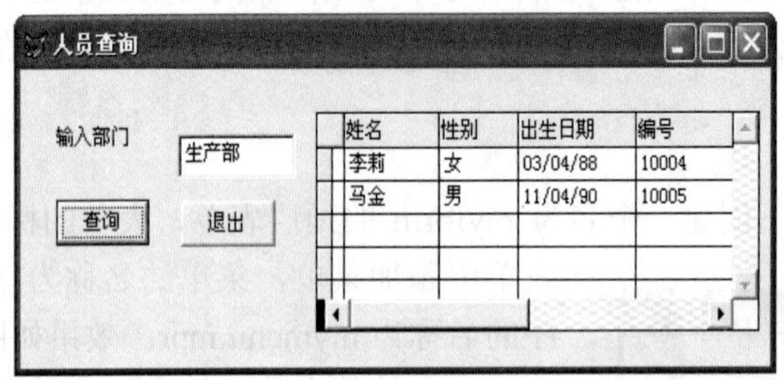

图 3-28-1　查询部门职工的表单界面

2．表单左侧有一个名为 Labelone 的标签，显示内容为“输入部门”；一个名为 Textone 的文本框，用于输入部门名称；两个名为 Commanda 和 Commandb 的命令按钮，分别显示“查询”和“退出”。表单右侧是一个名为 Gridone 的表格。

3．单击“查询”按钮，查询指定部门所有职工的信息，包括职工的姓名、性别、出生日期和编号，按编号升序排序。查询结果不仅显示在表单右侧的表格中，也保存在表文件 tableone.dbf 中。

4．单击“退出”按钮，关闭并释放表单。

5．最后运行表单，在文本框中输入部门名称“开发部”，单击“查询”按钮，显示并保存相应的查询结果。

第 29 套　操作题过关训练

一、基本操作题

1．建立一个“客户”表，表结构如下：

客户编号(C,8)，客户名称(C,8)，联系地址(C,30)，联系电话(C,11)，电子邮件(C,20)。

2．建立一个名为“客户”的数据库，并将自由表“客户”添加到该数据库中。

3．将如下记录插入“客户”表中。

43100112	沈红霞	浙江省杭州市83号信箱	13312347008	shenhx@sohu.com
44225601	唐毛毛	河北省唐山市100号信箱	13184995881	tangmm@bit.com.cn
50132900	刘云亭	北京市1010号信箱	13801238769	liuyt@ait.com.cn
30691008	吴敏霞	湖北省武汉市99号信箱	13002749810	wumx@sina.com
41229870	王衣夫	辽宁省鞍山市88号信箱	13302438008	wangyf@abbk.com.cn

4．利用报表向导生成一个名为“客户”（报表文件名）的报表，报表中包含客户表的全部字段，报表的标题为“客户”，其他各项取默认值。

二、简单应用题

在考生文件夹下有student（学生）、course（课程）和score（选课成绩）3个表，利用SQL语句完成如下操作：

1．查询每门课程的最高分，要求得到的信息包括“课程名称”和“分数”，将查询结果存储到max表中（字段名是“课程名称”和“分数”），并将相应的SQL语句存储到命令文件one.prg中。

2. 查询成绩不及格的课程，将查询的课程名称存入文本文件new.txt中，并将相应的SQL语句存储到命令文件two.prg中。

三、综合应用题

1．建立数据库“学生”。

2．把自由表student（学生）、course（课程）和score（选课成绩）添加到新建立的数据库中。

3．建立满足如下要求的、表单名和文件名均为formlist的表单。

(1)添加一个表格控件Grid1，要求按学号升序显示“学生选课”及“考试成绩”信息（包括学号、姓名、院系、课程名称和成绩字段）。

(2)添加两个命令按钮“保存”和“退出”（Command1和Command2），单击命令按钮“保存”时将表格控件Grid1中所显示的内容保存到表results中（方法不限），单击命令按钮“退出”则关闭并释放表单。

(3)注意：程序完成后必须运行，并按要求保存表格控件Grid1中所显示的内容到表results。

第30套　操作题过关训练

一、基本操作题

1．创建一个表单，并将表单保存为myform。

2．将myform表单设置为模式表单，并将其标题设置为“表单操作”。

3．将考生文件夹下的xuesheng表和chengji表依次添加到myform表单的数据环境中。设置两个表对应的对象名称分别为cursor1和cursor2。

4．在数据环境中为 xuesheng 表和 chengji 表建立关联：当移动 xuesheng 表中的记录指针时，chengji 表中的记录指针会自动移动到学号与 xuesheng 表相同的对应记录上。

二、简单应用题

1．利用查询设计器创建查询，从 xuesheng 表和 chengji 表中查询数学、英语和信息技术3门课程都在 85 分以上(含)，或者数学、英语都在 90 分以上(含)而信息技术在 75 分以上(含)的学生记录。查询结果包含学号、姓名、数学、英语和信息技术 5 个字段，各记录要按学号降序排列，查询去向为表 table1。最后将查询保存在 query1.qpr 文件中，并运行该查询。

2．首先创建数据库 cj_m，并向其中添加 xuesheng 表和 chengji 表。然后在数据库中创建视图 view1：通过该视图只能查询 20001001 班(学号的前 8 位数字串为班号)的学生记录，查询结果包含学号、姓名、数学、英语和信息技术 5 个字段，各记录要按学号降序排列。最后再利用刚创建的视图 view1 查询视图中的全部信息，并将查询结果存储于表 table2 中。

三、综合应用题

1．在考生文件夹下新建一个名为 mymenu.mnx 的下拉式菜单，并生成菜单程序 mymenu.mpr。运行该菜单程序则在当前 Visual FoxPro 系统菜单的末尾追加一个“考试”子菜单，如图 3-22-1 所示。

2．考试菜单下的“计算”和“返回”命令的功能都是通过执行“过程”完成的。

3．“计算”菜单命令的功能如下：

(1)先用 SQL 的 SELECT 语句完成查询：按学号降序列出所有学生的学号、姓名，及其数学、英语和信息技术的分数，查询结果存储于表 table3 中。

(2)用 ALTER TABLE 语句在表 table3 中添加一个“等级”字段，字段类型为字符型，字段宽度为 4。

(3)最后根据数学、英语和信息技术的成绩为所有学生计算等级：3 门课程都及格(大于等于 60 分)且平均分大于等于 90 分的为“优”，3 门课程都及格且平均分大于等于 80 分、小于 90 分的为“良”；3 门课程都及格且平均分大于等于 70 分、小于 80 分的为“中”；3 门课程都及格且平均分小于 70 分的为“及格”，其他的为“差”。

4．“返回”菜单命令的功能是恢复到 Visual FoxPro 的系统菜单。

5．菜单程序生成后，运行菜单程序并依次执行“计算”和“返回”菜单命令。

第 31 套　操作题过关训练

一、基本操作题

在考生文件夹下，打开“点菜”数据库，完成如下操作：

1．修改“菜单表”，为其增加一个字段类型为字符型，宽度为 8 的“厨师姓名”字段。

2．使用报表向导建立一个简单报表，要求选择“菜单表”中所有字段(其他不要求)，并把报表保存为 one.frx 文件。

3．打开第 2 题建立的报表文件 one，将报表标题修改为“菜单一览表”，最后保存所做的修改。

4．使用 SQL 的 SELECT 语句，根据顾客点菜表和菜单表查询点菜金额大于等于 40 元的顾客号、菜编号、菜名、单价和数量，结果按菜编号降序排列，并存储到名为 TABA 的表中，将 SQL 的 SELECT 语句存储到名为 TWO.PRG 的文件中。表 TABA 由 SELECT 语句自动建立。注意：在 SQL 语句中不要对表取别名。

二、简单应用题

1．打开“点菜”数据库，通过查询设计器设计一个名为 THREE 的查询文件，根据顾客点菜表和菜单表查询顾客的“顾客号”和“消费金额合计”。顾客某项消费金额由数量乘以单价计算，而消费金额合计则为其各项消费金额之和(SUM(数量*单价))。查询结果按“消费金额合计”降序排序，并将查询结果输出到表 TABB 中。表 TABB 的两个字段名分别为顾客号和消费金额合计。设计完成后，运行该查询。

2．创建设计一个文件名为 testA 的表单，如图 3-31-1 所示。表单的标题名为“选择磁盘文件”，表单名为 Form1。该表单用于完成如下操作：

(1)编写选项按钮组的 Click 事件代码，使每在选项按钮组中选择一个文件类型，列表框(List1)就列出该文件类型所对应的文件。列表框的列数为 1。

(2)“退出”按钮的功能是关闭并释放表单。

(3)提示：①选择的 3 种文件类型分别为 Word、Excel 和 TXT 文本文件；②列表框的 RowSourceType 应设置为“7-文件”；③若要让列表框显示 Word 文件，可将其 RowSource 属性设置为“*.DOC”。

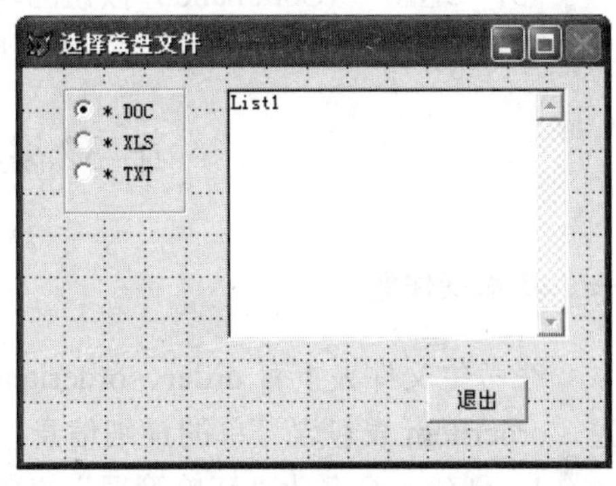

图 3-31-1　testA 表单界面

三、综合应用题

1．先打开考生文件夹下的“点菜”数据库，然后创建设计一个标题名为“查询”、文件名为 testB 的表单，如图 3-31-2 所示。

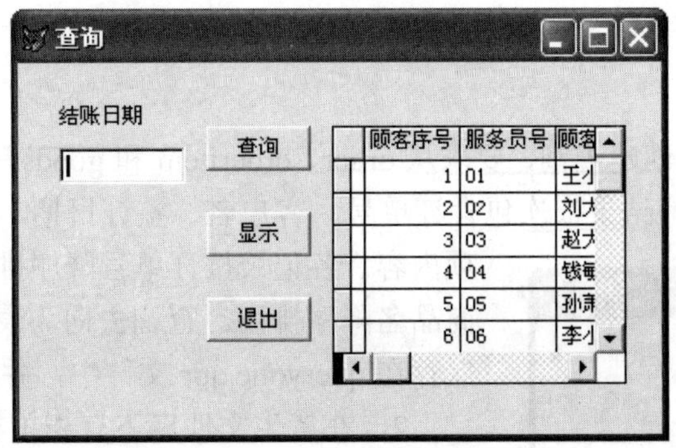

图 3-31-2　testB 表单界面

2．表单要求如下：

(1)在该表单中设计一个标签(Label1)、一个文本框(Text1)、一个表格(Grid1)和三个命令按钮。

(2)标签对象标题文本为“结账日期”(Label1)；文本框用于输入结账日期(Text1)；表格控件用于显示结果。

3．3 个命令按钮的功能如下：

(1)“查询”(Command1)按钮：在该按钮的 Click 事件中使用 SQL 的 SELECT 命令查询结账日期等于在文本框输入日期的顾客序号、顾客姓名、单位和消费金额，查询结果按消费金额降序排列，最后将查询结果存储到 TABC 表中。

(2)“显示”(Command2)按钮：在该按钮的 Click 事件中使用命令将 TABC 表中的记录在表格控件中显示。

提示：设置表格控件的 RecordSourceType 和 RecordSource 属性，其中 RecordSourceType 属性应设置成“4-SQL 说明”。

(3)“退出”(Command3)按钮的功能是关闭并释放表单。

4．表单设计完成后，需运行该表单，查询“结账日期”等于 2005-10-01 的顾客信息。

第 32 套　操作题过关训练

一、基本操作题

在考生文件夹下有 order、orderitem 和 goods 三个表。其中，order 表包含订单的基本信息，orderitem 表包含订单的详细信息，goods 表包含图书商品的相关信息。

1．创建一个名为“订单管理”的数据库，并将考生文件夹下的 order、orderitem 和 goods 三个表添加到该数据库中。

2．在表设计器中为 order 表建立一个普通索引，索引名为 nf，索引表达式为“year(签订日期)”。

3．通过“订单号”为 order 表和 orderitem 表建立一个一对多的永久联系，它们的索引名均为“订单号”，其中 order 表为父表，orderitem 表为子表。

4．为上述建立的联系设置参照完整性约束：更新规则为“限制”，删除规则为“级联”，插入规则为“限制”。

二、简单应用题

1．利用查询设计器创建查询，要求从 order、orderitem 和 goods 三个表中查询 2001 年签订的所有订单信息，查询结果依次包含订单号、客户名、签订日期、商品名、单价和数量 6 项内容。各记录按订单号降序排列，若订单号相同再按商品名降序排列。查询去向为表 tableone，最后将查询保存在 queryone.qpr 文件中，并运行该查询。

图 3-32-1　表单文件 myform.scx 界面

2．在考生文件夹下有表单文件 myform.scx，其中包含一个标签、一个文本框和一个命令按钮(不要改变它们的名称)，如图 3-32-1 所示。

(1)编写“确定”按钮的 Click 事件代码，当表单运行时，单击该命令按钮可以查询在文本框中输入的指定客户的所有订单信息，查询结果依次包含订单号、签订日期、商品名、单价和数量 5 项内容。各记录按订单号升序排列，若订单号相同则按商品名升序排列，将查询结果存放在 tabletwo 表中。

(2)设置完成后运行表单，在文本框中输入客户名 lilan，单击“确定”按钮完成查询。

三、综合应用题

1．在考生文件夹下创建一个名为 mymenu.mnx 的下拉式菜单，生成菜单程序 mymenu.mpr。运行该菜单程序时会在当前 Visual FoxPro 系统菜单的末尾追加一个“考试”子菜单，如图 3-32-2 所示。

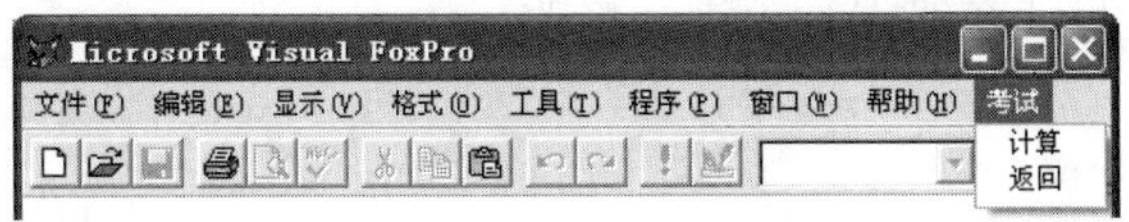

图 3-32-2　追加的“考试”子菜单

2．“计算”和“返回”菜单命令的功能都通过执行“过程”完成。

3．“计算”菜单命令的功能是计算各商品在 2001 年的订购总金额，若某商品没有被订购，则其总金额为零。将计算结果保存在 tablethree 表中，其中包含商品名和总金额两个字段，各记录按商品升序排列。

提示：可分两步完成，首先从 order 表和 orderitem 表中获取 2001 年订单中有关商品数量的信息，并保存在临时表中，然后将 goods 表与临时表进行左联接，并完成总金额的计算。

4．“返回”菜单命令的功能是恢复到 Visual FoxPro 的系统菜单。

5．生成菜单程序后，运行菜单程序并依次执行“计算”和“返回”菜单命令。

第 33 套　操作题过关训练

一、基本操作题

在考生文件夹下，打开 TEST_DB 数据库，完成如下操作：

1．为 SELL 表建立一个名为 PK 的主索引，索引表达式为：部门号+年度+月份。

2．将 DataTest、MODEL、TABC 和 PASS 四个自由表添加到当前打开的数据库中。

3．在当前数据库中创建表 TEST，包括部门号、年份和销售额合计 3 个字段，其中：部门号 C(2)，年份 C(4)，销售额 N(8,2)。

4．使用报表向导建立一个简单报表，要求选择表 SELL 中的所有字段(其他不要求)，报表文件名为 TWO。

二、简单应用题

1．打开 TEST_DB 数据库，根据 DEPT 表和 SELL 表，使用查询设计器设计一个名为 THREE 的查询，按年度、分部门(按年度和部门分组)统计月平均销售(通过销售额计算)、月平均工资(通过工资额计算)和月平均利润(通过“月平均销售”–“月平均工资”计算)。查询结果按部门号和年度升序排列，并将查询结果输出到 TABB 表中。TABB 表的字段名依次为：部门号、部门名、年度、月平均销售、月平均工资、月平均利润。设计完成后，运行该查询。

2．打开名为 testA 的表单，该表单完成如下功能：

每当用户输入用户名和口令并单击“确认”按钮后，利用 PASS 表中的记录检查其输入是否正确，若正确，就显示“欢迎使用本系统！”字样，并关闭表单；若不正确，则显示“用户名或口令不对，请重输入！”字样；如果 3 次输入不正确，就显示“用户名或口令不对，登录失败！”字样，并关闭表单。

(1) 修改口令输入文本框，使输入的口令显示为“*”。

(2) 修改“确认”按钮的 Click 事件中的程序。请将第 3、4 和 12 行语句修改正确。修改时不能增加或删除行，只能在错误行上进行修改。

三、综合应用题

1．建立一个文件名和表单名均为 myform 的表单文件，向表单中添加以下控件。

(1) 表格控件 Grid1，并将其 RecordSourseType 属性手工设置为“别名”。

(2) 文本框控件 Text1。

(3) 命令按钮控件 Command1，名称为“确定”。

2．程序运行时，在文本框中输入部门名，然后单击“确定”命令按钮，计算该部门各年度的销售额(合计)和利润(合计)(利润为“销售额”–“工资额”)，按年度升序将结果(含年度、销售额和利润 3 个字段)保存在以部门名命名的表文件中，同时在 Grid1 控件中显示计算的结果。

3．要求：程序完成后必须运行，并分别计算“笔记本产品部”和“计算机产品部”按年度统计的销售额和利润情况。

第 34 套　操作题过关训练

一、基本操作题

在考生文件夹下有表单文件 myform.scx，其中包含“请输入(s)”标签、Text1 文本框，以及“确定”命令按钮。打开该表单文件，然后在表单设计器环境下完成如下操作：

1．将表单的名称修改为 myform，标题修改为“表单操作”。

2．按标签、文本框和命令按钮的先后顺序设置表单内 3 个控件的 Tab 键次序。

3．为表单新建一个名为 mymethod 的方法，方法代码为：wait "文本框的值是" +this.text1.value window。

4．将“请输入(s)”标签中的字母 s 设置成“访问键”(方法是在该字符前插入“\<”)；设置“确定”按钮的 Click 事件代码，其功能是调用表单的 mymethod 方法。

二、简单应用题

在考生文件夹下存在 order、orderitem 和 goods 三个表。其中，order 表包含订单的基本信息，orderitem 表包含订单的详细信息，goods 表包含图书商品的相关信息。

1．利用查询设计器创建查询，从 order、orderitem 和 goods 三个表中查询所有订单的信息，查询结果依次包含订单号、客户名、签订日期、商品名、单价、数量和金额 7 项内容，其中“金额”等于“单价”乘以“数量”。各记录按订单号降序排列，若订单号相同则按商品名降序排列。查询去向为表 tableone。最后将查询保存在 queryone.qpr 文件中，并运行该查询。

2．首先创建一个名为 order_m 的数据库，并向其中添加 order、orderitem 和 goods 表。然后在数据库中创建视图 viewone：利用该视图只能查询客户名为 lilan 的所有订单的信息，查询结果依次包含订单号、签订日期、商品名、单价和数量 5 项内容。各记录按订单号升序排列，若订单号相同再按商品名升序排列。最后利用刚创建的视图查询视图中的全部信息，并将查询结果存放在表 tabletwo 中。

三、综合应用题

1．在考生文件夹下建立一个名为 formone.scx 的表单文件，要求其中包含一个标签、一个文本框和一个命令按钮(名称依次为 Label1、Text1 和 Command1)，表单的标题为“综合应用”，如图 3-34-1 所示。

2．编写“确定”按钮的 Click 事件代码，当表单运行时，单击命令按钮可以查询指定商品的订购信息，该商品由用户在文本框给定的商品号指定，查询结果依次包含订单号、客户名、签订日期、商品名、单价和数量 6 项内容。各记录按订单号升序排列。查询结果存放在表 tablethree 中。

图 3-34-1　“综合应用”表单

3．最后运行表单，然后在文本框中输入商品号 a00002，单击“确定”按钮完成查询。

第 35 套　操作题过关训练

一、基本操作题

1．使用 SQL INSERT 语句在 orders 表中添加一条记录，其中订单号为 0050、客户号为 061002、签订日期为 2010 年 10 月 10 日。然后将该语句保存在命令文件 sone.prg 中。

2．使用 SQL UPDATE 语句将 orders 表中订单号为 0025 的订单的签订日期改为 2010 年 10 月 10 日。然后将语句保存在命令文件 stwo.prg 中。

3．使用 SQL ALTER 语句将 orders 表添加一个“金额”字段(货币类型)。然后将该语句保存在命令文件 sthree.prg 中。

4．使用 SQL DELETE 语句从 orderitems 表中删除订单号为 0032 且商品号为 C1003 的记录。然后将该语句保存在命令文件 sfour.prg 中。

二、简单应用题

1．使用 SELECT 语句查询 2008 年 2 月份没有订单的客户，查询结果依次包含客户号、姓名、性别和联系电话四项内容，各记录按客户号降序排序，查询结果存放在表 tableone 中。最后将该语句保存在命令文件 sfive.prg 中(注：customers 是客户表，orders 是订单表)。

2. 首先创建数据库 goods_m，并向其中添加 goods 表。然后在数据库中创建视图 viewone：利用该视图只能查询单价大于等于 2000 且库存量小于等于 2，或者单价小于 2000 且库存量小于等于 5 的商品信息，查询结果依次包含商品号、商品名、单价和库存量四项内容，各记录按单价降序排序，单价相同则按库存量升序排序。最后利用该视图查询视图中的全部信息，并将查询结果存放在表 tabletwo 中。

三、综合应用题

1. 在考生文件夹下创建一个顶层表单 myform.scx（表单的标题为“考试”），然后创建并在表单中添加菜单（菜单的名称为 mymenu.mnx，菜单程序的名称为 mymenu.mpr）。效果如图 3-35-1 所示。

图 3-35-1　添加菜单效果

2. 菜单命令“统计”和“退出”的功能都通过执行过程完成。

3. 菜单命令“统计”的功能是从 customers 表中统计各年份出生的客户人数。统计结果包含“年份”和“人数”两个字段，各记录按年份升序排序，统计结果存放在 tablethree 表中。

4. 菜单命令“退出”的功能是释放并关闭菜单（在过程中包含命令 myform.release）。

5. 请运行表单并依次执行其中的“统计”和“退出”菜单命令。

第 36 套　操作题过关训练

一、基本操作题

在考生文件夹下有一个名为 myform.scx 的表单文件，其中包含 Text1 和 Text2 两个文本框，以及 Ok 和 Cancel 两个命令按钮。打开该表单，然后通过“属性”窗口设置表单的相关属性完成如下操作：

1. 将文本框 Text1 的宽度设置为 50。

2. 将文本框 Text2 的宽度设置为默认值。

3. 将 Ok 按钮设置为默认按钮，即按一下 Enter 键则选择该按钮。

4. 将 Cancel 按钮的第 1 个字母 C 设置成“访问键”，即通过按 Alt+C 组合键就可以选择该按钮（在相应字母前插入一个反斜线和小于号）。

二、简单应用题

考生文件夹下有 xuesheng 和 chengji 两个表，请在考生文件夹下完成以下简单应用：

1. 利用查询设计器创建查询，查询的功能是：根据 xuesheng 表和 chengji 表统计出男、女生在英语课程上各自的最高分、最低分和平均分。查询结果包含性别、最高分、最低分和平均分 4 个字段，并将查询结果按性别升序排列，查询去向为表 table1。最后将查询保存为 query1.qpr，并运行该查询。

2. 利用报表向导创建一个名为 report1 的简单报表。要求选择 xuesheng 表中的所有字段，记录不分组，报表样式为账务式，列数为 2，字段布局为行，方向为纵向，按学号升序排序，报表标题为 XUESHENG。

三、综合应用题

1．在考生文件夹下新建一个名为 mymenu.mnx 的下拉式菜单，并生成菜单程序 mymenu.mpr。运行该菜单程序则在当前 Visual FoxPro 系统菜单的末尾追加一个“考试”子菜单，如图 3-22-1 所示。

2．考试菜单下的“计算”和“返回”菜单命令的功能都是通过执行“过程”完成的。

3．“计算”菜单命令的功能是从 xuesheng 表和 chengji 表中找出所有满足以下条件的学生：每门课程的成绩都大于等于所有同学在该门课程上的平均分。并把这些学生的学号和姓名保存在 table2 表中(表中只包含学号和姓名两个字段)。table2 表中各记录应该按学号降序排列。

4．“返回”菜单命令的功能是恢复到 Visual FoxPro 的系统菜单。

5．菜单程序生成后，运行菜单程序并依次执行“计算”和“返回”菜单命令。

第 37 套 操作题过关训练

一、基本操作题

1．新建一个名为 sdb 的数据库文件，然后将 client 表添加到数据库中。

2．使用 SQL UPDAE 语句将 client 表中客户名为 061009 的客户的性别改为“男”。然后将该语句保存在命令文件 sone.prg 中。

3．使用 SQL INSERT 语句在 client 表中添加一条记录，其中客户号为 071009、客户名为“杨晓静”、性别为“女”、出生日期为 1991 年 1 月 1 日。然后将该语句保存在命令文件 stwo.prg 中(注意：只能插入一条记录)。

4．使用 SQL ALTER 语句为 client 表的“性别”字段设置有效性规则：性别必须为男或女。然后将该语句保存在命令文件 sthree.prg 中。

二、简单应用题

1．利用查询设计器创建查询，从 customers、orders、orderitems 和 goods 表中查询所有客户号前两个字符为“06”的客户签订的订单信息。查询结果依次包含客户号、订单号、商品号、商品名和数量五项内容。各记录按客户号升序排序，客户号相同按订单号升序排序，订单号也相同则按商品号升序排序。查询去向为 tableone。最后将查询保存在 queryone.qpr 文件中，并运行查询。

2．扩展 Visual FoxPro 基类 CommandButton，创建一个名为 mybutton 的自定义按钮类。自定义按钮类保存在名为 myclasslib 的类库中。自定义按钮类 mybutton 需要满足以下要求：

(1)其标题为“退出”。

(2)其 Click 事件代码的功能是关闭并释放所在表单。

然后创建一个文件名为 formone 的表单，并在表单上添加一个基于自定义类 mybutton 的按钮。

三、综合应用题

1．在考生文件夹下已有一个菜单文件 mymenu.mnx，运行相应的菜单程序时会在当前 Visual FoxPro 系统菜单的末尾追加一个“考试”子菜单，如图 3-37-1 所示。

2．在考生文件夹下还有一个表单文件 myform.scx，表单中包含一个标签、一个文本框和两个命令按钮，如图 3-37-2 所示。

图 3-37-1　“考试”子菜单

图 3-37-2　表单文件 myform.scx 界面

3．现在请按要求实现菜单项和命令按钮的相关功能。

(1) 菜单命令“统计”和“退出”的功能都是通过执行过程完成的。菜单命令“统计”的功能是运行 myform 表单。菜单命令“退出”的功能是恢复标准的系统菜单。

(2) 单击命令按钮“确定”要完成的功能是：从 customer、orders、orderitems 和 goods 表中查询金额大于等于用户在文本框中指定的金额的订单信息。查询结果依次包含订单号、客户号、签订日期、金额等四项内容，其中金额为该订单所签所有商品的金额之和。各记录按金额降序排序，金额相同则按订单号升序排序。查询去向为表 tabletwo。

(3) 单击命令按钮“关闭”要完成的功能是，关闭并释放所在表单。

4．最后，请运行菜单程序、打开表单，然后在文本框中输入 1000，并单击“确定”按钮完成查询统计。

第 38 套　操作题过关训练

一、基本操作题

1．打开考生文件夹下的表单 one，如图 3-38-1 所示，在“打开”命令按钮的 Click 事件中增加一条语句，使表单运行时单击该命令按钮，则“关闭”按钮变为可用。

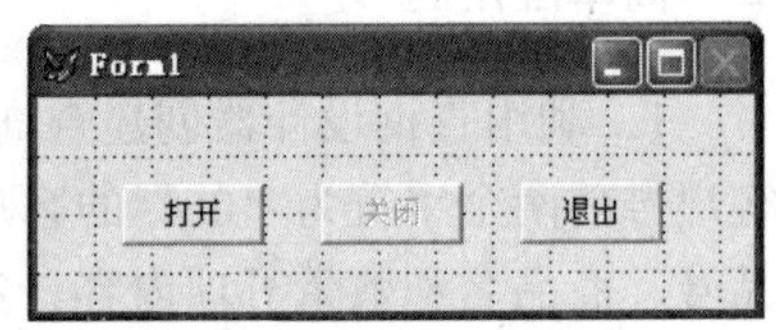

图 3-38-1　表单 one 界面

2．打开考生文件夹下的表单 two，如图 3-38-2 所示，在选项组中增加一个单选按钮，如图 3-38-3 所示。注意：不能改变原先的名称、位置及属性值。

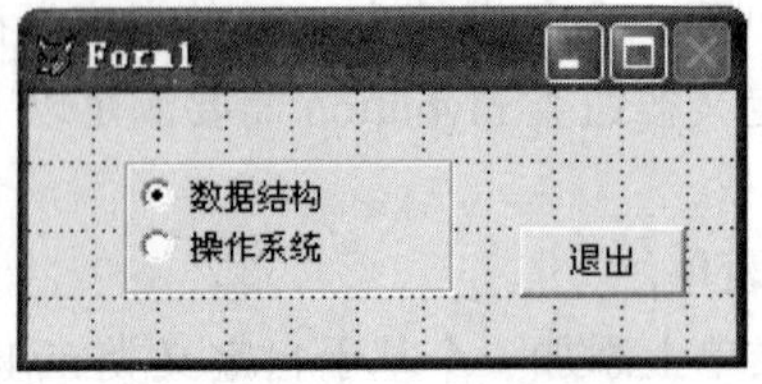

图 3-38-2　表单 two 界面

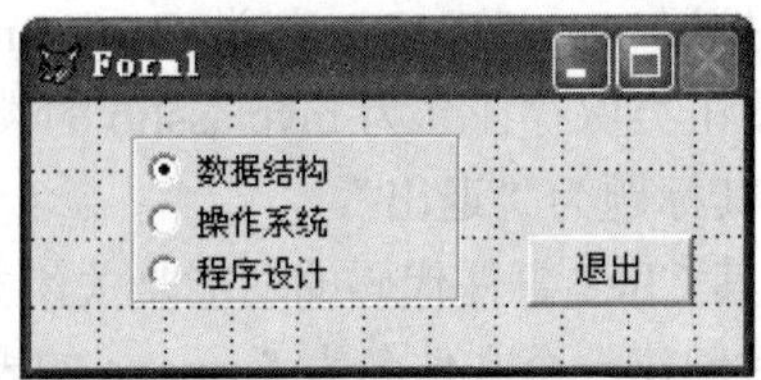

图 3-38-3　添加一个单选按钮

3．使用 SQL 语句为考生文件夹下的“学院表”增加一个“教师人数”(整数型)字段，并为该字段设置有效性规则：教师人数>=0。将该 SQL 语句存储在 three.prg 文件中。

4．使用 SQL 语句将考生文件夹下的自由表 teacher 中教师姓名为 Jack 的工资调整为 8000 元。将该 SQL 语句存储在 four.prg 文件中。

二、简单应用题

1．考生文件夹下程序文件 five.prg 的功能是：根据“教师表”计算各系的教师人数，并将结果填入表“学院表”中，程序中有 3 处错误，请修改并运行程序。只能修改标有错误的语句行，不能修改其他语句。

2．在数据库“课程管理”中通过视图设计器建立视图 teacher_view，该视图根据“教师表”和“课程表”建立，视图包括姓名、工资、课程名和学时 4 个字段，视图中的记录按“工资”升序排列。

三、综合应用题

1．在考生文件夹下新建一个名为 myform 的表单文件，表单中包括一个列表框(List1)和两个标题分别为“生成表”和“退出”(名称为 Command1 和 Command2)的命令按钮。

2．设置列表框的数据源(RowSource)和数据源类型(RowSourceType)两个属性，使用 SQL 语句根据“学院表”的“系名”字段的内容在列表框中显示“系名”(注意不要使用命令指定这两个属性)。

3．为“生成表”命令按钮的单击事件编写程序。程序的功能是根据表单运行时列表框中选定的“系名”，将“教师表”表中相应系的所有记录存入以该系名命名的自由表中，自由表中包含“职工号”“姓名”和“工资”3 个字段，结果按“职工号”升序排列。

4．运行表单，单击“生成表”命令按钮分别生成存有“计算机”“通信”和“信息管理”信息的 3 个表。

第 39 套　操作题过关训练

一、基本操作题

打开考生文件夹下的 SELLDB 数据库，完成如下基本操作：

1．创建一个名为“客户表”的表，表结构如下：客户号 C(4)，客户名 C(20)，销售金额 N(9,2)。

2．为第 1 题创建的“客户表”建立一个主索引，索引名和索引表达式均为“客户号”。

3．为“部门成本表”增加一个字段，字段名为“备注”，数据类型为字符型，宽度为 20。

4．先选择“客户表”为当前表，然后使用设计器中的快速报表功能为“客户表”创建一个文件名为 P_S 的报表。快速报表建立操作过程均为默认。最后，给快速报表增加一个标题，标题为“客户表一览表”。

二、简单应用题

考生文件夹下的 SELLDB 数据库中包含“部门表”“销售表”“部门成本表”和“商品代码表”4 个表。

1．在考生文件夹下有一个名为 three.prg 的程序文件，其功能如下：

查询 2006 年各部门商品的年销售利润情况。查询内容为部门号、部门名、商品号、商品名和年销售利润，其中年销售利润等于销售表中一季度利润、二季度利润、三季度利润和四季度利润的合计。查询结果按部门号升序排列，若部门号相同再按年销售利润降序排列，并将查询结果输出到 TABA 表中。TABA 表的字段名分别为部门号、部门名、商品号、商品名和年销售利润。

请打开程序文件 three.prg，修改其中的错误，然后运行该程序。

2．使用 SQL 语句查询 2005 年度的各部门的部门号、部门名、一季度利润合计、二季度利润合计、三季度利润合计和四季度利润合计。查询结果按部门号升序排列，并存入 account 表中，最后将 SQL 语句存入 four.prg 中。

注意：account 表中的字段名依次为部门号、部门名、一季度利润、二季度利润、三季度利润和四季度利润。

三、综合应用题

1．创建一个标题名为“部门销售查询”、表单名为 Form1、文件名为 XS 的表单，如图 3-39-1 所示。

图 3-39-1　“部门销售查询”表单界面

2．表单要求如下：

向该表单中添加两个标签、两个文本框、一个表格和两个命令按钮。

(1) 两个标签对象标题文本分别为“部门号”(Label1) 和“年度”(Label2)；两个文本框分别用于输入部门号(Text1)和年度(Text2)；表格控件用于显示查询结果(Grid1)。

(2) 两个命令按钮的功能如下：

①“查询”按钮(Command1)的功能是在该按钮的 Click 事件中编写程序代码，根据输入的部门号和年度，在表格中显示该部门销售的“商品号”“商品名”“一季度利润”“二季度利润”“三季度利润”和“四季度利润”，将查询结果存储到以“xs+部门号”为名称的表中(例

如，部门号为02，则相应的表名为xs02.dbf)。注意：表的字段名分别为“商品号”“商品名”“一季度利润”“二季度利润”“三季度利润”和“四季度利润”。

②“退出”按钮(Command2)的功能是关闭并释放表单。

(3)注意：需将表格控件的RecordSourceType属性值设置为“4-SQL说明”。

3．表单设计完成后，运行该表单，输入部门号02，年度为2006，单击“查询”按钮进行查询。

第40套　操作题过关训练

一、基本操作题

1．新建一个数据库mydatabase，在库中建立数据库表temp，表内容和结构与当前文件夹下的“歌手信息”表完全相同。

2．建立快捷菜单mymenu，快捷菜单有两条命令：“打开文件”和“关闭文件”。

3．使用报表向导建立一个报表，报表的数据来源分别是“打分表”(父表)和“歌手信息”(子表)两个数据库文件，选取这两个表的全部字段，连接字段为“歌曲编号”，按“分数”升序排列，报表的标题为“打分一览表”，最后将报表保存为“打分表”。

4．使用SQL命令将temp表中歌手编号为111的歌手的年龄修改为20岁，命令存储在mypro.prg中。

二、简单应用题

1．修改程序proone.prg中带有注释的四条语句(修改或填充，不要修改其他的语句)，使之能够正常运行，程序的功能是将大于等于11并且小于等于2011的素数存储于prime表中。修改完成后请运行该程序。

2．编写SQL命令查询平均分大于8.2的歌手的姓名、歌手编号和平均分，查询结果存储于result.dbf中(字段名依次为姓名、歌手编号和平均分)，结果按歌手的平均分降序排列。SQL命令要保存在ttt.prg文件中。

三、综合应用题

1．在考生文件夹下完成下列操作：

(1)打开数据库文件mydatabase，为temp表建立主索引：索引名和索引表达式均为“歌手编号”。

(2)利用temp表建立一个视图myview，视图中的数据满足以下条件：年龄大于等于28岁并且按年龄升序排列。

(3)建立一个名为staff的新类，新类的父类是CheckBox，新类存储于名为myclasslib的类库中。

2．数据库“比赛情况”中有3个数据库表：打分表、歌手信息和选送单位。

(1)建立包括4个标签、一个列表框(List1)和3个文本框的表单myform，其中Label1、Label2、Label3、Label4的标题依次为选送单位、最高分、最低分和平均分；文本框Text1、Text2、Text3依次用于显示最高分、最低分和平均分，如图3-40-1所示。

(2) 列表框(List1) 的 RowSource 和 RowSourceType 属性手工指定为“选送单位.单位名称”和 6。

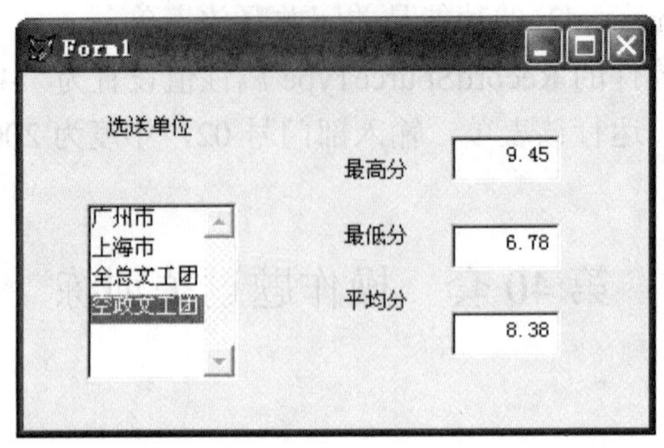

图 3-40-1　表单 myform 显示界面

(3) 为列表框(List1) 的 DblClick 事件编写程序。程序的功能是：表单运行时，用户双击列表框中选项时，将该选送单位的“单位名称”“最高分”“最低分”和“平均分”四个字段的信息存入自由表 two.dbf 中(字段名依次为单位名称、最高分、最低分和平均分)，同时将统计数据显示在界面相应的文本框中。

(4) 最后运行表单，并在列表框中双击“空政文工团”。

第 41 套　操作题过关训练

一、基本操作题

1．利用快捷菜单设计器创建一个弹出式菜单 one，如图 3-41-1 所示，菜单有两个选项：“增加”和“删除”，两个选项之间用分组线分隔。

图 3-41-1　弹出式菜单 one

2．创建一个快速报表 app_report，报表中包含了“评委表”中的所有字段。

3．建立一个名为“大奖赛”的数据库文件，并将 3 个自由表“歌手表”“评委表”和“评分表”添加到该数据库中。

4．使用 SQL 的 ALTER TABLE 命令为“评委表”的“评委编号”字段增加有效性规则：评委编号的最左边两位字符是 11(使用 LEFT 函数)，并将该 SQL 语句存储在 three.prg 中。

二、简单应用题

1．建立一个文件名和表单名均为 two 的表单，然后为表单 two 建立一个名为 quit 的新方法(单击选择表单后，从“表单”菜单中执行“新建方法程序”命令)，并在该方法中写一条语句 Thisform.release；最后向表单中添加一个命令按钮(Command1)，并在该命令按钮的 Click 事件中写一条调用新方法 quit 的语句。

2．计算每个歌手的最高分、最低分和平均分，使用 SQL 语句，并将结果存储到 result 表中(包含歌手姓名、最高分、最低分和平均分 4 个字段)，要求结果按平均分降序排列。

注意：按歌手姓名分组；每个歌手的最高分、最低分和平均分由评分表中的“分数”字段计算得出。

三、综合应用题

1．建立一个表单名和文件名均为 myform 的表单，如图 3-41-2 所示。表单的标题是“评委打分情况”，表单中有两个命令按钮（Command1 和 Command2）和两个单选按钮（Option1 和 Option2）。Command1 和 Command2 的标题分别是“生成表”和“退出”，Option1 和 Option2 的标题分别是“按评分升序”和“按评分降序”。

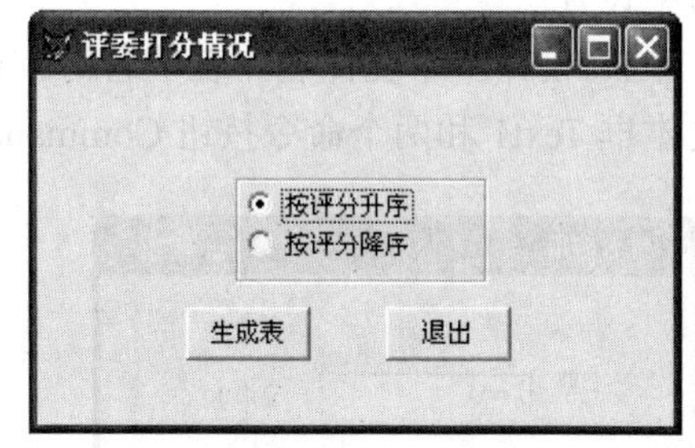

图 3-41-2　“评委打分情况”界面

2．为“生成表”命令按钮编写 Click 事件代码，代码的功能是根据简单应用题生成的 result 表按指定的排序方式生成新的表，选中“按评分升序”单选按钮时，按最高分、最低分和平均分 3 个字段升序排序生成表 six_a，选中“按评分降序”单选按钮时，依次按最高分、最低分和平均分 3 个字段依次降序排序生成表 six_d。

3．运行表单后，先选择“按评分升序”单选按钮，单击“生成表”命令按钮；再选择“按评分降序”单选按钮，单击“生成表”命令按钮，否则不得分。

第 42 套　操作题过关训练

一、基本操作题

1．在考生文件夹下打开数据库 Ecommerce，并将考生文件夹下的自由表 OrderItem 添加到该数据库。

2．为表 OrderItem 创建一个主索引，索引名为 PK，索引表达式为“会员号+商品号”；再为表 OrderItem 创建两个普通索引（升序），其中一个，索引名和索引表达式均是“会员号”；另外一个，索引名和索引表达式均是“商品号”。

3．通过“会员号”字段建立客户表 Customer 和订单表 OrderItem 之间的永久联系（注意不要建立多余的联系）。

4．为以上建立的联系设置参照完整性约束：更新规则为“级联”，删除规则为“限制”，插入规则为“限制”。

二、简单应用题

1．建立查询 qq，查询会员的会员号（取自 Customer 表）、姓名（取自 Customer 表）、会员所购买的商品名（取自 article 表）、单价（取自 OrderItem 表）、数量（取自 OrderItem 表）和金额（OrderItem.单价乘以 OrderItem.数量），结果不进行排序，查询去向是表 ss。查询保存为 qq.qpr，并运行该查询。

2．使用 SQL 命令查询小于等于 30 岁的会员的信息（取自表 Customer），列出会员号、姓名和年龄，查询结果按年龄降序排序存入文本文件 cut_ab.txt 中，SQL 命令存入命令文件 cmd_ab.prg。

三、综合应用题

在考生文件夹下，完成如下综合应用(所有控件的属性必须在表单设计器的“属性”窗口中设置)。

1．设计一个文件名和表单名均为 myform 的表单，其中有一个标签 Label1(日期)、一个文本框 Text1 和两个命令按钮 Command1(查询)和 Commad2(退出)，如图 3-42-1 所示。

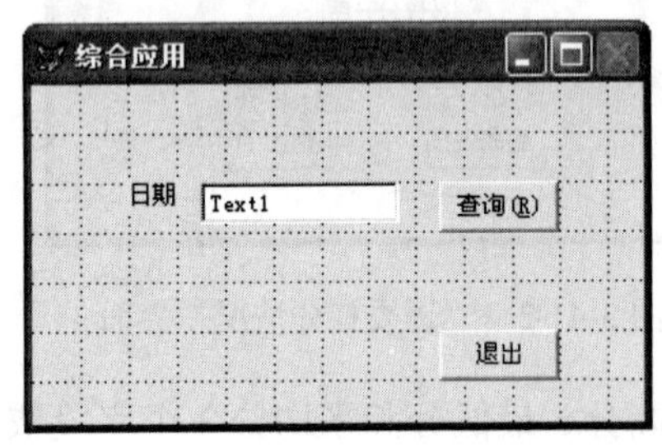

图 3-42-1 “综合应用”界面

2．然后在表单设计器环境下进行如下操作：

(1)将表单的标题改为“综合应用”。

(2)将文本框的初始值设置为表达式 date()。

(3)编写“查询”命令按钮的 Click 事件代码，其功能是：根据文本框 Text1 中输入的日期，查询各会员在指定日期后(大于等于指定日期)签订的各商品总金额，查询结果的字段包括“会员号”(取自 Customer 表)、“姓名”和“总金额”3 项，其中“总金额”为各商品的数量(取自 Orderitem 表)乘以单价(来自 Article 表)的总和；查询结果的各记录按总金额升序排序；查询结果存储在 dbfa 表中。

(4)编写“退出”命令按钮的 Click 事件代码，其功能是：关闭并释放表单。

3．最后运行表单，在文本框中输入 2003/03/08，并单击“查询”命令按钮。

第 43 套　操作题过关训练

一、基本操作题

1．在考生文件夹下新建一个名为 College 的数据库文件，将自由表“教师表”“课程表”和“学院表”依次加入该数据库。

2．通过表设计器为“教师表”的“职工号”字段设置有效性规则：职工号的最左边四位字符是 1102。

3．打开 one.prg 文件，修改其中的一处错误，程序执行的结果是在屏幕上显示“　2　4　6　8　10”。注意：错误只有一处，文件修改之后要存盘。

4．使用表单向导为“课程表”建立表单 two，选择“课程表”的所有字段，其他选项均取默认值。

二、简单应用题

1．请修改并执行程序 four.prg。程序 four.prg 的功能是：计算每个系的“平均工资”和“最高工资”并存入 three 表中，要求表中包含“系名”“平均工资”和“最高工资”3 个字段，结果先按“最高工资”降序排列，若“最高工资”相同再按“平均工资”降序排列。

2．使用查询设计器建立查询 course_q 并执行，查询的数据取自“课程表”和“教师表”，查询的内容包括“姓名”“课程名”和“学时”3 项，并且查询结果中只包括“学时”大于等于 60 的记录，查询去向是表 five，查询结果先按“学时”升序排列，若学时相同再按“姓名”降序排列。

三、综合应用题

1．在考生文件夹下建立一个文件名和表单名均为 oneform 的表单，表单中有一个页框 Pageframe1 和两个命令按钮 Command1(生成)和 Command2(退出)，Pageframe1 中有两个页面(Page1 和 Page2)，标题分别为“系名”和“计算方法”，Page1 中有一个组合框(Combo1)，Page2 中有一个选项组(Optiongroup1)，选项组(Optiongroup1)中有两个单选按钮，标题分别为“平均工资”和“总工资”，如图 3-43-1 所示。

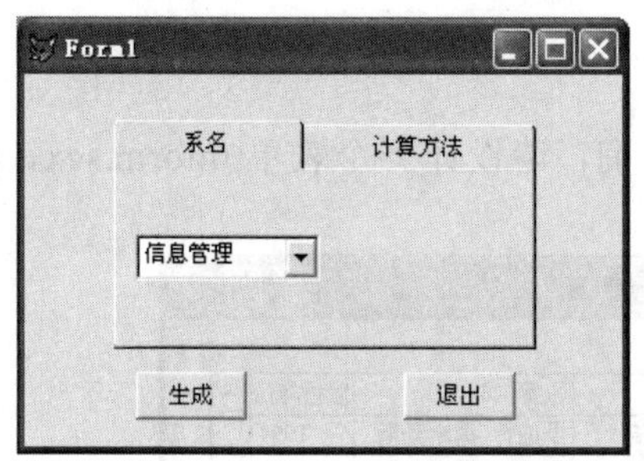

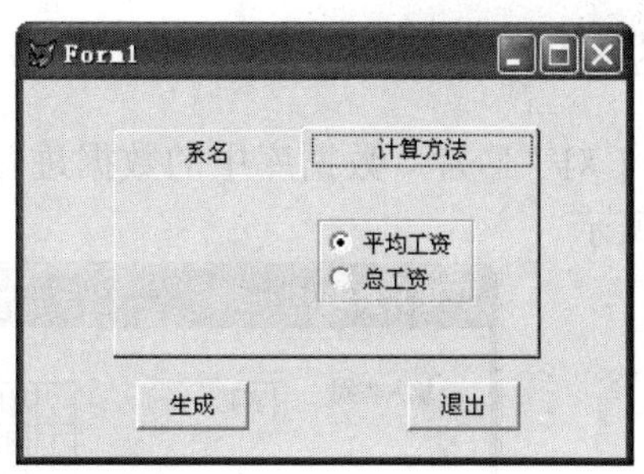

图 3-43-1　oneform 表单界面

2．将“学院表”添加到表单的数据环境中，然后手工设置组合框(Combo1)的 RowSourceType 属性为 6，RowSource 属性为“学院表．系名”，程序开始运行时，组合框中可供选择的是“学院表”中的所有“系名”。

3．为“生成”命令按钮编写程序代码。程序的功能是：表单运行时，根据选项组和组合框中选定的“系名”和“计算方法”，将相应“系”的“平均工资”或“总工资”存入自由表 salary 中，表中包括“系名”“系号”以及“平均工资”或“总工资”3 个字段。

4．为“退出”命令按钮编写程序。程序的功能是关闭并释放表单。

5．运行表单，在选项组中选择“总工资”，在组合框中选择“通信”，单击“生成”命令按钮进行计算。最后，单击“退出”命令按钮结束。

第 44 套　操作题过关训练

一、基本操作题

1．新建一个名为“电影集锦”的项目，将“影片”数据库添加进该项目中。

2．将考生文件夹下的所有自由表添加到“影片”数据库中。

3．为“电影”表创建一个主索引，索引名为 PK，索引表达式为“影片号”；再设置“公司号”为普通索引(升序)，索引名和索引表达式均为“公司号”。为“公司”表创建一个主索引，索引名和索引表达式均为“公司号”。

4．通过“公司号”为“电影”表和“公司”表创建永久联系，并设置参照完整性约束：更新规则为“级联”，其他默认。

二、简单应用题

1．利用查询设计器创建一个查询，从表中查询 1910～1920 年(含)创立的电影公司所出品的影片。查询结果包含影片名、导演和电影公司 3 个字段；各记录按“导演”升序排序，导演相同的再按“电影公司”降序排序；查询去向为表 tableb。最后将查询保存在 queryb.qpr 文件中，并运行该查询。

2．扩展基类 CheckBox，创建一个名为 MyCheckBox 的新类。新类保存在名为 Myclasslib 的类库中，该类库文件存放在考生文件夹下。设置新类的 Height 属性的默认值为 30，Width 属性的默认值为 60。

三、综合应用题

1．为了对“影片”数据库中的数据进行查询，请设计一个表单 mform.scx，其界面如图 3-44-1 所示。

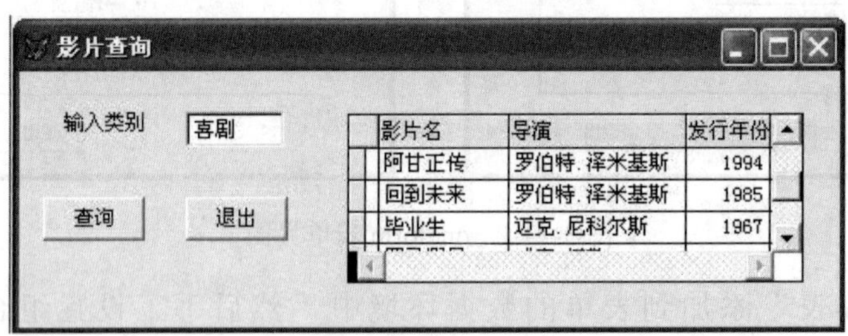

图 3-44-1　表单 mform.scx 界面

2．表单控件名为 formone，表单的标题为“影片查询”。表单左侧有一个标签控件 Labelone，显示内容为“输入类别”，一个文本框控件 Textone，用于输入影片的分类名称，两个命令按钮 Commanda 和 Commandb 分别显示“查询”和“退出”以及一个表格控件 Gridone。

3．表单运行时，用户首先在文本框中输入影片的类别“喜剧”，然后单击“查询”按钮，如果输入正确，在表单右侧以表格形式显示此类别的影片信息，按发行年份降序排序，包括影片名、导演和发行年份字段，并将此信息存入文件 tabletwo.dbf 中。

4．单击“退出”按钮将关闭表单。

第 45 套　操作题过关训练

一、基本操作题

1．新建“点歌”数据库，将考生文件夹下的所有自由表添加到该数据库中。

2．新建一个项目“点歌系统”，将“点歌”数据库添加进该项目。

3．为“歌曲”表创建一个主索引，索引名为 PK，索引表达式为“歌曲 id”；再创建一个普通索引，索引名和索引表达式均为“演唱者”，以上索引都为升序。

4．为“歌手”表创建一个主索引，索引名和索引表达式都为“歌手 id”，升序。为“歌曲”和“歌手”表创建永久联系，并设置参照完整性约束：更新规则为“级联”，其他默认。

二、简单应用题

1．在考生文件夹下利用查询设计器创建一个查询，从表中查询演唱“粤语”歌曲的歌手。查询结果包含歌手的姓名、语言和点歌码 3 个字段；各记录按“点歌码”降序排序，点歌码相同的再按“演唱者”升序排序；查询去向为表 ta。最后将查询保存在 qa.qpr 文件中，并运行该查询。

2．使用一对多报表向导建立报表，要求父表为“歌手”，子表为“歌曲”。从父表中选择字段“姓名”和“地区”，从子表中选择字段“歌曲名称”和“点歌码”，两个表通过“歌手 id”和“演唱者”建立联系，按“姓名”升序排序，其他默认，生成的报表名为“歌手报表”。

三、综合应用题

1．为了查询不同歌手演唱的歌曲，请设计一个表单 mform.scx，其界面如图 3-45-1 所示。

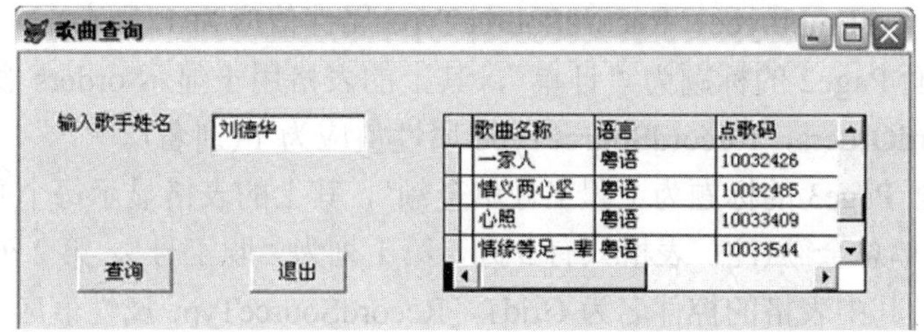

图 3-45-1　“歌曲查询”界面

2．表单控件名为 formone，表单的标题为“歌曲查询”。表单左侧有一个标签控件 Labelone，显示内容为“输入歌手姓名”，一个文本框控件 Textone，用于输入歌手姓名，两个命令按钮 Commanda 和 Commandb 分别显示“查询”和“退出”，以及一个表格控件 Gridone。

3．表单运行时，用户首先在文本框中输入歌手“刘德华”，然后单击“查询”按钮，如果输入正确，在表单右侧以表格形式显示此歌手演唱的歌曲信息，包括歌曲名称、语言和点歌码，按点歌码升序排序，并将此信息存入 tb.dbf 文件中。单击“退出”按钮将关闭表单。

第 46 套　操作题过关训练

一、基本操作题

1．建立数据库 orders_manage。

2．将自由表 employee 和 orders 添加到新建的 orders_manage 数据库中。

3．employee 表与 orders 表具有一对多联系，为建立两表之间的联系建立必要的索引。

4．建立两表之间的联系并设置参照完整性规则如下：更新规则为“级联”，删除规则为“级联”，插入规则为“限制”。

二、简单应用题

1．使用 SQL 语句查询每个职工所经手的具有最高金额的订购单信息(orders 表)，并将结果按金额升序，金额相同则按订购单号升序存储到 results 表中。

2．使用 SQL 命令建立视图 view_b，视图中是目前在 orders 表中没有所签订单的职工(employee)信息，记录按仓库号降序排列；同时把所用命令保存在文本文件 view_b.txt 中。

三、综合应用题

建立一个表单，表单文件名和表单控件名均为 myform_b，表单标题为“订单管理”，表单其他功能如下：

1．表单中含有一个页框控件(PageFrame1)和一个“退出”命令按钮(Command1)，单击“退出”命令按钮关闭并释放表单。

2．页框控件(PageFrame1)中含有三个页面，每个页面都通过一个表格控件显示有关信息。

(1)第一个页面 Page1 的标题为“职工”，其上的表格用于显示 employee 表中的内容。其中表格的控件名为 grdEmployee，RecordSourceType 属性值应为 1(别名)。

(2)第二个页面 Page2 的标题为“订单”，其上的表格用于显示 orders 表中的内容。其中表格的控件名为 grdOrders，RecordSourceType 属性值应为 1(别名)。

(3)第三个页面 Page3 的标题为“职工订单金额”，其上的表格显示每个职工的职工号、姓名及其所经手的订单总金额(注：表格只有 3 列，第 1 列为“职工号”，第 2 列为“姓名”，第 3 列为“总金额”)。其中表格的控件名为 Grid1，RecordSourceType 属性值应为 4(SQL 语句)。

第 47 套　操作题过关训练

一、基本操作题

1．从数据库 stock 中移去 stock_fk 表(不是删除)。

2．将自由表 stock_name 添加到数据库中。

3．为 stock_sl 表建立一个主索引，索引名和索引表达式均为“股票代码”。

4．为 stock_name 表的股票代码字段设置有效性规则，“规则”是：left(股票代码，1)="6"，错误提示信息是“股票代码的第一位必须是 6”。

二、简单应用题

1．用 SQL 语句完成下列操作：列出所有盈利(现价大于买入价)的股票简称、现价、买入价和持有数量，并将检索结果按持有数量降序排序存储于 stock_temp 表中。

2．使用一对多报表向导建立报表。要求：父表为 stock_name，子表为 stock_sl，从父表中选择字段“股票简称”；从子表中选择全部字段；两个表通过“股票代码”建立联系；按股票代码升序排序；报表标题为“股票持有情况”；生成的报表文件名为 stock_report。然后用报表设计器打开生成的文件 stock_report.frx 进行修改，将标题区中显示的当前日期移到页注脚区显示，使得在页注脚区能够显示当前日期。

三、综合应用题

1．设计名为 mystock 的表单(控件名、文件名均为 mystock)。表单的标题为“股票持有情况”。表单中有两个文本框(Text1 和 Text2)和三个命令按钮“查询”(名称为 Command1)、“退出”(名称为 Command2)和“清空”(名称为 Command3)。

2．运行表单时，在文本框 Text1 中输入某一股票的汉语拼音，然后单击“查询”按钮，则 Text2 中会显示出相应股票的持有数量，并计算相应股票的浮亏信息追加到 stock_fk 表中，计算公式是：浮亏金额=(现价−买入价)×持有数量。

3．单击“清空”按钮，物理删除 stock_fk 表的全部记录。

4．单击“退出”按钮关闭表单。

5．请运行表单，单击“清空”按钮后，依次查询 qlsh、shjc 和 bggf 的股票持有数量，同时计算浮亏金额。

第 48 套　操作题过关训练

一、基本操作题

在考生文件夹下有一个表单文件 formone.scx 和一个自定义类库文件 classlibone.vcx。打开表单文件 formone.scx，然后在表单设计器环境下完成如下操作：

1．将表单的标题设置为“简单操作”，并使表单不能最大化。

2．为表单添加一个名为 np 的属性，其初始值为系统当前日期(不含时间)。

3．为表单添加一个名为 nm 的方法，其代码如下：

```
thisform.np=thisform.np+1
wait dtoc(thisform.np) window
```

4．在表单中添加一个 mybutton 按钮，该按钮类定义于类库文件 classlibone.vcx。将该按钮的 Name 属性设置为 mcb，然后设置其 Click 事件代码，其功能是调用表单的 nm 方法。

二、简单应用题

在考生文件夹下，存在 client(用户)表、topic(主题)表和 reply(回复)表。

1．考生文件夹下已有文件 pone.prg，但其中有 4 处内容缺失，请填充。不要修改程序的其他内容。程序的功能是：根据 reply 表统计各主题帖的回复数，并将统计值存入 topic 表中的已存在的“回复数”字段。最后要运行该程序文件。

2．使用 SELECT 语句查询用户名为 chengguowe 的客户发布的主题的所有回复。查询结果包含编号、用户名、回复时间和主题帖编号四项内容，各记录按主题帖编号升序排序，若主题帖编号相同再按回复时间升序排序，查询结果存放在 tableone 表中。最后将该语句保存在命令文件 ptwo.prg 中。

三、综合应用题

1．在考生文件夹下创建一个下拉式菜单 mymenu.mnx，并生成菜单程序 mymenu.mpr。运行该菜单程序时会在当前 Visual FoxPro 系统菜单的末尾追加一个“考试”子菜单，如图 3-19-1 所示。

2．菜单命令“统计”和“返回”的功能都通过执行过程完成。

3．菜单命令“统计”的功能是统计每个用户发布的主题帖数和回复帖数。统计结果依次包含“用户名”“主题帖数”和“回复帖数”三个字段。各记录按用户名升序排序，统计结果存放在 tabletwo 表中。

4．菜单命令“返回”的功能是恢复标准的系统菜单。

5．菜单程序生成后，运行菜单程序并依次执行“统计”和“返回”菜单命令。

第 49 套　操作题过关训练

一、基本操作题

1．新建“机票”数据库，将考生文件夹下的所有自由表添加到该数据库中。

2．在“机票”数据库中的“机票打折”表中设置“折扣”字段的有效性规则只能为“1 到 10 的数值”（含 1 和 10）。

3．为“机票价格”表的“序号”字段创建一个主索引，“机票打折”表的“序号”字段创建一个普通索引，索引表达式都为“序号”，以上索引都为升序。然后为“机票价格”和“机票打折”表创建永久联系，并设置参照完整性约束：更新规则为“级联”，其他默认。

4．新建一个项目“机票系统”，将“机票”数据库添加进该项目。

二、简单应用题

1．扩展基类 ListBox，创建一个名为 MyListBox 的新类。新类保存在名为 Myclasslib 的类库中，该类库文件存放在考生文件夹下。设置新类的 Height 属性的默认值为 130，Width 属性的默认值为 150。

2．在考生文件夹下利用查询设计器创建一个查询，从“售票处”表中查询“海淀区”的所有销售点信息。查询结果包含销售点的名称、地址和电话 3 个字段；各记录按“名称”降序排序；查询去向为表 tjp。最后将查询保存在 qa.qpr 文件中，并运行该查询。

三、综合应用题

1．为了查询低价机票，请设计一个表单 myform.scx，其界面如图 3-49-1 所示。

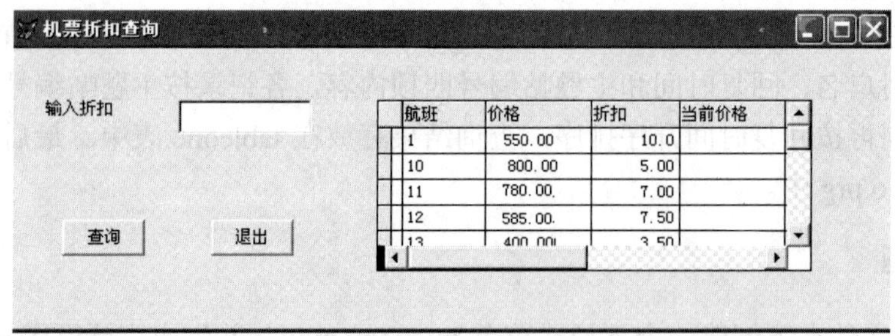

图 3-49-1　“机票折扣查询”界面

2．表单控件名为 formone，表单的标题为“机票折扣查询”。表单左侧有 1 个标签控件

Labelone 显示内容为“输入折扣”，1 个文本框控件 Text1 用于输入要查询的折扣，两个命令按钮 Commanda 和 Commandb 分别显示“查询”和“退出”以及一个表格控件 Gridone。

3．表单运行时，用户首先在文本框中输入折扣“5”，然后单击“查询”按钮，如果输入正确，在表单右侧以表格形式显示低于此折扣(含)的信息，显示字段包括航线、价格、折扣和当前价格(价格×折扣/10)，按折扣升序排序，折扣相同时按价格升序排序，并将此信息存入 t.dbf 文件中。单击“退出”按钮将关闭表单。

第 50 套　操作题过关训练

一、基本操作题

1．新建一个名为“影院管理”的项目文件，将数据库 TheatDB 加入新建的“影院管理”项目中。

2．为“售票统计”表建立主索引，索引名为 idx，要求按日期排序，日期相同时按放映厅排序。

3．为“售票统计”表设置有效性规则：“座位总数”必须大于等于“售出票数”；错误提示信息是“售出票数超过范围”。

4．修改报表 myReport，按“日期”分组统计每天的总售出票数，显示在每天的末尾。具体要求是：在组注脚添加一个标签对象，其文本为“总售出票数”，另外添加一个域控件，显示每天的总售出票数。

二、简单应用题

1．在 TheatDB 数据库中新建一个名为“好评”的视图，视图的功能是查询 2013 年 7 月 1 日以后(不含)观看的“影评”为好的评价数最多的前 10 名的电影信息；查询结果包含电影编号、电影名、类型和评价数；各记录按照评价数降序排列，若评价数相同则按电影名升序排列。最后利用刚创建的视图“好评”查询视图中的全部信息，并将结果保存到 estimate 表中。

2．创建一个快捷菜单 MyMenu，实现如图 3-50-1 所示的功能，即通过右击表单 MyForm 中的文本框时弹出的快捷菜单实现文本框字体的设置。

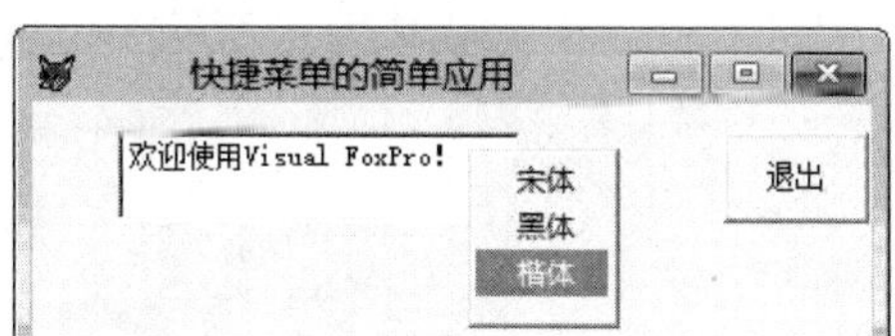

图 3-50-1　“快捷菜单的简单应用”界面

具体要求如下：

(1) 在 MyMenu 的“设置”代码中添加接收参数语句：PARAMETERS mfRef。

(2) 在快捷菜单 MyMenu 中添加“宋体”“黑体”和“楷体”菜单项，分别实现将调用快捷菜单的控件或对象的字体名属性(FontName)设置为“宋体”“黑体”和“楷体”，这些功能都通过执行“过程”完成。

(3) 生成菜单程序文件。

(4) 打开表单 MyForm，在文本框 Text1 的 RightClick 事件代码中添加调用快捷菜单 MyMenu 的命令，实现通过快捷菜单设置 Text1 文本字体的功能。

三、综合应用题

1．建立一个文件名和表单名均为 formFilm 的表单，表单中包括一个标签(Label1)、一个下拉列表框(Combo1)、一个表格(Grid1)和两个命令按钮“查询”和“退出”(Command1 和 Command2)，Label1 的标题为“电影类型”，Grid1 的 RecordSourceType 值为 4(SQL 说明)，如图 3-50-2 所示。

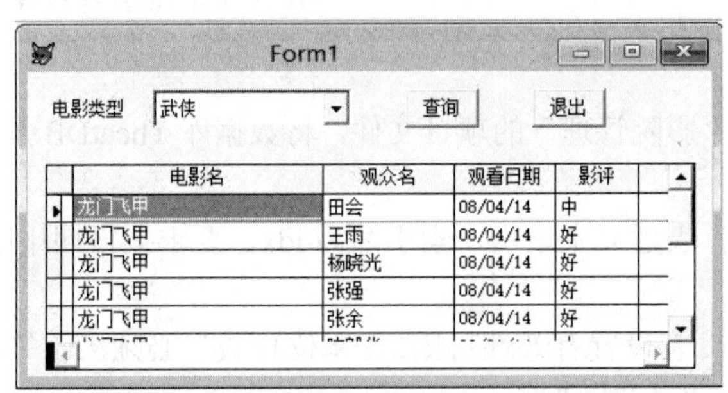

图 3-50-2　formFilm 表单

2．设置下拉列表框(Combo1)的 RowSource 和 RowSourceType 属性手工指定为“select distinct 类型 from 电影 into cursor myList”和 3。

3．为“查询”命令按钮编写 Click 事件代码，其功能是：表单运行时，根据下拉列表框(Combo1)选定的电影类型，在表格(Grid1)中按照观看日期的降序和观众名升序显示观看该类型的电影名、观众名、观看日期和影评，并将结果存储到自由表 watch.dbf 中。

4．运行表单，在下拉列表框中选择“武侠”选项，查询该类型的观看信息。

第四篇　过关训练参考答案

第一部分　选择题过关训练参考答案

第 1 章　Visual FoxPro 数据库基础参考答案

1. B	2. A	3. C	4. D	5. A	6. A	7. B	8. A	9. C	10. C
11. B	12. B	13. D	14. B	15. D	16. D	17. A	18. A	19. D	20. B
21. B	22. A	23. A	24. B	25. D	26. A	27. C	28. A	29. B	30. A
31. A	32. C	33. B	34. B	35. D	36. B	37. C	38. D	39. A	40. C
41. A	42. A	43. A	44. D	45. B	46. D	47. C	48. D	49. D	50. D
51. A	52. B	53. B	54. D	55. A	56. A	57. A	58. B	59. D	60. B
61. D	62. A	63. D	64. C	65. A	66. B	67. C	68. C	69. A	

第 2 章　Visual FoxPro 程序设计基础参考答案

1. A	2. A	3. A	4. D	5. D	6. B	7. B	8. A	9. A	10. C
11. C	12. D	13. B	14. A	15. D	16. D	17. A	18. D	19. A	20. D
21. D	22. D	23. C	24. B	25. A	26. D	27. A	28. B	29. A	30. D
31. D	32. C	33. A	34. C	35. C	36. D	37. A	38. B	39. C	40. C
41. B	42. A	43. B	44. D	45. D	46. A	47. D	48. C	49. A	50. C
51. A	52. A	53. C	54. D	55. D	56. A	57. A	58. A	59. A	60. A
61. A	62. B	63. C	64. D	65. A	66. A	67. D	68. B	69. B	70. B
71. B	72. B	73. D	74. A	75. B	76. C	77. C	78. B	79. D	80. C
81. D	82. B	83. B	84. D	85. C	86. D	87. D	88. A	89. C	90. C
91. B	92. D	93. A	94. C	95. B	96. B	97. D	98. D	99. A	100. C
101. A	102. A	103. A	104. A	105. C	106. B	107. C	108. D	109. B	110. B
111. C	112. B	113. A	114. A	115. A	116. D	117. B	118. A	119. A	120. A
121. B	122. C	123. D	124. D	125. B	126. C	127. D	128. D	129. B	130. B
131. B	132. D	133. C	134. B	135. B	136. B	137. C	138. C	139. B	140. C
141. B	142. C	143. A	144. D	145. B	146. A	147. A	148. B	149. D	150. B
151. A	152. B	153. A	154. D	155. A	156. B	157. C	158. A	159. A	160. D
161. A	162. C	163. B	164. B	165. C	166. B	167. A	168. A	169. C	170. A

第 3 章　Visual FoxPro 数据库及其操作参考答案

1. A	2. A	3. A	4. D	5. A	6. B	7. B	8. B	9. A	10. A
11. B	12. D	13. B	14. B	15. A	16. B	17. A	18. A	19. A	20. C
21. D	22. B	23. A	24. B	25. C	26. C	27. D	28. D	29. A	30. B
31. A	32. D	33. D	34. B	35. C	36. B	37. D	38. C	39. A	40. A
41. D	42. C	43. A	44. B	45. A	46. B	47. D	48. B	49. C	50. C
51. D	52. C	53. B	54. C	55. C	56. A	57. B	58. A	59. C	60. C
61. C	62. C	63. B	64. B	65. A	66. B	67. A	68. C	69. B	70. D
71. C	72. A	73. B	74. A	75. D	76. D	77. C	78. C	79. A	80. B
81. A	82. A	83. A	84. C	85. D	86. C	87. A	88. A	89. C	90. B
91. C	92. A	93. C	94. C	95. A	96. A	97. A	98. B	99. C	100. C
101. C	102. A	103. D	104. D	105. B	106. D	107. A	108. D	109. D	110. A
111. A	112. A	113. C	114. B	115. B	116. B	117. D	118. D	119. C	120. A
121. B	122. D	123. C	124. C	125. C	126. B	127. D	128. C	129. C	130. C
131. C	132. C	133. B	134. A	135. A	136. A	137. B	138. A	139. D	140. A
141. B	142. B	143. A	144. C	145. B	146. A	147. C	148. B	149. B	150. A
151. B	152. B	153. D	154. A	155. A	156. A	157. A	158. A	159. B	

第 4 章　关系数据库标准语言 SQL 参考答案

1. B	2. B	3. B	4. B	5. D	6. A	7. A	8. A	9. A	10. B
11. C	12. D	13. A	14. A	15. A	16. A	17. A	18. D	19. B	20. A
21. D	22. A	23. A	24. A	25. A	26. A	27. C	28. A	29. B	30. C
31. C	32. A	33. C	34. C	35. D	36. B	37. B	38. C	39. A	40. B
41. D	42. B	43. A	44. C	45. C	46. A	47. D	48. B	49. C	50. D
51. B	52. D	53. B	54. D	55. B	56. B	57. A	58. C	59. C	60. C
61. C	62. D	63. D	64. A	65. D	66. D	67. D	68. D	69. D	70. B
71. C	72. A	73. B	74. A	75. B	76. C	77. B	78. B	79. D	80. A
81. D	82. C	83. C	84. B	85. A	86. D	87. A	88. A	89. C	90. C
91. D	92. C	93. D	94. C	95. A	96. A	97. A	98. D	99. A	100. B
101. A	102. A	103. A	104. C	105. A	106. D	107. D	108. A	109. B	110. B
111. D	112. C	113. D	114. A	115. A	116. A	117. B	118. A	119. B	120. A
121. A	122. C	123. D	124. C	125. A	126. A	127. A	128. A	129. A	130. C
131. C	132. A	133. A	134. A	135. C	136. A	137. B	138. A	139. A	140. A
141. A	142. B	143. C	144. A	145. C	146. A	147. C	148. D	149. A	150. A
151. C	152. B	153. D	154. C	155. C	156. D	157. C	158. A	159. A	160. D
161. A	162. D	163. C	164. D						

第 5 章　查询与视图参考答案

1. C	2. C	3. A	4. D	5. C	6. A	7. A	8. B	9. A	10. A
11. D	12. D	13. B	14. D	15. A	16. C	17. A	18. D	19. D	20. A
21. D	22. D	23. D	24. D	25. B	26. B	27. D	28. D	29. A	30. D
31. C	32. C	33. A	34. C	35. D	36. D	37. B	38. D	39. C	40. C
41. A	42. D	43. D	44. C	45. C	46. D	47. C	48. D	49. D	50. C
51. A	52. D	53. B	54. B	55. B	56. A	57. D	58. D	59. A	60. B
61. D	62. B	63. B	64. B	65. A	66. A	67. C	68. D	69. A	70. D
71. D	72. C	73. A	74. A	75. A	76. C	77. C	78. B		

第 6 章　表单设计与应用参考答案

1. D	2. D	3. C	4. D	5. D	6. C	7. B	8. C	9. D	10. B
11. C	12. A	13. A	14. C	15. B	16. C	17. C	18. A	19. A	20. A
21. C	22. B	23. C	24. B	25. A	26. B	27. A	28. C	29. C	30. D
31. B	32. B	33. B	34. C	35. B	36. A	37. D	38. A	39. A	40. B
41. C	42. A	43. A	44. A	45. A	46. D	47. D	48. C	49. C	50. D
51. B	52. C	53. C	54. C	55. C	56. B	57. A	58. A	59. D	60. D
61. D	62. A	63. D	64. A	65. D	66. D	67. A	68. D	69. B	70. B
71. D	72. D	73. D	74. D	75. A	76. B	77. A	78. B	79. B	80. A
81. A	82. A	83. C	84. B	85. C					

第 7 章　菜单设计与应用参考答案

1. C	2. B	3. B	4. A	5. A	6. D	7. A	8. A	9. D	10. C
11. D	12. B	13. B	14. B	15. C	16. C	17. C	18. D	19. A	20. B
21. C	22. D	23. D	24. D	25. B	26. A				

第 8 章　报表的设计和应用参考答案

1. D	2. C	3. A	4. A	5. C	6. A	7. D	8. B	9. D	10. B
11. D	12. D	13. C	14. B	15. C	16. A				

第 9 章　应用程序的开发和生成参考答案

1. A	2. B	3. D	4. D	5. D	6. B	7. C	8. B	9. B	10. C
11. D	12. C	13. A							

第 10 章　公共基础知识参考答案

10.1　算法与数据结构

1. B	2. B	3. C	4. D	5. D	6. C	7. D	8. B	9. D	10. C
11. B	12. D	13. A	14. A	15. D	16. D	17. C	18. C	19. D	20. C
21. B	22. C	23. C	24. A	25. B	26. C	27. A	28. B	29. B	30. B

31. D	32. A	33. D	34. A	35. D	36. D	37. B	38. A	39. C	40. C
41. C	42. A	43. B	44. A	45. A	46. D	47. B	48. A	49. C	50. D
51. B	52. D	53. B	54. C	55. B	56. C	57. A	58. A	59. D	60. D
61. C	62. B	63. C	64. C	65. B	66. C	67. A	68. D	69. D	70. C
71. B	72. A	73. A	74. A	75. A	76. B	77. D	78. D	79. B	80. C
81. D	82. B	83. C	84. B	85. A	86. D	87. A	88. D	89. D	90. D
91. D	92. B	93. B	94. C	95. D	96. D	97. B	98. D	99. B	100. D
101. C	102. B	103. C	104. A	105. B	106. B	107. C	108. A	109. B	110. A
111. C	112. A								

10.2 程序设计基础

1. C	2. A	3. C	4. B	5. D	6. B	7. A	8. A	9. B	10. A
11. A	12. C	13. A	14. D	15. A					

10.3 软件工程基础

1. C	2. D	3. C	4. D	5. D	6. A	7. D	8. C	9. A	10. C
11. D	12. C	13. A	14. D	15. A	16. B	17. C	18. A	29. A	20. A
21. A	22. C	23. D	24. D	25. D	26. A	27. B	28. A	29. C	30. A
31. B	32. B	33. B	34. C	35. C	36. B	37. A	38. B	39. D	40. C
41. B	42. A	43. D	44. A	45. D	46. C	47. A	48. B	49. A	50. B
51. A	52. B	53. B	54. A	55. C	56. B	57. A	58. B	59. B	60. D
61. B	62. C								

10.4 数据库设计基础

1. A	2. D	3. A	4. A	5. C	6. C	7. C	8. C	9. A	10. A
11. B	12. A	13. A	14. C	15. B	16. C	17. C	18. B	19. D	20. C
21. D	22. A	23. A	24. A	25. C	26. C	27. A	28. C	29. C	30. D
31. D	32. A	33. B	34. B	35. A	36. B	37. D	38. A	39. A	40. A
41. D	42. D	43. B	44. A	45. A	46. C	47. C	48. A	49. D	50. D
51. D	52. B	53. C	54. B	55. D	56. A	57. A	58. A	59. A	60. C
61. D	62. B	63. A	64. C	65. A	66. A	67. B	68. A	69. A	70. C
71. C	72. D	73. C	74. A	75. A	76. C	77. C	78. B	79. A	80. A
81. A	82. B								

第二部分 操作题过关训练参考答案

第 1 套 操作题参考答案

一、基本操作题

1．启动 Visual FoxPro 6.0，单击工具栏中的“新建”按钮，在“新建”对话框中选择“文件类型”选项组中的“项目”，再单击“新建文件”按钮；在“创建”对话框中输入项目名：“供应”，然后单击“保存”按钮。

2．在项目管理器的“全部”选项卡中，选择“数据”节点下的“数据库”，单击“添加”按钮，在打开的“打开”对话框中选择考生文件夹下的“供应零件”数据库，再单击“确定”按钮。

3.【操作步骤】

步骤 1：在项目管理器中选择“供应零件”数据库，单击“修改”按钮，打开数据库设计器，在数据库设计器中选中“零件”表并右击，在弹出的快捷菜单中执行“修改”命令，在表设计器中的索引选项卡中建立索引，索引名为“零件号”，索引表达式为“零件号”，索引类型为“主索引”，单击“确定”按钮保存修改。

步骤 2：用同样的方法为“供应”表建立索引，索引名为“零件号”，索引表达式为“零件号”，索引类型为“普通索引”。

步骤 3：在数据库设计器中单击“零件”表中的索引“零件号”，按住鼠标左键拖动到“供应”表中的“零件号”索引上。

4．右击“供应”表，在弹出的快捷菜单中执行“修改”命令，在表设计器中先在列表框中选中“数量”字段，然后在“字段有效性”选项组中的“规则”文本框中输入：数量>0.and.数量<9999(也可以用表达式构造器生成)，在信息文本框中输入："数量超范围"(双引号不可少)，最后单击“确定”按钮。

二、简单应用题

1.【操作步骤】

步骤 1：单击工具栏中的“新建”按钮，在“新建”对话框中选择“文件类型”中的“程序”，单击“新建文件”按钮。

步骤 2：在程序窗口中输入以下语句。

```
SELECT 供应.供应商号,供应.工程号,供应.数量;
FROM 零件,供应 WHERE 供应.零件号=零件.零件号;
AND 零件.颜色="红";
ORDER BY 供应.数量 desc;
INTO DBF supply_temp
```

步骤 3：单击工具栏中的“保存”按钮，在“另存为”对话框中输入文件名 query1，再单击“保存”按钮。最后单击工具栏中的“运行”按钮。

2.【操作步骤】

步骤 1：单击工具栏中的“新建”按钮，在“新建”对话框中选择“文件类型”选项组中的“菜单”选项，单击“新建文件”按钮，在弹出的“新建菜单”对话框中选择“快捷菜单”选项。

步骤 2：在快捷菜单设计器中的“菜单名称”中分别输入两个菜单项“查询”和“修改”。

单击工具栏中的“保存”按钮，在“另存为”对话框中输入 menu_quick，单击“保存”按钮。

步骤 3：执行“菜单”菜单中的“生成”命令，在“生成菜单”对话框中单击“生成”按钮。

步骤 4：单击工具栏中的“打开”按钮，在“打开”对话框中选择考生文件夹下的 myform.scx 文件，并单击“确定”按钮。然后双击表单设计器打开代码窗口，在“对象”中选择 form1，在“过程”中选择 RightClick，输入代码 do menu_quick.mpr，保存表单。

步骤 5：单击工具栏中的“运行”按钮，运行该表单。

三、综合应用题

步骤 1：单击工具栏中的“新建”按钮，在“新建”对话框中选择“文件类型”选择组中的“表单”选项，单击“新建文件”按钮。

步骤 2：在表单设计器中设置表单的 Name 属性为 mysupply，Caption 属性为“零件供应情况”，从控件工具栏中分别选择一个表格、一个标签、一个文本框和两个命令按钮放置到表单上，分别设置标签 Label1 的 Caption 属性为“工程号”，命令按钮 Command1 的 Caption 属性为“查询”，Command2 的 Caption 属性为“退出”，表格的 Name 属性为“Grid1”，RecordSourceType 属性为“0-表”。

步骤 3：双击“查询”命令按钮，并输入如下代码：

```
Select 零件.零件名,零件.颜色 ,零件.重量;
From 供应,零件;
Where 零件.零件号=供应.零件号 and 供应.工程号=thisform.text1.value;
Order By 零件名;
Into dbf pp
ThisForm.Grid1.RecordSource="pp"
```

再双击“退出”命令按钮，并输入 THISFORM.RELEASE。

步骤 4：单击工具栏中的“保存”按钮，在“另存为”对话框中输入表单名 mysupply，单击“保存”按钮。

步骤 5：单击工具栏中的“运行”按钮，在文本框中输入 J4，并单击“查询”命令按钮。

第 2 套　操作题参考答案

一、基本操作题

1.【操作步骤】

步骤 1：单击工具栏中的“新建”按钮，在“新建”对话框中选择“文件类型”中的“数据库”选项，单击“新建文件”按钮。在“创建”对话框中输入数据库名 BOOKAUTH，再单击“保存”按钮。

步骤 2：在数据库设计器上空白处右击，在弹出的快捷菜单中执行“添加表”命令，然后在“打开”对话框中选择考试文件夹下的 AUTHORS 和 BOOKS 表，然后双击打开。

2. 在数据库设计器中右击 AUTHORS 表，在弹出的快捷菜单中执行“修改”命令；在表设计器中，选择“索引”选项卡，在“索引名”中输入 PK，在“类型”中选择“主索引”，在“表达式”中输入“作者编号”，单击“确定”按钮。

3. 在数据库设计器中右击 BOOKS 表，在弹出的快捷菜单中执行“修改”命令；在表设计器中，选择“索引”选项卡，在“索引名”中分别输入 PK 和“作者编号”，在“类型”中选择“普通索引”，在“表达式”中分别输入“图书编号”和“作者编号”，单击“确定”按钮。

4. 在数据库设计器中，在 AUTHORS 表中选中主索引 PK，按住鼠标拖动至 BOOKS 表的普通索引“作者编号”上，然后释放鼠标。

二、简单应用题

1.【操作步骤】

步骤1：单击工具栏中的“打开”按钮，在“打开”对话框中选择考生文件夹下的myform4_(4)scx表单，单击“确定”按钮。

步骤2：在“属性”对话框中，设置表单的Caption属性为“欢迎您”。

步骤3：选中标签控件，在“属性”对话框中设置其FontSize属性为25，FontName属性为“黑体”。

步骤4：在表单上添加一个命令按钮，设置其Caption属性为“关闭”，双击该按钮，输入thisform.release，再单击工具栏中的“保存”按钮。

2.【操作步骤】

步骤1：单击工具栏中的“新建”按钮，在“新建”对话框的“文件类型”选项组中选择“表单”选项，单击“新建文件”按钮。

步骤2：系统打开表单设计器，单击“表单控件”工具栏中的命令按钮，在表单设计器中拖动鼠标添加一个命令按钮对象Command1，设置其Caption属性为“查询”，双击Command1，在打开的代码编辑器窗口中输入以下代码：

```
SELECT 作者姓名,所在城市;
FROM AUTHORS;
WHERE 作者编号 IN;
(SELECT 作者编号 FROM BOOKS GROUP BY 作者编号 HAVING COUNT(*)>=3);
ORDER BY 作者姓名;
INTO TABLE NEW_VIEW4
```

用同样的方法，在表单上添加命令按钮Command2，设置其Caption属性为“退出”，并双击输入Click的事件代码为：THISFORM.RELEASE。

步骤3：单击工具栏中的“保存”按钮，在“另存为”对话框中将表单保存为MYFORM4，再单击“保存”按钮。

步骤4：单击工具栏中的“运行”按钮，运行表单，再分别单击表单中的“查询”和“退出”按钮。

三、综合应用题

步骤1：在命令窗口中输入下列代码，用于将BOOKS表中满足条件的记录复制到BOOKS_BAK表中，并按回车键以执行该代码。

```
SELECT * FROM BOOKS WHERE 书名 LIKE "%计算机%";
INTO TABLE BOOKS_BAK
```

步骤2：在命令窗口中输入下列代码，用于更新BOOKS_BAK表中的价格字段，并按回车键以执行该代码。

```
UPDATE BOOKS_BAK SET 价格=价格*(1-0.05)
```

步骤3：在命令窗口中输入下列代码，并按回车键以执行该代码。

```
SELECT TOP 1 Books_bak.出版单位,avg(books_bak.价格) as 均价;
```

```
FROM books_bak;
GROUP BY Books_bak.出版单位;
HAVING 均价>=25;
ORDER BY 2;
INTO TABLE new_table(4)dbf
```

第 3 套　操作题参考答案

一、基本操作题

1．单击工具栏中的“打开”按钮，在“打开”对话框中选择考生文件夹下的“订单管理.dbc”文件；在数据库设计器中，右击 customer 表，在弹出的快捷菜单中执行“删除”命令，再在提示框中单击“删除”按钮。

2．右击 employee 表，在弹出的快捷菜单中执行“修改”命令，选择“索引”选项卡，在“索引名”处输入 xb，“类型”选择“普通索引”，“表达式”为“性别”，“排序”为“升序”，单击“确定”按钮。

3．再在“索引名”处输入 xyz，“类型”选择“普通索引”，“表达式”为“str(组别,1)+职务”，“排序”为“升序”，单击“确定”按钮。

4．在“索引名”处输入“职员号”，“类型”选择“主索引”，“表达式”为“职员号”，单击“确定”按钮。再打开 orders 表的表设计器，选择“索引”选项卡，在“索引名”处输入“职员号”，“类型”选择“普通索引”，“表达式”为“职员号”，单击“确定”按钮。在数据库设计器中，选中 employee 表中的索引“职员号”并拖动到 orders 表的“职员号”的索引上并释放鼠标，这样两个表之间就建立起了永久联系。

二、简单应用题

1.【操作步骤】

步骤 1：单击工具栏中的“打开”按钮，在“打开”对话框中选择考生文件夹下的 formone.scx 文件；在表单设计器中，右击表单空白处，在弹出的快捷菜单中执行“数据环境”命令；在“添加表和视图”对话框中分别双击 employee 表和 orders 表，单击“关闭”按钮。

步骤 2：设置组合框的 Style 属性为“2-下拉列表框”、RowSourceType 属性为“6-字段”、RowSource 属性为“employee.姓名”；设置文本框 Text1 的 ReadOnly 属性为“.T.-真”。

步骤 3：双击组合框，在代码编辑器中将语句"Text1.Value=m2"改为"ThisForm.Text1.Value=m2"。

步骤 4：单击工具栏中的“保存”按钮，再单击“运行”按钮。

2.【操作步骤】

步骤 1：单击工具栏中的“新建”按钮，在“新建”对话框中选择“文件类型”中的“查询”选项，单击“新建文件”按钮；在“添加表或视图”对话框中分别双击 employee 表和 orders 表，单击“关闭”按钮。

步骤 2：在查询设计器的“字段”选项卡选择“orders.订单号”“orders.金额”字段，再在“函数和表达式”中输入“Employee.姓名 AS 签订者”，单击“添加”按钮；切换到“筛选”选项卡，选择“Employee.组别”，“条件”选择“=”，在“实例”中输入 1。

步骤 3：切换到“排序依据”选项卡，选择字段“orders.金额”，在“排序选项”处选择

"降序"选项。执行"查询"菜单下的"查询去向"命令，在"查询去向"对话框中选择"表"，输入表名 tableone，单击"确定"按钮。

步骤 4：单击工具栏中的"保存"按钮，在"另存为"对话框中将查询保存为 queryone.qpr，并单击工具栏中的"运行"按钮运行查询。

三、综合应用题

步骤 1：单击工具栏中的"新建"按钮，在"新建"对话框中选择"文件类型"中的"菜单"选项，单击"新建文件"按钮，再在"新建菜单"对话框中单击"菜单"按钮；执行"显示"菜单下的"常规选项"命令，在"常规选项"对话框中选中"在...之前"单选按钮，并在右边的下拉列表中选择"帮助"选项。

步骤 2：在菜单设计器的"菜单名称"中输入"考试"，"结果"选择"子菜单"，单击"创建"按钮；在子菜单的第一行"菜单名称"中输入"统计"，"结果"选择"过程"，在第二行"菜单名称"中输入"返回"，"结果"选择"过程"。

步骤 3：选择"统计"行，单击该行中的"创建"按钮，在弹出的窗口中输入如下代码：

```
SELECT Employee.组别, Employee.姓名 AS 负责人,sum(orders.金额) as 合计;
FROM employee,orders ;
WHERE Employee.职员号 = Orders.职员号;
AND Employee.职务 = "组长";
GROUP BY Employee.组别;
ORDER BY 3 DESC;
INTO TABLE tabletwo.dbf
```

步骤 4：选择"返回"行，单击该行中的"创建"按钮，在弹出的窗口中输入如下代码：

```
SET SYSMENU TO DEFAULT
```

步骤 5：单击工具栏中的"保存"按钮，在"另存为"对话框中将菜单保存为 mymenu.mnx；再执行"菜单"下的"生成"命令，在"生成菜单"对话框中单击"生成"按钮。

步骤 6：在命令窗口中输入 DO mymenu.mpr，运行程序，分别执行"统计"和"返回"菜单命令。

第 4 套　操作题参考答案

一、基本操作题

1．打开 Visual FoxPro，在命令窗口输入如下代码：

```
INSERT INTO 零件信息  VALUES("p7","PN7",1020)
```

并按回车键执行语句。

然后单击工具栏中的"新建"按钮，创建一个程序文件 one.prg，将上述代码复制到该文件中并保存。

2．在命令窗口输入如下代码：

```
DELE  FROM 零件信息 WHERE 单价<600
```

并按回车键执行语句。

然后单击工具栏中的“新建”按钮，创建一个程序文件 two.prg，将上述代码复制到该文件中并保存。

3．在命令窗口输入如下代码：

```
UPDATE  零件信息 SET 单价=1090  WHERE 零件号="p4"
```

并按回车键执行语句。

然后单击工具栏中的“新建”按钮，创建一个程序文件 three.prg，将上述代码复制到该文件中并保存。

4．打开菜单 mymenu.mnx 后，选择系统菜单中的“菜单”选项，然后执行“生成”命令。

二、简单应用题

1.【操作步骤】

单击工具栏中的“打开”按钮，打开考生文件夹下的程序文件 modi1.prg，并按题目的要求进行改错，修改完成后保存并运行程序文件。

其中，第 1 行中的“=”需改为“IN”；第 3 行中的“GROUP BY 项目号”需改为“GROUP BY 零件号”；第 5 行中的“INTO FILE”需改为“TO FILE”。

2.【操作步骤】

步骤 1：在命令窗口输入 Create form formone，按下回车键建立一个表单，通过表单控件工具栏按题目要求为表单添加控件。在“属性”对话框中，设置表单的 Name 属性为 formone，设置其 Caption 属性为“简单应用”；设置标签的 Caption 属性为“项目号”；设置命令按钮的属性为“确定”。

步骤 2：双击命令按钮，编写其 Click 事件代码。

```
x=thisform.text1.value
a = "SELECT 零件信息.零件号, 零件信息.零件名称, 零件信息.单价, 使用零件.数量;
FROM 零件信息,使用零件;
WHERE 零件信息.零件号=使用零件.零件号 and 使用零件.项目号=x ;
ORDER BY 零件信息.零件号 INTO TABLE "+x
&a
```

步骤 3：单击“保存”按钮，再单击工具栏中的“运行”按钮，分别在文本框中输入 s1 和 s3，单击“确定”按钮。

三、综合应用题

1.【操作步骤】

步骤 1：单击常用工具栏中的“新建”按钮，在“新建”对话框中选择“查询”选项，单击“新建文件”按钮，在弹出的“打开”对话框中依次将表“零件信息”“使用零件”和“项目信息”添加到查询设计器中。

步骤 2：分别选中字段“项目信息.项目号”“项目信息.项目名”“零件信息.零件名称”和“使用零件.数量”并添加到可用字段。

步骤 3：在“排序依据”选项卡中先选择“项目信息.项目号”字段，排序选项设置为“升序”，再选择“零件信息.零件名称”字段，排序选项设置为“降序”。

步骤 4：执行“查询”菜单下的“查询去向”命令，在“查询去向”对话框中选择“表”，并输入表名 three，单击“确定”按钮。

步骤 5：单击工具栏中的“保存”按钮保存查询，输入查询名 chaxun。最后单击常用工具栏中的“运行”按钮运行查询。

2.【操作步骤】

步骤 1：在命令窗口输入 CREATE FORM myform 新建表单，并修改表单的 Name 属性为 myform。

步骤 2：从表单控件工具栏向表单中添加一个表格控件和一个命令按钮控件，设置表格控件的 RecordSourceType 属性为“3-查询”、RecordSource 属性为 chaxun，设置命令按钮的 Caption 属性为“退出”。

步骤 3：同时选中命令按钮与表格控件(按住 Shift 键不放)，再单击“布局”工具栏中的“左边对齐”和“相同宽度”按钮。

步骤 4：双击“退出”按钮，写入 Click 事件代码：ThisForm.Release。

步骤 5：关闭并保存该表单文件。

第 5 套　操作题参考答案

一、基本操作题

1. 在命令窗口中输入命令“Create Database 订单管理”，按回车键建立数据库。单击工具栏中的“打开”按钮打开数据库“订单管理”，在打开的数据库设计器中右击，执行“添加表”命令，在“打开”对话框中将考生文件夹下的表 employee、orders 和 customer 添加到数据库中。

2. 在数据库设计器中右击 orders 表，执行“修改”命令，在打开的表设计器中选择“索引”选项卡，类型选择“普通索引”，索引名为 nf，索引表达式为“year(签订日期)”，单击“确定”按钮。

3. 按照第 2 题中操作步骤分别为 employee 表和 orders 表建立主索引和普通索引。在数据库设计器中，选中 employee 表中的主索引“职员号”，按住鼠标拖动到 orders 表的普通索引“职员号”上。

4. 在 employee 表与 orders 表之间的联系线上右击，执行“编辑参照完整性”命令，打开“参照完整性生成器”对话框，选择更新规则为“限制”，删除规则为“级联”，插入规则为“限制”。

二、简单应用题

1.【操作步骤】

步骤 1：单击工具栏中的“打开”按钮，打开考生文件夹下的表单 formone，在表单的空白处右击，执行“数据环境”命令，将 orders 表添加到表单的数据环境中。

步骤 2：设置列表框的 MultiSelect 属性为“.T.-真”，定义允许多重选择，RowSourceType

属性值设置为“8-结构”，RowSource 属性设置为 orders；将表格 Grid1 的 RecordSourceType 的属性值设置为“4-SQL 说明”。

步骤 3：双击“显示”按钮，修改其 Click 事件代码。

错误 1：FOR i=1 TO thisform.List1.ColumnCount。

修改为：FOR i=1 TO thisform.List1.ListCount。

错误 2：s=thisform.List1.value。

修改为：s=thisform.List1.List(i)。

错误 3：s=s+thisform.List1.value。

修改为：s=s+","+thisform.List1.List(i)。

步骤 4：保存并运行表单查看结果。

2.【操作步骤】

步骤 1：单击常用工具栏中的“新建”按钮，新建查询，将表 orders、employee 和 customer 添加到查询中。

步骤 2：分别选择字段 orders.订单号、orders.签订日期、orders.金额、customer.客户名，添加到可用字段中；然后在“函数和表达式”文本框中输入“employee.姓名 AS 签订者”，并添加到可用字段。

步骤 3：在“筛选”选项卡中设置筛选条件为“orders.签订日期>={^2001-05-01}”。

步骤 4：在“排序”选项卡中指定排序选项为“降序”，添加字段“orders.签订日期”和“orders.金额”。

步骤 5：执行系统菜单中的“查询”→“查询去向”→“表”命令，输入表名为 tableone。

步骤 6：保存查询，输入查询名 queryone，在常用工具栏中单击运行按钮，运行该查询。

三、综合应用题

步骤 1：在命令窗口输入 Create form myform 命令并执行，完成新建表单。

步骤 2：将表单的 ShowWindow 属性设置为“2-作为顶层表单”，然后设置其 Caption 属性值为“考试”。

步骤 3：双击表单空白处，编写表单的 Init 事件代码。

```
DO mymenu.mpr WITH THIS, "myform"
```

步骤 4：新建菜单，输入菜单名称“统计(\<T)”和“退出(\<R)”。

步骤 5：执行“显示”菜单下的“常规选项”命令，将此菜单设置为“顶层表单”。

步骤 6：分别在“统计”和“退出”菜单的“结果”列中选择“过程”选项，并单击“创建”按钮，写入如下 SQL 语句。

```
SELECT Customer.客户号, Customer.客户名, sum(orders.金额) as 合计;
FROM customer,orders ;
WHERE Customer.客户号 = Orders.客户号;
GROUP BY Customer.客户号;
ORDER BY 3 DESC;
INTO TABLE tabletwo.dbf
```

“退出”菜单中的命令语句为 Myform.Release。

步骤 7：单击工具栏中的“保存”按钮，保存菜单名为 mymenu，生成可执行程序，运行表单，查看结果。

第 6 套　操作题参考答案

一、基本操作题

1．在命令窗口中输入“Create Data　学校”，按下回车键执行语句，再打开“学校”数据库，将表“教师表”“课程表”和“学院表”添加到数据库中。

2．新建一个程序，输入“ALTER TABLE　课程表　ADD UNIQUE　课程号　TAG temp”，保存程序为 one，最后运行程序。

3．单击工具栏中的“新建”按钮，在“新建”对话框中选择“表单”选项，单击“向导”按钮，在打开的“向导取向”对话框中选择“表单向导”选项；在“表单向导”的步骤 1 中选择“课程表”，并将该表的所有字段添加到“选定字段”，单击“下一步”按钮；在“表单向导”的步骤 2 中直接单击“下一步”按钮；在“表单向导”的步骤 3 中将“课程号”添加到“选定字段”，并设置为降序，单击“下一步”按钮，在步骤 4 中输入表单标题“课程表”，单击“完成”按钮。保存表单为 myform。

4．单击工具栏中的“打开”按钮，打开考生文件夹下的程序文件 test，将第 2 行语句改为"DO WHILE *i*>=1"，保存并运行程序，查看运行结果。

二、简单应用题

1.【操作步骤】

单击工具栏中的“打开”按钮，打开考生文件夹下的程序文件 temp.prg，并按题目的要求进行改错，修改完成后保存并运行程序文件，如下所示。

错误 1：将 TO 改为 INTO。

错误 2：将 OPEN 改为 USE。

错误 3：将 SCAN OF 改为 SCAN FOR。

错误 4：将 OR 改为 AND。

错误 5：将 sum+1 改为 sum=sum+1。

2.【操作步骤】

步骤 1：执行系统菜单中的“新建”命令，新建一个视图，将表“教师表”和“学院表”添加到新建的视图中。

步骤 2：将“教师表．姓名”“教师表．工资”和“学院表．系名”添加到选定字段中。

步骤 3：在“筛选”选项卡中选择字段“教师表．工资”，条件为“>=”，实例为“4000”。

步骤 4：在“排序”选项卡中，设置按“工资”降序排序，再按“系名”升序排序。

步骤 5：保存视图为 teacher_v。

三、综合应用题

步骤 1：在命令窗口输入 Create Form oneform，并按回车键，新建一个名为 oneform 表单。

步骤 2：在表单控件工具栏中以拖拽的方式向表单中添加两个标签、一个选项组、一个组合框和两个命令按钮。设置表单的 Name 属性为 oneform，Label1 的 Caption 属性为“工资”，Label2 的 Caption 属性为“实例”，Command1 的 Caption 属性为“生成”，Command2 的 Caption 属性为“退出”，组合框的 RowSourceType 属性为“5-数组”，RowSource 属性为“a”，两个选项按钮的 Caption 属性分别为“大于等于”和“小于”。

步骤 3：双击表单空白处，编写表单的 load 事件代码。

```
public a(3)
a(1)="3000"
a(2)="4000"
a(3)="5000"
```

步骤 4：双击命令按钮，分别编写“生成”和“退出”按钮的 Click 事件代码。

```
x=val(thisform.combo1.value)
if thisform.optiongroup1.value = 1
  sele * from 教师表 where 工资 >= x order by 工资 desc,姓名 into table salary
else
  sele * from 教师表 where 工资 < x order by 工资 desc,姓名 into table salary
endif
```

“退出”按钮的 Click 事件代码：ThisForm.Release。

步骤 5：保存表单，并按题目要求运行表单。

第 7 套　操作题参考答案

一、基本操作题

1．单击工具栏中的“打开”按钮，打开考生文件夹下的表文件 student，在命令窗口输入“browse”，按下回车键，在表记录中将学号为 99035001 的学生的“院系”字段值改为“经济”。

2．单击工具栏中的“打开”按钮，打开考生文件夹下的 score 表，执行“显示”菜单中的“表设计器”菜单命令，打开表设计器，将“成绩”字段的名称修改为“考试成绩”。

3．在命令窗口输入 SQL 命令。

```
ALTER TABLE student ADD UNIQUE 学号 TAG 学号
```

按下回车键，并将该语句保存到 three.prg 文件中。

4．与第 2 题相同，打开 course 表的表设计器，建立候选索引“课程编号”。

二、简单应用题

1.【操作步骤】

步骤 1：在命令窗口输入 Create form tab，按下回车键，新建一个表单文件 tab，在表单控件工具栏中单击相应的控件，然后在表单上画出一个页框控件和一个命令按钮。将页框 Pageframe1 的 PageCount 属性设置为 3。

步骤 2：在页框上右击，在弹出的快捷菜单中执行“编辑”命令，设置页框各页的标题属性。

Page1　Caption　学生

Page2　Caption　课程

Page3　Caption　成绩

步骤 3：在表单空白处右击，在弹出的快捷菜单中执行“数据环境”命令，将表 student、course 和 score 添加到数据环境中。

步骤 4：在页框控件上右击，在弹出的快捷菜单中执行“编辑”命令，在属性窗口选中 Page1，拖拽相应的 student 表到页框中，依次选中 Page2、Page3，将对应的表拖拽进去。

步骤 5：将命令按钮的 Caption 属性改为“退出”，输入其 Click 事件代码 ThisForm.Release。

步骤 6：保存并运行表单查看结果。

2.【操作步骤】

步骤 1：单击工具栏中的“打开”按钮，打开考生文件夹下的表单文件 modi2，修改“计算”命令按钮的 Click 事件。

错误 1：改为 STORE 0 TO *x*,s1,s2,s3。

错误 2：改为 *x*=val(thisform.text1.value)。

错误 3：改为 if mod(*x*,3)=0。

步骤 2：以同样的方法修改“退出”按钮的 Click 事件代码为 Thisform.Release。

三、综合应用题

步骤 1：单击工具栏中的“打开”按钮，打开考生文件夹下的表单文件 zonghe。

步骤 2：双击“确定”命令按钮，完善其 Click 事件代码。

```
SELECT Student.姓名, Course.课程名称, Score.考试成绩;
FROM student INNER JOIN score;
INNER JOIN course ;
ON Score.课程编号 = Course.课程编号 ;
ON Student.学号 = Score.学号;
Where &cn;
ORDER BY Course.课程名称, Score.考试成绩 DESC;
INTO TABLE zonghe.dbf
```

步骤 3：保存并运行表单。

第 8 套　操作题参考答案

一、基本操作题

1. 单击工具栏中的“打开”按钮，打开考生文件下的 College 数据库，在数据库设计器中右击 temp 表，执行“删除”命令，在弹出的对话框中单击“删除”按钮；再在数据库设计器空白处右击，执行“添加”命令，将自由表“教师表”“课程表”和“学院表”添加到数据库中。

2. 在数据库设计器中右击需要修改的表，执行快捷菜单中的“修改”命令打开表设计器，分别为“课程表”和“教师表”按要求建立主索引和普通索引，在数据库设计器中从主索引拖拽到普通索引以建立两表间的联系。

3．单击工具栏中的“新建”按钮，新建一个程序文件，输入下列代码：

```
SELECT *;
FROM college!教师表;
WHERE 教师表.工资 > 4500;
ORDER BY 教师表.职工号;
TO FILE one.txt
```

保存程序为 two，并单击系统菜单中的运行按钮，运行程序。

4．打开“新建”对话框，在“文件类型”选项卡中选择“报表”，单击“向导”按钮，再选择“报表向导”，单击“确定”按钮，打开“报表向导”设计器，选择“学院表”，将该表所有字段添加到选定字段，最后输入报表名 three。

二、简单应用题

1.【操作步骤】

步骤 1：单击工具栏中的“打开”按钮，打开考生文件夹下的程序文件 four.prg，修改语句。

第一处：WHILE 改为 WHERE。

第二处：OPEN 改为 USE。

第三处：WHERE 改为 FOR。

第四处：填入 num = num +1。

步骤 2：保存并运行程序。

2.【操作步骤】

步骤 1：打开 College 数据库，单击工具栏中的“新建”按钮，新建一个视图，并将“课程表”“学院表”和“教师表”3 个表添加到视图设计器中。

步骤2：在“字段”选项卡将字段“教师表.姓名”“课程表.课程名”“课程表.学时”和“学院表.系名”添加到“选定字段”。

步骤3：在“筛选”选项卡中，选择字段“课程表.学时”，条件为“>=”，在实例中输入“60”。

步骤4：在“排序依据”选项卡中选择按“系名”升序、“姓名”降序排序。

步骤5：保存视图名为 course_v。

步骤6：单击工具栏中的“新建”按钮，新建一个查询，在“添加表或视图”对话框中选择 course_v 视图，在字段中选择所有字段，设置查询去向为表 sef。运行该查询。

三、综合应用题

步骤 1：打开 College 数据库。在命令窗口中输入 Create Form oneform，按下回车键新建一个表单。在表单上添加两个标签、一个选项组、一个组合框和两个命令按钮，并进行适当的布置和大小调整。

设置表单的 Name 属性为 oneform，Label1 的 Caption 属性为“系名”，Label2 的 Caption 属性为“计算内容”，Command1 的 Caption 属性为“生成”，Command2 的 Caption 属性为“退出”，组合框的 RowSourceType 属性为“6-字段”，RowSource 属性为“学院表.系名”，两个选项按钮的 Caption 属性分别为“平均工资”和“总工资”。

步骤 2：右击表单空白处，执行“数据环境”命令，将“学院表”和“教师表”添加到数据环境设计器中。

双击“生成”命令按钮，编写按钮的 Click 事件代码。

```
x = thisform.combo1.value
if thisform.optiongroup1.value = 1
  SELECT 学院表.系名, 学院表.系号, avg(教师表.工资) as 平均工资;
  FROM  college!学院表 INNER JOIN college!教师表;
  ON  学院表.系号 = 教师表.系号;
  WHERE 学院表.系名 = x;
  GROUP BY 学院表.系号;
  INTO TABLE salary.dbf
else
  SELECT 学院表.系名, 学院表.系号, sum(教师表.工资) as 总工资;
  FROM  college!学院表 INNER JOIN college!教师表;
  ON  学院表.系号 = 教师表.系号;
  WHERE 学院表.系名 = x;
  GROUP BY 学院表.系号;
  INTO TABLE salary.dbf
Endif
```

双击“退出”命令按钮，编写按钮的 Click 事件代码：ThisForm.Release。

步骤 3：保存表单，并按题目要求运行。

第 9 套　操作题参考答案

一、基本操作题

1. 单击工具栏中的“打开”按钮，打开考生文件夹下的数据库“宾馆”，在数据库设计器中右击“客户”表，打开表设计器，选择“性别”字段，在其字段有效性规则栏中输入“性别$"男女"”，在默认值栏中输入“"女"”。

2. 在数据库设计器中右击“入住”表，打开表设计器，在“索引”选项卡中，索引名处输入 fkkey，类型选择“主索引”，表达式处输入“客房号+客户号”。

3. 为“入住”表建立索引名和索引表达式分别为“客房号”和“客户号”的普通索引，为“客房”表建立索引名和索引表达式均为“类型号”的普通索引。在数据库设计器中建立 4 个表的联系：选中“客户”表中的主索引“客户号”，按住鼠标拖动到“入住”表的普通索引“客户号”上，用同样的方法可以建立“客房”表和“入住”表的“客房号”之间的联系，“房价”表和“客房”表的“类型号”之间的联系。

4. 单击工具栏中的“新建”按钮，建立一个程序文件，输入如下代码：

```
SELECT  客户号,身份证,姓名,工作单位 FROM 客户 WHERE 性别="男" INTO TABLE
TABA.DBF
```

保存程序为 one.prg，并运行该程序。

二、简单应用题

1.【操作步骤】

步骤 1：单击工具栏中的“新建”按钮，新建一个查询，将“房价”和“客房”表添加到查询中。在“字段”选项卡中将“客房.客房号”“客房.类型号”“房价.类型名”“房价.价格”添加到选定字段。

步骤 2：在“筛选”选项卡中，“字段名”选择“房价.价格”，“条件”输入“>=”，“实例”输入“280”。

步骤3：在“排序依据”选项卡中选择字段“客房.类型号”，在“排序选项”列表处选择“升序”。

步骤 4：执行“查询”菜单下的“查询去向”命令，在“查询去向”对话框中选择“表”选项，表名输入 TABB。

步骤 5：保存查询名为 TWO，最后运行该查询。

2.【操作步骤】

单击工具栏中的“打开”按钮，打开考生文件夹下的程序文件 THREE.PRG，对其中的命令进行修改，然后保存并运行程序。

第 3 行改为：FROM 客户,入住 WHERE 客户.客户号 = 入住.客户号;。

第 5 行改为：(SELECT 入住日期;。

第 7 行改为：WHERE 客户.客户号 = 入住.客户号 AND 姓名 ="姚小敏");。

第 8 行改为：INTO TABLE TABC。

三、综合应用题

步骤 1：单击工具栏中的“新建”按钮，新建一个名为 test 的表单，通过表单控件工具栏向表单中添加一个标签、一个文本框和两个命令按钮。

步骤 2：设置标签控件 Lable1 的 Caption 属性为“退房日期大于或等于”，Command1 的 Caption 属性为“查询”，Command2 的 Caption 属性为“退出”。

步骤 3：双击“查询”按钮，为“查询”命令按钮的 Click 事件编写程序代码。

```
SET CENTURY ON
SET DATE TO YMD
SELECT 客户.客户号, 客户.身份证, 客户.姓名, 客户.工作单位, 客房.客房号, 房价.类型
名, 房价.价格;
FROM 客户,房价,入住,客房;
WHERE 客户.客户号 = 入住.客户号;
AND 客房.客房号 = 入住.客房号;
AND 房价.类型号 = 客房.类型号;
AND 入住.退房日期>=ctod(ThisForm.Text1.value);
ORDER BY 房价.价格 DESC;
INTO TABLE tabd
```

步骤 4：双击“退出”按钮，为“退出”命令按钮的 Click 事件编写程序代码。

```
ThisForm.Release
```

步骤 5：保存表单为 test，并按题目要求运行该表单。

第10套　操作题参考答案

一、基本操作题

1．利用“文件”菜单下的“打开”命令来打开考生文件夹下的表单 one，或使用命令 MODIFY FORM one 打开表单 one。双击“显示”命令按钮，在其 Click 事件中输入代码 ThisForm.Text1.Value=year(date())，保存并运行修改后的表单，查看运行结果。

2．单击工具栏中的“打开”按钮，打开考生文件夹下的表单 two，在“表单”菜单中执行“新建方法程序”命令，新建一个名为 test 的方法，在属性窗口中双击此方法，在弹出的窗口中编写用户自定义过程代码：ThisForm.Command1.Enabled=.f.。

在表单设计器环境下双击“测试”命令按钮，编写 Click 事件代码：ThisForm.Test。

保存并运行修改后的表单，查看运行结果。

3．单击工具栏中的“新建”按钮，在“新建”对话框中选择“报表”选项，单击“新建文件”按钮；执行“报表”菜单下的“快速报表”命令，在“打开”对话框中选择考生文件夹下的“课程表”，在“快速报表”对话框中单击“确定”按钮；单击工具栏中的“保存”按钮，将快速报名保存为 study_report。

4．在命令窗口输入命令，按下回车键运行命令。

```
alter table 教师表 alter 职工号 set check LEFT(职工号,3)="110"
```

二、简单应用题

1.【操作步骤】

步骤1：单击工具栏中的“打开”按钮，打开考生文件夹下的数据库文件“课程管理”。

步骤2：单击工具栏中的“新建”按钮，新建一个程序，输入代码。

```
CREATE sql VIEW salary AS;
SELECT 教师表.系号, AVG(教师表.工资) AS 平均工资 FROM 教师表;
GROUP BY 教师表.系号  ORDER BY 2 DESC
```

步骤3：保存程序为 four.prg，并运行该程序。

2.【操作步骤】

步骤1：单击工具栏中的“打开”按钮，打开考生文件夹下的表单 six.scx。

步骤2：修改程序中的错误如下。

错误1：将 WHILE 改为 DO WHILE。

错误2：将 NEXT 改为 SKIP。

错误3：将 CASE 改为 IF。

步骤3：保存并运行表单。

三、综合应用题

步骤1：单击工具栏中的“新建”按钮，新建一个表单文件，通过表单控件工具栏向表单中添加两个复选框、一个选项组和两个命令按钮，并将“教师表”和“学院表”添加到表单的数据环境中。

步骤 2：设置表单的 Name 属性为 myform，Caption 属性为“教师情况”；设置两个命令按钮的 Caption 属性分别为“生成表”和“退出”；设置两个复选框的 Caption 属性分别为“系名”和“工资”；两个单选按钮的 Caption 属性分别为“按职工号升序”和“按职工号降序”。

步骤 3：双击“生成表”按钮，为“生成表”命令按钮编写 Click 事件代码。

```
a=ThisForm.Check1.Value
b=ThisForm.Check(2)Value
c=ThisForm.Optiongroup1.Option1.Value
d=ThisForm.Optiongroup1.Option(2)Value
if a=1 and b=1
  if c=1
    select 职工号,姓名,系名,工资,课程号 from 教师表,学院表;
    where 教师表.系号=学院表.系号;
    order by 职工号;
    into table two.dbf
 else
  if d=1
    select 职工号,姓名,系名,工资,课程号 from 教师表,学院表;
    where 教师表.系号=学院表.系号;
    order by 职工号 desc;
    into table two.dbf
  endif
 endif
endif
if a=1 and b=0
 if c=1
   select 职工号,姓名,系名,课程号 from 教师表,学院表;
   where 教师表.系号=学院表.系号;
   order by 职工号;
   into table one_x.dbf
 else
   if d=1
     select 职工号,姓名,系名,课程号 from 教师表,学院表;
     where 教师表.系号=学院表.系号;
     order by 职工号 desc;
     into table one_x.dbf
   endif
 endif
endif
if a=0 and b=1
 if c=1
  select 职工号,姓名,工资,课程号 from 教师表,学院表;
  where 教师表.系号=学院表.系号;
  order by 职工号;
  into table one_xx.dbf
 else
  if d=1
```

```
    select 职工号,姓名,工资,课程号 from 教师表,学院表;
    where 教师表.系号=学院表.系号;
    order by 职工号 desc;
    into table one_xx.dbf
  endif
 endif
endif
```

步骤 4：保存表单名为 myform，按题目要求运行表单并执行相关操作。

第 11 套　操作题参考答案

一、基本操作题

1．单击工具栏中的“打开”按钮，打开考生文件夹下的表单 one，设置 Command1 的 TabIndex 属性为 1，Command2 的 TabIndex 属性为 2，Command3 的 TabIndex 属性为 3。

2．单击工具栏中的“打开”按钮，打开考生文件夹下的表单 two，按下 Shift 键的同时选中 3 个命令按钮控件，通过“布局”工具栏设置其对齐方式为“顶边对齐”。

3．单击工具栏中的“新建”按钮，新建一个程序文件，输入下列命令：

```
Create table 分组情况表(组号 c(2),组名 c(10))
```

将该程序保存为 three.prg 并运行。

4．方法同上建立程序 four.prg，输入命令：

```
INSERT INTO 分组情况表 VALUES("01","通俗唱法")
```

将该程序保存并运行。

二、简单应用题

1.【操作步骤】

步骤 1：单击工具栏中的“打开”按钮，打开考生文件夹下的程序文件 five。

步骤 2：修改程序中的错误语句。

第 1 处：将 WHILE 改为 DO WHILE。

第 2 处：将“歌手表.歌手编号”改为“LEFT(歌手表.歌手编号,2)”。

第 3 处：将 INTO 改为 WITH。

步骤 3：保存并运行程序。

2.【操作步骤】

步骤 1：单击工具栏中的“新建”按钮，新建一个名为“歌手大奖赛”的数据库文件，将“歌手表”“评委表”和“评分表”添加到数据库中。

步骤 2：在数据库空白处右击，执行“新建本地视图”命令，新建一个视图，并将表“歌手表”“评委表”和“评分表”添加到视图设计器中。

步骤 3：在“字段”选项卡中将“评委表．评委姓名”“歌手表．歌手姓名”和“评分表．分数”3 个字段添加到选定字段框中。

步骤 4：在“排序依据”选项卡中按“歌手姓名”升序排序，再按“分数”降序排序。

步骤 5：保存视图名 songer_view，并运行视图。

三、综合应用题

步骤 1：单击工具栏中的“新建”按钮，新建一个表单文件，通过表单控件工具栏按题目要求向表单中添加两个命令按钮和一个列表框。

步骤 2：通过属性窗口设置表单的 Name 属性为 myform，Command1 的 Caption 属性为“计算”，Command2 的 Caption 属性为“退出”，列表框 List1 的 RowSource 属性为“01,02,03,04”，RowSourceType 属性为“1-值”。

步骤 3：双击“计算”命令按钮编写其 Click 事件代码。

```
SELECT * FROM 评分表;
WHERE left(评分表.歌手编号,2) = ThisForm.List1.list(ThisForm.List1.listindex);
INTO TABLE two.dbf;
ORDER BY 评分表.歌手编号 DESC, 评分表.分数
```

步骤 4：最后以 myform 为文件名将表单保存在考生文件夹下，并运行该表单。

第 12 套　操作题参考答案

一、基本操作题

1．单击工具栏中的“打开”按钮，打开考生文件夹中的数据库文件“大学管理”，右击“课程表”，执行“修改”命令，选择“索引”选项卡，在索引名处输入“课程号”，类型选择“主索引”，表达式为“课程号”；同样打开“教师表”表的表设计器，选择“索引”选项卡，在索引名处输入“课程号”，类型选择“普通索引”，表达式为“课程号”。

2．单击工具栏中的“打开”按钮，打开考生文件夹中的程序文件 one，将循环语句中的条件 *i*<=1 改成 *i*>=1，保存并运行程序。

3．单击工具栏中的“新建”按钮，在“新建”对话框中选择“报表”选项，单击“新建文件”按钮；执行“报表”菜单下的“快速报表”命令，在“打开”对话框中选择考生文件夹下的“教师表”，在“快速报表”对话框中单击“确定”按钮；单击工具栏中的“保存”按钮，将快速报名保存为 two.frx。

4．单击工具栏中的“新建”按钮，新建一个程序文件 three，在其中编写代码“alter table 教师表 alter 职工号 set check LEFT(职工号,4)="1102"”，保存并运行。

二、简单应用题

1．【操作步骤】

步骤 1：单击工具栏中的“打开”按钮，打开考生文件夹中的程序文件 four.prg，修改如下：

错误 1：“职工号 C(8)　KEY”改为“职工号 C(8)　primary　KEY”。

错误 2：To 改为 Into。

错误 3：BY 改为 SET。

错误 4：WHILE 改为 WHERE。

步骤 2：保存并运行程序。

2.【操作步骤】

步骤 1：单击常用工具栏中的“新建”按钮，新建一个查询，在“添加表或视图”对话框中将“教师表”和“学院表”添加到新建的查询中。

步骤 2：在“字段”选项卡中，将“教师表.姓名”“教师表.工资”和“学院表.系名”添加到选定字段中。

步骤 3：在“筛选”选项卡中，在字段名中选择“教师表.工资”，条件为“<=”，实例为“3000”。

步骤 4：在“排序依据”选项卡中，先设置按“工资”降序排列，再按“姓名”升序排列。

步骤 5：执行“查询”菜单下的“查询去向”命令，在“查询去向”对话框中选择“表”选项，在“表名”中输入 five。

步骤 6：保存查询为 teacher_q，运行查询。

三、综合应用题

步骤 1：在命令窗口中输入 Create form myform，按下回车键新建一个表单，按要求修改表单的 Name 属性为 myform。双击表单，在其 RightClick 事件中写入 DO mymenu.mpr。

步骤 2：单击工具栏中的“新建”按钮，在“新建”对话框中选择“菜单”选项，单击“新建文件”按钮，选择“快捷菜单”，在菜单设计器中输入两个菜单项“取前三名”和“取前五名”，结果均为“过程”。

步骤 3：分别单击两个菜单项后面的“创建”按钮，编写对应的过程代码。

其中，“取前三名”菜单项中的代码如下：

```
SELECT TOP 3 学院表.系名,avg(教师表.工资) as 平均工资;
FROM 学院表,教师表 ;
WHERE 学院表.系号 = 教师表.系号;
GROUP BY 学院表.系名;
ORDER BY 2 DESC;
INTO TABLE sa_three.dbf
```

其中，“取前五名”菜单项中的代码如下：

```
SELECT TOP 5 学院表.系名, avg(教师表.工资) as 平均工资;
FROM  学院表,教师表 ;
WHERE 学院表.系号 = 教师表.系号;
GROUP BY 学院表.系名;
ORDER BY 2 DESC;
INTO TABLE sa_five.dbf
```

步骤 4：执行“菜单”菜单中的“生成”命令，按提示保存为 mymenu，并生成菜单源程序文件(MPR)。

步骤 5：运行表单，在表单空白处右击，依次执行两个菜单项中的命令。

第 13 套　操作题参考答案

一、基本操作题

1. 单击工具栏中的“打开”按钮，打开考生文件夹下的表单 one，通过表单控件工具栏向表单添加一个组合框，并修改其 Style 属性为“2-下拉列表框”。

2. 修改组合框的 RowSourceType 属性为“1-值”，RowSource 属性为“上海,北京”。

3. 通过表单控件工具栏向表单中添加两个命令按钮，分别在属性工具栏中修改两个按钮的 Caption 属性为“统计”和“退出”，双击“退出”按钮，编写其 Click 事件代码为 ThisForm.Release。

4. 首先，双击“统计”按钮，编写“统计”按钮的 Click 事件代码如下：

```
select * from 歌手表.dbf;
where 歌手出生地 = ThisForm.combo1.list(ThisForm.combo1.listindex);
INTO TABLE birthplace.dbf
```

然后，保存并运行表单。

二、简单应用题

1.【操作步骤】

步骤 1：单击工具栏中的“新建”按钮，新建一个查询，将“评分表”和“评委表”添加到查询设计器中。

步骤 2：在“字段”选项卡中，按要求添加字段“评委姓名”和“分数”到选定字段中。

步骤 3：在“筛选”选项卡中的“字段”列中选择“歌手编号”，“条件”列中选择“=”，“实例”列中输入“01002”。

步骤 4：在“排序依据”选项卡中选择“分数”字段，升序排列。

步骤 5：执行“查询”菜单下的“查询去向”命令，设置查询去向为表 result。

步骤 6：保存查询名为 score_query，并运行查询。

2.【操作步骤】

步骤 1：单击工具栏中的“新建”按钮，在“新建”对话框中选择“报表”选项，单击“向导”按钮，在弹出的“向导选取”对话框中选择“报表向导”后单击“确定”按钮。

步骤 2：在“步骤 1-字段选取”中，选择表 result，然后添加全部字段到可用字段中，连续单击“下一步”按钮，直到“步骤 5-排序记录”，选择按“分数”字段降序排列。

步骤 3：在“步骤 6-完成”中，报表标题设置为空，报表名为 score_result。

步骤 4：打开报表 score_result，执行主菜单“报表”下的“标题/总结”命令，弹出“标题/总结”对话框，在“报表标题”中选中“标题带区”复选框，单击“确定”按钮，这样就在报表中加入了一个“标题带区”，打开“报表控件工具栏”，在打开的“报表控件”中选择“标签”控件，在标题带区单击，输入“王岩盐得分情况”。

步骤 5：保存并预览报表，查看报表的设计结果。

三、综合应用题

步骤 1：单击工具栏中的“新建”按钮，新建一个程序文件，输入如下代码并保存程序名为 two，运行该程序。

```
SELECT 歌手表.歌手姓名, avg(评分表.分数) as 得分;
FROM 歌手表,评分表;
WHERE 歌手表.歌手编号 = 评分表.歌手编号;
AND left(歌手表.歌手编号,2) = "01";
GROUP BY 歌手表.歌手姓名;
ORDER BY 2 DESC, 歌手表.歌手姓名 DESC;
INTO TABLE final.dbf
```

步骤 2：单击工具栏中的“新建”按钮，新建一个表单，将其 Name 属性设置为 score_form，通过表单控件工具栏向表单中添加一个命令按钮，修改其 Caption 属性为“计算”，编写其 Click 事件代码为 DO two.prg。

步骤 3：保存表单名为 score_form，并运行该表单。

步骤 4：执行“新建”→“项目”命令，以 score_project 为文件名进行保存，在项目管理器的“数据”选项卡中选择自由表，单击“添加”按钮，在“打开”对话框中选择要添加的自由表“歌手表”“评委表”和“评分表”，在“文档”选项卡中选择表单，单击“添加”按钮，在“打开”对话框中选择要添加的表单文件 score_form。单击“连编”按钮，在“连编选项”中选择“连编应用程序”，以文件名 score_app 保存应用程序。

第 14 套 操作题参考答案

一、基本操作题

1．在命令窗口中输入命令 use employee，然后按回车键。接着在命令窗口输入命令 copy stru to emp_bak.dbf，再按回车键。也可以通过常用工具栏中的“打开”按钮打开 employee 表，然后在命令窗口输入 copy stru to emp_bak.dbf，再按回车键。

2．打开考生文件夹下的 employee 表，在命令窗口输入 modi stru 命令，在表设计器中按要求为表设置候选索引，索引名为 empid，索引表达式为“职员号”。

3．单击工具栏中的“新建”按钮，通过报表向导新建一个报表，向其中添加 employee 表，然后按要求将指定字段添加到报表中，并将“职员号”设置升序排序。修改报表样式为“简报式”，报表标题为“职员一览表”。最后将报表保存为 employee.frx。

4．单击工具栏中的“新建”按钮，新建一个名为 one 的程序文件，并在其中输入代码 report form employee，最后在命令窗口输入 DO one.prg 运行程序，查看报表的预览结果。

二、简单应用题

1．【操作步骤】

步骤 1：在命令窗口中输入命令 Create form myform，按下回车键新建一个表单。

步骤2：在表单空白处右击，执行“数据环境”命令，为表单添加数据环境表 employee，并将 employee 从数据环境中拖拽到表单中，在表单的属性窗口中修改表格的 Name 属性为 Grid1。

步骤 3：通过表单控件工具栏为表单添加一个命令按钮，修改其 Caption 属性为“退出”，双击命令按钮，编写其 Click 事件 ThisForm.Release。

步骤 4：保存并运行表单。

2.【操作步骤】

步骤 1：单击工具栏中的“打开”按钮，打开考生文件夹下的程序文件 two.prg。

步骤 2：修改程序中的错误命令。

第 1 处错误改为：from employee p join employee c。

第 2 处错误改为：on p.组别=c.组别 where c.职务="组长" and c.姓名<>p.姓名。

步骤 3：保存并运行程序，查看程序的运行结果。

三、综合应用题

步骤 1：在命令窗口中输入 Create form form_three，按下回车键建立一个表单，通过表单控件工具栏按题目要求为表单添加一个文本框控件、一个标签控件和一个命令按钮控件。在表单属性窗口中修改标签的 Name 属性为 Ln，Caption 属性为“输入职员号”，文本框的 Name 属性为 Textn，命令按钮的 Name 属性为 Commands，Caption 属性为“开始查询”。

步骤 2：双击命令按钮，输入其 Click 事件代码。

```
x=ThisForm.textn.Value
a = "SELECT Order.订单号, Order.客户号, Order.签订日期, Order.金额 FROM order
    WHERE Order.职员号 = x ORDER BY Order.签订日期 INTO TABLE t" + x
&a
```

步骤 3：单击工具栏中的“新建”按钮，新建一个菜单，菜单项为“查询”和“退出”，对应的命令分别为 DO FORM form_three 和 set sysmenu to default。保存菜单为 mymenu 并生成可执行菜单。

步骤 4：运行菜单，单击“查询”按钮打开表单并按要求运行表单。

第 15 套　操作题参考答案

一、基本操作题

1.【操作步骤】

步骤 1：单击常用工具栏中的“打开”按钮，打开考生文件夹下的菜单 my_menu。然后在菜单设计器中单击“文件”菜单项后的“编辑”按钮。

步骤 2：选择“退出”菜单项并单击右侧的“插入”接钮，在“关闭”和“退出”之间插入一行，在“菜单名称”处输入“\-”。最后将“退出”项的结果设置为“命令”，并输入 SET SYSMENU TO DEFAULT。

2.【操作步骤】

步骤 1：单击常用工具栏中的“新建”按钮，新建一个空白报表，在报表设计器窗口中执行“报表”菜单下的“快速报表”命令。

步骤 2：选中考生文件夹下的“金牌榜”表，即可打开“快速报表”对话框，单击对话框中的“字段”按钮，将“国家代码”和“金牌数”两个字段添加到“选定字段”中。单击“确定”按钮回到报表设计器窗口，保存报表为 sport_report，预览以查看报表设计结果。

3．单击工具栏中的“新建”按钮，新建一个程序文件，输入如下的命令语句：

```
USE 金牌榜
   COPY STRU TO GOLDEN
```

保存程序名为 one.prg，最后运行该程序文件。

4．在命令窗口中输入命令 insert into golden Value("011",9,7,11)，并按回车键，然后将此命令存储到新建的 two.prg 文件中。

二、简单应用题

1.【操作步骤】

单击工具栏中的“新建”按钮，新建程序文件 three，然后输入以下命令语句：

```
SELECT 国家.国家名称, COUNT(获奖牌情况.名次) AS 金牌数;
FROM  国家,获奖牌情况 ;
WHERE  国家.国家代码 = 获奖牌情况.国家代码;
AND 获奖牌情况.名次=1;
GROUP BY 国家.国家名称;
ORDER BY 2 DESC, 国家.国家名称 DESC;
INTO TABLE temp.dbf
```

保存并运行程序。

2.【操作步骤】

步骤 1：单击工具栏中的“新建”按钮，新建一个表单，按题目要求添加一个列表框、一个选项组和一个命令按钮，并修改其属性如下：

表单的 Name 属性为 myform，Caption 属性为“奖牌查询”。

列表框的 RowSourceType 属性为“3-SQL”，RowSource 属性为“Select 国家名称 From 国家 Into Cursor LSB”。

选项组的 ButtonCount 属性为“3”。

单选按钮 1 的 Caption 属性为“金牌”。

单选按钮 2 的 Caption 属性为“银牌”。

单选按钮 3 的 Caption 属性为“铜牌”。

命令按钮的 Caption 属性为“退出”。

步骤 2：保存表单为 myform，运行以查看表单的设计结果。

三、综合应用题

步骤 1：打开项目可使用“文件”菜单下的“打开”命令来完成，也可在命令窗口中用 MODIFY PROJECT sport_project 命令来打开。

步骤 2：单击工具栏中的“新建”按钮，新建一个程序，在程序文件中输入下列命令：

```
SELECT 国家.国家名称,COUNT(获奖牌情况.名次) AS 奖牌总数;
FROM 国家,获奖牌情况 WHERE 国家.国家代码=获奖牌情况.国家代码;
GROUP BY 国家.国家名称;
ORDER BY 2 DESC,国家.国家名称;
INTO TABLE 假奖牌榜.dbf
```

以 Four.prg 为文件名保存程序并运行。

步骤 3：单击项目管理器中的“文档”选项卡，展开“表单”前面的“+”，选中表单 sport_from 并单击右侧的“修改”按钮，在表单 sport_form“生成表”命令按钮的 Click 事件代码中输入下列命令：DO Four.prg。

步骤 4：选中项目 sport_project 中“文档”选项卡下的“报表”，单击添加命令可将快速报表 sport_report 添加到项目中。然后在表单 sport_form“浏览报表”命令按钮的 Click 事件代码中输入命令：REPORT FORM SPORT_REPORT.FRX PREVIEW。

步骤 5：在项目管理器中选中“文档”选项卡，按要求添加自由表，然后单击“连编”按钮，生成连编应用程序，应用程序文件名保存为 sport_app.app。

第 16 套　操作题参考答案

一、基本操作题

1. 通过“新建”对话框创建一个数据库，文件名为“订单管理”，在打开的数据库设计器中右击空白处，执行“添加表”命令，将考生文件夹下的 employee 和 orders 两个表添加到“订单管理”数据库中。

2. 在数据库设计器中右击 orders 表，执行“修改”命令，在打开的表设计器中选择“索引”选项卡，输入索引名 je，选择类型为“普通索引”，“表达式”为“金额”，最后单击“确定”按钮，保存对表的修改。

3. 在打开的数据库设计器中右击空白处，执行“新建表”命令，保存表文件为 customer，在打开的表设计器中，按题目要求设置 customer 表的结构。

4. 在数据库设计器中右击 orders 表，执行“修改”命令，在打开的表设计器的“字段”选项卡中设置“客户号”字段为升序，在“索引”选项卡中为 orders 表建立普通索引，索引名和索引表达式均为“客户号”。以同样的方式为 customer 表建立主索引，索引名和索引表达式均为“客户号”，最后从主索引拖动鼠标至普通索引以建立两表之间的永久联系。

二、简单应用题

1.【操作步骤】

步骤 1：单击工具栏中的“打开”按钮，打开表单 formone.scx，在属性窗口中设置 Text1 的 Value 属性为“=date()”。设置表格控件的 RecordSourcetype 属性为“4-SQL 说明”。

步骤 2：双击表单中的“确定”按钮，修改其 Click 事件代码如下：

错误 1：set century to 4 改为 set century on 4。

错误 2：va=text1.value 改为 va=thisform.text1.value。

错误 3：this.grid1.RowdSource=st 改为 thisform.grid1.RecordSource=st。

步骤 3：双击“关闭”按钮，编写其 Click 事件代码为 ThisForm.Release。

2.【操作步骤】

步骤 1：通过“新建”对话框新建查询，将考生文件夹下的 employee 和 orders 两个表添加到查询设计器中。在查询设计器中的“字段”选项卡中，添加字段“employee.组别”、表达式“sum(orders.金额) as 总金额”、表达式“max(orders.金额) as 最高金额”和表达式“avg(orders.金额) as 平均金额”到“选定字段”列表框中。

步骤 2：在查询设计器中的“筛选”选项卡中，选择“字段名”下拉列表中的“表达式”选项，打开“表达式生成器”对话框，在其中设置表达式“year(orders.签订日期)”，在“条件”下拉列表框中选择“=”，在“实例”文本框中输入 2001；在“排序依据”选项卡中，设置按“总金额”降序排序；在“分组依据”选项卡中，将“employee.组别”字段添加到“分组字段”列表框中。单击“满足条件”按钮，在“满足条件”对话框中选择字段名为“总金额”，条件为“>=”，实例中输入 500。

步骤 3：执行“查询”菜单下的“查询去向”命令，在弹出的“查询去向”对话框中选择表，输入表名为 tableone，并关闭该对话框。保存查询文件名为 queryone.qpr，并运行查询。

三、综合应用题

步骤 1：通过“新建”对话框新建一个菜单，然后执行“显示”菜单下的“常规选项”命令，在弹出的“常规选项”对话框中选中“位置”中的“追加”单选按钮，单击“确定”按钮。

步骤 2：按照题目的要求新建一个“考试”菜单，设置该菜单的“结果”为“子菜单”，再单击“创建”按钮建立两个菜单项“统计”和“返回”，结果均设置为“过程”。编写“统计”菜单项的过程代码如下：

```
SELECT year(orders.签订日期) as 年份,month(orders.签订日期) as 月份,;
sum(orders.金额) as 合计;
FROM  orders ;
GROUP BY 2,1;
HAVING 合计 >= 0;
ORDER BY 1 DESC, 2;
INTO TABLE tabletwo.dbf
```

编写“返回”菜单项的过程代码为 set sysmenu to default。

步骤 3：保存菜单为 mymenu，执行“菜单”菜单中的“生成”命令，生成该菜单的可执行文件，运行菜单查看设计结果。

步骤 4：通过“新建”菜单新建一个项目，文件名为 myproject。在项目管理器中单击“其他”选项卡，选中“菜单”项并单击右侧的“添加”按钮，将新建的菜单文件 mymenu 添加到项目中。

步骤 5：展开项目管理器“其他”选项卡中的“菜单”项，右击 mymenu，查看其中的“设置为主文件”是否被选中(前面有对号标记)，如果没有就需要单击此项。在项目管理器中单击“连编”按钮，选中“连编选项”对话框中的“连编应用程序”单选按钮，并单击“确定”按钮，保存程序名为 myproject.app。

步骤 6：执行“程序”菜单中的“运行”命令，打开其中的 myproject.app，然后依次执行“统计”和“返回”命令。

第 17 套　操作题参考答案

一、基本操作题

1. 通过常用工具栏中的“打开”按钮打开考生文件夹下的表单 myform，然后在“属性”窗口中修改其 AutoCenter 属性为“.T.-真”。

2．选中表单 myform 中的所有控件，在“属性”窗口中修改它们的 Width 属性为 60，Height 属性为 25。

3．选中表单 myform 中的 West、Center 和 East 三个命令按钮，单击“布局”工具栏中的“顶边对齐”按钮；再选中表单中的 North、Center 和 South 三个命令按钮，单击“布局”工具栏中的“左边对齐”按钮。

4．依次选中表单 myform 中的 Center、East、South、West 和 North 五个按钮，分别在“属性”窗口中设置它们的 TabIndex 属性为 1、2、3、4 和 5。

二、简单应用题

1．【操作步骤】

步骤 1：通过“新建”对话框新建一个查询文件，随即弹出“打开”对话框，将考生文件夹下的表 xuesheng 和 chengji 添加到查询设计器中。

步骤 2：在“字段”选项卡中，将“xuesheng.学号”“xuesheng.姓名”“chengji.数学”“chengji.英语”和“chengji.信息技术”5 个字段依次添加到“选定字段”列表框中；在“筛选”选项卡中进行如下设置：

字段名条件	实例	逻辑
chengji.数学	>=90	OR
chengji.英语	>=	90 OR
chengji.信息技术	>=	90

在“排序依据”选项卡中，将“xuesheng.学号”添加到“排序条件”列表框中，并选中“降序”单选按钮。

步骤 3：执行“查询”菜单下的“查询去向”命令，在打开的“查询去向”对话框中选择“表”，输入表名为 table1，保存查询文件为 query1.qpr 并运行。

2．【操作步骤】

步骤 1：通过“新建”对话框新建一个数据库，文件名为 cj_m，在数据库设计器中右击数据库的空白处，执行“添加表”命令，将表 xuesheng 和 chengji 添加到数据库中。

步骤 2：新建一个视图，将表 xuesheng 和 chengji 添加到视图设计器中，并为两个表建立默认的连接。

步骤 3：在“字段”选项卡中，将“xuesheng.学号”“xuesheng.姓名”和“chengji.英语”3 个字段依次添加到“选定字段”列表框中；在“筛选”选项卡中，“字段名”列选择“xuesheng.民族”，单击“否”下面的按钮，使其处于选中的状态，条件列选择“=”，实例框中输入“汉”；在“排序依据”选项卡中，选择按“chengji.英语”降序排序，按“xuesheng.学号”升序排序。将视图保存为 view1。

步骤 4：新建一个查询，将新建的 view1 视图添加到新建的查询中，选择全部字段，设置查询去向为表 table2，保存并运行查询，查询文件名默认。

三、综合应用题

步骤 1：通过前面所学的知识，按照题目的要求新建一个表 table3。

步骤 2：新建程序 prog1.prg，输入下列命令语句，保存并运行该程序。

```
SET TALK OFF
OPEN DATABASE cj_m
SELECT * FROM table3 WHERE .f.  INTO TABLE temp
SELECT 1
USE xuesheng
INDEX ON 学号 TAG 学号
SELECT 2
USE chengji
INDEX ON 学号 TAG 学号
SET RELATION TO 学号 INTO xuesheng
GO TOP
DO WHILE .NOT.EOF()
  IF chengji.数学<60
    INSERT INTO temp Values (xuesheng.学号,xuesheng.姓名,'数学',chengji.数学)
  ENDIF
  IF chengji.英语<60
    INSERT INTO temp Values (xuesheng.学号,xuesheng.姓名,'英语',chengji.英语)
  ENDIF
  IF chengji.信息技术<60
   INSERT INTO temp Values (xuesheng.学号,xuesheng.姓名,'信息技术',chengji.
   信息技)
  ENDIF
  SKIP
ENDDO
SELECT * FROM temp ORDER BY 分数,学号 DESC INTO ARRAY arr
INSERT INTO table3 FROM ARRAY arr
CLOSE DATABASE
CLOSE TABLES ALL
DROP TABLE temp
SET TALK ON
RETURN
```

第 18 套　操作题参考答案

一、基本操作题

1．单击常用工具栏中的“打开”按钮，在“打开”对话框中打开数据库 SDB。在 Student 表中右击，在弹出的快捷菜单中执行“修改”命令，打开表设计器。选择“索引”选项卡，在索引名处输入“学号”，类型选择“主索引”，表达式为“学号”，单击“确定”按钮保存修改，完成建立 Student 表的主索引。用同样的方法建立 SC 表和 Course 表的主索引。

2．在数据库设计器中，选中 Student 表中的索引“学号”并拖动到 SC 表的“学号”的索引上，以建立两表之间的永久联系，然后执行“数据库”菜单下的“清理数据库”命令。右击两表之间建立的关系线，在弹出的快捷菜单中执行“编辑参照完整性”命令。在“编辑参照完整性生成器”对话框中，依次选中“更新规则”选项卡下的“级联”单选按钮、“删除规则”选项卡下的“级联”单选按钮和“插入规则”选项卡下的“限制”单选按钮，最后单击“确定”按钮。再按照同样的方法设置 Course 表和 SC 表间的永久联系和参照完整性。

3．SQL 语句为：delete from Student where 学号="s3"，然后建立 ONE.PRG 文件并将上述语句保存在该文件中。

4．按 Ctrl+N 组合键，弹出“新建”对话框，在“文件类型”中选择“项目”，再单击“新建文件”按钮；在弹出的“创建”对话框中，选择考生文件夹，在“项目文件”文本框中输入 Project_S，再单击“保存”按钮；在弹出的项目管理器中先选择“数据”选项卡，再选择“数据库”选项，最后单击“添加”按钮，在弹出的“打开”对话框中选择 SDB 数据库，单击“确定”按钮。

二、简单应用题

1.【操作步骤】

步骤 1：单击“打开”按钮，在“打开”对话框中选择考生文件夹下的 CDB 数据库。

步骤 2：单击常用工具栏中的“新建”按钮，“文件类型”选择“报表”，利用向导创建报表。

步骤 3：在“向导选取”对话框中，选择“一对多报表向导”并单击“确定”按钮，显示“一对多报表向导”对话框。

步骤 4：在“一对多报表向导”对话框的“步骤 1-从父表选择字段”中，在“数据库和表”列表框中，选择 CUST 表，然后在“可用字段”列表框中显示 CUST 表的所有字段名，并选定所有字段至“选定字段”列表框中，单击“下一步”按钮。

步骤 5：在“一对多报表向导”对话框的“步骤 2-从子表选择字段”中，在“数据库和表”列表框中，选择 ORDER 表，然后在“可用字段”列表框中显示 ORDER 表的所有字段名，并选定所有字段至“选定字段”列表框中，单击“下一步”按钮。

步骤 6：在“一对多报表向导”对话框的“步骤 3-为表建立关系”中，单击“下一步”按钮。

步骤 7：在“一对多报表向导”对话框的“步骤 4-排序记录”中，选中“顾客号”和“升序”单选按钮，再单击“添加”按钮，单击“下一步”按钮。

步骤 8：在“一对多报表向导”对话框的“步骤 5-选择报表样式”中，选择“经营式”，方向选择“纵向”，单击“下一步”按钮。

步骤 9：在“一对多报表向导”对话框的“步骤 6-完成”中，在“报表标题”文本框中输入“顾客订单表”，单击“完成”按钮。

步骤 10：在“另存为”对话框中，输入保存报表名 P_ORDER，再单击“保存”按钮。

步骤 11：打开该报表，在页脚注中增加一个标签控件，输入“制表人：王爱学”，选中该标签，再执行“格式”菜单下“对齐”子菜单中的“水平居中”命令。最后保存该报表。

2.【操作步骤】

步骤 1：打开考生文件夹下的 TWO.PRG 文件。

步骤 2：修改其中的命令语句。

错误 1：“数量*单价”改为“sum(数量*单价)应付款;”。

错误 2：“DO WHILE EOF()”改为“DO WHILE.NOT.EOF()”。

错误 3：“REPLACE ALL 应付款 =money”改为“REPLACE 应付款 WITH money”。

步骤 3：修改完成后运行该程序。

三、综合应用题

步骤1：单击“打开”按钮，在“打开”对话框中选择考生文件夹下的CDB数据库。

步骤2：单击“新建”按钮，在打开的“新建”对话框中选择“表单”选项，再单击“新建文件”按钮。

步骤3：在表单上添加各控件、文本框、表格、命令按钮，并进行适当的布置和大小调整。

步骤4：根据题目要求设置各标签、表格、命令按钮以及表单的属性值。

步骤5：将表格Grid1的RecordSourceType属性值设置为“4-SQL说明”。

步骤6：设置“查询”按钮的Click事件代码。

```
ThisForm.Grid1.RecordSource="SELECT Order.顾客号,Comm.商品号,商品名,单价,数量,Comm.单价* Order.数量 as 金额 FROM cdb!comm INNER JOIN cdb!order ON Comm.商品号=Order.商品号 WHERE 顾客号=ALLTRIM(ThisForm.Text1.Value) order by Comm.商品号 INTO TABLE tjb"
SELECT sum(Comm.单价* Order.数量) FROM cdb!comm INNER JOIN cdb!order ON Comm.商品号=Order.商品号 WHERE 顾客号=ALLTRIM(ThisForm.Text1.Value) INTO ARRAY temp
ThisForm.Text(2)Value=temp
```

步骤7：设置“退出”按钮的Click事件代码为Release ThisForm。

步骤8：保存表单为GK并运行，在“顾客号”文本框输入010003，单击“查询”按钮进行计算。

步骤9：单击“退出”按钮结束。

第19套 操作题参考答案

一、基本操作题

1．通过常用工具栏中的“打开”按钮打开考生文件夹下的表单formone，选中文本框和命令按钮，执行“格式”菜单下“对齐”子菜单中的“顶边对齐”命令。

2．选中表单中的文本框控件，在属性窗口中修改其Value属性为0。

3．将表单的Caption属性值设置为“基本操作”，命令按钮的Caption属性值设置为“确定”。

4．设置文本框的InteractiveChange事件代码。

```
if thisform.Text1.value<0
    thisform.command1.enabled=0
endif
```

二、简单应用题

1．【操作步骤】

步骤1：执行“文件”→“新建”命令，在弹出的“新建”对话框中选中“类”单选按钮，再单击“新建文件”按钮。

步骤2：在弹出的“新建类”对话框中，在“类名”文本框中输入MyForm，在“派生于”下拉列表中选择 Form，单击“存储于”文本框后的按钮，在打开的“另存为”对话框中选择考生文件夹，再输入文件名 myclasslib，单击“确定”按钮。

步骤 3：打开“类设计器”窗口，进入类设计器环境。在“属性”窗口中，将表单的 AutoCenter 属性设置为.T.，Closable 属性设置为.F.。在窗体上添加一个命令按钮，其 Caption 属性为“关闭”，设置“关闭”按钮的 Click 事件代码为 thisform.release。

2.【操作步骤】

步骤 1：通过“新建”对话框新建查询，并依次把 orders 表、orderitems 表和 goods 表添加到查询设计器中。

步骤 2：在“字段”选项卡中依次选择“orders.订单号”“orders.客户号”“orders.签订日期”，在“函数和表达式”中输入“SUM(goods.单价*orderitems.数量)AS 总金额”，并添加到选定字段中。

步骤 3：切换到“筛选”选项卡，在表达式输入“year(orders.签订日期)”，“条件”选择“=”，“实例”中输入 2007。

步骤 4：切换到“排序依据”选项卡并在其中选择字段“SUM(goods.单价*orderitems.数量)AS 总金额”，排序选项为“降序”，再选择“orders.订单号”，排序选项为“升序”。

步骤 5：切换到“分组依据”选项卡并在其中选择字段“orders.订单号”；执行“查询”菜单下的“查询去向”命令，选择表，在“表名”文本框中输入 tableone。

步骤 6：保存查询为 queryone，并运行该查询。

三、综合应用题

步骤 1：新建一个菜单，在“菜单名称”中输入“考试”，在“结果”中选择“子菜单”，单击“创建”按钮。在子菜单中分别输入“统计”和“返回”。

步骤 2：选择“统计”的结果为“过程”。在过程中输入下列命令：

```
SELECT Customers.姓名 AS 客户名,count(Orders.订单号) as 订单数;
FROM customers INNER JOIN orders ON Customers.客户号=Orders.客户号;
WHERE year(Orders.签订日期)=2007 GROUP BY Customers.姓名;
ORDER BY 2 DESC,Customers.姓名 INTO TABLE tabletwo
```

步骤 3：选择“返回”的结果为过程，在过程中输入命令：SET SYSMENU TO DEFAULT。

步骤 4：在“显示”菜单中执行“常规选项”命令，在打开的“常规选项”对话框中选择“追加”选项。

步骤 5：保存菜单 mymenu.mnx，并生成菜单程序 mymenu.mpr，且运行菜单程序并依次执行“统计”和“返回”菜单命令。

第 20 套　操作题参考答案

一、基本操作题

1.【操作步骤】

步骤 1：执行“文件”菜单中的“新建”命令，在打开的“新建”对话框中选择“文件类型”中的“项目”，单击“新建文件”按钮，在打开的“创建”对话框中输入文件名 myproject，单击“保存”按钮。

步骤 2：在项目管理器中，选择“数据”节点下的“数据库”，单击“新建”按钮，在弹出的“新建”对话框中选择“新建数据库”选项，在打开的“创建”对话框中输入数据库文件名 mybase，单击“保存”按钮。这时，数据库设计器自动打开。

2．在数据库设计器中右击，在弹出的快捷菜单中执行“添加表”命令，在“打开”对话框中将考生文件夹下的三个自由表 order、orderitem 和 goods 依次添加到数据库中。

3．单击工具栏中的“新建”按钮，在“新建”对话框中选择“文件类型”中的“程序”，单击“新建文件”按钮，在弹出的“程序 1”窗口中输入如下命令：

```
alter table orderitem alter 数量 set check 数量>0
```

单击工具栏中的“保存”按钮，将程序以 sone.prg 文件名保存在考生文件夹下。单击工具栏中的“运行”按钮运行程序。关闭 sone.prg 程序窗口。

4．在项目管理器中，选择“文档”节点下的“表单”选项，单击“新建”按钮，在弹出的“新建表单”对话框中选择“新建表单”选项，这时表单设计器打开，单击工具栏上的“保存”铵钮，在打开的“另存为”对话框中输入表单名 myform，保存表单后关闭表单设计器。

二、简单应用题

1.【操作步骤】

步骤 1：在 mybase 数据库设计器中，单击工具栏中的“新建”按钮，在打开的“新建”对话框中选择“文件类型”中的“视图”，单击“新建文件”按钮。

步骤 2：在“添加表或视图”对话框中添加 order 表、orderitem 表和 goods 表，并通过图书号和订单号设置三表之间的联系。

步骤 3：在视图设计器的“字段”选项卡中将客户名、订单号、图书名、单价、数量和签订日期字段添加到选定字段。单击工具栏中的“保存”按钮，在“保存”对话框中输入视图名称 myview，单击“确定”按钮。

步骤 4：在命令窗口中输入如下命令后，按回车键运行此命令。

```
select * from myview;
where 客户名 = "吴";
into table mytable;
order by 客户名,订单号,图书名
```

2.【操作步骤】

步骤 1：单击工具栏中的“打开”按钮，在“打开”对话框中打开表单文件 myform。

步骤 2：在“属性”窗口中，将表单的 Caption 属性设置为“简单应用”，将 AutoCenter 属性设置为“.T.-真”。

步骤 3：在表单上添加一个命令按钮 Command1，将其 Caption 属性设置为“退出”，双击该命令按钮，设置其 Click 事件代码为 thisform.release。

步骤 4：执行“显示”菜单下的“数据环境”命令，在打开的“添加表或视图”对话框中选择“视图”选项，选中视图 myview，单击“添加”按钮，将视图 myview 添加到数据环境中。

步骤 5：选中数据环境设计器中的视图 myview 并拖拽到表单设计器中，保存表单。

三、综合应用题

步骤 1：单击工具栏中的“打开”按钮，在“打开”对话框中打开项目 myproject。

步骤 2：选择项目管理器中“代码”节点下的“程序”选项，单击“新建”按钮，在弹出的窗口中输入如下代码：

```
SELECT 客户名,图书名,数量,单价,单价*数量 AS 金额;
FROM  mybase!goods INNER JOIN mybase!orderitem ;
INNER JOIN mybase!order ;
ON  Orderitem.订单号 = Order.订单号;
ON  Goods.图书号 = Orderitem.图书号;
WHERE month(order.签订日期)>=7;
ORDER BY 客户名,图书名 INTO TABLE MYSQLTABLE
```

单击工具栏上的“保存”铵钮，在“另存为”对话框中输入 SQL，再单击“保存”按钮。

步骤 3：选择项目管理器中“其他”节点下的“菜单”选项，单击“新建”按钮，在“新建菜单”对话框中选择“菜单”选项，在菜单设计器的“菜单名称”中输入“运行表单”，结果为“命令”，输入 do form myform。再在“菜单名称”中输入“执行程序”，结果为“命令”，输入 do sql。接着在“菜单名称”中输入“退出”，结果为“过程”，单击“创建”按钮，输入如下代码：

```
set sysmenu to default
clear events
```

单击工具栏上的“保存”铵钮，在“另存为”对话框中输入 mymenu，然后单击“保存”按钮。

步骤 4：选择项目管理器中“代码”节点下的“程序”选项，单击“新建”按钮，在弹出的对话框中输入如下代码：

```
do mymenu.mpr
read events
```

单击工具栏上的“保存”铵钮，在“另存为”对话框中输入 main，再单击“保存”按钮。

步骤 5：在项目管理器中选中程序 main，右击，在弹出的快捷菜单中选择“设置主文件”选项，将其设置成主文件。

步骤 6：单击项目管理器右侧的“连编”按钮，打开“连编选项”对话框，在“操作”中选择“连编应用程序”选项，单击“确定”按钮。在打开的“另存为”对话框中输入应用程序名 myproject，单击“保存”按钮，即可生成连编项目文件。最后运行 myproject.app，并依次执行“运行表单”“执行程序”和“退出”菜单命令。

第 21 套　操作题参考答案

一、基本操作题

1．单击工具栏上的“新建”按钮，在“新建”对话框中选中“表单”单选按钮，再单击“新建文件”按钮，在“属性”对话框中将表单的 Name 属性修改为 myform，单击工具栏中的“保存”按钮，将表单保存为 myform.scx。

2．单击工具栏中的“打开”按钮，在“打开”对话框中选择 formtwo.scx，单击“确定”按钮，然后将表单的 Caption 属性修改为“计算机等级考试”，再单击“保存”按钮。

3．单击工具栏中的“打开”按钮，在“打开”对话框中选择 formthree.scx，单击“确定”按钮。执行“显示”菜单下的“布局工具栏”命令，将“布局”工具栏显示出来。选中表单上的 4 个命令按钮，单击布局工具栏上的“顶边对齐”按钮，再单击“保存”按钮。

4．单击工具栏中的“打开”按钮，在“打开”对话框中选择 formfour.scx，单击“确定”按钮，然后将表单的 AutoCenter 属性值设置为“.T.-真”，再单击“保存”按钮。

二、简单应用题

1.【操作步骤】

步骤 1：单击工具栏中的“新建”按钮，在“新建”对话框中选中“查询”单选按钮，再单击“新建文件”按钮。在查询设计器中右击，在弹出的快捷菜单中执行“添加表”命令，在“打开”对话框中依次将 order、orderitem 和 goods 表添加到查询中，并设置三表间的联系。

步骤 2：在“字段”选项卡中依次将“Order.客户名”“Order.订单号”“Goods.图书名”“Goods.单价”“Orderitem.数量”“Order.签订日期”添加到选定字段；切换到“筛选”选项卡，在“字段名”中选择“Order.客户名”，“条件”选择“=”，“实例”中输入“吴”；切换到“排序依据”选项卡并在其中选择字段“Order.客户名”，排序选项为“升序”。

步骤 3：执行“查询”菜单下的“查询去向”命令，在“查询”去向对话框中选择“表”，在“表名”文本框中输入表名 appone。

步骤 4：单击工具栏中的“保存”按钮，在“另存为”对话框中输入 appone。最后运行该查询。

2.【操作步骤】

步骤 1：在命令窗口中输入如下语句：

```
SELECT Order.客户名, sum(orderitem.数量) as 订购总册数;
sum(orderitem.数量* Goods.单价) as 金额;
FROM goods INNER JOIN orderitem INNER JOIN order;
ON Orderitem.订单号 = Order.订单号;
ON Goods.图书号 = Orderitem.图书号;
GROUP BY Order.客户名;
ORDER BY 金额 DESC;
INTO TABLE apptwo.dbf
```

步骤 2：运行该 SQL 语句，然后将此语句保存在 apptwo.prg 文件中。

三、综合应用题

步骤 1：单击工具栏中的“新建”按钮，在“新建”对话框中选中“数据库”单选按钮，再单击“新建文件”按钮。在“创建”对话框中输入“订单管理”，单击“保存”按钮。

步骤 2：在数据库设计器中右击，在弹出的快捷菜单中执行“添加表”命令，在“打开”对话框中依次将 order、goods 和 orderitem 表添加到数据库中。

步骤 3：在命令窗口中输入 create VIEW 命令打开视图设计器，在“添加表或视图”对话框中依次添加 order、orderitem 和 goods 表，并设置三表间的联系；在视图设计器的“字段”

选项卡中将 order.客户名、order.订单号、goods.图书名、orderitem.数量、goods.单价 5 个字段添加到选定字段，再在“函数和表达式”文本框中输入“goods.单价 * orderitem.数量 AS 金额”，单击“添加”按钮。单击工具栏中的“保存”按钮，将视图保存为 orderview。

步骤4：在命令窗口输入命令 CREATE FORM orderform，打开表单设计器，将表单的 Name 属性修改为 orderform。

步骤 5：在表单上添加一个表格和一个命令按钮控件，并进行适当的布置和大小调整。将表格的 RecordSourceType 属性设置为“0-表”，命令按钮的 Caption 属性设置为“退出”。

步骤 6：在表单的 load 事件代码中输入如下代码：

```
select 客户名,图书名,金额 from orderview where 数量=1 ;
order by 客户名,金额 desc into table result.dbf
```

步骤 7：在表格的 activatecell 事件代码中输入 thisform.Grid1.recordsource="result.dbf"。

步骤 8：设置“退出”按钮的 Click 事件代码为 THISFORM.RELEASE。

步骤 9：单击工具栏中的“保存”按钮，保存表单并运行。

第 22 套　操作题参考答案

一、基本操作题

1．打开表单，在“属性”窗口将表单的 Movable 属性修改为.F.，并将其 Caption 属性设置为“表单操作”。

2．在系统菜单中的“表单”菜单中选择“新建方法程序”选项，打开“新建方法程序”对话框，然后在名称框中输入 mymethod 并单击“添加”按钮，关闭对话框后双击表单空白处，编写表单的 mymethod 事件代码为 wait "mymethod" window。

3．双击打开 OK 按钮的 Click 事件，输入 ThisForm.mymethod。

4．双击打开 Cancel 按钮的 Click 事件，输入 ThisForm.Release。

二、简单应用题

1.【操作步骤】

步骤 1：新建一个查询，并将 xuesheng 和 chengji 两个表添加到查询设计器中。按要求添加字段“xuesheng.学号”“xuesheng.姓名”“chengji.数学”“chengji.英语”和“chengji.信息技术”到“选定字段”框中。

步骤2：在“筛选”选项卡中添加表达式“YEAR(xuesheng.出生日期)”，条件设置为“=”，实例中输入 1982。

步骤 3：在“筛选”选项卡中选择字段“民族”，条件设置为“=”，实例中输入“汉”。

步骤 4：在“排序”选项卡中选择“降序”，添加字段“学号”。

步骤 5：执行系统菜单中的“查询”→“查询去向”命令，单击“表”按钮，输入表名 table1。

步骤 6：保存查询为 query1 并运行查询。

2.【操作步骤】

步骤 1：在命令窗口输入 Crea data cj_m，创建数据库。

步骤2：打开cj_m数据库并向其中添加表xuesheng和chengji。

步骤3：在数据库设计器中新建一个视图，并将xuesheng和chengji两个表添加到新建的视图中，按要求添加字段“xuesheng.学号”“xuesheng.姓名”“chengji.数学”“chengji.英语”和“chengji.信息技术”。

步骤4：在“筛选”选项卡中分别选择字段“数学”“英语”和“信息技术”，条件均为“<”，实例为60，逻辑为or。

步骤5：在“排序”选项卡中选择“降序”，添加字段“学号”。

步骤6：保存视图为view1，新建一个查询，将视图添加到查询设计器中。

步骤7：添加全部字段，选择查询去向为表，输入表名table2并运行查询。

三、综合应用题

步骤1：建立表可以通过常用工具栏中的“新建”按钮完成，依次执行“文件”→“新建”→“表”→“新建文件”命令，在打开的表设计器中依次输入各字段的名称，并设置各字段的类型和宽度，设置完成后单击“确定”按钮，选择不输入记录。

步骤2：建立菜单可以使用“文件”菜单完成，执行“文件”→“新建”→“菜单”→“新建文件”命令打开菜单设计器。打开“显示”菜单下的“常规选项”对话框，在“位置”处选择追加，则新建立的子菜单会在当前Visual FoxPro系统菜单后显示。

步骤3：在菜单名称中填入“考试”，结果为子菜单，单击创建；在子菜单的菜单名称中输入“计算”“返回”，结果均为过程。

步骤4：在“计算”菜单项的过程中输入下列代码：

```
SELECT Xuesheng.民族,avg(Chengji.数学) as x,AVG(Chengji.英语) AS y;
FROM xuesheng,chengji;
WHERE Xuesheng.学号 = Chengji.学号 AND Xuesheng.民族="汉";
INTO ARRAY a
INSERT INTO table3 FROM ARRAY a
SELECT Xuesheng.民族,avg(Chengji.数学) as x,AVG(Chengji.英语) AS y;
FROM xuesheng,chengji;
WHERE Xuesheng.学号 = Chengji.学号;
AND Xuesheng.民族!="汉" INTO ARRAY a
INSERT INTO table3 FROM ARRAY a
UPDATE table3 SET 民族='其他' WHERE 民族!="汉"
```

步骤5：在“返回”菜单项的过程中输入语句SET SYSMENU TO DEFAULT。

步骤6：保存菜单名为mymenu，在系统菜单中执行“菜单”→“生成”命令，生成可执行程序并运行。

第23套　操作题参考答案

一、基本操作题

1．打开表单myform，按住Shift键选中3个控件，在菜单中执行“格式”→“对齐”→“顶边对齐”命令。

2．选中“确定”按钮，在属性窗中找到属性 DEFAULT，把它设置为.T.。

3．选中表单，将其 Name 属性改为 myform，Caption 属性改为“表单操作”。

4．双击“确定”按钮，在 Click 事件中写入 ThisForm.Height=val(ThisForm.Text1.value)。

二、简单应用题

1.【操作步骤】

步骤 1：单击工具栏中的“新建”按钮，在“新建”对话框中选中“查询”单选按钮，再单击“新建文件”按钮。在查询设计器中右击，在弹出的快捷菜单中执行“添加表”命令，在“打开”对话框中依次将 order、orderitem 和 goods 表添加到查询中，并设置三表间的联系。

步骤 2：在“字段”选项卡中依次将“Order.客户名”“Order.订单号”“Goods.商品名”“Goods.单价”“Orderitem.数量”“Order.签订日期”添加到选定字段；切换到“筛选”选项卡，在“字段名”中选择“Order.客户名”，“条件”选择“=”，“实例”中输入 lilan；切换到“排序依据”选项卡并在其中选择字段“Order.订单号”和“Goods.商品名”，排序选项为“降序”。

步骤 3：执行“查询”菜单下的“查询去向”命令，在“查询去向”对话框中选择“表”选项，在“表名”文本框中输入表名 tableone。

步骤 4：单击工具栏中的“保存”按钮，在“另存为”对话框中输入 queryone。最后运行该查询。

2.【操作步骤】

步骤 1：在命令窗口输入命令 Crea database order_m。

步骤 2：单击工具栏中的“打开”按钮，打开数据库 order_m 的数据库设计器，添加表 order 和 orderitem 到新建的数据库中。

步骤 3：按要求新建一个视图 viewone，将 order 和 order item 表添加到视图设计器中，选择字段“订单号”“签订日期”和“数量”，筛选条件为“商品号=a00002”，按订单号升序排序。

步骤 4：新建一个查询，将视图添加到查询设计器中。选择全部字段，设置查询去向为表 tabletwo，保存并运行查询，查询名为默认。

三、综合应用题

步骤 1：新建一个菜单，按要求输入菜单项的名称。

步骤 2：写入菜单项“计算”的代码如下：

```
ALTER TABLE ORDER ADD 总金额 N(7,2)
SELECT Orderitem.订单号, sum(goods.单价*orderitem.数量) as 总金额;
FROM  goods,orderitem ;
WHERE  Goods.商品号 = Orderitem.商品号;
GROUP BY Orderitem.订单号;
ORDER BY Orderitem.订单号;
INTO TABLE temp.dbf
CLOSE ALL
SELECT 1
USE TEMP
INDEX ON 订单号 TO ddh1
SELE 2
```

```
USE ORDER
INDEX ON 订单号 TO ddh2
SET RELATION TO 订单号 INTO A
DO WHILE .NOT.EOF()
REPLACE 总金额 WITH temp.总金额
SKIP
ENDDO
BROW
```

步骤 3：写入菜单项“返回”中的过程代码为 SET SYSMENU TO DEFAULT。

步骤 4：保存菜单名为 mymenu 并生成可执行文件，并按题目要求运行菜单项。

第 24 套　操作题参考答案

一、基本操作题

1．打开 employee 表的表设计器，单击“索引”选项卡，在索引名处输入 xm，类型选择“普通索引”，表达式为“姓名”。

2．打开表单文件 formone.scx，然后设置表单的 Load 事件代码如下：

```
use employee.dbf
set order to xm
```

3．选中控件工具栏里的“列表框”按钮，在表单设计器中拖动鼠标，这样在表单上得到一个“列表框”对象 List1，设置它的 Name 属性为 mylist，Height 属性为 60，MultiSelect 属性为.T.。

4．在“属性”窗口设置 mylist 列表框的 RowSourceType 属性为“6-字段”，RowSource 属性为“employee.姓名”。

二、简单应用题

1．【操作步骤】

步骤 1：单击“新建”按钮，在弹出的对话框中选择“新建查询”选项，将 employee 和 order 表添加到查询设计器中。

步骤 2：在查询设计器下方的“字段”选项卡中选中并添加题中要求的字段。

步骤 3：在“排序依据”选项卡中选择字段“金额”，按降序排列。

步骤 4：在“杂项”选项卡中选择记录个数为 10。

步骤 5：执行菜单栏上的“查询”→“查询去向”命令，在弹出的“查询去向”对话框中选择表，并在表名处输入 tableone。

步骤 6：保存查询，输入查询文件名 queryone.qpr，单击工具栏上的运行按钮后关闭查询设计器。

2．【操作步骤】

步骤 1：执行“文件”→“新建”→“数据库”→“新建文件”命令，输入数据库名为 order_m，对文件进行保存。

步骤 2：向新建的数据库中依次添加 employee 和 order 两个表。

步骤 3：新建一个视图，在“添加表或视图”对话框中添加 employee 表和 order 表到视图设计器中。

步骤 4：在“字段”选项卡中选择职员号、姓名、订单号、签订日期、金额 5 个字段；切换到“筛选”选项卡，设置筛选条件为“组别=1”，切换到“排序依据”选项卡中选择字段“职员号”，在“排序选项”处选择“升序”，按“金额”降序排序，保存视图为 viewone。

步骤 5：新建一个查询，在“添加表或视图”对话框中选择 viewone 视图，在字段中选择所有字段，设置查询去向为表 tabletwo，保存并运行该查询，文件名为默认。

三、综合应用题

1.【操作步骤】

步骤 1：单击常用工具栏中的“新建”按钮，系统弹出“新建”对话框，在“文件类型”中选择表，在弹出的对话框中选择“新建表”选项，并在弹出的“创建”对话框中选定考生文件夹，输入表名 tablethree 后保存。

步骤 2：在弹出的表设计器中按题目的要求依次输入各个字段的定义，单击“确定”按钮，保存表结构(不用输入记录)。

2.【操作步骤】

步骤 1：单击常用工具栏中的“新建”按钮，系统弹出“新建”对话框，在“文件类型”中选择“表单”，在弹出的对话框中选择“新建文件”选项。

步骤 2：在表单中按题目的要求添加标签、文本框、命令按钮和表格控件，并进行适当的布局和大小调整。

步骤 3：根据题目要求设置各标签、文本框、命令按钮以及表格的属性值如下：

命令按钮 1 的 Caption 属性为“查询统计”。

命令按钮 2 的 Caption 属性为“退出”。

标签的 Caption 属性为“请输入姓名”。

表格的 RecordSourceType 属性为“4-SQL 说明”。

表格的 ColumnCount 属性为 2。

header1 的 Caption 属性为“订单号”。

header2 的 Caption 属性为“金额”。

步骤 4：编写“查询统计”按钮的 Click 事件代码如下：

```
ThisForm.Grid1.RecordSource="select order.订单号,order.金额 from order
inner join employee on order.职员号=employee.职员号 where employee.姓名
=alltrim(thisform.Text1.Value)"
SELECT Employee.姓名, max(Order.金额) as 最高金额, min(Order.金额) as 最低金
额, avg(Order.金额) as 平均金额;
FROM employee INNER JOIN order ;
ON Employee.职员号 = Order.职员号;
where employee.姓名=alltrim(thisform.Text1.Value);
GROUP BY Employee.职员号;
INTO cursor temp
insert into tablethree(姓名,最高金额,最低金额,平均金额) values(temp.姓名,temp.
最高金额,temp.最低金额,temp.平均金额)
```

步骤 5：编写“退出”按钮的 Click 事件代码为 ThisForm.Release。

步骤 6：以 formtwo.scx 为文件名保存表单并运行，然后关闭表单设计器窗口。

3.【操作步骤】

运行表单 formtwo，依次查询统计“赵小青”和“吴伟军”两位职员所签订单的相关金额，即在“请输入姓名”下的文本框中分别输入题目要求的姓名，并单击“查询统计”按钮。将记录保存在 tablethree 表中。

第 25 套　操作题参考答案

一、基本操作题

1．打开考生文件夹下的 DB 数据库，在数据库设计器中右击 TABB 表，在弹出的快捷菜单中选择“修改”项，在表设计器窗口中为表添加字段“日期”，类型为日期型。

2．新建一个程序 two，在其中输入如下内容后，保存并运行程序。

```
UPDATE tabb SET 日期={^2005/10/01}
```

3．新建一个程序 three，在其中输入如下内容后，保存并运行程序。

```
SELECT DISTINCT * FROM TABA INTO TABLE TABC.dbf
```

4．通过报表向导建立报表，在“字段选取”对话框中选中 TABA 表，并将其中的所有字段添加到“选定字段”框中；在“分组依据”对话框中直接单击“下一步”按钮；在“选择报表样式”对话框中选择随意式；在“定义报表布局”对话框中选择“列数”为 1，选中“字段布局”列中的“列”，选中“方向”列中的“横向”，然后单击“下一步”按钮；在“排序记录”对话框中选中“升序”，并将 No 字段添加到选定字段框中；最后定义报表标题为“计算结果一览表”，并保存报表为 P_ONE。

二、简单应用题

1.【操作步骤】

新建程序 four，在其中输入如下内容后，保存并运行程序。

```
CLOS ALL
USE TABA
SCAN
IF A<>0 AND B*B-4*A*C >=0
   REPL x1 WITH (-B+SQRT(B*B-4*A*C))/( 2*A), ;
       x2 WITH (-B-SQRT(B*B-4*A*C))/(2*A)
ELSE
   REPL NOTE WITH "无实数解"
ENDIF
ENDSCAN
```

2.【操作步骤】

步骤 1：打开表单 testA。

步骤 2：按 Shift 键的同时选中“查询”和“退出”两个按钮，然后在“属性”窗口设定它们的 Height 属性为 30，Width 属性为 80，在系统菜单中执行“格式”→“对齐”→“顶边对齐”命令。

步骤 3：在“查询”按钮的 Click 事件中输入下列代码：

```
SELECT * FROM TABA WHERE TABA.note = "无实数解" INTO TABLE TABD.dbf
```

步骤 4：在“退出”命令按钮的 Click 事件中输入 ThisForm.Release，保存并运行表单。

三、综合应用题

步骤 1：打开数据库，在命令窗口输入 Creat form testb，新建一个表单。按题目要求添加控件并修改各控件的属性如下：

表单的 AutoCenter 属性为“.T.-真”。

表单的 Caption 属性为“查询”。

标签的 Caption 属性为“学生注册日期”。

命令按钮 1 的 Caption 属性为“查询”。

命令按钮 2 的 Caption 属性为“退出”。

表格的 RecordSourceType 属性为“4-SQL 说明”。

步骤 2：为表单添加数据环境“学生表”。

步骤 3：输入“查询”按钮的 Click 事件代码。

```
CLOSE ALL
SELECT * FROM 学生表;
WHERE 学生表.注册日期 = CTOD(ThisForm.Text1.Value);
ORDER BY 学生表.年龄 DESC;
INTO TABLE temp.dbf
USE TABE
DELE ALL
PACK
APPEND FROM TEMP
THISFORM.GRID1.RECORDSOURCE="SELECT * FROM 学生表 WHERE 学生表.注册日期 = CTOD(ThisForm.Text1.Value) INTO CURSOR XX ORDER BY 学生表.年龄 DESC"
```

步骤 4：输入“退出”按钮的 Click 事件代码 ThisForm.Release。

步骤 5：保存并按要求运行表单。

第 26 套　操作题参考答案

一、基本操作题

1．单击常用工具栏中的“新建”按钮或执行菜单栏“文件”→“新建”命令，新建一个数据库，在弹出的对话框中输入文件名“学校”。在打开的数据库设计器中，右击数据库空白处，执行“添加表”命令，将考生文件夹下的“教师表”“职称表”和“学院表”添加到数据库中。

2．在“数据库设计器-学校”中，右击“职称表”，执行“修改”命令，在打开的表设计器中，单击“索引”选项卡，输入索引名称“职称级别”，类型设为“主索引”，表达式为“职称级别”。单击“确定”按钮保存对表的修改。

3．单击常用工具栏中的“新建”按钮，新建一个报表，使用报表向导新建报表。在“步骤 1-字段选取”中，将“职称表”的全部字段添加到选定字段中。其他步骤默认，直接单击“下一步”按钮。在“步骤 5-排序记录”选项卡下，设置按“职称级别”降序排列。在“步骤 6-完成”中，单击“完成”按钮。然后单击常用工具栏中的“保存”按钮，输入报表名称 myreport。

4．单击常用工具栏中的“打开”按钮，打开考生文件夹下的程序文件 test.prg，根据题目要求将“select 职称级别,基本工资 from 职称表 where 职称名="教授" to dbf prof.dbf group by 基本工资”修改为“select 职称级别,基本工资 from 职称表 where 职称名="教授" into dbf prof.dbf Order by 基本工资”。然后单击常用工具栏中的“运行”按钮，运行程序。

二、简单应用题

1.【操作步骤】

步骤 1：打开考生文件夹下的程序文件 temp.prg，根据题目要求修改 SQL 语句如下：

第一处错误：create 修改为 create table。

第二处错误：("教授",1.3)修改为("副教授",1.3)。

第三处错误：“FROM 职称系数表,教师表”修改为“FROM 职称表,职称系数表,教师表”。

第四处错误：OR 修改为 AND。

步骤 2：保存对程序的修改并运行。

2.【操作步骤】

步骤 1：通过“新建”对话框新建一个“类”文件。

步骤 2：在弹出的“新建类”对话框中，输入“类名”为 MyCheckBox，在“派生于”下拉列表中选择 checkbox，单击“存储于”文本框后的按钮，在打开的“另存为”对话框中选择考生文件夹，输入文件名 myclasslib，单击“确定”按钮。

步骤 3：打开“类设计器”窗口，进入类设计器环境，将 Value 属性设为 1，然后关闭类设计器。

步骤 4：通过“新建”对话框新建一个表单，在表单设计器中，单击表单控件工具栏中的“查看”按钮，执行“添加”命令，在弹出的对话框中打开 myclassib。然后在表单控件工具栏中单击 checkbox 按钮，向表单添加一个复选框按钮。单击常用工具栏的“保存”按钮，保存表单为 myform。

三、综合应用题

步骤 1：通过“新建”对话框新建一个表单，向表单添加一个标签、一个列表框和一个表格控件，适当调整各控件的大小及位置。

步骤 2：在表单空白处右击，执行“数据环境”命令，将“学院表”和“教师表”添加到数据环境中。

步骤 3：在表单设计器窗口下，将标签(Label1)控件的 Caption 属性修改为“系名”。将列表框(List1)控件的 RowSource 属性设为“学院表.系名”，RowSourceType 属性改为 6。

步骤 4：在表单设计器下，将表格(Grid)控件的 RecordSource 属性设为“select 职工号,姓名,课时 from 教师表 into cursor tmp”，RecordSourceType 属性设为 4。

步骤 5：双击列表框控件(List1)，编写其 Dblclick 事件代码如下：

```
Thisform.Grid1.RecordSource="SELECT 职工号,姓名,课时 FROM 学院表,教师表;
WHERE 学院表.系号=教师表.系号;
AND 系名=ALLTRIM(Thisform.List1.Value) INTO table two.dbf;
order by 职工号 DESC "
```

步骤 6：保存表单并命名为 formtest，然后单击常用工具栏的“运行”按钮，运行表单。根据题目要求，在列表框中双击“信息管理”。

第 27 套　操作题参考答案

一、基本操作题

1．新建并打开数据库“订单管理”，在数据库设计器的空白处右击，执行“添加表”命令，将考生文件夹下的表 customers 添加到新建的数据库中。

2．在数据库设计器中右击表 customers，执行“修改”命令，在弹出的表设计器中单击“索引”选项卡，输入索引名 bd，选择类型为“普通索引”，输入表达式“出生日期”，最后单击“确定”按钮，保存对表的修改。

3．以同样的方式打开 customers 表设计器，选中字段“性别”，在规则文本框中输入：性别$"男女"，在信息文本框中输入"性别必须是男或女"。

4．新建一个 pone.prg 程序，编写下列命令语句后，保存并运行程序。

```
Use customers
index on 客户号 tag khh
```

二、简单应用题

1．【操作步骤】

步骤 1：在命令窗口输入 Crea form formone，新建一个表单，按题目要求添加控件并修改控件的属性，将 customers 表添加到数据环境中。

步骤 2：然后将 Text1 的 Value 属性设置为“=date()”，编写“查询”按钮的 Click 事件代码如下：

```
x = ThisForm.Text1.Value
SELECT Customers.姓名, Customers.性别, Customers.出生日期;
FROM customers;
WHERE Customers.出生日期 >= x;
ORDER BY Customers.出生日期 DESC;
INTO TABLE tableone.dbf
```

步骤 3：保存并运行表单，查看表单的运行结果。

2．【操作步骤】

步骤 1：打开考生文件夹下的“订单管理”数据库，在数据库设计器中右击数据库的空白处，执行“添加表”命令，将 orderitems 表添加到数据库中。

步骤 2：新建一个视图，将 orderitems 表添加到视图设计器中；在“字段”选项卡中，将字段“商品号”和表达式“SUM(Orderitems.数量) AS 订购总量”添加到“选定字段”列表框中；在“排序依据”选项卡中，选择按商品号升序排序记录，在“分组依据”选项卡中将“商品号”设置为分组字段。

步骤3：将视图保存为viewone。

步骤4：新建一个查询文件，将新建的viewone视图添加到新建的查询中，选择其中的全部字段，设置查询去向为表tabletwo，保存并运行查询，查询文件名默认。

三、综合应用题

步骤1：新建一个表单，修改表单的Caption为“考试”，ShowWindow属性为“2-作为顶层表单”。

步骤2：双击表单空白处，编写表单的Init事件为DO mymenu.mpr WITH THIS,"myform"。

步骤3：新建一个菜单，执行“显示”菜单下的“常规选项”命令，在弹出的“常规选项”对话框中勾选“顶层表单”复选框。

步骤4：输入菜单项“计算”和“退出”，结果均选择“过程”，然后单击两个菜单项后面的“创建”按钮，分别编写如下代码。

“计算”菜单项中的命令代码如下：

```
SELECT Orderitems.订单号, sum(orderitems.数量*goods.单价) as 总金额;
FROM  orderitems,goods ;
WHERE  Orderitems.商品号 = Goods.商品号;
GROUP BY Orderitems.订单号;
ORDER BY Orderitems.订单号;
INTO TABLE temp.dbf
CLOSE ALL
SELE 1
USE temp
INDEX ON 订单号 TO ddh1
SELE 2
USE orders
INDEX ON 订单号 TO ddh2
SET RELATION TO 订单号 INTO A
DO WHILE .NOT.EOF()
REPLACE 总金额 WITH temp.总金额
SKIP
ENDDO
BROW
```

“退出”菜单项中的命令代码为myform.Release。

步骤5：保存菜单名为mymenu并生成可执行文件。

步骤6：保存表单名为myform并运行，然后依次执行“计算”和“退出”菜单项。

第28套　操作题参考答案

一、基本操作题

1. 执行菜单栏“文件”→“打开”命令，打开考生文件夹下名为“人事管理”的数据库。右击“职工”表，执行“修改”命令，在打开的表设计器中，将鼠标放在“性别”一行，在“字段有效性”下的“规则”一栏输入“性别="男".OR.性别="女"”，在“默认值”处输入“"男"”。

2．通过“新建”对话框新建一个菜单，并在弹出的对话框中选择“快捷菜单”选项。分别输入三个菜单名称“打开”“关闭”和“退出”，保存菜单并命名为 cd。然后执行菜单栏“菜单”→“生成”命令，生成可执行文件。

3．在“数据库设计器-人事管理”中，右击“职工”表，执行“修改”命令，在打开的表设计器中，单击“索引”选项卡，输入索引名“部门编号”，类型设为“普通索引”，表达式为“部门编号”，单击“确定”按钮保存对表的修改。

4．在“数据库设计器-人事管理”中，将“部门”表的主索引“部门编号”用鼠标拖拽到“职工”表的普通索引“部门编号”处，释放鼠标即可建立两表间的联系。执行菜单栏“数据库”→“清理数据库”命令，然后右击两表间的联系线，选择“编辑参照完整性”选项，在“编辑参照完整性生成器”对话框中，依次选中“更新规则”选项卡下的“限制”单选按钮、“删除规则”选项卡下的“级联”单选按钮、“插入规则”选项卡下的“限制”单选按钮，最后单击“确定”按钮。

二、简单应用题

1.【操作步骤】

步骤 1：单击常用工具栏的“新建”按钮，新建一个程序文件，编写命令语句如下：

```
SELECT 职工.编号,职工.姓名 as 姓名, 职工.出生日期, 部门.名称 as 部门名称;
FROM  人事管理!部门 INNER JOIN 人事管理!职工;
ON  部门.部门编号 = 职工.部门编号;
WHERE year(职工.出生日期) >= 1985;
AND year(职工.出生日期) <= 1989;
AND 部门.名称 = "销售部";
GROUP BY 职工.编号;
ORDER BY 职工.出生日期, 职工.编号;
INTO TABLE cyqk.dbf
```

步骤 2：保存程序文件为 prgong.prg 并运行。

2.【操作步骤】

步骤 1：通过“新建”对话框新建一个“类”文件。

步骤 2：在弹出的“新建类”对话框中，输入“类名”MyListBox，在“派生于”下拉列表中选择 ListBox，单击“存储于”文本框后的按钮，在打开的“另存为”对话框中选择考生文件夹，输入文件名 myclasslib，单击“确定”按钮。

步骤 3：打开“类设计器”窗口，进入类设计器环境。将其 Height 属性设为 120，Width 属性设为 80。

三、综合应用题

步骤 1：通过“新建”对话框新建一个表单。在打开的表单设计器中，修改表单的 Caption 属性为“人员查询”，Name 属性为 formone。

步骤 2：根据题目要求向表单添加一个标签 Label1，并将其 Caption 属性修改为“输入部门”，Name 属性修改为 Labelone。添加一个文本框控件，修改其 Name 属性为 Textone。添加两个命令按钮，分别将两个命令按钮的 Caption 属性修改为“查询”和“退出”。Name 属性分别修改为 Commanda 和 Commandb。

步骤 3：在表单设计器中，右击表单空白处，执行“数据环境”命令，将“部门”表和“职工”表添加到数据环境中。向表单添加一个表格 Grid1，将其 Name 属性修改为 Gridone，RecordSource 属性设为“SELECT 姓名,性别,出生日期,编号 from 职工”，RecordSourceType 属性设为“4-SQL 说明”。

步骤 4：双击“查询”命令按钮，编写其 Click 事件代码如下：

```
x=allt(thisform.textone.value)
thisform.Gridone.recordsourcetype=4
thisform.Gridone.recordsource="SELECT 职工.姓名,职工.性别,职工.出生日期,职工.编号;
FROM 人事管理!部门 INNER JOIN 人事管理!职工;
ON 职工.部门编号=部门.部门编号;
WHERE 部门.名称=x;
ORDER BY 职工.编号;
INTO table tableone.dbf"
```

步骤 5：双击“退出”命令按钮，编写其 Click 事件代码 ThisForm.Release。

步骤 6：保存表单为 pform 并运行，在文本框中输入部门名称“开发部”，单击“查询”按钮。

第 29 套　操作题参考答案

一、基本操作题

1. 通过“新建”对话框新建一个自由表，文件名为“客户”。在打开的表设计器中按照题目的要求设计“客户”表的结构。注意，保存设计结果时不要输入记录。

2. 通过“新建”对话框新建一个数据库，文件名为“客户”。在打开的数据库设计器的空白处右击，执行“添加”命令，将考生文件夹下的“客户”自由表添加到新建的数据库中。

3. 在名为“客户”的数据库设计器中，右击“客户”表，执行“浏览”命令，然后执行“显示”菜单下的“追加方式”命令，按照题目的要求将记录插入到“客户”表中。

4. 通过报表向导新建一个报表，在报表的“字段选取”对话框中将“客户”表中的全部字段添加到“选定字段”列表框中；在“完成”对话框中设置报表的标题为“客户”；其他各项均取默认值，直接单击“下一步”按钮。最后将报表以“客户”为文件名进行保存。

二、简单应用题

1. 新建一个程序 one.prg，编写下列命令语句后，保存并运行程序。

```
SELECT Course.课程名称, max(score.成绩) as 分数;
FROM course,score ;
WHERE Course.课程编号 = Score.课程编号;
GROUP BY Course.课程名称;
INTO TABLE max.dbf
```

2. 新建一个程序 two.prg，编写下列命令语句后，保存并运行程序。

```
SELECT Course.课程名称;
FROM  course,score ;
WHERE Course.课程编号 = Score.课程编号;
AND Score.成绩 < 60;
GROUP BY Course.课程名称;
TO FILE new.txt
```

三、综合应用题

步骤 1：新建一个数据库“学生”，将自由表“学生”“课程”和“选课成绩”添加到新建的数据库中。

步骤 2：在命令窗口中输入 Crea form formlist，新建一个表单。按题目要求为表单添加一个表格控件和两个命令按钮控件，修改各控件的相关属性如表 4-29-1 所示。

表 4-29-1　各控件的相关属性

控件	表单	命令按钮 1	命令按钮 2
属性	Name	Caption	Caption
值	formlist	保存	退出

步骤 3：在表单的 Init 事件中写入代码。

```
thisform.grid1.recordsourcetype=4
thisform.grid1.recordsource=;
"SELECT Student.学号, Student.姓名, Student.院系, Course.课程名称, Score.成绩;
FROM  student,score,course ;
WHERE  Score.课程编号 = Course.课程编号 ;
AND  Student.学号 = Score.学号;
ORDER BY Student.学号;
into cursor abc"
```

步骤 4：在“保存”命令按钮中输入 select * from abc into table results。

步骤 5：在“退出”命令按钮中写入 ThisForm.Release。

步骤 6：保存并按题目要求运行表单。

第 30 套　操作题参考答案

一、基本操作题

1. 利用“文件”菜单下的“新建”命令可创建表单文件，将表单保存为 myform.scx。

2. 设置表单的 WindowType 属性为“1-模式”，Caption 属性为“表单操作”。

3. 为表单添加数据环境，在“显示”菜单下打开“数据环境”或在表单空白处右击打开“数据环境”，将 xuesheng 表和 chengji 表依次添加到数据环境中，一定要按此顺序添加，以使两个表所对应的对象名称分别为 cursor1 和 cursor2。

4. 在数据环境中，选中 xuesheng 表中的“学号”，按住鼠标拖动到 chengji 表的“学号”字段上并释放鼠标，以建立两个表之间的关联。

二、简单应用题

1.【操作步骤】

步骤 1：通过“新建”对话框新建查询文件，将 xuesheng 表和 chengji 表添加到查询中。

步骤 2：从“字段”选项卡中添加学号、姓名、数学、英语和信息技术 5 个字段到选定字段中。

步骤 3：切换到“筛选”选项卡，按如下设置。

字段名	条件实例	逻辑
chengji.数学	>=85	AND
chengji.英语	>=85	AND
chengji.信息技术	>=85	OR
chengji.数学	>=85	AND
chengji.英语	>=85	AND
chengji.信息技术	>=85	

步骤 4：切换到“排序依据”选项卡中，选择字段“xuesheng.学号”，在“排序选项”处选择“降序”。

步骤 5：执行“查询”菜单下的“查询去向”命令，选择表，输入表名 table1，最后将查询保存在 query1.qpr 文件中，并运行该查询。

2.【操作步骤】

步骤 1：通过“新建”对话框新建数据库，数据库文件名为 cj_m，在数据库设计器中依次添加 xuesheng 表和 chengji 表。

步骤 2：通过“新建”对话框新建视图，在“添加表或视图”对话框中添加 xuesheng 表和 chengji 表到新视图设计器中。

步骤 3：在“字段”选项卡中将学号、姓名、数学、英语和信息技术 5 个字段添加到“选定字段”框中。

步骤 4：切换到“筛选”选项卡，在字段名中输入“LEFT(Chengji.学号,8)”，条件选择“=”，实例为 20001001。

步骤 5：切换到“排序依据”选项卡，选择字段“xuesheng.学号”，在“排序选项”处选择“降序”；最后将视图保存在 view1 文件中。

步骤 6：利用刚创建的视图 view1 创建查询，在“添加表或视图”对话框中选择 view1 视图，在字段中选择所有字段，设置查询去向为表 table2。保存并运行查询，文件名默认。

三、综合应用题

步骤 1：通过“新建”对话框新建菜单，打开菜单设计器。执行“显示”菜单下的“常规选项”命令，在“常规选项”对话框的“位置”处选择追加，则新建立的子菜单会在当前 Visual FoxPro 系统菜单后显示。

步骤 2：在菜单名称中填入“考试”，结果为子菜单，单击创建；在子菜单的菜单名称中输入“计算”，结果为过程。在过程中输入下列命令(计算过程也可以用两个循环嵌套的方法来完成)。

“计算”菜单项的过程代码如下：

```
SELECT Xuesheng.学号, Xuesheng.姓名, Chengji.数学, Chengji.英语,Chengji.
信息技术;
FROM chengji,xuesheng ;
WHERE Chengji.学号 = Xuesheng.学号;
ORDER BY Xuesheng.学号 DESC;
INTO TABLE table3.dbf
ALTER TABLE table3 ADD COLUMN 等级 char(4)
UPDATE table3 SET 等级="优" WHERE table3.数学>=60 AND table3.英语>=60 AND
table3.信息技术>=60 AND (table3.数学+table3.英语+table3.信息技术)>=270
UPDATE table3 SET 等级="良" WHERE table3.数学>=60 AND table3.英语>=60 AND
table3.信息技术>=60 AND (table3.数学+table3.英语+table3.信息技术)>=240 AND
(table3.数学+table3.英语+table3.信息技术)<270
UPDATE table3 SET 等级="中" WHERE table3.数学>=60 AND table3.英语>=60 AND
table3.信息技术>=60 AND (table3.数学+table3.英语+table3.信息技术)>=210 AND
(table3.数学+table3.英语+table3.信息技术)<240
UPDATE table3 SET 等级="及格" WHERE table3.数学>=60 AND table3.英语>=60 AND
table3.信息技术>=60 AND (table3.数学+table3.英语+table3.信息技术)>=180 AND
(table3.数学+table3.英语+table3.信息技术)<210
UPDATE table3 SET 等级="差" WHERE 等级=" "
```

在菜单名称中填入“返回”，结果为过程，在过程中输入命令 SET SYSMENU TO DEFAULT。

步骤 3：最后保存菜单 mymenu.mnx，并生成菜单程序 mymenu.mpr，运行菜单程序并依次执行“计算”和“返回”菜单命令。

第 31 套　操作题参考答案

一、基本操作题

1．在命令窗口输入并执行如下语句，或打开表设计器添加字段。

```
ALTER TABLE 菜单表 ADD COLUMN 厨师姓名 C(8)
```

2．通过报表向导新建一个报表，在报表的“字段选取”对话框中将“菜单表”中的全部字段添加到“选定字段”列表框中；其他各项均取默认值，直接单击“下一步”或“完成”按钮。最后将报表以 one 为文件名进行保存。

3．打开报表，在“报表设计器”的“标题”处删除原标题“菜单表”，接着仍在“标题”区添加一个标签，在标签中输入“菜单一览表”，保存该报表。

4．首先新建一个 two.prg 程序，写入下列代码；然后保存并运行程序。

```
SELECT 顾客号,顾客点菜表.菜编号,菜名,单价,数量;
FROM 顾客点菜表 JOIN 菜单表;
ON 顾客点菜表.菜编号 = 菜单表.菜编号;
WHERE 单价 >= 40;
ORDER BY 顾客点菜表.菜编号 DESC;
NTO TABLE taba
```

二、简单应用题

1.【操作步骤】

步骤1：通过“打开”命令按钮打开考生文件夹下的“点菜”数据库。

步骤2：通过“新建”对话框新建一个查询，按要求将“顾客点菜表”和“菜单表”两个表添加到查询设计器中。

步骤3：在“字段”选项卡中将字段“顾客点菜表．顾客号”和表达式“SUM(数量*单价) AS 消费金额合计”添加到“选定字段”列表框中。

步骤4：在“排序依据”选项卡中将表达式“SUM(数量*单价) AS 消费金额合计”添加到“排序条件”列表框中，并选择“降序”排序。

步骤5：在“分组依据”选项卡中将“顾客点菜表．顾客号”添加到“分组条件”列表框中。

步骤6：执行“查询”菜单下的“查询去向”命令，在“查询去向”对话框中选择“表”选项，在“表名”处输入TABB，单击“确定”按钮。

步骤7：将查询保存为three.qpr，并运行查询。

2.【操作步骤】

步骤1：通过“新建”对话框新建表单，文件名为testA.scx。

步骤2：在表单设计器的“属性”窗口中，设计表单的Caption属性为“选择磁盘文件”。

步骤3：在表单设计器中，通过表单控件工具栏向表单添加一个选项按钮组控件Optiongroup1，在“属性”窗口中设置其ButtonCount属性为3。

步骤4：选中选项按钮组控件并右击，在弹出的菜单中执行“编辑”命令，再单击选中其中的Option1，在“属性”窗口中设置其Caption属性为“*.DOC”；单击选中其中的Option2，在“属性”窗口中设置其Caption属性为“*.XLS”；单击选中其中的Option3，在“属性”窗口中设置其Caption属性为“*.TXT”，在组合框的Click事件中添加如下代码：

```
Do Case
  Case thisform.optiongroup1.value=1
    thisform.list1.rowsource="*.doc"
  Case thisform.optiongroup1.value=2
    thisform.list1.rowsource="*.xls"
  Case thisform.optiongroup1.value=3
    thisform.list1.rowsource="*.txt"
Endcase
```

步骤5：为表单添加一个列表框控件(List1)，在“属性”窗口中设置其ColumnCount属性为1，RowSourceType属性为“7-文件”，RowSource属性为ThisForm.List1.RowSource=Thisform.Optiongroup1.value。

步骤6：为表单添加一个命令按钮控件(Command1)，在“属性”窗口中设置其Caption属性为“退出”。

步骤7：双击“退出”按钮，编写其Click事件代码为Thisform.Release。

步骤8：保存修改后的表单并运行。

三、综合应用题

步骤 1：通过常用工具栏中的“打开”命令打开考生文件夹下的数据库“点菜”。

步骤 2：通过“新建”对话框新建一个表单，文件名为 testB。

步骤 3：按题目要求为表单添加一个标签控件、一个文本框控件、一个表格控件和 3 个命令按钮控件。设置表单的 Caption 属性为“查询”，标签的 Caption 属性为“结账日期”，Command1 的 Caption 属性为“查询”，Command2 的 Caption 属性为“显示”，Command3 的 Caption 属性为“退出”。表格控件的 RecordSourceType 属性为“4-SQL 说明”。

步骤 4：双击“查询”按钮，写入 Click 事件代码如下：

```
Select 顾客序号,顾客姓名,单位,消费金额 from 点菜!结账表 where 结账日期 =
ctod(thisform.text1.text) order by 消费金额 desc INTO TABLE tabc.dbf
```

步骤 5：双击“显示”按钮，写入 Click 事件代码如下：

```
thisform.grid1.recordsource="Select 顾客序号,顾客姓名,单位,消费金额 from 点
菜!结账表 where 结账日期 = ctod(thisform.text1.text) order by 消费金额 desc
INTO TABLE tabc.dbf"
```

步骤 6：双击“退出”按钮，写入 Click 事件代码为 ThisForm.Release。

步骤 7：保存并按题目要求运行表单。

第 32 套　操作题参考答案

一、基本操作题

1．通过“新建”对话框新建一个数据库，文件名为“订单管理”，在打开的数据库设计器中右击空白处，执行“添加表”命令，依次将考生文件夹下的 order、orderitem 和 goods 三个表添加到数据库中。

2．在数据库设计器中，右击 order 表，执行“修改”命令，在表设计器对话框中单击“索引”选项卡，在“索引名”中输入 nf，在“类型”中选中“普通索引”，在“表达式”中输入“year(签订日期)”，为 order 表建立普通索引。

3．按照第 2 题的步骤为 orderitem 表建立普通索引，order 表建立主索引，它们的索引名和索引表达式均为“订单号”。然后从 order 表的主索引处拖动鼠标至 orderitem 表的普通索引处，以建立两表之间的永久联系。

4．首先执行“数据库”菜单下的“清理数据库”命令，然后选中并右击第3题中建立的两表之间的关系线，执行“编辑参照完整性”命令，在“编辑参照完整性生成器”对话框中，依次选中“更新规则”选项卡下的“限制”单选按钮、“删除规则”选项卡下的“级联”单选按钮、“插入规则”选项卡下的“限制”单选按钮，最后单击“确定”按钮。

二、简单应用题

1．【操作步骤】

步骤 1：新建一个查询，依次把 order 表、orderitem 表和 goods 表添加到查询设计器中。

步骤 2：在“字段”选项卡中，依次双击订单号、客户号、签订日期、商品名、单价和数量。

步骤 3：在“筛选”选项卡中设置“year(order.签订日期)=2001”，在“排序依据”选项卡中，先按“订单号”降序，然后再按“商品名”降序。

步骤 4：在“查询”菜单中选择“查询去向”选项，选择去向为表，输入表名 tableone。

步骤 5：保存查询文件名为 queryone，并运行查询。

2.【操作步骤】

步骤 1：打开表单 myform，双击“确定”按钮，在其 Click 事件里写入如下语句：

```
x=allt(ThisForm.Text1.Value)
sele a.订单号,签订日期,商品名,单价,数量;
from order a,orderitem b,goods c;
where a.订单号=b.订单号 and b.商品号=c.商品号 and 客户名=x;
order by a.订单号,商品名 into table tabletwo
```

步骤 2：保存并运行表单，在文本框里输入 lilan 并单击“确定”按钮。

三、综合应用题

步骤 1：新建一个菜单，在菜单名称中输入“考试”，在结果中选择“子菜单”，单击“创建”按钮。在子菜单中输入“计算”和“返回”。

步骤 2：在“计算”右边选择“过程”，输入如下程序：

```
sele 商品名,sum(数量*单价) 总金额;
from orderitem a,goods b,order c;
where a.商品号=b.商品号 and c.订单号=a.订单号 and year(签订日期)=2001;
group by a.商品号 order by 商品名 into table tablethree
```

步骤 3：选择“退出”菜单项的“结果”为“过程”。输入如下命令语句：set sysm to defa。

步骤 4：在菜单的“常规选项”对话框中选择“追加”选项。

步骤 5：然后保存菜单名为 mymenu，最后生成可执行菜单文件。在命令窗口中输入 DO MYMENU.MPR 并回车，在“考试”菜单中执行“计算”命令。

第 33 套 操作题参考答案

一、基本操作题

1．打开 TEST_DB 数据库，选中 SELL 表，在表设计器中的索引页，输入索引名为 PK，索引表达式为：部门号+年度+月份，索引类型为“主索引”。

2．在数据库设计器中按题目要求右击添加表。

3．在数据库中新建一个表 TEST，按题目要求输入字段。

4．通过报表向导新建一个报表，在报表的“字段选取”对话框中将 SELL 表中的全部字段添加到“选定字段”列表框中；其他各项均取默认值，直接单击“下一步”或“完成”按钮。最后将报表以 TWO 为文件名进行保存。

二、简单应用题

1.【操作步骤】

步骤 1：打开 TEST_DB 数据库，使用查询设计器建立查询。

步骤 2：将 DEPT 和 SELL 表添加到查询设计器中。

步骤 3：在查询设计器下方的“字段”选项卡中选中并添加字段“部门号”“部门名”和“年度”，在“函数和表达式”的“表达式”中输入"AVG(Sell.销售额) AS 月平均销售""AVG(Sell.工资额) AS 月平均工资"和"AVG(Sell.销售额-Sell.工资额) AS 月平均利润"并添加这些表达式。

步骤 4：在“排序依据”选项卡中选择“Dept.部门号”和“Sell.年度”字段升序排列，在“分组依据”选项卡中选择“Sell.年度”和“Dept.部门号”字段分组。

步骤 5：执行菜单栏上的“查询”→“查询去向”命令，在弹出的“查询去向”对话框中选择表，并在表名处输入表名 TABB。

步骤 6：单击工具栏上的“保存”按钮，输入查询文件名 THREE.qpr，保存查询后运行该查询。

2.【操作步骤】

步骤 1：打开表单，修改 Text2 的 PasswordChar 属性赋值为“*”，使用户在输入口令时显示“*”。

步骤 2：修改该表单“确认”按钮的 Click 事件中的程序如下：

第 3 行处的错误修改为：Key2 = ALLTRIM(ThisForm.text(2) value)。

第 4 行处的错误修改为：LOCATE ALL FOR USER = Key1。

第 12 行处的错误修改为：THISFORM.RELEASE。

三、综合应用题

步骤 1：通过“新建”对话框新建一个表单，文件名为 myform。

步骤 2：按题目的要求为表单添加一个表格控件、一个文本框控件和一个命令按钮控件，设置表单的 Name 属性为 myform，表格控件的 RowSourceType 属性为“1-别名”，RowSource 属性为 sell，命令按钮的 Caption 属性为“确定”。

步骤 3：在“确定”按钮的 Click 事件代码中输入下列代码：

```
x="SELECT Sell.年度, sum(Sell.销售额) as 销售额,sum(Sell.销售额 - Sell.工资额) as 利润"
x=x+" FROM test_db!sell where 部门号 in (select 部门号 FROM DEPT.DBF WHERE 部门名='"+myform.text1.value+"')"
x=x+" GROUP BY Sell.年度"
x=x+" ORDER BY Sell.年度"
x=x+" INTO TABLE "+myform.text1.value
&x
myform.Grid1.recordsource=myform.text1.value
```

步骤 4：保存后，按题目要求输入相应各部门名并运行此表单。

第 34 套　操作题参考答案

一、基本操作题

1. 打开考生文件夹下的 myform.scx 表单，修改其 Name 属性为 myform，Caption 属性为“表单操作”。

2．在表单设计器中，依次设置标签、文本框和命令按钮 3 个控件的 TabIndex 属性值为 1、2 和 3。

3．选择“表单”菜单中的“新建方法程序”命令项，在“新建方法程序”对话框的“名称”框中输入 mymethod，单击“添加”命令按钮，再单击“确定”命令按钮。在表单的属性窗口的最下端双击新建的 mymethod 方法，在其中输入 wait 文本框的值是+this.text1.value.window。

4．选中标签控件，修改其 Caption 属性为“请输入(\<s)”，使之访问键生效。然后编写“确定”按钮的 Click 事件代码为 ThisForm.mymethod。

二、简单应用题

1.【操作步骤】

步骤 1：通过“新建”对话框新建查询，并依次把 order、orderitem 和 goods 三个表添加到查询设计器中。

步骤 2：在“字段”选项卡中选择 order.订单号、order.客户名、order.签订日期、goods.商品名、goods.单价和 orderitem.数量添加到选定字段中。

步骤 3：在“字段”选项卡的“函数和表达式”文本框中输入“goods.单价*orderitem.数量 AS 金额”，单击“添加”按钮将该表达式添加到“选定字段”列表框中。

步骤 4：在“排序依据”选项卡中，设置按订单号降序排序，商品名降序排序。

步骤 5：在“查询去向”对话框中设计查询去向为表 tableone。

步骤 6：保存查询文件名为 queryone，并运行查询。

2.【操作步骤】

步骤 1：创建一个数据库 order_m，然后在数据库空白处右击，添加表 order、orderitem、goods。建立本地视图，依次将 order、orderitem、goods 添加到视图设计器中。

步骤 2：在字段选项卡中，将“order.订单号”“order.签订日期”“goods.商品名”“goods.单价”和“orderitem.数量”字段添加到“选定字段”列表框中。

步骤 3：在“筛选条件”选项卡中，设置字段名为“客户名”，条件为“=”，实例为 lilan。

步骤 4：在“排序依据”选项卡中，设置按订单号升序排序，商品名升序排序。

步骤 5：保存视图文件名为 viewone。

步骤 6：新建一个查询，将新建的视图文件 viewone 添加到查询设计中，并将视图的全部字段添加到“选定字段”中。

步骤 7：在“查询去向”对话框中设计查询去向为表 tabletwo。

步骤 8：保存并运行查询，查询文件名默认。

三、综合应用题

步骤 1：新建一个表单，保存文件名为 formone，在属性框中修改其 Caption 属性为“综合应用”。

步骤 2：依次向表单添加一个标签，修改标签的 Caption 值为“商品号”，一个文本框，一个命令按钮，把命令按钮的 Caption 属性修改为“确定”。

步骤 3：双击“确定”按钮，为 Click 事件写入如下代码：

```
x=allt(ThisForm.Text1.Value)
SELECT Orderitem.订单号, Order.客户名,Order.签订日期, Goods.商品名, Goods.单价,;
Orderitem.数量;
FROM  goods,orderitem,order ;
WHERE Orderitem.订单号 = Order.订单号 ;
AND Goods.商品号 = Orderitem.商品号;
AND Goods.商品号=x ;
ORDER BY Orderitem.订单号 into dbf tablethree
```

步骤 4：保存并运行表单，根据题目要求在文本框里输入 a00002，单击“确定”按钮。

第 35 套　操作题参考答案

一、基本操作题

1．在命令窗口输入“insert into orders values("0050","061002",{^2010-10-10})”，然后按回车键执行。通过“新建”对话框新建一个程序文件，将上述命令复制到此程序文件中，然后保存程序并命名为 sone.prg。

2．在命令窗口输入“update orders set 签订日期={^2010-10-10} where 订单号="0025"”，然后按回车键执行。通过“新建”对话框新建一个程序文件，将上述命令复制到此程序文件中，然后保存程序并命名为 stwo.prg。

3．在命令窗口输入“alter table orders add 金额 Y”，然后按回车键执行。通过“新建”对话框新建一个程序文件，将上述命令复制到此程序文件中，然后保存程序并命名为 sthree.prg。

4．在命令窗口输入“delete from orderitems where 订单号="0032" and 商品号="C1003"”，然后按回车键执行。通过“新建”对话框新建一个程序文件，将上述命令复制到此程序文件中，然后保存程序并命名为 sfour.prg。

二、简单应用题

1．【操作步骤】

步骤 1：打开 Visual FoxPro，通过“新建”对话框新建一个 sfive 的程序，代码如下：

```
select 客户号,姓名,性别,联系电话 from customers where not exists (select * from
orders where year(签订日期)=2008 and month(签订日期)=2 and 客户号=customers.
客户号) order by 客户号 desc into table tableone。
```

步骤 2：保存并运行该程序。

2．【操作步骤】

步骤 1：通过“新建”对话框新建一个数据库 goods_m，在数据库空白处右击，执行“添加表”命令，将 goods 表添加到数据库中。

步骤 2：在数据库空白处右击，执行“新建本地视图”命令，将 goods 表添加到视图设计器中。在视图设计器的“字段”选项卡下，将商品号、商品名、单价和库存量四个字段添加到选定字段中；在“筛选”选项卡下，字段名选“goods.单价”，条件为“>=”，实例输入 2000，逻辑选择 and，另起一行，字段设为“goods.库存量”，条件为“<=”，实例输入 2，逻辑选择 or，另起一行，字段设为“goods.单价”，条件为“<”，实例输入 2000，逻辑选择 and，

另起一行，字段设为“goods.库存量”，条件为“<=”，实例输入 5；在“排序依据”选项卡下，设置先按单价降序排列，再按库存量升序排列。

步骤 3：保存视图为 viewone。

步骤 4：新建一个查询，将视图 viewone 添加到视图设计器中，将 viewone 的所有字段添加到选定字段中，然后执行菜单栏“查询”→“查询去向”命令，设置查询去向为表，输入文件名 tabletwo。

三、综合应用题

步骤 1：新建一个表单，将表单的 Caption 属性修改为“考试”，ShowWindow 属性修改为“2-作为顶层表单”。

步骤 2：双击表单空白处，编写表单的 Init 事件代码如下：

```
DO mymenu.mpr WITH THIS,"myform"
```

步骤 3：新建一个菜单，执行“显示”菜单下的“常规选项”命令，在弹出的“常规选项”对话框中勾选“顶层表单”复选框。

步骤 4：输入菜单项“统计”和“退出”，结果均选择“过程”，然后单击两个菜单项后面的“创建”按钮，分别编写代码如下。

“统计”菜单项中的命令代码如下：

```
SELECT year(出生日期) as 年份, count(*) as 人数;
FROM customers;
GROUP BY 1;
ORDER BY 1;
into table tablethree
```

“退出”菜单项中的命令代码为 myform.Release。

步骤 5：保存菜单并命名为 mymenu，然后执行菜单栏“菜单”→“生成”命令，生成可执行文件。

步骤 6：保存表单并命名为 myform，然后运行。

第 36 套　操作题参考答案

一、基本操作题

1．打开表单，将文本框 Text1 的 Width 属性修改为 50。

2．选中文本框 Text2，在属性框中找到宽度属性(Width)，右击选择“重置为默认值”选项。

3．将 Ok 按钮的 Default 属性值设为.T.。

4．将 Cancel 按钮的 Caption 属性设置为\<Cancel。

二、简单应用题

1．【操作步骤】

步骤 1：通过“新建”对话框新建一个查询，将 xuesheng 和 chengji 表添加到查询中。

步骤 2：在“字段”选项卡中添加字段“xuesheng.性别”并利用“函数和表达式”创

建“MAX(Chengji.英语) AS 最高分”“MIN(Chengji.英语) AS 最低分”“AVG(Chengji.英语) AS 平均分”字段并添加到选定字段中。

步骤 3：切换到“排序依据”选项卡中，选择“xuesheng.性别”字段，在“排序选项”处选择“升序”；在“分组依据”中选择字段“xuesheng.性别”。

步骤 4：执行“查询”菜单下的“查询去向”命令，选择表，输入表名 table1，最后将查询保存在 query1.qpr 文件中，并运行该查询。

2.【操作步骤】

步骤 1：通过报表向导新建一个报表，在“字段选取”对话框中将 xuesheng 表中的全部字段添加到“选定字段”列表框中。分组依据选择默认。

步骤 2：在“选择报表样式”对话框中选择“账务式”。

步骤 3：在“定义报表布局”对话框中选择“列数”为 2，“字段布局”为行，“方向”为纵向。

步骤 4：在“排序记录”对话框中，将“学号”字段添加到“选定字段”对话框中，并选中“升序”单选按钮。

步骤 5：在“完成”对话框中设置报表标题为 XUESHENG(默认即可)，最后保存报表为 report1。

三、综合应用题

步骤 1：通过“新建”对话框新建一个菜单文件，并打开菜单设计器。打开“显示”菜单下的“常规选项”对话框，在“位置”处选择追加，则新建立的子菜单会在当前 Visual FoxPro 系统菜单后显示。

步骤 2：在菜单名称中填入“考试”，结果为子菜单，单击“创建”按钮，在子菜单的菜单名称中输入“计算”，结果为过程，在过程中输入下列代码。

“计算”菜单项的过程代码如下：

```
select xuesheng.学号,xuesheng.姓名 from xuesheng;
inner join chengji on xuesheng.学号=chengji.学号;
where 数学>=(select avg(数学) from chengji);
and 英语>=(select avg(英语) from chengji);
and 信息技术>=(select avg(信息技术) from chengji);
order by xuesheng.学号 desc;
into table table(2)dbf
```

步骤 3：在菜单名称中填入“返回”，结果为过程，在过程中输入如下命令：

```
SET SYSMENU TO DEFAULT
```

步骤 4：最后保存菜单 mymenu.mnx，并生成可执行菜单程序 mymenu.mpr，运行菜单程序并依次执行“计算”和“返回”菜单命令。

第 37 套　操作题参考答案

一、基本操作题

1. 通过“新建”对话框新建一个数据库 sdb，在数据库设计器的空白处右击，执行“添加表”命令，将考生文件夹下的 client 表添加到数据库中。

2．在命令窗口输入“update client set 性别="男" where 客户号="061009"”，然后按回车键执行。通过“新建”对话框新建一个程序文件，将上述命令复制到此程序文件中，然后保存程序并命名为 sone.prg。

3．在命令窗口输入“insert into client values("071009","杨晓静","女",{^1991-1-1})”，然后按回车键执行。通过“新建”对话框新建一个程序文件，将上述命令复制到此程序文件中，然后保存程序并命名为 stwo.prg。

4．在命令窗口输入“alter table client alter 性别 set check 性别$"男女" error "性别必须是男或女"”，然后按回车键执行。通过“新建”对话框新建一个程序文件，将上述命令复制到此程序文件中，然后保存程序并命名为 sthree.prg。

二、简单应用题

1．【操作步骤】

步骤 1：单击常用工具栏中的“新建”按钮，新建一个查询文件，同时打开查询设计器。

步骤 2：依次将考生文件夹下的 custermers、orders、orderitems 和 goods 4 个表添加到查询设计器中。

步骤 3：在“字段”选项卡中，将客户号、订单号、商品号、商品名和数量 5 个字段添加到“选定字段”列表框中。

步骤 4：在“筛选”选项卡中，在“字段名”处输入表达式“left(customers.客户号,2)”，条件设为“=”，实例输入 06。

步骤 5：在“排序依据”选项卡中，设置按“客户号”升序排列，然后按“订单号”升序排列，再按“商品号”升序排列。

步骤 6：执行“查询”菜单下的“查询去向”命令，在“查询去向”对话框中选中“表”，在表名文本框中输入 tableone。

步骤 7：保存查询文件名为 queryone，并运行查询。

2．【操作步骤】

步骤 1：通过“新建”对话框新建一个“类”文件。

步骤 2：在弹出的“新建类”对话框中，输入“类名”MyCommandButton，在“派生于”下拉列表中选择 CommandButton，单击“存储于”文本框后的按钮，在打开的“另存为”对话框中选择考生文件夹，输入文件名 myclasslib，单击“确定”按钮。

步骤 3：打开“类设计器”窗口，进入类设计器环境。将自定义按钮类 MyCommandButton 的 Caption 属性设为“退出”。双击“退出”命令按钮，编写其 Click 事件代码 thisform.release。

步骤 4：新建一个表单 Myform，在“属性”窗口中，添加新类按钮 MyCommandButton，然后保存对表单的修改。

三、综合应用题

步骤 1：执行菜单栏“文件”→“打开”命令或单击常用工具栏的“打开”按钮，打开考生文件夹下的菜单 mymenu。

步骤 2：单击“考试”菜单后的“编辑”按钮，在“统计”菜单项的过程中创建代码 do form myform。在“退出”菜单项的过程中输入语句 set sysmenu to defa。

步骤 3：保存菜单，然后单击菜单栏“菜单”→“生成”按钮，生成可执行程序文件。

步骤 4：打开考生文件夹下的表单 myform，双击“确定”命令按钮，编写其 Click 事件代码如下：

```
je = val(Thisform.Text1.Value)
SELECT Orders.订单号, Customers.客户号, Orders.签订日期, ;
sum(Orderitems.数量*Goods.单价) AS 金额;
FROM  customers INNER JOIN orders;
INNER JOIN orderitems;
INNER JOIN goods ;
ON  Orderitems.商品号 = Goods.商品号;
ON  Orders.订单号 = Orderitems.订单号;
ON  Customers.客户号 = Orders.客户号;
GROUP BY Orders.订单号;
HAVING 金额 >= je;
ORDER BY 4 DESC, Orders.订单号;
INTO TABLE tabletwo.dbf
```

步骤 5：双击“退出”命令按钮，编写其 Click 事件代码为 thisform.release。

步骤 6：保存表单并运行。在文本框中输入 1000，单击“确定”按钮。

第 38 套　操作题参考答案

一、基本操作题

1. 打开表单 one，在“打开”命令按钮的 Click 事件中增加如下语句：

```
ThisForm.Command(2)Enabled=.T.
```

2. 打开表单 two，设置选项组的 ButtonCount 属性为 3，单选按钮 3 的 Caption 属性为“程序设计”。

3. 通过“新建”对话框新建一个名为 three.prg 的程序文件，输入并执行如下代码：

```
ALTER TABLE 学院表 ADD 教师人数 INT CHECK 教师人数>=0
```

4. 通过“新建”对话框新建一个名为 four.prg 的程序文件，输入并执行如下代码：

```
UPDATE teacher.dbf SET 工资=8000 WHERE 姓名="Jack"
```

二、简单应用题

1.【操作步骤】

步骤 1：打开考生文件夹下的 five.prg 文件。

步骤 2：修改其中的命令语句如下。

错误 1：DO .NOT. EOF()修改为 DO WHILE .NOT. EOF()。

错误 2：INTO A 修改为 INTO ARRAY A。

错误 3：NEXT 修改为 SKIP。

步骤 3：保存修改后的程序并运行。

2.【操作步骤】

步骤 1：打开考生文件夹下的“课程管理”数据库，在数据库设计器中右击数据库空白处，执行“新建本地视图”命令，打开视图设计器。

步骤 2：新建一个视图文件，将“教师表”和“课程表”添加到视图设计器中；在视图设计器的“字段”选项卡中，将字段“姓名”“工资”“课程名”和“学时”4 个字段添加到“选定字段”列表框中；在“排序依据”选项卡中，选择按“工资”升序排序记录。

步骤 3：将视图保存为 teacher_view 并运行。

三、综合应用题

步骤 1：建立一个名为 myform 的表单，按题目要求添加一个列表框和两个命令按钮。

步骤 2：设置 Command1 的 Caption 属性为“生成表”，设置 Command2 的 Caption 属性为“退出”，设置列表框的 RowSourceType 属性为“3-SQL 说明”，RowSource 属性为“select 系名 from 学院表 into cursor mylist”。

步骤 3：为“生成表”命令按钮的 Click 事件编写如下程序代码：

```
select 职工号,姓名,工资 from 教师表 inner join 学院表 on 学院表.系号=教师表.系
号 where 系名=thisform.list1.list(thisform.list1.listindex) into tabl
thisform.list1.list(thisform.list1.listindex) order by 职工号
```

步骤 4：保存并运行表单，在运行的表单中，先选中列表框中的“计算机”项并执行“生成表”命令，然后选中列表框中的“通信”项并执行“生成表”命令，接下来选中列表框中的“信息管理”项并执行“生成表”命令。

第 39 套 操作题参考答案

一、基本操作题

1. 选择“显示”菜单中的“报表控件工具栏”，打开 SELLDB 数据库，右击数据库设计器空白处并执行“新建表”命令，在弹出的“创建”对话框中，选定考生文件夹，在“输入表名”中填入“客户表”，再单击“保存”按钮，在弹出的“表设计器”中，按题目要求建立表结构。

2. 打开“客户表”的表设计器选择“索引”标签，在索引名列中填入“客户号”，在索引类型列中选择“主索引”，在索引表达式列中填入“客户号”，单击“确定”按钮，保存表结构。

3. 打开“部门成本表”的表设计器，在“字段”选项卡中的字段名列的最下方输入“备注”，数据类型选择“字符型”，宽度设置为 20。

4.【操作步骤】

步骤 1：选择“客户表”为当前表，然后通过“新建”对话框新建一个报表。

步骤 2：执行“报表”菜单中的“快速报表”命令，在打开的“快速报表”对话框中单击“字段”按钮，然后在“字段选择器”对话框中将所有字段添加到“选定字段”框中，两次单击“确定”按钮回到“报表设计器”窗口。

步骤 3：执行“报表”菜单中的“标题/总结”命令，在打开的“标题/总结”对话框中选中“标题带区”前面的复选框，为报表增加“标题”带区。

步骤 4：打开“报表控件”工具栏，选择其中的标签控件，在标题带区单击，输入“客户表一览表”。

步骤 5：最后将快速报表以文件名 P_S 保存在考生文件夹下。

二、简单应用题

1.【操作步骤】

步骤 1：打开考生文件夹下的 three.prg 程序文件，修改如下。

错误 1：“to 年销售利润”修改为“as 年销售利润;”。

错误 2：ORDER BY 1, 5 修改为 ORDER BY 1, 5 DESC。

错误 3：TO TABLE TABA 修改为 INTO TABLE TABA。

步骤 2：保存并运行该程序。

2.【操作步骤】

步骤 1：通过“新建”对话框新建一个程序文件。

步骤 2：按照题目的要求在其中编写如下命令语句。

```
SELECT 部门表.部门号, 部门表.部门名, ;
sum(销售表.一季度利润) as 一季度利润, ;
sum(销售表.二季度利润) as 二季度利润, ;
sum(销售表.三季度利润) as 三季度利润, ;
sum(销售表.四季度利润) as 四季度利润;
FROM  部门表,销售表 ;
WHERE  部门表.部门号 = 销售表.部门号 and 销售表.年度="2005";
GROUP BY 部门表.部门号;
ORDER BY 部门表.部门号;
INTO TABLE account.dbf
```

步骤 3：将程序保存为 four 并运行。

三、综合应用题

步骤 1：打开考生文件夹下的 SELLDB 数据库。

步骤 2：通过“新建”对话框新建一个表单。

步骤 3：按照题目的要求为表单添加控件，设置命令按钮 1 的 Caption 属性为“查询”，命令按钮 2 的 Caption 属性为“退出”；标签 1 的 Caption 属性为“部门号”，标签 2 的 Caption 属性为“年度”；表格控件的 ColumnCount 属性为 6，RecordSourceType 属性为“4-SQL 语句”。

步骤 4：右击表格空白处，执行“编辑”命令，分别设置表头(Header)的 Caption 为“商品号”“商品名”“一季度利润”“二季度利润”“三季度利润”“四季度利润”。

步骤 5：设置“查询”按钮的 Click 事件代码如下：

```
x='xs'+ThisForm.TEXT1.Value
SELECT 商品代码表.*,销售表.一季度利润,销售表.二季度利润,销售表.三季度利润, 销售表.
四季度利润;
FROM 销售表,商品代码表;
WHERE 商品代码表.商品号 = 销售表.商品号;
AND 销售表.部门号=alltrim(ThisForm.Text1.Value);
```

```
AND 销售表.年度=alltrim(ThisForm.Text(2)Value);
INTO TABLE &X
ThisForm.Grid1.RecordSource="select * from " + x
```

步骤 6：设置“退出”按钮的 Click 事件代码为 ThisForm.Release。

步骤 7：以 XS 为文件名对表单进行保存并运行。在“部门号”文本框中输入 02，在“年度”文本框中输入 2006，单击“查询”按钮查看表格中的显示结果，最后单击“退出”按钮结束表单的运行。

第 40 套　操作题参考答案

一、基本操作题

1.【操作步骤】

步骤 1：通过“新建”对话框新建一个数据库文件 mydatabase，在打开的数据库空白处右击，执行“新建表”命令，输入表名 temp，在打开的表设计器中设计表结构如表 4-40-1 所示。

表 4-40-1　表结构

字段名	类型	宽度	小数位数
姓名	字符型	10	
年龄	整型	4	
歌手编号	数值型	4	0
选送单位号	数值型	4	0

步骤 2：单击“确定”按钮，在弹出的对话框中选择“否”选项，即不立即输入数据。

2. 通过“新建”对话框新建一个菜单，并在弹出的对话框中选择“快捷菜单”选项。分别输入两个菜单名称“打开文件”和“关闭文件”，保存菜单并命名为 mymenu。然后执行菜单栏“菜单”→“生成”命令，生成可执行文件。

3.【操作步骤】

步骤 1：通过“新建”对话框新建一个报表，利用向导创建报表。

步骤 2：在“向导选取”对话框中，选择“一对多报表向导”并单击“确定”按钮，显示“一对多报表向导”对话框。

步骤 3：在“步骤 1-从父表选择字段”中，在“数据库和表”列表框中，选择表“打分表”，接着在“可用字段”列表框中显示打分表的所有字段名，将所有字段添加至“选定字段”列表框中，单击“下一步”按钮。

步骤 4：在“步骤 2-从子表选择字段”中，在“数据库和表”列表框中，选择表“歌手信息”，接着在“可用字段”列表框中显示歌手信息表的所有字段名，添加所有字段至“选定字段”列表框中，单击“下一步”按钮。

步骤 5：在“步骤 3-为表建立关系”中，单击“下一步”按钮。

步骤 6：在“步骤 4-排序记录”中，选择“分数”以及选择“降序”单选按钮，再单击“添加”按钮，单击“下一步”按钮。

步骤 7：在“步骤 5-选择报表样式”中，单击“下一步”按钮。

步骤 8：在“步骤 6-完成”中，输入报表标题“打分一览表”，单击“完成”按钮。

步骤 9：在“另存为”对话框中，输入报表名“打分表”，再单击“保存”按钮。

4．在命令窗口输入命令“update temp set 年龄=20 where 歌手编号=111”，然后按回车键执行。新建一个程序文件 mypro.prg，将该语句复制到程序文件中，保存程序。

二、简单应用题

1．【操作步骤】

步骤 1：利用工具栏“打开”按钮，打开考生文件夹下的程序文件 proone.prg，修改如下：

第一处错误：create　prime(dat f)修改为 create table prime(dat f)。

第二处填入：loop。

第三处填入：exit。

第四处错误：insert　prime values(n)修改为 insert into prime values(n)。

步骤 2：保存对程序的修改然后运行。

2．【操作步骤】

步骤 1：利用“新建”对话框，建立一个名为 ttt.prg 的程序文件，其代码如下：

```
SELECT 歌手信息.姓名, 歌手信息.歌手编号, avg(分数) as 平均分;
FROM 打分表 INNER JOIN 歌手信息 ;
ON 打分表.歌手编号 = 歌手信息.歌手编号;
GROUP BY 歌手信息.歌手编号 having 平均分>8.2;
ORDER BY 平均分 DESC;
INTO DBF result
```

步骤 2：保存并运行该程序。

三、综合应用题

1．单击常用工具栏中的“打开”按钮，打开考生文件夹下的数据库 mydatabase。右击学生表 temp，执行“修改”命令。在打开的表设计器中，单击“索引”选项卡，输入索引名“歌手编号”，类型设为“主索引”，索引表达式为“歌手编号”。单击“确定”按钮保存对表的修改。

2．【操作步骤】

步骤 1：在数据库 mydatabase 中，右击数据库空白处，执行“新建本地视图”命令，将 temp 表添加到新建的视图中。

步骤 2：在“字段”选项卡中，将所有字段添加到选定字段中。

步骤 3：在“筛选”选项卡中，设置条件“temp.年龄≥28”。

步骤 4：在“排序依据”选项卡中，设置按“年龄”升序排列。

步骤 5：保存视图并命名为 myview。

3．【操作步骤】

步骤 1：通过“新建”对话框新建一个“类”文件。

步骤 2：在弹出的“新建类”对话框中，输入“类名”staff，在“派生于”下拉列表中选择 CheckBox，单击“存储于”文本框后的按钮，在打开的“另存为”对话框中选择考生文件夹，输入文件名 myclasslib，单击“确定”按钮。

4.【操作步骤】

步骤1：执行菜单栏“文件”→“新建”命令或单击常用工具栏的“新建”按钮新建表单。

步骤2：在打开的表单设计器中，根据题目要求，通过表单控件工具栏添加4个标签、一个列表框、3个文本框。将4个标签控件的Caption属性分别修改为“选送单位”“最高分”“最低分”和“平均分”。适当调整各控件的大小和布局。

5．右击表单空白处，执行“数据环境”命令，将“歌手信息”“选送单位”和“打分表”三个表添加到数据环境中。然后选中列表框控件，将其RowSource属性设为“选送单位.单位名称”，RowSource Type属性设为6。

6．双击列表框控件，编写其DbClick事件代码如下：

```
danweimingcheng=thisform.List1.Value
SELECT 单位名称, max(分数) as 最高分,min(分数) as 最低分,avg(分数) as 平均分;
FROM  比赛情况!打分表 INNER JOIN 比赛情况!歌手信息;
INNER JOIN 比赛情况!选送单位 ;
ON  歌手信息.选送单位号 = 选送单位.单位号 ;
ON  打分表.歌手编号 = 歌手信息.歌手编号;
GROUP BY 选送单位.单位号 where 单位名称= danweimingcheng into dbf two
select 最高分 from two into array a
thisform.text1.value=a
select 最低分 from two into array b
thisform.text2.value=b
select 平均分 from two into array c
thisform.text3.value=c
```

7．保存表单为myform，并运行。在列表框中双击“空政文工团”，查看结果。

第41套　操作题参考答案

一、基本操作题

1．通过“新建”对话框新建一个快捷菜单，在菜单设计中输入菜单项“增加”和“删除”，结果均设置为“子菜单”。在两个菜单项之间插入一个菜单项，为新增的菜单项设置“菜单名称”为“\-”，使两个选项之间用分组线分开，保存菜单为onc。

2．通过“新建”对话框新建一个报表，在报表设计器中执行“报表”菜单中的“快速报表”命令，在“打开”对话框中选择“评委表”选项，弹出“快速报表”对话框，在其中单击“字段”按钮，然后在“字段选择器”对话框中将所有字段添加到“选定字段”框中，两次单击“确定”按钮回到“报表设计器”窗口。最后保存报表为app_report并预览报表，查看报表的设计结果。

3．通过“新建”对话框新建一个数据库，文件名为“大奖赛”，打开数据库设计器，右击数据库设计器的空白处，执行“添加表”命令，将考生文件夹下的表“歌手表”“评委表”和“评分表”添加到新建的数据库中。

4．通过“新建”对话框新建一个程序，输入代码。

```
ALTER TABLE 评委表 ALTER 评委编号 SET CHECK LEFT(评委编号,2)="11"
```

保存程序文件为 three 并运行。

二、简单应用题

1.【操作步骤】

步骤 1：通过“新建”对话框创建表单文件，将表单保存为 two.scx，并设置表单的 Name 属性为 two。

步骤 2：在“表单”菜单中执行“新建方法程序”命令，新建一个名为 quit 的方法，在“属性”窗口中双击新建的 quit 方法，在打开的窗口中输入代码 ThisForm.Release。

步骤 3：向表单中添加一个命令按钮(Command1)，在此命令按钮的 Click 事件中输入代码 ThisForm.quit。

2．在命令窗口输入下列 SQL 语句并执行。

```
SELECT 歌手表.歌手姓名, MAX(评分表.分数) AS 最高分,;
MIN(评分表.分数) AS 最低分, AVG(评分表.分数) AS 平均分;
FROM 歌手表,评分表 ;
WHERE 歌手表.歌手编号 = 评分表.歌手编号;
GROUP BY 歌手表.歌手姓名;
ORDER BY 4 DESC;
INTO TABLE result.dbf
```

三、综合应用题

步骤 1：通过“新建”对话框新建一个表单，文件名为 myform，并向其中添加一个选项组控件和两个命令按钮控件。

步骤 2：设置表单的 Name 属性为 myform，Caption 属性为“评委打分情况”；命令按钮 1 的 Caption 属性为“生成表”，命令按钮 2 的 Caption 属性为“退出”；选项按钮 1 的 Caption 属性为“按评分升序”，选项按钮 2 的 Caption 属性为“按评分降序”。

步骤 3：编写“生成表”命令按钮的 Click 事件代码如下：

```
DO CASE
  CASE ThisForm.Optiongroup1.VALUE=1
    SELECT * FROM result;
    ORDER BY Result.最高分, Result.最低分, Result.平均分;
    INTO TABLE six_a.dbf
  CASE ThisForm.Optiongroup1.VALUE=2
    SELECT * FROM result;
    ORDER BY Result.最高分 DESC, Result.最低分 DESC, Result.平均分 DESC;
    INTO TABLE six_d.dbf
ENDCASE
```

步骤 4：编写“退出”命令按钮的 Click 事件代码为 ThisForm.Release。

步骤 5：运行表单，选择“按评分升序”单选按钮，单击“生成表”命令按钮；再选择“按评分降序”单选按钮，单击“生成表”命令按钮；最后单击“退出”命令按钮。

第 42 套　操作题参考答案

一、基本操作题

1．打开考生文件夹下的 Ecommerce 数据库，在数据库设计器的空白处右击，执行“添加表”命令，将考生文件夹下的 OrderItem 表添加到数据库中。

2．在数据库设计器中，右击 OrderItem 表，执行“修改”命令，在表设计器对话框中单击“索引”选项卡，在“索引名”中输入 PK，在“类型”中选中“主索引”，在“表达式”中输入“会员号+商品号”，为 OrderItem 表建立主索引。

3．按照上面的步骤为 OrderItem 表建立普通索引。然后从 Customer 表的主索引处拖动鼠标至 OrderItem 表的普通索引处，以建立两表之间的永久联系。

4．首先执行“数据库”菜单下的“清理数据库”命令，然后选中并右击上面建立的两表之间的关系线，执行“编辑参照完整性”命令，在“编辑参照完整性生成器”对话框中，依次选中“更新规则”选项卡下的“级联”单选按钮、“删除规则”选项卡下的“限制”单选按钮、“插入规则”选项卡下的“限制”单选按钮，最后单击“确定”按钮。

二、简单应用题

1.【操作步骤】

步骤 1：单击常用工具栏中的“新建”按钮，新建一个查询文件，同时打开查询设计器。

步骤 2：将考生文件夹下的 OrderItem、Artical 和 Customer 三个表添加到查询设计器中，且 OrderItem 表一定要先添加，才能有效建立 3 个表之间的关联。

步骤 3：在“字段”选项卡中，将 Customer.会员号、Customer.姓名、Article.商品名、Orderitem.单价和 Orderitem.数量 5 个字段添加到“选定字段”列表框中，并且将表达式“Orderitem.单价*Orderitem.数量 AS 金额”添加到“选定字段”列表框中。

步骤 4：执行“查询”菜单下的“查询去向”命令，在“查询去向”对话框中选中“表”，在表名文本框中输入 ss。

步骤 5：保存查询文件名为 qq，并运行查询。

2.【操作步骤】

步骤 1：新建一个程序文件 cmd_ab.prg，在程序内编写下列命令语句：

```
SELECT Customer.会员号, Customer.姓名, Customer.年龄;
FROM customer;
WHERE Customer.年龄 <= 30;
ORDER BY Customer.年龄 DESC;
TO FILE cut_ab.txt
```

步骤 2：保存并运行该程序。

三、综合应用题

步骤 1：通过“新建”对话框新建一个表单，文件名为 myform，并向其中添加一个标签控件、一个文本框控件和两个命令按钮控件。

步骤 2：设置表单的 Name 属性为 myform，Caption 属性为“综合应用”；设置命令按钮

1 的 Caption 属性为“查询(\<R)”，命令按钮 2 的 Caption 属性为“退出”；标签的 Caption 属性为“日期”；文本框的 Value 属性为“=date()”。

步骤 3：在“查询”命令按钮的 Click 事件中输入如下代码：

```
SELECT Customer.会员号, Customer.姓名,;
(orderitem.数量 * article.单价) as 总金额;
FROM article,orderitem,customer ;
WHERE Orderitem.会员号 = Customer.会员号;
AND Article.商品号 = Orderitem.商品号;
AND Orderitem.日期 >= ThisForm.Text1.Value;
ORDER BY 3;
 INTO TABLE dbfa.dbf
```

步骤 4：在“关闭”命令按钮的 Click 事件中输入如下代码，即 ThisForm.Release。

步骤 5：保存并运行表单，在文本框中输入题目要求的日期后查询。

第 43 套　操作题参考答案

一、基本操作题

1．通过“新建”对话框新建一个数据库，文件名为 College，在打开的数据库设计器中右击空白处，执行“添加表”命令，依次将考生文件夹下的教师表、课程表和学院表 3 个表添加到数据库中。

2．在数据库设计器中右击“教师表”，执行“修改”命令，在打开的表设计器中选中“职工号”字段，在“字段有效性”框的“规则”中输入“Left(职工号,4)="1102"”。

3．打开考生文件夹下的程序文件 one.prg，将其中的错误语句“*i*=*i*+1”改为“*i*=*i*+2”。

4．通过“新建”对话框打开表单向导，在“字段选取”对话框中选中“课程表”，并将其中的所有字段添加到“选定字段”列表框中，其他步骤均取默认值，最后将表单以 two 为文件名进行保存。

二、简单应用题

1.【操作步骤】

步骤 1：打开考生文件夹下的程序文件 four.prg。

步骤 2：按照题目的要求修改程序文件中的错误。

错误 1：改为“SELECT 学院表.系名, avg(工资) as 平均工资, max(工资) as 最高工资;”。

错误 2：改为“FROM 教师表,学院表 WHERE 教师表.系号 = 学院表.系号;”。

错误 3：改为“GROUP BY 学院表.系名;”。

错误 4：改为“ORDER BY 3 DESC, 2 DESC;”。

错误 5：改为“INTO TABLE three.dbf”。

步骤 3：保存修改后的程序并运行。

2.【操作步骤】

步骤 1：单击常用工具栏中的“新建”按钮，新建一个查询文件，同时打开查询设计器。

步骤 2：将考生文件夹下的“课程表”和“教师表”添加到查询设计器中。

步骤3：在“字段”选项卡中，将“教师表.姓名”“课程表．课程名”和“课程表．学时”3个字段添加到“选定字段”列表框中。

步骤4：在“筛选”选项卡中，字段名列选择“课程表.学时”，条件列选择“>=”，实例框中输入60。

步骤5：在“排序依据”选项卡中，依次将“课程表.学时”和“教师表.姓名”添加到“排序条件”选项卡中，并设置前者为升序排序，后者为降序排序。

步骤6：执行“查询”菜单下的“查询去向”命令，在“查询去向”对话框中选中“表”，在表名文本框中输入five。

步骤7：保存查询文件名为course_q，并运行查询。

三、综合应用题

步骤1：通过“新建”对话框新建一个表单，然后设置表单的Name属性为oneform。

步骤2：右击表单空白处，执行“数据环境”命令，将考生文件夹下的“学院表”添加到表单的数据环境中。

步骤3：为表单添加一个页框控件和两个命令按钮控件，右击页框控件，执行“编辑”命令，然后分别在页框的两个页面中添加一个组合框控件和一个选项按钮组控件。

步骤4：设置命令按钮1的Caption属性为“生成”，命令按钮2的Caption属性为“退出”；页面1的Caption属性为“系名”，页面2的Caption属性为“计算方法”；选项按钮1的Caption属性为“平均工资”，选项按钮2的Caption属性为“总工资”,；组合框的RowSourceType属性为“6-字段”，RowSource属性为“学院表.系名”。

步骤5：编写“生成”按钮的Click事件代码如下：

```
x = ThisForm.Pageframe1.Page1.combo1.Value
if ThisForm.Pageframe1.Page(2)Optiongroup1.Value = 1
  SELECT 学院表.系名, 学院表.系号, avg(教师表.工资) as 平均工资;
  FROM 学院表,教师表;
  WHERE 学院表.系号 = 教师表.系号;
  AND 学院表.系名 = x;
  GROUP BY 学院表.系号;
  INTO TABLE salary.dbf
else
  SELECT 学院表.系名, 学院表.系号, sum(教师表.工资) as 总工资;
  FROM 学院表 ,教师表 ;
  WHERE 学院表.系号 = 教师表.系号;
  AND 学院表.系名 = x;
  GROUP BY 学院表.系号;
  INTO TABLE salary.dbf
Endif
```

步骤6：编写“退出”命令按钮的Click事件代码为ThisForm.Release。

步骤7：以oneform为文件名对表单进行保存，运行表单，在组合框中选择“通信”，在选项组中选择“总工资”，单击“生成”按钮，最后单击“退出”按钮。

第 44 套　操作题参考答案

一、基本操作题

1．单击工具栏中的“新建”按钮，选择“项目”选项，单击“新建文件”按钮；输入文件名“电影集锦”，保存在考生文件夹下；展开“数据”，选择“数据库”选项，单击“添加”按钮，双击选择“影片.dbc”。

2．在“项目管理器”中，选择“影片”数据库，单击“修改”按钮，打开“数据库设计器”；在“数据库设计器”中右击，选择“添加表”选项，在考生文件夹下分别选择表“电影”和“公司”，加入“数据库设计器”中。

3．在“电影”表上右击，选择“修改”选项；选择“索引”选项卡，在“索引名”列输入 PK，在“类型”列选择“主索引”，在“表达式”列输入“影片号”；在下行的“索引名”列输入“公司号”，在“表达式”列输入“公司号”，单击“确定”按钮，单击“是”按钮；在“公司”表上右击，选择“修改”选项。在打开的“表设计器”对话框中选择“索引”选项卡；在“索引名”列输入“公司号”，在“类型”列选择“主索引”，在“表达式”列输入“公司号”；单击“确定”按钮，单击“是”按钮。

4．在“数据库设计器”中的“公司”表中，选择索引“公司号”；拖动“公司”表中的索引“公司号”到“电影”表中的索引“公司号”上，建立联系；在“数据库设计器”中右击，执行“编辑参照完整性”命令，在弹出的对话框下方的“更新”列的下面选择“级联”选项，单击“确定”按钮；两次单击“是”按钮。

二、简单应用题

1.【操作步骤】

步骤 1：单击工具栏中的“新建”按钮，选择“查询”选项，单击“新建文件”按钮。

步骤 2：添加“电影”表、“公司”表。

步骤 3：在“查询设计器”中双击“可用字段”列表框中的影片名、导演和电影公司 3 个字段，使其添加到“选定字段”列表框中。

步骤 4：选择“筛选”选项卡，在字段名列选择“公司.创立日期”，在条件行选择“>=”，在实例列输入 1910，在逻辑列选择 And。

步骤 5：在下一行中，字段名列选择“公司.创立日期”，在条件行选择“<=1920”，在实例列输入 1920。

步骤 6：选择“排序依据”选项卡，添加“导演”按升序，添加“电影公司”按降序。

步骤 7：单击“查询设计器”工具栏中的“查询去向”按钮，选择“表”，输入 tableb，单击“确定”按钮。

步骤 8：在“文件”菜单中执行“另存为”命令，将查询保存为 query.qpr。

步骤 9：运行并关闭查询。

2.【操作步骤】

步骤 1：单击工具栏中的“新建”按钮，选择“类”，单击“新建文件”按钮。

步骤 2：在“新建类”对话框中的“类名”文本框中输入 MyCheckBox，从“派生于”

下拉列表中选择 CheckBox，在“存储于”文本框中输入 Myclasslib，单击“确定”按钮。

步骤 3：在“类设计器”的“属性”窗口中设置 Height 属性为 30，Width 属性为 60。

步骤 4：保存并关闭“类设计器”。

三、综合应用题

步骤 1：单击工具栏中的“新建”按钮，选择“表单”，单击“新建文件”按钮。

步骤 2：在窗体上添加一个标签、一个文本框、两个按钮、一个表格控件。

步骤 3：按表 4-44-1 修改各控件属性。

表 4-44-1　各控件属性

控件	表单		标签		文本框
属性	Caption	Name	Caption	Name	Name
值	影片查询	formone	输入类别	labelone	Textone
控件	按钮 1		按钮 2		表格
属性	Caption	Name	Caption	Name	Name
值	查询	Commanda	退出	Commandb	gridone

步骤 4：双击 Commanda 控件，打开 Click 事件窗口，在窗口中输入以下语句：

```
SELECT 电影.影片名, 电影.导演, 电影.发行年份;
FROM  影片!公司 INNER JOIN 影片!电影;
ON  公司.公司号 = 电影.公司号;
WHERE 电影.影片分类 =thisform.textone.text;
ORDER BY 电影.发行年份 DESC;
INTO TABLE tabletwo.dbf
Thisform.gridone.RecordSource='tabletwo'
```

步骤 5：双击 Commandb 控件，打开 Click 事件窗口，在窗口中输入以下语句：

```
Thisform.release
```

步骤 6：保存表单为 mform.scx。

步骤 7：运行表单，在文本框中输入“喜剧”，然后单击“查询”按钮。

步骤 8：单击“退出”按钮。

第 45 套　操作题参考答案

一、基本操作题

1.【操作步骤】

步骤 1：单击常用工具栏中的“新建”按钮或执行菜单栏“文件”→“新建”命令，新建一个数据库，在弹出的对话框中输入文件名“点歌”，单击“保存”按钮。

步骤 2：在打开的数据库设计器中，右击数据库空白处，执行“添加表”命令，将考生文件夹下的所有自由表添加到数据库中。

2.【操作步骤】

步骤 1：单击常用工具栏中的“新建”按钮或执行菜单栏“文件”→“新建”命令，新建一个项目，在弹出的对话框中输入文件名“点歌系统”。

步骤 2：在“数据”选项卡中单击“添加”按钮，将“点歌”数据库添加进项目中。

3.【操作步骤】

步骤 1：在“数据库设计器-点歌系统”中，右击“歌曲”表，执行“修改”命令。

步骤 2：在打开的表设计器中，单击“索引”选项卡，输入索引名称 PK，类型设为“主索引”，表达式为“歌曲 id”，设置为升序。

再输入一个索引，名称和表达式均为“演唱者”，类型设为“普通索引”，设置为升序，单击“确定”按钮保存对表的修改。

4.【操作步骤】

步骤 1：在“数据库设计器-点歌系统”中，右击“歌手”表，执行“修改”命令，在打开的表设计器中，单击“索引”选项卡，输入索引名称“歌手 id”，类型设为“主索引”，表达式为“歌手 id”，单击“确定”按钮。

步骤 2：在数据库设计器窗口下将“歌手”表中的“歌手 id”拖拽到“歌曲”表中的“演唱者”处，即可建立两表间的联系。

步骤 3：执行“数据库”→“清理数据库”菜单命令，首先清理数据库。

在已建立的关系线上右击，在弹出的快捷菜单中单击“编辑参照完整性”按钮，在“编辑参照完整性生成器”对话框中，选中“更新规则”选项卡下的“级联”单选按钮，其他默认。单击“确定”按钮，保存改变，生成参照完整性代码并退出。

二、简单应用题

1.【操作步骤】

步骤 1：单击常用工具栏中的“新建”按钮或执行菜单栏“文件”→“新建”命令，新建一个查询文件，将“歌曲”表和“歌手”表添加到查询设计器中。

步骤 2：在查询设计器的“字段”选项卡下，将字段“演唱者”“语言”和“点歌码”添加到选定字段中。

步骤 3：在“筛选”选项卡下，选择字段名为“语言”，条件为“=”，实例输入“粤语”。

步骤 4：在“排序依据”选项卡下，将“点歌码”和“演唱者”字段添加到“排序条件”中，设置先按点歌码降序排序，再按演唱者升序排序。

步骤 5：执行菜单栏“查询”→“查询去向”命令，设置查询去向为“表”，输入文件名 ta。然后保存查询为 qa 并运行。

2.【操作步骤】

步骤 1：单击常用工具栏中的“新建”按钮或执行菜单栏“文件”→“新建”命令，新建一个报表，利用向导创建报表。在“向导选取”对话框中，选择“一对多报表向导”选项并单击“确定”按钮。

步骤 2：在“一对多报表向导”对话框中，“步骤 1-从父表选择字段”中，在“数据库和表”列表框中，选择“歌手”表，接着在“可用字段”列表框中显示歌手表的所有字段名，将“姓名”和“地区”添加至“选定字段”列表框中，单击“下一步”按钮。

步骤 3：在“步骤 2-从子表选择字段”中，在“数据库和表”列表框中，选择“歌曲”表，接着在“可用字段”列表框中显示歌曲表的所有字段名，添加“歌曲名称”和“点歌码”至“选定字段”列表框中，单击“下一步”按钮。

步骤4：在“步骤3-为表建立关系”中，单击“下一步”按钮。

步骤5：在“步骤4-排序记录”中，选择“姓名”以及选择“升序”单选按钮，再单击“添加”按钮，单击“下一步”按钮。

步骤6：在“步骤5-选择报表样式”中，在默认状态下单击“下一步”按钮。

步骤7：在“步骤6-完成”中，输入报表标题“歌手报表”，单击“完成”按钮。

步骤8：在“另存为”对话框中，输入报表名“歌手报表”，再单击“保存”按钮。

三、综合应用题

步骤1：新建一个表单，通过表单控件工具栏向表单添加各控件，并将“歌手”表和“歌曲”表添加到数据环境设计器中。

步骤2：通过“属性”窗口设置表单及各控件的属性。

设置表单的Caption属性为“歌曲查询”，Name属性为formone。

设置标签的Name属性为Labelone，Caption属性为“输入歌手姓名”。

设置文本框的Name 属性为Textone。

设置命令按钮的Name属性分别为Commanda和Commandb，Caption属性分别为“查询”和“退出”。

设置表格控件的Name 属性为Gridone，RecordSource属性为“SELECT 歌曲名称,语言,点歌码 FROM 歌曲”，RecordSourceType属性为“4-SQL说明”。

步骤3：编写“查询”命令按钮的Click事件代码。

```
Thisform.Gridone.RecordSource="SELECT 歌曲名称,语言,点歌码 FROM 歌曲,歌手;
WHERE 歌曲.演唱者=歌手.歌手id ;
AND 姓名=ALLTRIM(Thisform.Textone.Value) INTO table tb ;
order by 点歌码 "
```

步骤4：编写“退出”命令按钮的Click事件代码为ThisForm.Release。

步骤5：名为mform，按题目要求运行表单并执行相关操作。

第46套　操作题参考答案

一、基本操作题

1．单击工具栏中的“新建”按钮；在“新建”对话框中，选择“数据库”单选按钮，再单击“新建文件”按钮，弹出“创建”对话框；在“创建”对话框中输入数据库名orders_manage，再按回车键或单击“保存”按钮，这样就可以建立数据库了，并出现“数据库设计器-orders_manage”对话框。

2．单击工具栏中的“打开”按钮，选择“文件类型”为数据库，打开orders_manage；在“数据库设计器-orders_manage”中右击，显示快捷菜单，执行“添加表”命令，并选择相应的表文件即可(employee和orders)。

3．【操作步骤】

步骤1：单击工具栏中的“打开”按钮，选择“文件类型”为数据库，打开orders_manage。

步骤2：在“数据库设计器-orders_manage”中，选择表employee并右击，执行“修改”

命令，在“表设计器-employee.dbf”中，单击“索引”选项卡，然后输入索引名“职工号”，选择类型为“主索引”，表达式为“职工号”，最后单击“确定”按钮，再单击“是”按钮，索引就建立了。

步骤 3：在“数据库设计器-orders_manage”中，选择表 orders 并右击，执行“修改”命令，在“表设计器-orders.dbf”中，单击“索引”选项卡，然后输入索引名“职工号”，选择类型为“普通的索引”，表达式为“职工号”，最后单击“确定”按钮，再单击“是”按钮，索引就建立了。

步骤 4：在“数据库设计器-orders_manage”中，选择 employee 表中主索引键“职工号”并按住不放，然后移动鼠标拖到 orders 表中的索引键为“职工号”处，释放鼠标即可。

4.【操作步骤】

步骤 1：在已建立永久性联系后，双击关系线，并显示“编辑关系”对话框。

步骤 2：在“编辑关系”对话框中，单击“参照完整性”按钮，并显示“参照完整性生成器”对话框。

步骤 3：在“参照完整性生成器”对话框中，单击“更新规则”选项卡，并选择“级联”单选按钮，单击“删除规则”选项卡，并选择“级联”单选按钮，单击“插入规则”选项卡，并选择“限制”单选按钮，接着单击“确定”按钮，并显示“是否保存改变，生成参照完整性代码并退出？”，最后单击“是”按钮，这样就生成了指定参照完整性。

注意：可能会出现要求整理数据库，那么请按要求整理后重新进行操作。

二、简单应用题

1. 在命令窗口输入并执行以下语句：

```
SELECT *;
FROM orders;
ORDER BY 金额;
WHERE 职工号+str(金额,10,0) IN;
(SELECT 职工号+str(MAX(orders.金额),10,0);
FROM orders;
GROUP BY 职工号);
INTO TABLE results
```

2.【操作步骤】

步骤 1：打开数据库 orders_manager，在命令窗口输入以下语句：

```
CREATE view view_b as SELECT* FROM employee WHERE 职工号 NOT IN (SELECT 职工号 FROM orders) ORDER BY 仓库号 DESC
```

步骤 2：将语句复制到文件 view_b.txt 中并保存。

三、综合应用题

步骤 1：单击常用工具栏中的“新建”按钮，文件类型选择“表单”，打开表单设计器。单击工具栏上的“保存”按钮，在弹出的“保存”对话框中输入 myform_b 即可。

步骤 2：在“表单设计器”中，在“属性”的 Caption 处输入“订单管理”，在 Name 处输入 myform_b。

步骤 3：在“表单设计器”中右击，在弹出的菜单中执行“数据环境”命令，“数据环境设计器-myform_b.scx”中，在“打开”对话框中，选择 employee.dbf 表，接着在“添加表或视图”对话框中，双击表 orders，再单击“关闭”按钮，关闭“添加表或视图”对话框。

步骤 4：在“表单设计器”中，添加一个页框 Pageframe1，在其“属性”的 PageCount 处输入 3。选中 Page1，在其“属性”的 Caption 处输入“职工”，选中 Page2，在其“属性”的 Caption 处输入“订单”，选中 Page3，在其“属性”的 Caption 处输入“职工订单金额”。

步骤 5：在“表单设计器”中，添加一个命令按钮，在其“属性”的 Caption 处输入“退出”，双击 Command1 命令按钮，在 Command1.Click 编辑窗口中输入 Thisform.Release，接着关闭编辑窗口。

步骤 6：选中“职工”页，打开“数据环境”，按住 employee 不放，拖至“职工”页左上角处释放鼠标；选中“订单”页，打开“数据环境”，按住 orders 不放，拖至“订单”页左上角处释放鼠标；选中“职工订单金额”，添加一个表格控件 Grid1，在 Grid1“属性”的 RecordSourceType 处选择“4-SQL 说明”，在 RecordSource 处输入“SELECT employee.职工号,姓名,sum(金额) as 总金额 FROM employee,orders WHERE employee.职工号=orders.职工号 GROUP BY orders.职工号 INTO cursor temp”。

第 47 套　操作题参考答案

一、基本操作题

1．单击常用工具栏中的“打开”按钮，打开数据库 stock。在命令窗口中输入 REMOVE TABLE stock_fk。如果显示提示信息框，那么单击“是”按钮。

2．在“数据库设计器-stock”中右击，显示快捷菜单，执行“添加表”命令，并选择相应的表文件即可(stock_name)。

3．在“数据库设计器-stock”中，选择表 stock_sl 并右击，执行“修改”命令，在屏幕上显示“表设计器-stock_sl.dbf”窗口，单击“索引”选项卡，然后输入索引名“股票代码”，选择类型为“主索引”，表达式为“股票代码”，最后单击“确定”按钮，再单击“是”按钮就可以建立主索引了。

4．【操作步骤】

步骤 1：在“数据库设计器-stock”中，选择表 stock_name 并右击，执行“修改”命令。

步骤 2：在“表设计器-stock_name.dbf”中，选择“股票代码”字段，在“字段有效性”组的“规则”中输入“LEFT(股票代码,1)="6"”，在“信息”中输入“股票代码的第一位必须是 6”，最后单击“确定”按钮即可。

二、简单应用题

1．在命令窗口输入以下程序语句，并按回车键执行。

```
SELECT stock_name.股票简称,stock_sl.现价,stock_sl.买入价,stock_sl.持有数量;
FROM stock_name,stock_sl;
WHERE stock_sl.股票代码=stock_name.股票代码 And stock_sl.现价>stock_sl.买入价;
```

```
ORDER BY stock_sl.持有数量 DESC;
INTO TABLE stock_temp
```

2.【操作步骤】

步骤 1：单击常用工具栏中的“新建”按钮，文件类型选择“报表”，利用向导创建报表。

步骤 2：在“向导选取”对话框中，选择“一对多报表向导”并单击“确定”按钮，显示“一对多报表向导”对话框。

步骤 3：在“一对多报表向导”对话框的“步骤 1-从父表选择字段”中，首先要选取表 stock_name，在“可用字段”列表框中显示表 stock_name 的所有字段名，并选定“股票简称”添加到“选定字段”列表框中，单击“下一步”按钮。

步骤 4：在“一对多报表向导”对话框的“步骤 2-从子表选择字段”中，选取表 stock_sl，在“可用字段”列表框中显示表 stock_sl 的所有字段名，并选定所有的字段添加到“选定字段”列表框中，单击“下一步”按钮。

步骤 5：在“一对多报表向导”对话框的“步骤 3-为表建立关系”中，单击“下一步”按钮。

步骤 6：在“一对多报表向导”对话框的“步骤 4-排序记录”中，选定“股票代码”字段并选择“升序”，再单击“添加”按钮，单击“完成”按钮。

步骤 7：在“一对多报表向导”对话框的“步骤 6-完成”中，在“报表标题”文本框中输入“股票持有情况”，单击“完成”按钮。

步骤 8：在“另存为”对话框中，输入保存报表名 stock_report，再单击“保存”按钮，最后报表就生成了。根据题意将标题区显示的当前日期移到页注脚区显示，保存即可。

三、综合应用题

步骤 1：单击常用工具栏中的“新建”按钮，文件类型选择“表单”，打开表单设计器。单击常用工具栏中的“保存”按钮，在弹出的“保存”对话框中输入 mystock 即可。

步骤 2：在“表单设计器”的“属性”窗口中，设置 Caption 属性为“股票持有情况”，Name 为 mystock。

步骤 3：在“表单设计器-mystock.scx”中，添加两个文本框(Text1 和 Text2)。在“表单设计器-mystock.scx”中，添加三个命令按钮，单击第 1 个命令按钮在“属性”的 Caption 处输入“查询”，单击第 2 个命令按钮在“属性”的 Caption 处输入“清空”，单击第 3 个命令按钮在“属性”的 Caption 处输入“退出”。

步骤 4：双击编写“查询”命令按钮代码如下：

```
pinyin=alltrim(thisform.text1.value)
open database stock
use stock_name
locate for 汉语拼音=pinyin
if found()
   SELECT 持有数量,股票简称;
   FROM stock_sl,stock_name ;
   WHERE  汉语拼音=pinyin and stock_sl.股票代码=stock_name.股票代码;
   INTO array a
   thisform.text1.value=a[2]
```

```
    thisform.text(2)value=a[1]
  else
    wait "没有查询到,请重输" window timeout 2
  endif
```

步骤5：双击编写“清空”命令按钮代码如下：

```
thisform.text1.value=""
thisform.text2.value=""
```

步骤6：双击编写“退出”命令按钮的代码为 Thisform. Release。

步骤7：运行表单，并按题目要求进行查询。

第48套　操作题参考答案

一、基本操作题

1.【操作步骤】

步骤1：单击常用工具栏中的“打开”按钮，在弹出的“打开”对话框中选择“文件类型”为“表单”，打开考生文件夹下的 formone.scx 表单文件。

步骤2：在“属性”窗口中，修改其 Caption 属性为“简单操作”，再设置其 MaxButton 属性为.F.。

2.【操作步骤】

步骤1：单击菜单栏中的“表单”按钮，在弹出的下拉列表中执行“新建属性”命令，在打开的“新建属性”对话框的“名称”文本框中输入 np，单击“添加”按钮将其添加到“属性”窗口，再单击“关闭”按钮。

步骤2：在“属性”窗口中找到属性 np，并将其设置为“=date()”。

3.【操作步骤】

步骤1：单击菜单栏中的“表单”按钮，在弹出的下拉列表中执行“新建方法程序”命令，在“新建方法程序”对话框的“名称”文本框中输入 nm，单击“添加”按钮，再单击“关闭”按钮。

步骤2：在表单的“属性”窗口中双击新建的 nm 方法，设置其代码如下：

```
thisform.np=thisform.np+1
wait dtoc(thisform.np) window
```

步骤3：单击右上角的关闭按钮，关闭代码窗口。

4.【操作步骤】

步骤1：在“表单控件”中单击“查看类”按钮，执行“添加”命令，在打开的“打开”对话框中选择 classlibone.vcx，单击“打开”按钮。

步骤2：在“表单控件”中单击 mybutton 按钮，然后在表单窗口中绘制按钮，并在其属性窗口中设置 Name 属性为 mcb。

步骤3：双击 mybutton 按钮，在其 Click 事件中输入 thisform.nm，关闭命令窗口。

步骤4：单击菜单栏中的“表单”按钮，在弹出的下拉列表中执行“执行表单”命令。在表单运行界面单击“显示日期”按钮，即可调用表单的 nm 方法。

二、简单应用题

1.【操作步骤】

步骤 1：单击常用工具栏中的“打开”按钮，在“打开”对话框中选择 pone.prg 文件，单击“确定”按钮。

步骤 2：在(1)处输入“主题帖编号”；在(2)处输入“编号”；在(3)处输入“topic.编号”；在(4)处输入“reply.主题帖编号”。

步骤 3：单击常用工具栏中的“保存”按钮，再单击“运行”按钮运行该程序。

2．利用“新建”对话框，新建一个名为 ptwo 的程序文件，输入并执行如下代码：

```
SELECT Reply.编号, Reply.用户名, Reply.回复时间, Reply.主题帖编号;
FROM reply;
WHERE Reply.用户名 = "chengguowe";
ORDER BY Reply.主题帖编号, Reply.回复时间;
INTO TABLE tableone.dbf
```

三、综合应用题

步骤 1：单击常用工具栏中的“新建”按钮，在打开的“新建”对话框中选择“菜单”单选按钮，然后单击“新建文件”按钮，选择“菜单”。

步骤 2：单击菜单栏中的“显示”按钮，在弹出的下拉列表中执行“常规选项”命令，在弹出的“常规选项”对话框中，选择“位置”选项组中的“追加”单选按钮，单击“确定”按钮。

步骤 3：按题目的要求新建一个“考试”菜单，设置该菜单的“结果”为子菜单，再单击“创建”按钮建立两个菜单项“统计”和“返回”，结果均设置为“过程”。

步骤 4：选中“统计”行，单击后面的“创建”按钮，在弹出的窗口中输入如下代码，为“统计”菜单编写代码。

```
SELECT Reply.用户名, COUNT(Reply.主题帖编号) as 主题帖数,
Topic.回复数 AS 回复帖数;
FROM  reply INNER JOIN topic ON Reply.编号 = Topic.编号;
GROUP BY Reply.用户名;
ORDER BY Reply.用户名;
INTO TABLE tabletwo.dbf
```

步骤 5：为“返回”菜单编写代码 Set sysmenu to default，方法与步骤 3 相同。

步骤 6：保存菜单并生成可执行文件。

步骤 7：在命令窗口中输入 DO mymenu.mpr 运行程序，分别执行“统计”和“返回”菜单命令。

第 49 套　操作题参考答案

一、基本操作题

1.【操作步骤】

步骤 1：单击常用工具栏中的“新建”按钮，在弹出的“新建”对话框中选择“文件类

型”中的“数据库”单选按钮，单击“新建文件”按钮。在打开的“创建”对话框中输入数据库名“机票”，单击“保存”按钮。

步骤 2：在数据库设计器中右击，在弹出的快捷菜单中执行“添加表”命令，在“打开”对话框中依次选择要添加的数据表，单击“确定”按钮。

2.【操作步骤】

步骤 1：在“机票”数据库设计器中的“机票打折”表上右击，在弹出的快捷菜单中执行“修改”命令。

步骤 2：然后在弹出的表设计器的“字段”选项卡中，选中“折扣”字段，在“规则”文本框中输入“折扣=>1.AND.折扣<=10”，单击“确定”按钮，再在弹出的“表设计器”对话框中，单击“是”按钮。

3.【操作步骤】

步骤 1：在“机票”数据库设计器中的“机票价格”表上右击，在弹出的快捷菜单中执行“修改”命令，将“序号”字段的索引设置为“升序”。切换到“索引”选项卡，将“类型”中的“普通索引”改为“主索引”，单击“确定”按钮。再在弹出的“表设计器”对话框中，单击“是”按钮。

步骤 2：在“机票打折”表上右击，在弹出的快捷菜单中执行“修改”命令，将“序号”字段的索引设置为“升序”，在“索引”选项卡中确认“类型”为“普通索引”。再在弹出的“表设计器”对话框中，单击“是”按钮。

步骤 3：在数据库设计器中，选中“机票价格”表中的主索引“序号”，按住鼠标左键，并拖动鼠标到“机票打折”表的索引“序号”上，释放鼠标即可建立两表间的联系。

步骤 4：执行“数据库”→“清理数据库”菜单命令，首先清理数据库；在已建立的关系线上右击，在弹出的快捷菜单中单击“编辑参照完整性”按钮，在“编辑参照完整性生成器”对话框中，选中“更新规则”选项卡下的“级联”单选按钮，其他默认。单击“确定”按钮，保存改变，生成参照完整性代码并退出。

4.【操作步骤】

步骤 1：单击常用工具栏中的“新建”按钮，在弹出的“新建”对话框中选择“项目”单选按钮，再单击“新建文件”按钮。在打开的“创建”对话框中输入文件名“机票系统”，单击“保存”按钮。

步骤 2：在弹出的“项目管理器”对话框中，选择“数据”选项卡下的“数据库”选项，单击“添加”按钮。在“打开”对话框中将刚刚建立的“机票”数据库添加到项目中。

二、简单应用题

1.【操作步骤】

步骤 1：执行“文件”→“新建”命令，在弹出的“新建”对话框中，选择“类”单选按钮，单击“新建文件”按钮，弹出“新建类”对话框。

步骤 2：在“类名”文本框中输入 MyListBox，在“派生于”下拉列表中选择 ListBox，在“存储于”文本框中输入文件名 Myclasslib，单击“确定”按钮。

步骤 3：经上述操作，打开“类设计器”窗口，进入类设计器环境。在“属性”窗口中，设置 Height 属性的默认值为 130，Width 属性的默认值为 150。

2.【操作步骤】

步骤 1：单击工具栏中的“新建”按钮，在弹出的“新建”对话框中选择“文件类型”中的“查询”选项，单击“新建文件”按钮。在弹出的“打开”对话框中选择“售票处”表，单击“确定”按钮，在“添加表或视图”对话框中，单击“关闭”按钮。

步骤 2：在查询设计器的“字段”选项卡中选择“售票处.名称”“售票处.地址”和“售票处.电话”字段，单击“添加”按钮；切换到“筛选”选项卡，“字段名”选择“售票处.所属区”，“条件”选择“=”，在“实例”中输入“海淀区”。

步骤 3：切换到“排序依据”选项卡，选择字段“售票处.名称”，在“排序选项”处选择“降序”，单击“添加”按钮。

步骤 4：执行“查询”菜单下的“查询去向”命令，在“查询去向”对话框中选择“表”，输入表名 tjp，单击“确定”按钮。

步骤 5：单击工具栏中的“保存”按钮，在“另存为”对话框中将查询保存为 qa.qpr。单击工具栏中的“运行”按钮运行查询。

三、综合应用题

步骤 1：单击工具栏中的“新建”按钮，选择“文件类型”中的“表单”，单击“新建文件”按钮。在表单上添加一个标签、一个文本框、两个命令按钮、一个表格控件。

步骤 2：在“表单设计器”中右击，在弹出的快捷菜单中选择“数据环境”选项，将“机票打折”表和“机票价格”表添加到数据环境设计器中。

步骤 3：通过“属性”窗口设置表单及各控件的属性，如表 4-49-1 所示。

表 4-49-1　表单及各控件的属性

控件	表单		标签	
属性	Caption	Name	Caption	Name
值	机票折扣查询	formone	输入折扣	Labelone
控件	命令按钮 1		命令按钮 2	
属性	Caption	Name	Caption	Name
值	查询	Commanda	退出	Commandb
控件	文本框	表格控件		
属性	Name	Name	RecordSourcetype	ColumnCount
值	Text1	Gridone	4-SQL 说明	4

步骤 4：选中表格控件并右击，在弹出的快捷菜单中执行“编辑”命令。选中列标题，在“属性”窗口中，通过 Caption 属性将表格控件的列标题分别修改为航班、价格、折扣、当前价格。

步骤 5：双击“查询”按钮，在 Click 事件中输入以下查询语句：

```
THISFORM.Gridone.RecordSource="SELECT 航线,价格,折扣,价格*机票打折.折扣/10
AS 当前价格;
FROM  机票价格,机票打折;
WHERE  机票价格.序号=机票打折.序号 AND 折扣<=val(thisform.text1.value) ;
ORDER BY 折扣,价格 INTO TABLE t"
```

步骤 6：双击“退出”按钮，打开 Click 事件窗口，在窗口中输入 Thisform.release。

步骤 7：保存表单为 myform.scx。

步骤 8：运行表单，在文本框中输入 5，然后单击“查询”按钮，再单击“退出”按钮将关闭表单。

第 50 套　操作题参考答案

一、基本操作题

1.【操作步骤】

步骤 1：单击常用工具栏中的“新建”按钮，在弹出的“新建”对话框中，选择“文件类型”中的“项目”按钮，单击“新建文件”按钮。在打开的“创建”对话框中输入文件名“影院管理”，单击“保存”按钮。

步骤 2：在项目管理器中，切换到“数据”选项卡，选择“数据库”选项，单击“添加”按钮，在弹出的“打开”对话框中选择数据库 TheatDB，单击“确定”按钮将其加入项目管理器。

2.【操作步骤】

步骤 1：在项目管理器的“数据”选项卡中，选择 TheatDB 数据库，单击“修改”按钮，打开数据库设计器。

步骤 2：选中“售票统计”表并右击，在弹出的快捷菜单中执行“修改”命令，打开表设计器。

步骤 3：切换到“索引”选项卡，为表建立索引，索引名为 idx，类型为“主索引”，表达式为“DTOC(日期)+放映厅”，单击“确定”按钮，确定更改表结构。

3.【操作步骤】

步骤 1：在数据库设计器中，选择“售票统计”表并右击，在弹出的快捷菜单中执行“修改”命令。

步骤 2：在打开的表设计器中，选择“座位总数”字段，在“字段有效性”的“规则”框中输入“座位总数>=售出票数”；在“信息”中输入“售出票数超过范围”，最后单击“确定”按钮，确定更改表结构即可。

4.【操作步骤】

步骤 1：单击常用工具栏中的“打开”按钮，在“打开”对话框中选择报表 myReport，单击“确定”按钮将其打开。

步骤 2：在报表设计器中，单击“报表控件”工具栏中的标签按钮，在组脚注带区单击插入标签，并输入“总售出票数”。

步骤 3：在“报表控件”工具栏中单击域控件按钮，在组脚注带区单击，在打开的“报表表达式”对话框中单击“表达式”文本框右侧的按钮，在打开的“表达式生成器”对话框的“字段”列表中双击“售票统计.售出票数”，然后单击“确定”按钮返回“报表表达式”对话框。

步骤 4：单击“计算”按钮，在“计算字段”对话框中选择“计算”组中的“总和”选项，再单击“确定”按钮。返回到“报表表达式”对话框，单击“确定”按钮。

二、简单应用题

1.【操作步骤】

步骤 1：打开 TheatDB 数据库，在数据库设计器中右击，执行“新建本地视图”命令，在弹出的“新建本地视图”中单击“新建视图”按钮，然后为该视图添加“电影”表和“观看”表。

步骤 2：在“字段”选项卡的“可用字段”列表框中双击“电影.电影编号”“电影.电影名”和“电影.类型”三个字段，使其添加到“选定字段”列表框中。在“函数和表达式”文本框中输入“count(观看.影评) AS 评价数”，并将其添加到“选定字段”中。

步骤 3：切换到“筛选”选项卡，在“字段名”列选择“观看.观看日期”，在“条件”列选择“>”，在“实例”列输入“{^2013-07-01}”；在“逻辑”下拉列表中选择 AND，然后在下一行“字段名”列选择“观看.影评”，在“条件”列选择“=”，在“实例”列输入“好”。

步骤 4：切换到“排序依据”选项卡，双击“count(观看.影评)”字段，排序选项为“降序”；再双击“电影.电影名”字段，排序选项为“升序”。

步骤 5：切换到“分组依据”选项卡，双击“可用字段”中的“电影.电影编号”添加到“分组字段”中。

步骤 6：切换到“杂项”选项卡，取消“全部”复选框的勾选，在“记录个数”微调框中输入 10。

步骤 7：单击工具栏中的“保存”按钮，在弹出的“保存”对话框中将视图名称保存为“好评”。

步骤 8：单击工具栏中的“新建”按钮，在“文件类型”中选择“查询”选项，单击“新建文件”按钮。在“添加表或视图”对话框中，选择“视图”单选按钮，单击“添加”按钮，然后关闭该对话框。

步骤 9：在查询设计器的“字段”选项卡中，将“可用字段”列表中的字段全部添加到“选定字段”。

步骤 10：执行“查询”菜单中的“查询去向”命令，在“查询去向”对话框中单击“表”按钮，在“表名”后输入表名 estimate，单击“确定”按钮。单击工具栏中的“运行”按钮，运行查询。

2.【操作步骤】

步骤 1：单击常用工具栏中的“新建”按钮，在“新建”对话框中选择“菜单”选项，单击“新建文件”按钮；在打开的“新建菜单”对话框中单击“快捷菜单”按钮。

步骤 2：在快捷菜单设计器中，设置“菜单名称”分别为“宋体”“黑体”和“楷体”，“结果”均为“过程”。

步骤 3：分别单击三个菜单项后面的“创建”按钮，编写对应的过程代码。

“宋体”菜单项中的代码：myform.Text1.FontName="宋体"。

“黑体”菜单项中的代码：myform.Text1.FontName="黑体"。

“楷体”菜单项中的代码：myform.Text1.FontName="楷体"。

步骤 4：执行“显示”菜单中的“常规选项”命令，弹出“常规选项”对话框，在“菜单代码”组中勾选“设置”复选框，在“过程”列表框中输入 PARAMETERS mfRef。最后单击“确定”按钮。

步骤5：单击工具栏中的“保存”按钮，将菜单以MyMenu为文件名进行保存。执行“菜单”菜单中的“生成”命令，生成可执行菜单。

步骤6：打开考生文件夹下的表单MyForm，在表单设计器中双击文本框控件，在“过程”下拉列表框中选择RightClick过程，输入命令DO mymenu.mpr。

步骤7：保存表单并运行，在文本框处右击，依次执行三个菜单项中的命令。

三、综合应用题

步骤1：单击工具栏中的“新建”按钮，选择“表单”选项，单击“新建文件”按钮。

步骤2：在窗体上添加一个标签、一个组合框、两个按钮、一个表格控件。

步骤3：通过属性窗口设置表单及各控件的属性如表4-50-1所示。

表4-50-1　表单及和各控制的属性

控件	表单		标签	
属性	Caption	Name	Caption	Name
值	formFilm	formFilm	电影类型	
控件	Command1		Command2	
属性	Caption	Name	Caption	Name
值	查询		退出	
控件	下拉列表框		表格控件	
属性	RowSource	RowSourceType	RecordSourcetype	
值	Select distinct 类型 from 电影 into cursor myList	3-SQL 语句	4-SQL 说明	

步骤4：双击编写“查询”按钮的Click事件代码如下：

```
thisform.grid1.recordsource=;
"SELECT 电影.电影名, 观看.观众名, 观看.观看日期, 观看.影评 FROM  theatdb!电影
INNER JOIN theatdb!观看 ON  电影.电影编号 = 观看.电影编号;
where 电影.类型=thisform.combo1.value;
ORDER BY 观看.观看日期 DESC, 观看.观众名;
INTO TABLE watch.dbf"
```

步骤5：双击编写“退出”按钮的Click事件代码为Thisform.release。

步骤6：保存表单为formFilm.scx。然后运行表单，在下拉列表框中选择“武侠”选项，然后单击“查询”按钮，最后单击“退出”按钮。

第五篇　附　　录

附录 A　最新全国二级公共基础知识考试大纲解读(2013 年版)

一、基本要求

1．掌握算法的基本概念。
2．掌握基本数据结构及其操作。
3．掌握基本排序和查找算法。
4．掌握逐步求精的结构化程序设计方法。
5．掌握软件工程的基本方法，具有初步应用相关技术进行软件开发的能力。
6．掌握数据库的基本知识，了解关系数据库的设计。

二、考试内容

1．基本数据结构与算法，如表 5-A-1 所示。

表 5-A-1　基本数据结构与算法

大纲要求	解读
(1)算法的基本概念；算法复杂度的概念和意义(时间复杂度与空间复杂度)	其中(1)、(4)、(6)是常考内容，需要熟练掌握，多出现在选择题第 5～8 题，约占总分的 4%。其余考查内容在最近几次考试中所占比重小
(2)数据结构的定义；数据的逻辑结构与存储结构；数据结构的图形表示；线性结构与非线性结构的概念	
(3)线性表的定义；线性表的顺序存储结构及其插入与删除运算	
(4)栈和队列的定义；栈和队列的顺序存储结构及其基本运算	
(5)线性单链表、双向链表与循环链表的结构及其基本运算	
(6)树的基本概念；二叉树的定义及其存储结构；二叉树的前序、中序和后序遍历	
(7)顺序查找与二分法查找算法；基本排序算法(交换类排序、选择类排序、插入类排序)	

2．程序设计基础，如表 5-A-2 所示。

表 5-A-2　程序设计基础

大纲要求	解读
(1)程序设计方法与风格	其中(2)和(3)是本部分考查的重点，多出现在选择题第 1～2 题。约占总分的 1%
(2)结构化程序设计	
(3)面向对象的程序设计方法，对象，方法，属性及继承与多态性	

3．软件工程基础，如表 5-A-3 所示。

表 5-A-3　软件工程基础

大纲要求	解读
(1)软件工程基本概念，软件生命周期概念，软件工具与软件开发环境	其中(3)、(4)和(5)是本部分考查的重点。多出现在选择题第 2～4 题。约占总分的 2%
(2)结构化分析方法，数据流图，数据字典，软件需求规格说明书	
(3)结构化设计方法，总体设计与详细设计	
(4)软件测试的方法，白盒测试与黑盒测试，测试用例设计，软件测试的实施，单元测试、集成测试和系统测试	
(5)程序的调试，静态调试与动态调试	

4．数据库设计基础，如表 5-A-4 所示。

表 5-A-4　数据库设计基础

大纲要求	解读
(1)数据库的基本概念：数据库，数据库管理系统，数据库系统	其中(2)、(3)和(4)是本部分考查的重点。多出现在选择题第 6～10 题。其中关系模型和数据库关系系统更是重中之重，需要熟练掌握。约占总分的 3%
(2)数据模型，实体联系模型及 E-R 图，从 E-R 图导出关系数据模型	
(3)关系代数运算，包括集合运算及选择、投影、连接运算，数据库规范化理论	
(4)数据库设计方法和步骤：需求分析、概念设计、逻辑设计和物理设计的相关策略	

三、考试方式

1．公共基础知识不单独考试，与其他二级科目组合在一起，作为二级科目考核内容的一部分。

2．考试方式为上机考试，10 道选择题，占 10 分。

附录 B　最新全国二级 Visual FoxPro 考试大纲解读(2013 年版)

一、基本要求

1．具有数据库系统的基础知识。
2．基本了解面向对象的概念。
3．掌握关系数据库的基本原理。
4．掌握数据库程序设计方法。
5．能够使用 Visual FoxPro 建立一个小型数据库应用系统。

二、考试内容

1．Visual FoxPro 基础知识，如表 5-B-1 所示。

表 5-B-1　Visual FoxPro 基础知识

大纲要求		解读
(1)基本概念：数据库,数据模型,数据库管理系统,类和对象,事件,方法		基本上以选择题形式考核，考查概念的记忆。多出现在选择题第 11～15 题，约占总分的 1%
(2)关系数据库	① 关系数据库：关系模型,关系模式,关系,元组,属性,域,主关键字和外部关键字	以选择题形式考核，多出现在选择题第 11～17 题，约占总分的 2%。其中，完整性和参照完整性也会在操作题中出现，操作题试题的抽中概率约为 10%
	② 关系运算:选择,投影,连接	

续表

大纲要求		解读
(2)关系数据库	③ 数据的一致性和完整性：实体完整性,域完整性,参照完整性	
(3) Visual FoxPro 系统特点与工作方式	① Windows 版本数据库的特点	以选择题和操作题两种形式考核。选择体中常考查①、②和④。操作题中常考查③的应用。重点是②、③和④，约占总分的3%
	② 数据类型和主要文件类型	
	③ 各种设计器和向导	
	④ 工作方式：交互方式(命令方式,可视化操作)和程序运行方式	
(4) Visual FoxPro 的基本数据元素	① 常量,变量,表达式	多出现在选题中，主要分布在选择题第11～23 题，约占总分的 2%
	② 常用函数：字符处理函数,数值计算函数,日期时间函数,数据类型转换函数,测试函数	

2．Visual FoxPro 数据库的基本操作，如表 5-B-2 所示。

表 5-B-2　Visual FoxPro 数据库的基本操作

大纲要求		解读
(1) 数据库和表的建立、修改与有效性检验	① 表结构的建立与修改	以选择题和操作题两种形式考核。多出现在选择题第 15～30 题，约占总分的 2%；操作题中，多出现在基本操作题。操作题试题抽中的概率约为 15%
	② 表记录的浏览、增加、删除与修改	
	③ 创建数据库,向数据库添加或移出表	
	④ 设定字段级规则和记录级规则	
	⑤ 表的索引：主索引,候选索引,普通索引,唯一索引	
(2) 多表操作	① 选择工作区	以选择题和操作题两种形式考核。多出现在选择题第 15～30 题，约占总分的 1%；操作题中，多出现在基本操作题。操作题试题抽中的概率约为 15%
	② 建立表之间的关联,一对一的关联,一对多的关联	
	③ 设置参照完整性	
	④ 建立表间临时关联	
(3) 建立视图与数据查询	① 查询文件的建立、执行与修改	以选择题和操作题两种形式考核。多出现在选择题第 25～30 题，约占总分的 1%；操作题中，多出现在简单应用题。操作题试题抽中的概率约为 20%
	② 视图文件的建立、查看与修改	
	③ 建立多表查询	
	④ 建立多表视图	

3．关系数据库标准语言 SQL，如表 5-B-3 所示。

表 5-B-3　关系数据库标准语言 SQL

大纲要求		解读
(1) SQL 的数据定义功能	① CREATETABLE-SQL	以选择题和操作题两种形式考核。多出现在选择题第 33～40 题，约占总分的 12%，主要考查 SQL 的数据查询功能。操作题中，多出现在简单应用题。操作题试题抽中的概率约为 39%
	② ALTERTABLE-SQL	
(2) SQL 的数据修改功能	① DELETE-SQL	
	② INSERT-SQL	
	③ UPDATE-SQL	
(3) SQL 的数据查询功能	① 简单查询	
	② 嵌套查询	
	③ 联接查询。内联接、外联接(左联接,右联接,完全联接)	
	④ 分组与计算查询	
	⑤ 集合的并运算	

4．项目管理器、设计器和向导的使用，如表 5-B-4 所示。

表 5-B-4　项目管理器、设计器和向导的使用

大纲要求		解读
(1) 使用项目管理器	① 使用“数据”选项卡	以选择题形式考核，多出现在选择题第 19～24 题，约占总分的 2%
	② 使用“文档”选项卡	
(2) 使用表单设计器	① 在表单中加入和修改控件对象	以选择题和操作题两种形式考核。多出现在选择题第 27～29 题，约占总分的 1%；操作题中，多出现在综合应用题中。操作题试题抽中的概率约为 20%
	② 设定数据环境	
(3) 使用菜单设计器	① 建立主选项	以选择题和操作题两种形式考核。多出现在选择题第 29～31 题，约占总分的 1%；操作题中，多出现在综合应用题。操作题试题抽中的概率约为 20%
	② 设计子菜单	
	③ 设定菜单选项程序代码	
(4) 使用报表设计器	① 生成快速报表	以选择题和操作题两种形式考核。多出现在选择题第 29～31 题，约占总分的 1%；操作题中，多出现在综合应用题中。操作题试题抽中的概率约为 20%
	② 修改报表布局	
	③ 设计分组报表	
	④ 设计多栏报表	
(5) 使用应用程序向导		以操作题形式考核，抽中的概率约为 5%
(6) 应用程序生成器与连编应用程序		多以操作题形式考核，抽中的概率约为 3%

5．Visual FoxPro 程序设计，如表 5-B-5 所示。

表 5-B-5　Visual FoxPro 程序设计

大纲要求		解读
(1) Visual FoxPro 程序设计	① 程序文件的建立	以选择题形式考核，多出现在选择题第 20～25 题，约占总分的 2%
	② 简单的交互式输入、输出命令	
	③ 应用程序的调试与执行	
(2) 结构化程序设计	① 顺序结构程序设计	以选择题和操作题两种形式考核。多出现在选择题第 31～33 题，约占总分的 1%；操作题中，多出现在综合应用题中。操作题试题抽中的概率约为 20%
	② 选择结构程序设计	
	③ 循环结构程序设计	
(3) 过程与过程调用	① 子程序设计与调用	以选择题和操作题两种形式考核。多出现在选择题第 31～33 题，约占总分的 1%；操作题中，多出现在综合应用题中。操作题试题抽中的概率约为 20%
	② 过程与过程文件	
	③ 局部变量和全局变量,过程调用中的参数传递	
(4) 用户定义对话框 (MESSAGEBOX) 的使用		以操作题形式考核，抽中的概率约为 2%

三、考试方式

1．上机考试，考试时长 120 分钟，满分 100 分。

2．题型及分值：单项选择题 40 分(含公共基础知识部分 10 分)、操作题 60 分(包括基本操作题、简单应用题及综合应用题)，如表 5-B-6 所示。

表 5-B-6　题型及分值

操作题题型	重点考试内容
(1) 基本操作题 (18 分)	① 项目管理器的基本操作：项目的新建，通过项目管理新建文件，向项目中添加文件等 ② 数据库和表的基本操作：向数据库中添加表，从数据库中移除或删除表，新建数据表，建立表间联系，设置字段有效性规则，设置参照完整性规则，SQL 语句的相关操作等
(2) 简单应用题 (24 分)	① 查询和视图的建立 ② 向导的使用 ③ 表单常用控件及其属性、事件和方法等
(3) 综合应用题 (18 分)	① 下拉菜单的设计，返回系统菜单 ② 以表单为基础的简单应用程序设计

3．考试环境：Visual FoxPro 6.0。